2022全国智慧农业典型案例汇编

农业农村部信息中心　编著

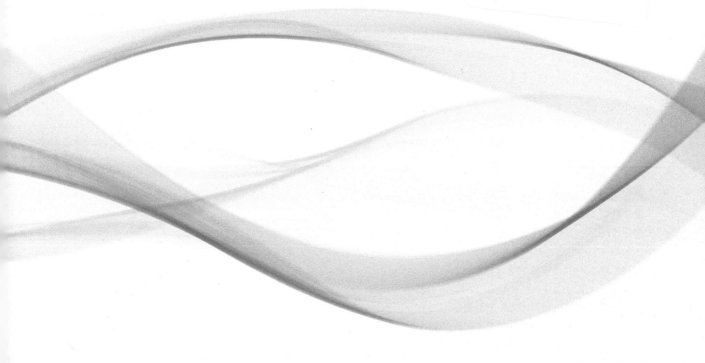

中国农业科学技术出版社

图书在版编目（CIP）数据

2022 全国智慧农业典型案例汇编 / 农业农村部信息中心编著 . -- 北京：中国农业科学技术出版社，2022.8（2023.8重印）

ISBN 978-7-5116-5801-2

Ⅰ. ① 2… Ⅱ. ① 农… Ⅲ. ① 信息技术 - 应用 - 农业 - 案例 - 汇编 - 中国 2021 Ⅳ. ① S126 Ⅳ. ① F316.5

中国版本图书馆 CIP 数据核字（2022）第 106639 号

责任编辑　于建慧
责任校对　李向荣
责任印制　姜义伟　王思文

出 版 者　中国农业科学技术出版社
　　　　　北京市中关村南大街 12 号　　邮编：100081
电　　话　（010）82109708（编辑室）　（010）82109702（发行部）
　　　　　（010）82109709（读者服务部）
网　　址　http: // www.castp.cn
经 销 者　各地新华书店
印 刷 者　北京中科印刷有限公司
开　　本　210 mm × 285 mm　1/16
印　　张　22.5
字　　数　530 千字
版　　次　2022 年 8 月第 1 版　2023 年 8 月第 3 次印刷
定　　价　298.00 元

《2022 全国智慧农业典型案例汇编》

编 委 会

主　　任：王小兵

副 主 任：蔡　萍　　韩福军

主 编 著：丛小蔓　　饶晓燕

副主编著：李春朋

编著人员：陈　莎　　程书娟　　董春岩　　陈燕辉

　　　　　王大山　　刘福和　　冯耀斌　　杨永海

　　　　　贾国强　　钟　锋　　叶有灿　　徐　茂

　　　　　陶忠良　　丁作坤　　陈　婷　　陈勋洪

　　　　　任万明　　黄　蕤　　杜　巍　　麻剑钧

　　　　　刘玉涛　　吴炳科　　杨志平　　唐　丹

　　　　　晏　宏　　刘梦然　　程晓东　　高兴明

　　　　　周小疆　　袁　炜　　王利民　　熊永吉

序

2020 年 10 月，党的十九届五中全会提出建设智慧农业。这是党中央准确把握当今时代现代信息技术发展大势、着眼到 21 世纪中叶实现农业现代化作出的战略部署。随即于 2021 年 6 月，农业农村部信息中心在安徽省芜湖市组织召开了首届智慧农业建设现场经验交流会。这是贯彻落实党中央关于建设智慧农业的重大行动和有力举措。我应邀参加了此次会议，并围绕智慧农业的发展方向、技术创新、未来展望等方面作了分享交流，同时了解到各地在推动现代信息技术与农业农村各行业各领域融合发展方面取得了初步成效，智慧农业建设有了一个良好开端。

农业农村部信息中心组织编著的《2022 全国智慧农业典型案例汇编》由中国农业科学技术出版社正式出版发行。这是一项重要成果。本书征集遴选了全国 31 个省（区、市）智慧农业建设的最新实践成果，149 个案例涉及智慧种植、智慧畜牧、智慧渔业、智能农机、智慧园区等多个行业和领域，客观反映了我国农业产业数字化转型升级的发展现状，为有效破解"谁来种地，怎么种地"的难题，加快推进智慧农业建设提供了可学习、可借鉴、可推广的好经验好做法。

智慧农业是现代信息技术与农业农村现代化发展历史交汇的产物，是以信息和知识为核心要素，通过互联网、物联网、大数据、人工智能和智能装备等现代信息技术与农业跨界融合，整合生物技术、信息技术、智能装备三大生产力要素，实现农业生产全过程的信息感知、定量决策、智能控制、精准投入、个性化服务的全新农业生产方式，是农业信息化发展从数字化到网络化再到智能化的高级阶段。

需要指出的是，农业农村信息化的发展，要在巩固拓展消费互联网，也就是农村电商的同时，还要把产业互联网，也就是智慧农业摆到数字乡村发展重中之重的突出位置，加快智慧农业建设。要针对我国农业劳动力越来越少且老龄化趋势日益凸显、土地产出率和质量效益不高、农业国际竞争力不强等问题和挑战，紧紧围绕以下三大战略目标进行布局推进。一是电脑强化人脑，通过农业大数据与人工智能等技术，提高涉农人员运用信息与知识水平和管理决策能力。二是机器替代人力，通过农业智能装备的创新发展，核心解决农村劳动力短缺、人工成本高的问题。三是自主安全可控，核心是解决卡脖子与短板技术，实现自立自强。

推进智慧农业建设，要明确思路，突出抓好重点任务落实。一是建设人机协同的天空地一体化数据信息采集体系。在农业全产业链主要环节部署农业物联网、农机车载监控应用终端，与农业遥感、农业无人机和传统人工采集系统结合，实现对农业生产全领域、全过程、全覆盖的实时动态监测。二是建设农业农村大数据应用体系。顶层设计、统一标准、分布存储、集中管控，搭建统一开放的农业农村大数据中心；建设全局性、区域性、专业性（优先种植业、养殖业、农机、种业、耕地、科教、重要农产品）大数据；建设基于大数据的"一张图"（农业生产要素、环境要素、产业布局等）；开展基于农业大数据的创新应用，提高生产调度、决策、管理、服务能力。三是加大农业智能装备应用。针对农业产业链中劳动密集的环节，加快发展大田作物精准播种、精准施肥（药）、精准收获等智能装备，设施农业育苗移栽、水肥一体化、绿色防控、智能控制等智能化装备，设施养殖中环境控制、精准饲喂、疫病防控等智能化装备，以及农产品加工、冷链物流及供应链的智能化设备。四是实施一批智慧农业重大工程。围绕效率型、效益型、效果型三类农业，在农产品优势产区实施智慧农业工程，将互联网、物联网、大数据、云计算、区块链、人工智能、5G 和先进适用智能化农业装备，应用于农业生产、加工、物流、销售等环节，促进农业三产融合发展，提高农民收入。

智慧农业发展方兴未艾、前景广阔，是实现乡村产业振兴的新动能，是实现中国式农业现代化的必由之路。我们要坚定战略方向，强化理论、技术、机制和实践创新，共同开创智慧农业建设的美好未来。

中国工程院院士

国家农业信息化工程技术研究中心主任

2022 年 7 月 16 日

前　言

　　党中央、国务院高度重视智慧农业建设，把发展智慧农业作为建设数字中国、实施乡村振兴战略等重大战略部署的重要内容。2020 年 10 月，党的十九届五中全会提出建设智慧农业。2021 年 3 月，《中华人民共和国国民经济和社会发展第十四个五年规划和 2035 年远景目标纲要》明确指出，要"加快发展智慧农业，推进农业生产经营和管理服务数字化改造"。《2022 年数字乡村发展工作要点》提出要大力推进智慧农业建设。我国智慧农业建设迎来了重大历史机遇，农业数字经济的潜力已经显现，各级农业农村部门、科研机构、相关企业和社会组织在推进智慧农业建设、应用数字技术驱动农业现代化方面开展了大量卓有成效的实践探索，取得了显著成效。总体来看，智慧农业建设的技术不断发展，模式不断创新，应用不断深化，数字技术与农业生产经营和管理服务深度融合，为"十四五"和未来十五年智慧农业建设和数字乡村发展树立了典型、积累了经验、奠定了基础。

　　为系统总结各地推进智慧农业建设的实践经验，展示推广各地的好经验好做法，为乡村全面振兴、加快农业农村现代化提供强有力的信息化支撑，农业农村部信息中心面向全国范围征集智慧农业建设案例。经过广泛征集、推荐报送、择优遴选、分类汇编，形成了《2022 全国智慧农业典型案例汇编》。本书从全国 31 个省（区、市）推荐的智慧农业建设案例中，遴选了 149 个具有一定代表性和标志性的智慧农业建设最新实践成果。这些案例以基层政府部门、企业和农业新型经营主体为主要对象，聚焦物联网、人工智能、区块链等新一代信息技术与农业生产经营和管理服务深度融合，促进农村一二三产业融合，助力优势特色农业产业集群发展等应用场景，突出建设成效、推广模式及先进实用技术等，涉及智慧种植、智慧畜牧、智慧渔业、智能农机、智慧园区等多个行业和领域。本书案例应用领域的广泛性、技术装备的先进性、产业链条的完整性、数字赋能的突破性，反映出各地农业数字化、网络化、智能化、智慧化水平在快速提高，具有较强的典型示范意义和可学习、可借鉴、可推广价值。

　　从技术演进看，数字化、网络化、智能化是信息化发展的客观规律，智慧农业是信息技术进步的必然产物，智慧农业已经成为世界各国的战略重点和优先发展方向。从现实需求看，建设智慧农业是贯彻新发展理念的战略举措，是乡村振兴的应势而为，是实现农业高质量发展的迫切需要，是实现农业现代化的现实途径。建设智慧农业完全能够支撑中国走出一条不同于欧美发达国家大规模大机械的农业现代化道路。我国智慧农业发展开始落地见效，技术产品蓬勃发展，物联网、遥感、北斗、大数据、人工智能等现代信息技术在轮作休耕监管、动植物疫病远程诊断、农机精准作业、长江禁渔等方面取得明显成效；数据采集渠道不断拓展，政务数据资源共享和信息系统整合取得阶段性成效；市场主体已成为建设智慧农业的生力军，农业企业数字化转型主动作为。智慧农业发展的基础持续夯实，力量不断加强，市场规模持续扩大，呈现出良好的发展态势。

发展智慧农业建设要开展科技攻关，充分发挥企业作为科技创新主体的重要作用，鼓励支持相关企业牵头攻克核心关键技术，强化现代信息技术系统集成，加快形成智慧农业技术体系，大力研发基于物联网的农情感知、基于大数据的农业分析、基于云计算的数据处理等"卡脖子"关键技术，加强农机智能装备和农业机器人研发。要探索应用场景，坚持问题导向和需求导向，推动数字技术与农业实体经济融合。要抓好试点示范，聚焦重点品种、重点地区、重点领域和重点方向，分区域建设一批智慧农业、数字乡村示范典型，打造开放共享、联动协同的智慧农业建设生态体系。

本书案例的征集和汇编，得到了各省（区、市）农业农村信息中心及相关科研机构、企业和社会组织的大力支持，在此表示衷心的感谢！由于目前智慧农业正处于摸索发展阶段，书中案例亦为初次征集，时间紧，覆盖广，本次汇编难免存在不足，请各位读者不吝提出建议与意见，以期后续更加完善。

本书编委会
2022 年 7 月

目　录

二、智慧畜牧

六、智慧果园

七、综合服务

一、智慧种植

北京市海淀区西北旺镇百旺农业种植园案例

需求与目标

随着物联网、大数据、云计算、人工智能、移动互联网等新一代信息技术的兴起及其在农业领域的广泛应用，数字农业的理论和实践不断得到丰富拓展，信息获取效率、传输能力、分析水平和控制质量大幅提升，推动传统农业向智能农业、智慧农业等现代农业形态演进，大大加速了农业现代化进程。发展数字农业是全面推进乡村振兴的重要内容，是加快推进农业现代化的必经之路。"十四五"时期，北京市将重点围绕高效设施农业推进数字农业建设。

海淀区具有突出的区位和资源优势，云集了大量科研机构和高新技术企业，将先进的现代信息技术与农业生产管理环节深度融合，提升生产智能化水平和园区综合管理水平，是推进海淀区智慧城市和数字农业建设的重要组成部分。北京百旺农业种植园位于北京市海淀区西北旺镇唐家岭村，占地面积约500 亩（1 亩 ≈ 667 m²。全书同），是集生态开发、农业技术研发示范、水果蔬菜采摘、农耕认养、休闲体验于一体的现代化、智慧化都市型农业园区。园区现有设施大棚 44 栋，其中，玻璃温室 1 栋占地3 600 m²，严格执行标准化基地管理，种植作物包括 30 余种蔬菜和草莓、樱桃、水蜜桃等，突出生态特色和可持续发展农业模式，融合现代科技农业与传统农耕文化示范和推广工作，致力于构建现代农业生态园区

北京数字农业促进中心联合农业技术推广单位、高新技术企业，利用农业物联网、传感、图像识别、人工智能等高新技术，打造"智慧农场"样板间。联合科研院所、高新技术企业，以北京百旺农业种植园为合作示范园区，打造北京"智慧农场"样板间。

做法与技术

(1) **硬件设施建设** 园区建成了北京市首个 5G 高架无土栽培草莓智能温室，在日光温室配置安装了一系列物联网智能设备，对温室中的空气温度、空气湿度、CO_2 浓度、基质温度、水分等多参数进行实时监测和精准调节，为作物生长提供最佳环境。通过使用农业物联网、传感器、图像识别等高新技术，打造百旺"智慧农场"，大大节省人力成本、降低劳动强度、提高工作效率。

水肥一体化设备

管理站

温室传感器

(2) **软硬件集成系统建设** 环境数据实时采集和自动监控系统：可通过环境策略进行设施温室或大田作物光、温、水、气的智能控制，实现生产环节的标准化管理，节约劳动力投入 50% 以上，降低病虫害发生率，提高设施蔬菜品质及产量。

水肥药精准控制系统：可通过水肥灌溉策略进行水肥一体化控制，实现不同生长时期定时、定量、按需灌溉、节水节肥，降低生产成本，实现设施安全生产，肥药精确调控，提高劳动效率。

智慧农园生产数字化管理系统：应用园区智慧农业监测平台，实现园区生产管理数据一站式监控、远程指挥和决策辅助，实时动态监测作物种植信息、农资使用、设备运行、农事安排等过程动态，实现园区生产管理的数字化、可视化。

采摘

（3）**运营模式创新**　园区以服务模式创新、休闲体验友好、农业科教注入及绿色生态发展为理念，集农业观光、休闲、旅游为一体，不断提升园区休闲农业的服务能力。每月开展不同形式的农业休闲活动，持续开展农业科普实践活动，建设农业科普教育课程体系，让学生可以寓教于乐地掌握现代化农业生产技术。开展农业智能化技术培训，推广农业科学技术，将园区打造成一二三产业融合发展的综合性智慧农业园区。

多样化销售渠道打造园区品牌。园区持续拓展线上销售渠道，以"农业＋互联网"的理论为指导，结合美团等电商平台，对园区的优质果蔬产品进行推广营销，合作客户涵盖了学校、幼儿园、航天五院、中国电信、保险公司等。园区以"质量兴农、绿色兴农、品牌强农"为口号，促进园区农业健康可持续发展。

‖ 经验与成效

百旺"智慧农园"由数字管理系统、智能生产设施、智能控制策略、标准化生产规范等环节组成，将传感、遥感、物联网、智能装备等先进的现代信息技术与农业生产与管理环节深度融合，提升生产智能化水平和园区综合管理水平，体现出了信息技术对农场整体经营和业务衔接的有效支撑、信息技术与农艺的有效融合，解决了劳动力成本过高、生产效率差、管理准化程度低等农业生产痛点问题。多位市级、区级领导前来园区视察及指导工作，对信息化技术的应用给予了充分认可及肯定。多家媒体也对园区"智能化生产"进行了报道，园区将持续发展农业智能化，打造北京市"智慧农场"样板，带动全市智慧农业发展，取得了多方面的效益。

（1）**经济效益**　"智慧农场"在百旺应用后，如同给农业装上了智慧的大脑，可以快速准确获取温室生产种植全过程数据信息，及时为生产管理提供决策支持信息，可对环境数据进行实时监测和精准调节，创造作物生长的最佳环境，有效提升作物产量和产品品质，同时节省人工成本、节水节肥。据数据统计，园区叶菜、果菜提高产量 15% 以上，水果提高产量 20% 以上，劳动生产率提高 30% 以上，园区灌溉用水和肥料使用减少 20%，每年为园区增加经济收益 20.64 万元，节省人工成本 14.4 万元，节省水肥药投入 1.4 万元。

（2）**社会效益**　支持北京市重点发展的物联网、智能装备在农业领域应用，推动海淀智慧城市建设，也促进"互联网＋"现代农业产业升级。推动都市农业多种新业态的发展，有效吸引资金、技术、管理、人才、设施等要素流向农业园区，增加就业容量，促进农业健康可持续发展。

（3）**生态效益**　通过智能环境控制实现水肥一体机、增温、降温等智能负载的精准控制，科学指导园区智能感知、精准调控、科学生产，使得农作物的资源投入减少，资源得到节约化利用，生态环境得到改善。

（4）**推广示范效益**　园区示范带动作用对于北京市大力发展的智能园区建设意义重大。通过打造海淀区第一个现代化"智慧农园"，为北京市的智慧农业的发展提供示范和典型经验，还将成为技术成果辐射推广的中心，为提高我国农业信息化的整体水平、推动智能农业快速发展起到重要作用。

撰稿：北京市数字农业农村促进中心　张辉鑫

北京市北菜园有机蔬菜生产案例

‖ 需求与目标 ‖

中共中央国务院十分关注数字乡村的建设工作，接连出台一系列政策文件确保数字乡村工作的实施，成为乡村振兴战略的重要保障，为最终实现农业农村现代化打下坚实基础。

‖ 做法与技术 ‖

北京北菜园农业科技发展有限公司（以下简称北菜园）专注有机蔬菜产业 14 载，是享誉京城的有机蔬菜品牌，业务覆盖京津冀地区，是中关村高新技术企业、国家高新技术企业、北京市农业信息化龙头企业、国家农民合作社示范社。

（1）软硬件集成系统建设　北菜园一直秉承国家乡村振兴战略以及建设"互联网+"有机农业的理念，聘请互联网技术团队和专家，投入资金开发农业信息化软件，借助"互联网+"技术及理念，以大数据为支撑，构建了集智能化、数字化、科学化、产业化于一体的智慧农园管理平台。平台系统由农场智能生产系统、采收存管理系统、追溯管理系统、订单管理系统、北菜园商城 App、财务管理系统等模块组成。通过生产智能化、经营在线化、管理数据化和科普系统化四大标准体系和北菜园数字中心，将北菜园的所有业务用信息化串联起来，真正做到生产智能化、经营在线化、管理数据化、三产融合化。

北菜园利用智慧农场系统的历史数据统计分析出不同纬度基地、不同季节的优良品种，将作物分别安排在最佳生长基地进行种植，并对作物的单品进行科学分析，通过不同纬度、气候、海拔、自然环境等因素进行衡量，将作物安排在不同茬口进行合理种植，保障有机蔬菜持续稳定供应的同时还避免了供大于求的生产事故，提高企业利润与员工收入。

系统的田间管理模块根据大棚温湿度情况自动开启或关闭卷帘机、水阀、风机等远程控制功能，让棚室的环境达到最佳值，并对病虫害发生环境进行智能预警，提高作物产量，从而实现效益的增收。系统又为会员客户开通远程监控权限，使得种植的全过程呈现在消费者的实时监督之下。此项功能也有效提高了农作物生产过程的管控能力和生产作业的精细化水平，从而推进有机农业的生产方式向精细化、智能化、集约化方式转变。

系统的采收管理模块运用信息化数据，自动生成产品采收时间表，便于提前预计产品采收量和制定销售计划，还能进一步计算休耕时间段，在保证有机蔬菜供应的基础上科学安排作物的休耕与轮作，保证基地土壤中有机成分的含量，有效锁住产品的口感度。

采用智能采收秤与智慧农场管理系统进行对接，智能采收秤称量的数据可以直接上传到北菜园智慧农场管理系统，准确记录不同地块不同产品的产出时间和产出量，并通过条码打印机打印对账凭证，让年产量数据统计更加方便快捷，降低人工成本的同时也避免了人为失误。

智慧农场系统在原有的产品二维码基础上，增加了智能扫码枪与追溯模块的有效链接，结合云计算、大数据和视频监控等技术，不但能定期检测田地水质、土壤情况、温湿度、CO_2 浓度等相关数据，还能全天候监控蔬菜生产、采摘过程并建立电子档案，实现有机蔬菜播种、育苗、成熟、收获全过程的质量追溯及数据积累，形成监督检查的长效机制。

北菜园智慧农场系统开发了下单模块，渠道商和商超促销员可以通过下单系统自助下单，同时下单系统、商城 App 和微信商城与智慧农场管理系统进行数据对接，自动汇总订单，订单统计更精确。

北菜园商城 App 既实现了传统的购买功能，还成为有机生活文化和内容的传播窗口，让北菜园有机蔬菜的销售体系打开了新的市场格局。

（2）**生产技术创新**　公司率先建立了信息化农业管理模式，建立了四大管理系统和 15 重品质保障环节，坚持杜绝转基因、化肥、农药、激素和添加剂使用，让作物自然生长成熟。北菜园通过自主研发生物天敌防治技术，引入有机蔬菜种植的信息化监测管理技术，实现了从生产包装到物流的统一标准与质量追溯，保障有机蔬菜从源头到餐桌的新鲜、健康和品质安全。

温度湿度传感器

北菜园基地俯瞰

栽培温室

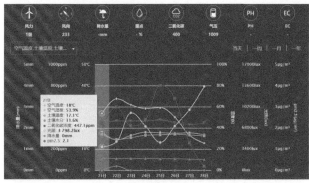
环境数据

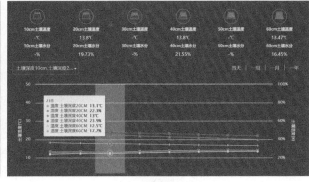
土壤数据

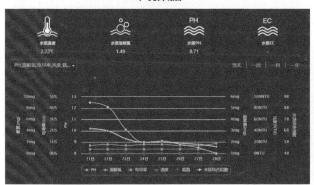
水质数据

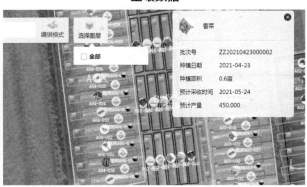
农产品监测界面

北菜园智慧农园展示平台

智慧农场管理系统

|| **经验与成效** |

（1）**经济效益** 生产系统的田间管理模块能够让棚室的温度、水分、通风条件达到最佳值，并对病虫害发生环境进行智能预警，及时采用释放昆虫天敌等绿色防控技术预防病虫害发生，提高作物产量，从而实现效益的增收。

应用智慧农场管理系统以来，解决了蔬菜种植的排产难题，实现了不同基地、不同茬口的合理种植，达到了以"销"定"产"，实现了土地的滚动性、不间断地生产，土地使用效率提升了 30%。通过智能化排产，节约了人力成本，以前 3 人的排产任务，现在 1 人即可完成，效率提升 5 ~ 8 倍。同时，1 个种植工人由原来管理 3 ~ 4 个棚室增加到管理 6 ~ 8 个棚室，提高了生产效率及土地使用率，亩产值提升了 30%，增加农民收入的同时，解决了农村劳动力不足的问题。另外，系统让安全管理形成双向可追溯体系，解决了原来传统农业生产过程难管理和质量难追溯的重大问题，加快了农业发展方式的转变，提升了企业品牌形象，并增强了市场竞争力。

同时，系统根据农作物生长所需的最佳环境进行农事操作，提供合理的灌溉方式，并做好病虫害的防治工作，提高工作效率，节本增效。与常规灌溉相比，每年每亩地可减少水肥投入 750 元。与常规防治相比，病虫害防治同期下降 50%，在防治效果相当时，平均每年可以节省生物用药 3 次以上，平均减少 50% 以上生物农药。水、肥、药等农资成本投入下降了 40%。在加工流通环节，通过数据的跟踪反馈，极大降低了蔬菜在流通环节的损耗，损耗由原来的 30% 控制到目前的 15%，每年可节省成本 200 万元，后续随着系统的完善升级，损耗率将得到更好地控制。未来，北菜园智慧农场管理系统中的"连锁农场一张图"将逐步增加各个基地农场信息，让智慧管理实现全面化发展。

（2）**社会效益** 北菜园智慧农园的建设是通过互联网建立了消费者和生产者之间的直接联系，根据不同客户不同时期对不同产品的不同需求，科学计划种植，同时，通过作物生长特征和规律，制定销售计划，实现以"销"定"产"、产销平衡，避免出现单品阶段性生产高峰滞销或断档的情况，让生产管理适应市场需要的发展变化。系统搭载的线上交易平台，使消费者预订受控的安全蔬菜成为可能，并在资源管理模块实现种植全过程的实时监控。

撰稿：北京市数字农业农村促进中心　唐朝

天津食品集团高标准农田
农业生产资源综合管理平台案例

|| **需求与目标** |

通过系统采集、存储、管理、应用等过程，汇聚、整合项目区农情、物联网数据，建成现代农业物联网管理平台，利用平台为管理者、农户提供服务的同时，展示物联网、人工智能等现代信息技术在农业方面应用水平，推动天津地区农业物联网的发展。

|| **做法与技术** |

天津农垦小站稻产业发展有限公司（以下简称农垦小站稻公司）隶属于天津食品集团有限公司，

将发展天津市小站稻产业作为中心工作，种植全程采取统一作物布局、统一关键技术措施、统一订单产品、统一种子供应、统一农药供应"五统一"作为主要种植模式，按照食品集团小站稻产业振兴要求和《天津市宝坻区现代农业产业园区规划方案指导意见》，将智慧农业构建、循环农业体系、现代种业研究、设施农业提升、联农带农机制作为发展方向，构建一条以研发、育种、生产、加工、物流、示范、服务于一体的小站稻完整产业链模式。

(1) **硬件设施建设**　视频图像管理利用泵站内 6 m 立杆安装 300 万高清球机保证视频监控范围广，每台球机配备拾音器以及室外防水音柱，可与中控室实现实时对讲，在泵站内安装红外定点摄像机实时监控泵房内设备状态以及设备防盗，前端视频图像通过架设光纤局域网把画面实时传输到总控室，实现实时监控、实时录像。总控室采用 20 台 55 寸高清液晶拼接系统 4×5 显示及控制。

(2) **软件系统建设**　通过农业资源管理系统实现对环境数据、视频数据、农田设施及农业物联网设备等农业资源的采集、整理和入库，方便农场管理人员和农业生产人员对农业生产资源的查询、统计以及相关分析；同时，借助 GIS 系统，实现以图管地、以图管农，提高农场的农业生产管理水平。

农业生产资源综合管理平台

平台监控界面

平台管理界面

高效植保监管链接到植保无人机作业管理平台，航空施药作业监管与面积计量系统基于无线通信技术，实现对航空施药作业的远程监控以及作业面积的计量，有效评估施药作业任务的实施。同时，精准变量喷洒控制系统可根据飞机当前飞行速度自动调整管道流量，将单位面积施药量严格控制在用户设定值，实现均匀施药。作物健康诊断链接到遥感部门作物健康诊断平台，由国家农业信息化工程技术研究中心利用 15 年大农业遥感研究成果，应用仪器基于双通道高通量光谱信号的作物长势参量速测及诊断，对小麦、玉米、水稻等主要粮食作物的不同生育期进行分时段科学建模；同时，仪器还充分考虑物候信息，克服了传统光谱测量仪器单时间点测量的不足，能够快速测得归一化植被指数、叶面积指数、植被覆盖度、叶绿素含量、产量以及推荐施用氮肥量，可自动获取定位信息及高清数码影像信息。变量施肥灌溉链接到设施工程部门变量施肥灌溉平台，结合水肥一体化控制策略及装备，采用物联网管理技术手段，以最佳的环境调控决策和水稻生长发育过程中的水肥需求特征为决策方案，通过种植的阶段性控制系统的构建和应用，作为智能水肥一体化装备和系统的辅助决策方案，以实现水肥供应的少人化或无人化管理为目标，最大限度降低劳动力的使用数量，提高劳动生产率，提出最优化的水肥管理模式和装备系统。

作物栽培调优链接到天空地一体化精准化农情遥感监测系统。结合作物苗情评价体系，对作物生长状态进行综合监测和统计分析，为作物长势、灾害预测和防治提供科学、合理的辅助决策支持。

天津食品集团农业生产资源综合管理平台，主要针对大型农场的专业技术人员及生产管理人员，可以实现产前优良品种种植区划、产中调优栽培及产量品质预报、产后指导按质收购等作物生产全过程进行信息化管理，最大限度地为农作物生产的信息化管理与粮食政策的制定提供决策支持。系统采用野外采集的 GPS 定位数据、农学样点信息，综合分析各种常用的农学模型，通过 WebGIS 技术实现实时直观的专题图、统计图表、细节查询等多种方式展现，实现对农作物长势监测、作物产量估算。

‖ 经验与成效 ‖

(1) 社会效益　依托天津食品集团生产资源综合管理平台，小站稻公司完善和开发物联网在种植业的应用前景，在原有物联网设施硬件功能的基础上，引入历年生产数据、手机应用 App 和多光谱无人机巡田技术，由传统农业种植模式中的锄头种田向新时代的鼠标种田、科技种田模式转变。

智慧农业平台按照水稻种植过程中作物模型需水、需肥、叶色等变化，指导灌溉、施肥、植保等生产工序。但是天津地区水稻品种较多，各个品种之间生长规律相差甚远，据此，小站稻公司与天津农学院达成意向，由天津农学院按照当前天津地区各个品种植物学特征和农艺学特征，制定生长计划，再从天津农学院计算机系抽调专业人士进行编程工作，将各个品种数字模块实现与智慧农业管理平台有效衔接，实现智慧型农业生产新模式。

通过智能农业平台的应用可以实现如下目标：一是整合资源，贯穿农业生产的产前、产中和产后各个关键环节，为农业资源的科学利用与监管提供依据。二是集成示范，实现已有物联网项目的集中管理，展示农业物联网的应用分布、运行效果，通过科技示范，辐射带动农业物联网应用和发展。三是智慧决策，实现对农业物联网的集中展示，结合专家系统提供农业生产相关预警预测、农事指导决策、病虫害诊断等服务。四是综合服务，基于 GIS 技术、移动互联技术、4G/5G 等技术，解决农业信息服务的"最后一公里"问题。

(2) 经济效益　通过智能农业平台的应用，公司大大降低了专业技术人员和管理人员的数量，最大限度地降低劳动力的使用数量，提高劳动生产率，使水稻种植管理和技术指导更加高效便捷。应用"互联网＋农业"模式对农业信息化数字化起到推动作用，为周边地区及京津冀地区农业发展提供了示范引领。

撰稿：天津农垦小站稻产业发展有限公司　　饶志仓　李永杰
　　　天津市农业科学院　　　　　　　　　　杨勇

山西省翼城县唐兴谭村果信设施樱桃园案例

‖ 需求与目标 ‖

近年来，全国各地逐渐兴起了樱桃种植，尤其是北方温室大棚的樱桃种植，樱桃因其市场销售价格高、种植周期短而受到众多种植户的喜爱。尤其是在冬、春果品淡季的时候上市的樱桃，市场价格利润特别可观。但樱桃种植成本高、风险大，一个重要原因是樱桃既不耐高温也不耐严寒，天性娇弱，因此冬天一定要用大棚给樱桃保温，这也是种植樱桃最关键的一点。当科技赋予农业力量，农业也能变得强大。

为了对樱桃大棚进行科学化种植及精细化管理，樱桃营打造最适宜的生长环境，发展智慧农业应用于樱桃种植势在必行。

做法与技术

山西果信农业科技发展有限公司位于翼城县唐兴镇谭村，是一家专业从事高品质大樱桃设施栽培、苗木研发培育、生产管理技术推广、冷链销售、果品深加工并集观光、旅游、采摘、休闲于一体的现代化农业综合企业。2018年承担山西省首批"有机旱作封闭示范片""山西省果品出口交易平台建设"项目，2019年建设智能试验大棚并总结完善了1套运行管理基础数据，2020年已建设完成樱桃设施大棚主体500亩。

公司大棚远景

（1）**基础设施建设**　设施栽培，势在必行。现有大樱桃1 200余亩，树龄4年，2022年进入初果期。为了确保丰产丰收，减少灾害天气对大樱桃生产的影响，樱桃设施栽培势在必行，通过设施栽培不仅增加产量，提高品质，而且延长果实供应期，增加效益，亩收益达到8万～10万元，是露地栽培的2倍，具有很好的发展前景。

SSA栽培技术

精准灌溉（地插）

大棚物联网控制系统

控根器栽培技术

自动放风系统

自动温控系统

（2）**软硬件集成系统建设**　5G物联网智能管控大棚，总面积1 200亩，项目通过智能控制中心对传感器收集的数据进行分析，自动控制湿帘风机、湿帘泵、外遮阳电机、内保温电机、喷灌等设施的开关，对大棚实现温度、湿度、光照、水分等智能控制。公司樱桃园区全部安装水肥一体化设施，精准给水给肥，每亩节约用水量约100 m³，极大节省用工支出，此项技术应用达到国内一流。

（3）**生产技术创新**　大樱桃园区高起点规划、规模化发展，引进目前国内外领先的优良品种。目前无论是面积和品种，保守地说华北地区第一。园区集中连片，规模化经营，共分10个园区，每个园区有1名专职樱桃技术指导员和4名管理员，确保管理新技术推广落实到位。目前，4年生樱桃树树形整齐，花量充足，品种搭配及株行距与设施栽培完美匹配，为设施栽培提供良好的基础。

采用了5G物联网智能管控技术，对设施大樱桃的生产全程进行智能化管理，就是通过5G技术无线传输数据、人工智能干预、设施设备配套，实现精准控制、延长果实发育、产出优质樱桃。通过物联网智能控制,达到 4 个精准,即精准控温(自动卷帘、自动放风)、精准控肥、精准控水、精准控光。

公司樱桃园区 5 年以秋施基肥的方式每亩有机肥施入总量达到 21 t,土壤肥力得到极大改善,土壤有机质从 0.8 提升到 1.5,为有机产品生产打下良好基础,此项提升地力的技术达到国际领先水平。

花期使用国外引进的营养液,达到提高含糖量、促进樱桃着色一致度,此项技术处于国际领先水平。

‖ 做法与技术 ‖

(1)**经济效益** 1 200 亩大棚全部建成后,全部采用智能信息化系统控制,达到智能精细化管理,提高产量和品质,年产值 9 000 万元,由于公司大樱桃处于初果期,可实现经济效益 1 000 万元。

(2)**社会效益** 通过公司物联网大棚樱桃的成功发展,带动全县大樱桃的发展,2020 年发展设施栽培 300 余亩,大田栽培 2 000 余亩,同时带动相关产业发展,解决劳动力就业 500 余人,社会效益良好,促进全县樱桃产业的健康持续发展。

(3)**生态效益** 园区采用增施有机肥、水肥一体化技术和病虫害绿色防控技术,达到节水减肥减药、有效保护水资源、减少化肥农药污染的目的,生态效益十分明显。

撰稿:山西省农业农村大数据中心 山西果信农业科技发展有限公司 杨晓明 张忠

内蒙古自治区乌兰察布市薯联网平台案例

‖ 需求与目标 ‖

内蒙古马铃薯高质量发展中提出要将马铃薯种植面积扩大到 800 万亩,乌兰察布市有"中国薯都"之称,马铃薯种植面积常年稳定在 300 万亩,马铃薯成为当地乡村振兴的主要产业。薯联网直面马铃薯产业投入成本高、生产效率低、交易链条长、金融资源缺乏四大痛点,连接种植户、服务商、贸易商、金融机构、政府部门等主体,建立智慧农事管理、农事服务工具、农资及产品交易、创新性金融四大板块业务,全面实现马铃薯产业的数字化、信息化、智慧化、标准化。

电子交易服务中心

‖ 做法与技术 ‖

(1)**软硬件集成系统建设** 薯联网 2019 年研发 2020 年 10 月完成测试,截至目前在线用户 2 000 人,覆盖服务面积 79 万亩,农户+订单合作基地 5 万亩。2021 年 6 月薯联网正式启动 V1.0 版本的升级开发及优化,同时在乌兰察布市察右前旗建立数字化示范基地 300 亩,通过物联网、遥感、大数据的应用,精准提高生产效益,带动种植户标准化种植。

建立土壤检测系统:在基地搭建土壤墒情数据采集站,实现土壤温度、湿度、EC 值、pH 值检测任务,并通过独有的人工智能大数据挖掘算法,实现土壤数据异常预警、数据趋势分析、历史数据

产销对接平台

追溯查看。同时，提供专用取土的软件和工具，利用便携式土壤检测仪实现从现场取土进行检测、数据建档到成果输出的全程可追溯，从而实现精准配肥，节约成本，提质增效。

环境智能监测

数字化种植管理

马铃薯生长监测

建立气象环境监测系统：根据马铃薯生长特点建立相关生长模型，对关键农事活动如灌溉、施药、田间管理进行气象条件、气象灾害的预测、监测。利用中国气象局农业气象观测网络结合卫星观测数据，查询过去 1 小时降水量、相对湿度、土壤温湿度、气温、水汽压、平均风向、平均风速，提供未来 2 小时天气状况短临预报，提供未来 10 天、未来 40 天县级天气状况预报以及 2 小时内临近降水动态雷达图趋势服务。部分马铃薯主产旗县可查询近 30 年、近 20 年、近 10 年的气象历史数据。精准气象专业数据对马铃薯关键生长期农事操作提供科学的数据指导。

建立农作物生长监测系统：利用卫星、传感器实时采集地面数据，获取大面积农田的数据。针对马铃薯生产服务，通过图像解析和数据算法对马铃薯生长进行监测，提供马铃薯作物的种植分布、农作物长势报告。

水肥一体化自动控制改造：在基地现有滴灌设施的基础上进行了智能化改造，增加了智能水肥一体机、电动化肥料搅拌系统、集控路由、无线阀门控制器、电子脉冲阀。智能水肥一体化系统首先对农田环境智能监测系统提供的大数据进行全面分析，通过 App 远程控制水肥施灌，实现科学浇灌和施肥，为马铃薯生产达到良好的产量和品质。

(2) **生产技术创新**　通过运用大数据等技术，动态、实时抓取面向各区域主体的马铃薯相关农业资讯、价格行情等，为马铃薯生产经营主体掌握马铃薯发展趋势提供数据来源与数据支持。在种植过程中，依赖外部劳动力参与到其生产过程中的需求，系统提供包括农机设备租赁、施药、除草、采收入库等多项服务功能的在线发布及供应响应。根据生产管理的需求，平台提供农资团购集采的优惠服务。平台为农技专家搭台，建立专家咨询板块，由线下服务向线上服务转变，服务更多用户，最终实现知识变现。

(3) **运营模式创新**　搭建产销对接平台，提高马铃薯交易的信息化服务水平。薯联网 2020 年、2021年在乌兰察布和农村电商平台合作共建村镇服务站点 580 个，在北京、湖北、贵州、四川、广东等全国一二级农批市场建立马铃薯直销网点 12 个。一方面对市场信息进行公开、监测，另一方面长期稳定地供应地理标志的农产品，2020 年帮助贫困地区销售土豆 25 万 t。

(4) 金融模式创新　金融产品主要是服务于管理和交易平台，解决马铃薯产业链上下游企业融资问题，通过聚合沉淀平台用户的管理生产数据、交易数据，分析用户的资产情况建立用户信用等级；通过与银行等有贷款资质的金融机构合作，将平台用户的在线数据提供给银行等机构，由这些机构为平台用户提供金融服务。同时，薯联网联合国内知名农业科技企业和财险公司为主产县定制开发创新型金融保险，旨在提高薯农的抗风险能力。

经验与成效

(1) 经济效益　大数据有助经济低成本、高效率、快速度、效益递增式的发展。薯联网的建设与运行，可以帮助重塑产业组织结构，甚至产生新的商业模式与业态，提高产业经济运行效率，优化产业资源配置，精准把握产业发展内部规律，减少资源浪费，降低机会成本与交易成本，提高产业产品附加价值，极大提升全产业的经济效益，进而提高马铃薯产业发展质量和综合效益，有助于优化马铃薯产业要素配置效率，降低生产成本。生产成本不断提高是当前产业面临的重要困境，在土地、劳动等生产要素的刚性约束下，通过大数据技术的应用，可以优化现有要素配置效率，减少不必要的资源浪费，实现精准化和标准化的要素投入管理。通过平台种植管理数据的积累和应用，为农户提供最优的种植方案和科学数据，节约种植生产过程中的资源消耗，达到降本增效的目的。

(2) 社会效益　催生新的商业模式与业态，挖掘新的效益增长点。当前，我国马铃薯产业经营流通仍以传统模式为主，增长动力不足。通过大数据中心的建设和运营，能够识别和催生新的商业模式和业态，特别是利于形成新的流通与消费场景，提高技术的服务价值，进而产生新的效益增长点，有助于实现产销精准对接，节省交易成本。通过大数据技术的应用，可以实现生产端与消费端信息数据的汇聚对接。生产者可以及时掌握消费市场动态与趋势，及时调整生产决策，真正实现按需定制生产，主管部门可以根据大数据信息调整本地的发展规划，精准制定产业发展政策；消费市场端可以及时了解马铃薯原产地、生产流程、上市时间、分类等级等信息和整个市场供给动态，更加理性透明地消费。将全国马铃薯产业链上的投入品企业（化肥、农药、种子、农机等），投入品经销商、马铃薯种植农场/农户、马铃薯贸易商、批发市场、物流公司、金融机构等相关主体聚集到薯联网平台，在不改变股权的情况下整合产业资源，有助于马铃薯产业的快速高质量发展。

撰稿：乌兰察布马铃薯电子交易有限责任公司　王国平
　　　内蒙古自治区农牧厅综合保障中心　　　杨永海

辽宁省丹东市北林种子资源圃案例

需求与目标

丹东是中国小浆果主产区之一，目前已形成了以草莓、蓝莓、奇异莓"三莓"为主体、特色小浆果多元化发展的产业布局，其中，奇异莓具有强大功能属性和经济推广价值，并具有观赏性。结合国家美丽乡村建设和乡村振兴战略，基于奇异莓这种小浆果日间管理简单，用工量小，占地面积小，蔓生，在空中结果，生长寿命最长可达几百年，结果寿命也在50年以上，单株产量最高可达百斤以上这些特点，非常适合在农村家庭进行庭院栽培。

做法与技术

丹东市北林经贸有限公司下设的北林农业研究所（以下简称研究所）成立于2007年，多年来一直从事优异植物品种的引进与推广、优质种苗的研发与生产、农业新技术的开发与综合运用工作。研究所的研发设施与环境达到了较高标准，并形成了一定的规模，有600 m² 的种苗繁育室与检测室、6.4万 m² 的种苗育成室，以及总面积达1 200余亩的研发生产基地，其中标准生产示范园和品种资源圃约300亩，年繁育种苗能力超过1 000万株。从2008年开始，基于奇异莓具有结果早、单位面积产量高、地下根系发达、固结土壤、叶面积大、单株覆盖面大、具有良好的保持水土作用的特性，研究所对野生奇异莓进行研究，经过多年的试验和培育，研究所现已初步形成了野生奇异莓优质种苗繁育、栽培和管理的技术服务体系，能够为实现野生奇异莓高商品价值的规模化生产提供种苗资源和技术支撑。2016年丹东市北林农业研究所与中国科学院武汉植物园合作，共同建立东北亚奇异莓种子资源圃，共同选育具有较高商业价值的奇异莓新品种，经过3年的不断努力，奇异莓新品"丹阳LD133"被辽宁省林木良种审定委员会认定为良种。

北林农业园区俯瞰

软枣猕猴桃

猕猴桃生产示范园

培训

北林农业

展厅

农民之家

园区

（1）种质资源和栽培方式创新　为了培育奇异莓优质品种，从2008年开始，研究所对野生奇异莓进行了深入研究，积累了丰富的组培和种植经验，从野生选拔、实验室选育、下地移栽到栽培管理技术的选择，解决了从种苗繁育、规模化种植、病虫害防治、丰产技术等环节的主要技术问题，扩繁出健壮、性状一致的优质种苗，最终形成农户可以种植的优质野生奇异莓种苗，并能为实现野生奇异莓较高商品价值的规模化生产提供种苗资源和技术支持。2016年研究所与中科院武汉植物园合作，共同建立东北亚奇异莓种子资源圃，共同选育具有较高商业价值的奇异莓新品种，经过 3 年的不断努力，驯化培育出一批品性、口感优良的奇异莓种苗，具备了新兴一代小浆果新品类奇异莓新品种子资源优势和区域优势。奇异莓新品"丹阳 LD133"被辽宁省林木良种审定委员会认定为良种。

结合国家美丽乡村建设和乡村振兴战略，早在 2012 年，研究所根据奇异莓生长非常适宜庭院栽培的习性，率先在周边村庄选取了 30 个农户进行奇异莓庭院经济试点栽培工作，利用掌握的栽培管理技术，在做好传统基础技术指导服务的同时，逐步结合互联网信息技术服务平台，升级服务管理手段。通过建立微信交流群，把每次培训的内容做成视频，方便随时查看，互学互鉴，取得了良好成效，部分农民种植果树，为增收脱贫打下了基础。2018 年根据市政府关于现代特色农业暨庭院经济（汤山城镇）的工作部署，结合国家乡村振兴和美丽乡村建设的大战略，研究所作为先行示范科研企业，积极参与带动庭院经济示范村的快速发展，在丹东市政府的大力支持下，在乡镇和村两级政府的积极配合下，研究所进一步扩展了奇异莓庭院经济栽培的推广范围，在对丹东市振安区和凤城市管辖的 3 个乡镇的 11 个村 3 000 多户的农村家庭进行实地入户跟踪调研中，对于这些农户的作息时间、经济状况、劳动力状况、对新事物的接受程度、气候土壤条件等都做了比较系统的记录和分析。根据分析的结果，研究所进一步升级打造出让数字化服务惠及庭院经济发展的新模式。针对如何保证种活养好的问题，研究所逐步采取分地块分品种进行指导栽植，架设农业物联网设备，更精准地采集光、温、水、风等四大植物生长基本要素等数据，通过计算形成了因地制宜的栽植方案，通过微信群反馈给农户。仅这一项技术的应用就可以减少种植户经济损失数百万元。

(2) **运营模式创新** 中国科学院武汉植物园还在研究所设立了"丹东北林农业奇异莓专家工作站"，这也是东北地区首个植物类的顶级专家工作站。科技平台的搭建，为研究所提供了品种繁育的资源优势，为农民脱贫、增收、致富提供了有效技术支撑，未来采取"企业 + 基地 + 农户"的三产融合经营模式，为构建"良种繁育 – 科学种植 – 产品加工 – 市场营销"四位一体的小浆果产业链创造了有利条件。

(3) **技术培训和宣传** 2016 年研究所所在的汤山城镇政府及村委会为了全力打赢脱贫攻坚战，全面完成汤山城镇精准扶贫工作，把栽植奇异莓确定为产业扶贫项目，研究所升级了栽植培训推广的信息化程度，通过制作 PPT、编写培训教材及线上网格化式的田间地头的指导，围绕庭院搭架、种植技术和鲜果销售等方面的实际，再在每个村选出几个示范户进行以点带面的引领示范，确保不漏一户。

‖ **经验与成效** ‖

(1) **经济效益** 研究所将奇异莓庭院栽培和农村剩余劳动力及房前屋后的土地有机地结合起来，利用现代化的数字信息技术平台解决栽植过程中可能出现的技术问题，同时根据互联网 + 的模式将每个农户产出来的鲜果及时销售变现，实实在在提高了农民的收入。

研究所在种苗研发上拥有完备的技术设备和技术力量，尤其是与中国科学院武汉植物园的合作，共同建立东北亚奇异莓种子资源圃，共同选育具有较高商业价值的奇异莓新品种，使得研究所在提供并推广优质种子资源方面有着得天独厚的区位优势。由于奇异莓结果早，单位面积产量高，能够快速促进特色产业的发展，大面积种植可以形成景观农业和旅游农业，同时，还可以解决农村剩余劳动力就业问题，因此，实施庭院经济栽培具有较强的辐射效应。

研究所先后于 2012 年、2016 年、2018 年将自行成功培育的奇异莓优良品种在丹东市振安区汤山城镇龙泉村、龙升村、龙湖村、汤山城村、榆树村、太和 6 个村的 1 500 余户，凤城市沙里寨镇亮子河村、广甸村、蔡家 3 个村的 300 余户，边门镇大东村、汤河村的 400 余户，共计 11 个村近 3 000 户推广实施了庭院经济栽培，成效显著，目前多地藤满架，先行示范农户已受益。这近 3 000 户农民利用自家庭院平均每户栽植 10 株 "丹阳 LD133" 奇异莓种苗，每年即可收获果实 500 kg 以上，按 2019 年 20 元 /kg 的市场保守价，每户每年可轻松增收 1 万余元。对农户来说，庭院栽植奇异莓不需占用耕地，实行一家一户庭院种植，减少了背井离乡打工的艰辛，不用雇工管理，实现了部分贫困户没有劳动能力仍能获得经济效益的目标。用数字信息跟踪服务，通过智慧农业实施精准技术指导，最终进入新零售平台，解决了技术和销售问题，实现了农民增收。

(2) 社会效益　奇异莓还被政府相关部门纳入了农村扶贫、庭院经济发展和美丽乡村建设的项目中。目前，研究所在政府有关部门的扶持下，正在打造 12306 农民之家，通过网上互联的方式把技术指导和一线生产融合起来，同时，还可以通过智慧运营打造品牌，链接到电商及新零售平台，直接对接各村各户，让信息进村入户，打通鲜果销售快速通道。

(3) 生态效益　奇异莓生长迅速，地下根系发达，固结土壤，叶面积大，单株覆盖面大，既有良好的保持水土作用，又会给周围环境带来更清新的空气和优美的景色，形成景观农业和旅游农业，生态效益显著。

撰稿： 辽宁省农业发展服务中心　丹东市农业农村发展服务中心　贾国强　邢千红　邹美荣　李霄晗

吉林市永吉县万昌镇张全家庭农场案例

需求与目标

永吉县万昌镇张全家庭农场位于 43°N 的东北松嫩平原，素有 "黄金水稻带" 之称的吉林省优质稻米之乡万昌镇，是国家级绿优稻米生产加工基地、全国著名优质水稻生产区。农场构建 "公司 + 农场" 全产业链经营模式，拥有技术先进的大米加工设备，年稻米加工能力 3 万 t，5 400 亩生态水稻种植基地，其中绿色食品认证基地 3 000 亩，生态水稻鸭田稻、蟹田稻 2 400 亩，经营收入不断增加。农场先后被评为吉林市新型职业农民实训基地、吉林市巾帼现代农业示范基地、吉林省益农信息社、吉林省植保无人机飞防作业服务联盟成员单位、吉林省新型职业农民培育实训基地、省级返乡创业基地、省级农民工等人员返乡创业基地、首批全国示范家庭农场等荣誉。

做法与技术

(1) 基础设施和硬件设备建设　农场率先采购了 8 架植保无人机、遥感无人机，主要用于田间植保、大田影像拍摄等。派送学员到专业公司学习飞行和修理技能，将农业生产过程中最薄弱的 "管" 环节进行强化，除了自家农场植保使用外，还能帮助其他农户防虫防病除草，最大限度地降低生产成本和提高经济效益。无人机每小时空中喷洒效率可达 210 亩，植保无人机在减少 30% 以上的农药使用的同时节约 90% 的水资源，保证了农产品质量安全、绿色环保。2021 年采购全新极飞 P80 农业无人机拥有 40 kg 载重能力，更适合大田直播，可进行大田固态肥料的播撒，也可进行农业喷洒，减轻农业生产负担，提高工作效率。

无人自动驾驶仪建设：2019 年，购入无人驾驶系统 10 台，自动驾驶仪适用多种农业机械，适配性高，安装方便，操作简单，安装在拖拉机、插秧机等农业机械上用于基础作业，切实改善作业环境，减少作业难度和工作强度。

智慧化数字农场建设。2020年，在已经建设成型的可视化农业基地基础上，公司开始升级建设数字化农场。安装智能农业物联网数据采集设备"可视农眼智能监测基站"，采用农业 GIS 地理信息系统技术对农场、地块、农事记录等信息数据进行采集汇总，实现了将田间实时气象、土壤、虫害及田间实时视频和图片数据上传到数据监测中心，实现可视化基地的互联网远程数字化管理。可通过可视农眼来查看管理地块、农作物、农业生产数据信息，监控田间的农作物生产情况。

(2) 软硬件集成系统建设

可视化农业基地建设。2015年，在全部生产基地、育秧大棚和加工车间都安装了摄像头，消费者下载 App 就可在手机上实时监控到水稻从种到收的全过程，能够通过互联网进入农场的可视基地，整个种植都可以做到"事后"追溯。

(3) 运营模式创新　农场从

智能控温控水育秧大棚

可视监控设备

植保无人机

新闻联播播报农场无人机作业情况

无人驾驶机械设备

秸秆还田作业

机械收割

学员参观学习

2014年开始流转周边土地，通过销售、翻修建筑，建立种植基地，构建起"公司+农场""种植+加工+销售"全产业链生产经营模式。这种生产经营模式，通过大米销售的三产，链接农业一二产，一方面能够通过机械化、标准化、集约化生产，确保提升产品的质量；另一方面能让优质产品卖出优质价格，实现优质优价，有效分散市场风险，破解因稻谷价格低迷种植收益低的困境。

经验与成效

(1) **经济效益**　农业无人机系统的应用，大大提高了农业生产效率，水稻种植面积由 2014 年的 450 亩，增加到 2021 年的 5 400 余亩，7 年增加了 11 倍。机械化、标准化的生产模式有效降低企业的生产成本，每公顷土地可节约生产成本 3 000～4 000 元。同时，将农业生产过程智能化、信息化，一改农耕的原始姿态，将农民从繁重的农业生产中解脱出来。

1 台无人机作业 1 小时，喷洒效率为 210 亩，相当于省去 100 名劳动力，1 人可同时操控 3 台无人机。因喷洒精准，不重复作业，可节约 90% 的水资源，减少 30% 的农药使用，保证了农产品质量安全，绿色环保。

尤其是人药分离，保障了人员的安全。

因农业生产效率提高，土地流转数量增加，农场可吸收周边农户到农场打工，农户从过去的单一收益变成了双收益，从过去的年收入不足 15 000 元，变成年收入 30 000 ～ 50 000 元，没有被农场流转土地的农户，在农场做季节性工人，每年也可多收入 1 000 ～ 20 000 元。

(2) **社会效益**　农场通过可视农业信息化建设，致力于用"互联网＋农业"的全新方式，构建了地区领先的互联网营销体系，通过率先在吉林地区创建可视化家庭农场，以基地构筑基础，以网络搭建平台，以可视打通节点，以追溯联动营销，创建了利用互联网与市场透明对接的新型农产品可视化营销模式，打造成从农产品生产到消费者餐桌全程透明的展示平台。消费者在线上通过视频能了解到农场产品从播种、施肥、浇水、成熟一直到精加工的全部过程；客户端 App 的开发运营，架起了生产方与消费者信任的桥梁，实现过程实时呈现，一目了然。

无人机撒肥、喷药，自动驾驶仪的安装，充分展现了农业机械化、智能化，农事记录信息化，将农业变成轻松的产业。自从农场建设了互联网信息化、智能化、可视化的数字农业应用管理系统后，将农场、加工车间、销售门店实现可视化联通，实现了城市乡村、线上线下、加工销售一体化展示与营销。

撰稿：吉林省农村经济信息中心　　于海珠
　　　永吉县万昌镇张全家庭农场　　张楠楠

吉林省白山市抚松县人参产销一体化综合服务案例

‖ 需求与目标 ‖

人参产业不仅是吉林省的传统优势产业，更已确定为吉林省的战略性新兴产业，并制定了千亿元的发展目标。人参种植生产农业投入品的使用，不仅直接严重影响人参的产量，更直接影响产品质量安全。2015 新版药典也增加了人参农药残留检测规定，检测品种多达 253 种。2021 年发布的《食品安全国家标准　食品中农药最大残留限量》（GB 2736—2021）新增人参农残限量 13 项，并将不断增加。这也对人参生产农业投入品的规范使用提出了更高要求。人参种植迫切需要解决技术优化推广及其配套投入品规范使用溯源管理问题。

‖ 做法与技术 ‖

抚松县参王植保有限责任公司的主要业务是人参种植、良种繁育及为人参种植业户提供持续创新的人参安全优质生产技术方案及其配套农业投入品（肥料、农药、种子）供应服务。

(1) **物联网系统建设**　通过物联网技术对生产管控设备进行控制从而实现基地智能化建设，保证道地药材的生产质量。智能控制器通过各种传感器接收各类环境因素信息，通过逻辑运算和判断控制相应温室设备运作以调节农业生产环境。

根据传感器采集的数据、结合系统中的专家知识库，做出最优化控制，自动调控到作物生长所需求的温、湿、光、水、气等条件，控制温室内适宜道地药材生长的环境，根据道地药材生产需要，也设定自动调节灌溉时间和次数、光照时间、夜间补光、加温、加湿等。

(2) **软件系统建设** 开发了具有动态发布和病害识别功能"参王之家 App"。开发并部署运行在服务器端的人工智能人参病害识别系统，能够根据人参病害图片快速识别出病害类型，返回病害名称及置信度数据。目前可识别出灰霉病、黑斑病等 14 种人参常见病害类型，并反馈相应病害的病害名称、症状描述、防治方法、典型对比图例等，还可以点击链接购买相应的防治药品。当系统反馈病毒识别可信度低于 80% 时，会显示病例为疑难杂症，可直接电话联系专家进行咨询。

种植管理溯源智能监测设备

种植管理溯源智能监测查看设备

智能灌溉首部控制系统

智能灌溉监测主机

长白山人参种植管理溯源系统分为 6 个板块，分别是基地信息、生产标准、投入品、检测报告、基地认证、生产场景。基本信息包括基地名称、编号、建设单位、基地位置和坐标（百度

智能灌溉滴灌带

智能灌溉监测站

地图可查）、基地面积、品种、种植方式、年生等信息；生产标准可以看到此基地建设的标准，包括《地理标志产品　长白山人参》《人参优质种植技术规程》《人参安全生产植保技术规程》；投入品板块主要是显示此基地用的方案及方案的详细信息是需要联系管理员查看的；检测报告版块分为土壤检测报告、种苗检测报告、产品检测报告，点击可查看取样过程跟检测报告的照片；基地认证板块是用来展示基地是否认证的板块，包括品牌认证、绿色食品认证、道地药材认证；生产场景主要是用来记录包括基地图和人参各时期的图片的生产过程场景和生产过程中温度、湿度、光照等物联网信息，还有基地的棚内、棚外的实时视频等。物联网信息包括光照强度、空气温湿度、土壤水分、土壤温湿度。

经验与成效

(1) **经济效益** 提升产品合格率。截至 2020 年 12 月 31 日，"参王之家"植保平台在册用户已达 18 315 户。其中，公司以"量身制定全程生产方案 + 配套投入品补贴 + 全程跟踪服务"的模式，带动农户建设人参规范化生产基地 187 650 亩，占比达 35%。基地产品 2020 年抽检合格率高达 96%。

提升产品品牌和质量。建设道地药材产销一体化公共服务体系，集成道地药材全程质量控制服务平台、产地公共服务平台、产地直供电子交易平台，从源头控制并实现道地药材的质量标准化与稳定供应，从而保障中药质量、提升道地药材品牌，推进道地药材产区经济发展。2020 年"长白山人参种植管理溯源系统"为 509 块溯源基地建立了全程溯源信息。

提升管理效率和管理水平。建设智慧种植运维云平台，实现基地、生产、加工各阶段生产数据集中化管理，实现为电商平台、追溯平台以及政府监管平台提供生产加工数据，达到信息共享；建设植保服务平台包含农药监管平台和人参产品专家技术服务系统，实现农药、肥料等投入品的有效监管以及专家远程在线指导；建设手机 App，涵盖智慧种植智能移动管控、生产管理、溯源管理 3 类 App，满足管理人员对种植基地相关信息的掌握以及随时随地对基地进行管理和控制的需要。

（2）社会效益　通过构建指挥控制中心，实现统一调度，优化管理。建立指挥控制中心系统，负责监视、控制、指挥、调度、优化、管理所有基地资源，通过分布在各个基地的传感器和视频设备，感知整个基地的运营态势，确保各个基地的生产安全、运营高效，实现绿色、安全、畅通、智慧、优质的新业态。

促进企业管理创新，实现用数据挖掘技术为生产服务。通过各个基地视频监控，提高整个公司管理效率，为农产品溯源提供了良好信息基础，同时为农产品的生产和销售保驾护航。通过生产场管理软件、辅助生产采集设备、实时在线数据交互模式，综合运用软件、网络等多种技术手段，切实保障基础数据的真实、有效和及时，提高数据质量，促进企业管理创新。

高效整合和优化各类资源，管理效益提升 30%。通过农业物联网自动采集控制的生产源头数据，高效整合和优化各类资源，实现网上网下互相推动、同步发展、深度融合，建设一个社会化、网络化、专业化、多功能的"一站式"综合服务平台，对于促进涉农资源高效配置和综合利用，提高生态农业自主创新能力，推动智慧农业建设具有明显的效益。

促进培育和发展优势特色产业，市场竞争力提升 40%。通过建设一个以网络技术为基础、信息服务体系为支撑、共享机制为保障的综合性服务平台，实现资源整合、系统集成、便利服务，积极为农业企业、高校、科研机构、社会化服务机构等创新主体提供优质、高效的服务，有效改善生态农业载体规模小、实力弱和集约化程度低的状况，是增强自主创新能力的有力措施，有效促进生态农业创新以及全面提升产品竞争力。

提高农业生产决策水平和服务能力。通过平台建设，实现了创新的格局，让农业载体能够在利用公共资源所构建的平台上开展服务活动，农业生产也通过该服务平台，规范生产，提高工作效率，为促进投资决策合理化、管理科学化、服务高效化起到积极作用。

促进科技资源共享，提高资源利用率。本平台建设在不改变专业服务机构原有隶属关系、资产关系、人事关系的基础上统一规划、共建共享、互惠互利，发挥技术、资源、标准数据等信息资源的共享，将避免资源的浪费和重复建设，提高资源使用效率，使农业资源使用更加便捷。

撰稿：吉林省农村经济信息中心　　　　李明达
　　　吉林省白山市抚松县农业农村局　　黄秀荣　韩永亮

吉林省延边朝鲜族自治州龙井市绿品源生产基地案例

‖ 需求与目标

延边州龙井市东盛涌镇东明村建有"良田百世现代农业科技产业园"，该产业园占地 540 亩。依托该产业园，延边绿品源农林科技有限公司先后与国家蔬菜工程技术中心、国家农业信息化工程技术中心、农业农村部农业物联网系统集成重点实验室、北京市农林科学院等国内一流科研机构开展深度合作，从优良品种引进、先进模式栽培、信息技术应用、智能装备提升、电子商务等方面广泛开展合作开发，取得了一系列重要成果并得到了大面积应用，经济效益和社会效益极为显著。

做法与技术

延边绿品源农林科技有限公司生产基地位于延边州龙井市，目前拥有高科技设施农业、仿野生中草药种植及加工等十二大生产基地。其中，种植水稻 3 万余亩、仿野生长白山灵芝 30 万段、仿野生木耳 5 万段、林下参 2 000 亩、红松果林 5 500 余亩、苗圃 100 万株，繁育延边黄牛 500 头，总用地面积达 4 万余亩。实现农业总产值 1.2 亿多元，已成长为延边州农业生产、加工、销售一体化的龙头企业。

延边绿品源农林科技有限公司秉持农业生产、加工、销售一体发展理念，将"物联网、大数据、人工智能"等农业信息化技术和智能装备技术融于农业生产各环节，实现科学决策、智能化管理、智慧化服务。基于"良田百世现代农业科技产业园"，开发了日光温室物联网检测系统、智能温室监控系统、水肥一体化控制系统、蔬菜花卉生产质量安全与溯源系统、保鲜库智能监控系统等。通过信息化系统开发和示范应用，大大提高了劳动生产率，降低了生产成本，提高了经济效益。

(1) 日光温室物联网检测系统　生产基地和产业园区建有 20 多个日光温室，依托北京农林科学院农业生物技术研究中心研发新品种，如食用菊花、观赏百合、手撕西瓜等；开发了日光温室物联网检测系统，可对日光温室的温度、湿度、光照、CO_2 等进行检测，针对不同作物、不同品种、不同生育时期的实际需求，合理管控，使温室环境更加适合作物生产和发育，达到高产、优质、高效、生态的目的。

(2) 智能温室监控系统　针对园区约 1.4 万 m^2 的连栋温室，开发了智能温室监控系统，可实现作物生长状况和环境参数的实时监控。温室配备有外遮阳系统、内遮阴系统、内保温系统、侧保温系统、高压雾喷系统、顶喷淋系统、顶开窗系统、暖通系统和展示区中央空调系统、计算机自动控制系统等。通过智能温室监控系统对农业生产环境进行 24 h 不间断环境监测，提供现场、网页、手机等多平台的实时数据，准确及时提供空气温

螺旋仿生立体水培

智能温室展厅

空中红薯

展厅一角

环形管道水培

智慧温室

湿度、光照强度、CO_2 浓度、土壤温湿度、有害气体浓度等生产环境关键数据。系统可独立精确地控制温室不同区域的温度、湿度、光照等环境，从而实现同一温室的多品种种植和周年生产。不但可节省大量人力成本，还对科学种植管理提供了强有力的技术支撑手段，达到了提高作物产量和示范展示的效果。

(3) **水肥一体化控制系统**　针对生产基地和产业园区的智能温室和日光温室，结合测土配方数据，根据种植作物品种、土壤类型等各个关键点设置，利用专家知识和系统内嵌经验模型，通过服务器指令控制设备的开关，实现温室内水肥一体化设备的远程控制。系统通过检测灌溉溶液营养成分及酸碱度，通过控制系统 PID 运算释放不同肥料原液参与混合搅拌，达到所需要的灌溉肥水，最后进行定向位置释放。系统可实现定向位置种植作物，进行定时、定量、精量营养液或清水输灌，实现资源的高效利用，实现作物的高产、优质、环保栽培。由国家农业智能装备工程技术研究中心提供专家及技术支持。

(4) **蔬菜花卉生产质量安全与溯源系统**　公司投资建立生产基地、园区农产品质量安全与溯源系统，该系统的建立可满足消费者的知情权，在消费者和生产者之间架起信任的桥梁；以现代信息技术为支撑建立的追溯体系，还可提升基地企业产品的附加值，为合法基地企业增收发挥重要作用。追溯系统的使用者为基地工作人员，主要包含信息查询、农事信息记录、包装贴标等功能。基地管理系统的信息录入关系着整个追溯系统体系信息的准确性。考虑到基地工作人员的文化水平及接受信息化系统程度的问题，尽量按照简易操作的原则进行设计系统。

(5) **保鲜库智能监控系统**　产业园建有建筑面积 1 000 m^2 的保鲜库。保鲜库采用智能远程管理控制模式，园区中控室可实时查看保鲜库的温度、湿度、CO_2 浓度等，为不同蔬果提供适宜的储存环境，满足园区乃至周边城市用户的蔬果供应。

经验与成效

(1) **社会效益**　公司通过信息技术的集成和应用，大大提高了生产基地和产业园区的现代化管理水平，促进了现代信息技术与产业的融合发展，提升了农业生产的综合效益。

公司通过开展农业物联网、水肥一体化、智慧农业平台、农产品质量安全与追溯、农业产业融合等技术应用，促进了传统农业向现代农业生产管理方式的转变。先后培训基层管理者、生产者和经营者200 余人，提高了基层政府、技术人员和广大农民的信息意识，使更多用户了解、应用先进的农业信息化技术和管理知识，先后带动当地就业 500 余人，为以产业振兴为核心的乡村振兴提供了典型案例，社会效益显著。

(2) **经济效益**　通过对设施环境的智能检测和控制，减少用工成本 20% 以上，智能装备提高作业率30% 以上，水肥一体化智能灌溉实现节水 35% 以上，提高产量 30% 左右，综合经济效益增加 50% 以上。系统运行后平均可减少农药投入 20% 以上，亩平均节约成本达 100 元，提高销售价格 10% ~ 15%。通过对保鲜库的温度、湿度、CO_2 浓度等环境参数的检测和控制，使农产品的损耗由过去的 15% 降至10% 以下，销售价格提高 10% 以上。通过从地头到餐桌安全可控制技术的研究，绿色防控和安全生产模式及标准化生产示范，人人减少了化学农药的使用，从而提高了蔬菜、花卉的产品质量，增加了产品的附加值。

(3) **生态效益**　通过信息技术的集成和应用，大幅度减少了化肥和农药的投入，提高了水肥利用效率，科学投入生物有机肥料，有效降低了种植环境污染，改善了土壤物理性状，增加了土壤养分含量，提高了土壤肥力，农业生产废弃物也将得到有效处理，在降低农业生产成本的同时，保护了农业生态环境。

(4) **推广示范效益**　园区先后接待龙井市市长、龙井市市委书记、延边州农业农村局、延边州科技局、延边州副州长、州长、省科技厅副厅长等政府部门领导，在产业园提供技术咨询服务 50 余人次；向来自全国相关部门的来访人员开展了 20 余批次 300 余人次的产业园平台服务和建设模式培训。延边新闻网、延边广播电台等媒体进行了专题采访报道。

通过引进国家农业信息化工程技术中心、农业农村部农业物联网系统集成重点实验室等国内知名研究机构先进的农业信息技术，开展集成开发与应用。建立适合本地的农业信息系统，广泛开展试验示范，将成熟的农业信息化技术首先在本基地 4 万亩的土地上应用。充分发挥农业信息技术的先导作用，为推动当地农业生产提质增效奠定基础。同时，利用现代信息技术，开展农业科普、体验、创意、培训等活动，促进农业一二三产业融合发展，延长农业产业链，提高产品附加值，从而增加经济收入。

撰稿：吉林省农村经济信息中心　　　田海运
　　　吉林省延边州龙井市农业农村局　金峰云

光明食品集团上海农场沿海水利案例

需求与目标

农业乃国之根本，智慧农业是农业的未来发展方向，实现乡村振兴的关键。随着长三角一体化发展上升到国家战略，光明食品集团上海农场有限公司（以下简称上海农场）作为上海的重要"飞地"和战略要地，成为上海落实长三角一体化的重要战略空间以及沪苏两地推动融合发展的重要桥梁纽带。围绕"产业能力强、专业程度高、服务辐射面大、农业基础扎实、发展质量好、人才优势明显"的"超级农场"建设新目标，最大限度发挥农场空间优势、生态优势、资源优势，着力打造"一强二优三高"的"飞地"特色现代农业产业集群，开创"超级农场"建设新格局。

国务院提出至 2022 年要建成 10 亿亩高标准农田，以此稳定保障 1 万亿斤以上粮食产能，同时把高效节水灌溉作为高标准农田建设重要内容。上海也提出要建设 10 万亩的无人农场，但管水的无人化是粮食生产耕种管收最薄弱的环节。上海农场作为上海最大的农业生产基地，拥有 20 万亩耕地，8 万座田间进排水闸门口，每年需要大量人力进行手工操作，水层管理也难以做到精准节约，且下雨天、水稻集中灌溉期的夜间操作存在极大的安全隐患，随着管水人员结构的不断老龄化，大田种植将面临用工荒、用工难、用工风险、用工成本高等诸多问题，为了节约人力物力成本、实现精准生产管理、提高产量和效益，大田智能灌溉系统是必走之路。

做法与技术

上海农场地处江苏省盐城市大丰区境内，毗邻国家级麋鹿自然保护区和丹顶鹤自然保护区，区域占地面积 46 万亩，其中耕地 22 万亩、林地 5 万亩、鱼塘 8 万亩，是长三角地区最大的国有农场、上海市域外最大的"飞地"。农场主要从事种粮、生猪、水产、禽蛋、菌菇等产业，专注打造以"种养结合，生态循环"为特色的现代农业体系，建立从田头到餐桌的放心食品产业链，致力于将安全、优质、健康的肉、米、鱼、蛋、蔬果等优质农副产品送入千家万户，成为保障上海市主副食品供应的重要生产基地。

大田智能化灌溉系统由云平台、边缘服务器、泵房智能控制柜、网关、智能控制器、新型闸门改造、配套传感器及配套工程小程序、应用客户端等组成。边缘计算集成水泵监控、闸门监控、微型气象站、视频监控、水质水位监测、语音告警、Lora 网关、检修等各类模组。内置监测芯片，实时监测电池、电机运行状态并实现保护，配置通用 RS485 接口，可按需接入通信模组，电机驱控采用 H 全桥方式，板载蓝牙通信模组及配套工程小程序，可实现快速施工。

网关基站	田间进水	田间进水
排水口	排水沟	风光一体监控
防渗农渠	大田远景	扬水站智能控制柜

该系统能够组成基于本地需求的智能化水肥灌溉系统及水利智慧管理系统，实现大田粮食种植管水从泵站、斗门、主渠进水口到田间进排水口全程远程控制，可实现与配套传感器的联动控制，摆脱人工手动操作。独特的闸门设计，能根据应用现场实际实现个性化定制，可以基于 Lora 网关、NB-IoT、4G、5G 信号数据传输方式。闸门设计独特，运用动力学实现水阀的开关，不漏水、不堵塞；LoRa 通信模块单个网关可覆盖 3 ~ 5 km，连接多个终端，实现快速通信、节约通信成本、改善无网络情况；开放式传感器接口，控制设备可连接任何类型的传感器；控制方式多样化，采用自动、远程、现场等多种方式；设备状态多样化，单一、组队、联动的工作状态；易安装使用，产品简单、清晰、易操作，客户可自行安装和配置；云平台架构，通过联网设备迅速访问操作平台查看设备状态，平台整体可拓展、速度快、保密性强。

经验与成效

（1）**经济效益**　降低人工成本，上海农场水稻大田管理人均管水面积 150 亩，目前人均 1 500 亩，可节约管水用工 84 元 / 亩。节约电费，田间灌溉进排水系统，做到合理调配水资源，且独特的圆弧形闸门设计，不产生漏水现象，可节约电费 3.66 元 / 亩。节约用水，原始灌溉方式浪费水比较严重，每次灌溉时都会造成不必要的浪费，每亩可节约用水 180 t，每亩节约地表水资源 36 元。节约肥料，与施肥过程相结合形成肥水灌溉系统，减少肥料的使用量，按实际投入使用量算得可降低肥料成本 12.23 元 / 亩。增加效益，通过水层精准管理，减少水资源浪费，良田得到精准灌溉、有效施肥，种植效益得到提升，每亩约提升收入 22 元。综上所述每亩节约 157.9 元。

（2）**社会效益**　大田智能化灌溉设备以节约水资源、精准灌溉的特点，为农业生产和产业结构调整创造了良好条件，生态环境呈现良性态势，水资源得到有效利用，显著提高了农作物的实际产量，区域内资源、环境、用工、生产力水平都发展得愈发协调，推动了生产环境系统结构及功能逐步实现良性循环，极大缓解了劳动力紧张，从事农业生产人员越来越少，解决了劳动力紧缺的问题。结合施肥形成肥水灌溉系统可有效节约肥料，达到保水、保土、保肥的效果，提高了粮食产量，维系了良好的生态环境，实现了水资源的可持续利用，科技对农业从而为社会、环境发展提供支撑，是探索信息化支撑乡村振兴工作的实际应用典型案例和良好示范。

（3）**生态效益**　该系统已获得发明型专利 1 个、实用型专利 4 个、计算机软件著作权 3 个，荣获 2019 年、2021 年数字农业农村新技术新产品新模式优秀项目。系统的使用带来了人力、节电、节水、节肥等方面的发展，对农田有着较强的适应性，能够按地形、业主要求实现个性化定制，在投入使用过程中，实现了对环境实现"低投入、高产出、零污染"的要求，且间接治理了周边的水体环境。

撰稿：光明食品集团上海农场有限公司　盐城市沿海水利工程有限公司　光明农业发展（集团）有限公司
骆静　李海平　蔡振辉　陈伟　肖梅　夏伟　朱思衡　徐清　赵业鹏　范宏伟　任靖　张宗峰

上海市浦东新区泥城镇公平村清美基地案例

需求与目标

劳动力匮乏是一个亟待解决的问题。据显示，我国大部分地区农业生产从业者（管理人员除外）年龄较高，"4 个菜农 300 岁"的情况非常普遍，80 岁以上农民仍在地头干活也并不鲜见，此外，劳动力成本居高不下，一般人工成本占总成本的 70% 左右，有的甚至占 90%，更加剧了这一现象发生。劳动力的短缺和机械化程度偏低，成为农业生产企业当前面临的重大经营问题。因此，我国农业实现全程机械化集成，降低劳动力输出，已成为当下迫在眉睫需要解决的问题。

做法与技术

本项目建设地点位于上海市浦东新区泥城镇公平村，为泥城镇公平村重点打造的千亩蔬菜生产基地，建设面积 1 015 亩。上海清美绿色食品（集团）有限公司作为该基地的独家经营单位，上海国兴农现代农业发展股份有限公司为本项目的技术提供单位和建设单位。重点打造基地 75 亩核心区，采用工厂化育苗、机械化生产、包装化销售、品牌化运营的方式打造泥城镇绿色、安全、优质蔬菜的名片，带动周边相关产业发展。

(1) **基础设施和硬件设施建设**　基地完成了基础设施建设，建成了约22亩的高标准蔬菜种植示范区和18亩的鸡毛菜标准化生产区，建成了约7亩蔬菜工厂化育苗区和全园区858亩水肥一体化灌溉系统，配备了GSW8430温室、穴盘、半自动潮汐式苗床、催芽室、自动播种流水线、鸡毛菜收割机械、鸡毛菜生产配套设备、潮汐灌溉及自动控制系统、穴盘清洗机、基质搅拌机、育苗车、移动潮汐式苗床等设施设备，并建成1套农业废弃物无害化处理系统和绿色防控设施，配备了温室及灌溉智能化控制系统、全园区监控系统。

智慧鸡毛菜种植温室

温室内景

智能水肥一体化系统
智能控制柜

智慧鸡毛菜种植温室

气象站

(2) **软件系统建设**　本项目运用了国兴农和上海交通大学共同研发的穴盘苗菜智能灌溉专家系统，该专家系统可以解决现有技术中存在的频繁设置、参数调整、肥液控制等问题，实现自动化的潮汐灌溉，从而提升穴盘苗菜的品质和产量，适用于穴盘苗菜整个生长周期的灌溉控制，对各个时间段灌溉肥液的控制使穴盘苗菜品质更高且保持一致，并且节约用肥，将经验结合实验数据使种植数据化更利于种植的推广以及产业化种植。

集成国兴农全套的智慧农业解决方案，移动互联网和物联网技术与农业生产深度融合，将灌溉、温室设施与传感设备、监控设备和智能控制设备等进行有效集成，从而实现水肥一体化、温室的自动化和智能化，为不同作物的种植环境提供专业解决方案。通过自主研发的基于手机App的智慧农业平台，远程监控农业生产设施设备，有利于提供劳动效率，节约劳动成本。

(3) **生产技术创新**　优选品种。为了控制穴盘鸡毛菜的生产成本，选择在自然光照和温度条件下进行温室生产，较人工光照的植物工厂成本更低，资源和能源的节约效果更好。因此在品种选择上，首先要考虑的就是选择对夏季高温和冬季低温有较强耐性的品种。在种子处理和引发技术的应用中，选择种子萌发率高、出苗整齐，满足精量播种要求，产品质量一致的穴盘绿叶菜品种，同时满足机械采收的特殊要求。

精量播种。穴盘鸡毛菜的工厂化生产，智能机械的研发应用是关键。为了提升穴盘鸡毛菜的高效生产问题，按照精量播种、精准催芽的技术需求，播种引发处理后的苗菜种子，在精量播种流水线上一次完成基质装填、装盘、打孔、精量播种、覆土、浇水6道工序，播种速度达到每工时800盘，播种深度整齐一致，壮苗齐苗有保障。

机械采收。传统鸡毛菜的采摘，一般是在 28 ~ 35℃ 的温室大棚里进行，通常采收鸡毛菜的农民熟练工每 8 小时也只能采收 64 kg 鸡毛菜，仅采收人工费就需要 1.56 元 /kg。穴盘鸡毛菜自动收割设备突破了精准定位、运行匹配、精确收获等技术难点，实现了"不带子叶、三叶一心"的机械收获标准。

经验与成效

（1）经济效益　本项目集成了国兴农智慧农业系统技术，依靠科技创新保障了蔬菜质量安全。机械化和自动化，大大提高了生产效率，穴盘苗菜的机器收获效率达到 150 kg/h，较人工采收提高效率 18.7 倍。

（2）生态效益　鸡毛菜在栽培过程中，极易受到菜青虫、跳甲等为害，因此，集成了光诱、色诱、性诱、防虫网和生物杀虫剂的"三诱一网一生"绿色防控技术对害虫发生进行精确预报和诱杀，实现工厂化生产全过程零农药投入。

撰稿：上海国兴农现代农业发展股份有限公司　上海清美绿色食品（集团）有限公司
　　　吴庆霞　张志新

浙江省杭州市萧山区宁围街道顺坝村案例

需求与目标

城乡一体化的快速推进，农用土地越来越紧缺和宝贵，以及生产成本的急剧上涨，导致农业生产企业利润急剧压缩，日常运行中突显出能源浪费严重、产能低下、人员工作效率低下、产品质量难以提高等瓶颈问题难以突破。杭州艾维园艺有限公司根据自身生产状况，结合国内农业生产现状，借鉴国内外先进温室控制理念，先进种植技术，提高产能、节约能源、提高人员工作效率、提高产品质量，发展高附加值的精品农业，使传统的繁重的农业生产逐步向"智慧农业"迈进，利用"互联网 +"充分运用信息技术和检测技术的最新成果，通过信息的获取、处理、传播和应用，实现农业生产管理自动化。

做法与技术

杭州艾维园艺有限公司是一家致力于时令鲜花、高架草莓及水果番茄种植、销售于一体的专业性种植型农业企业。本着"科研、开发、生产"的原则，以"引进、吸收、消化、创新"为生产理念。10 多年来，从最初人工控制到简单引进智能温室控制系统、水肥灌溉系统应用到栽培生产，到现在经过多次迭代优化后完善的种植理念、优化的智能温室控制系统、合理精准的水肥一体灌溉系统、完善规范的生产章程及完善的农产品生产追溯系统。公司已积聚和打造了自己独特的品牌魅力和坚实的发展基础，有力地推动和加

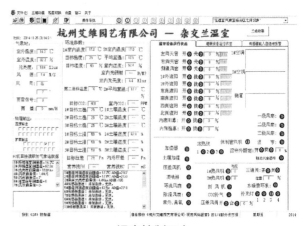

温室控制平台

快了杭州周边温室高效种植业产业化开发进程。根据自身生产状况，结合国内农业生产现状，借鉴国内外先进温室控制理念，先进种植技术，提高产能。使传统的繁重的农业生产逐步向轻松惬意的"智慧农业"迈进，并利用"互联网＋"能够充分运用信息技术和检测技术的最新成果，通过信息的获取、处理、传播和应用，实现农业生产管理自动化。

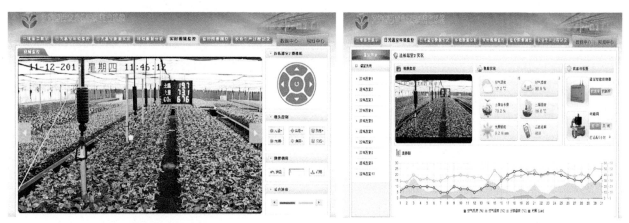

物联网实时监控　　　　　　　　　　　　　　　物联网日光温室环境监控

（1）**软硬件集成系统建设**　温室智能控制系统、精准的水肥一体灌溉系统。通过对温室内外环境数据进行周年全时段检测记录，根据温室内生产农作物的特点，按农作物整个生育期对温度、湿度、光照、水量、太阳辐射量、土壤温湿度、CO_2 气体等环境要素的需求，设定在不同时期所需不同的生长参数，对温室设备进行全时段全权限管理，及时运行／停止温室外通风系统、内通风系统、降温系统、加温系统、喷雾加除湿系统、内外遮阳系统、补光系统、CO_2 调节系统、精准水肥一体灌溉系统等调节设施设备。使温室内的环境参数始终处于农作物最佳状态，实现农业生产管理过程自动化，把高新科技与农业生产有机结合。

（2）**生产技术创新**　智能温室冬季生产技术：采用多变量的智能控制技术、渐进性的智能调控温室方案，使温室内环境变化更加平滑；采用高架（吊架）基质栽培模式突破常规土壤结构限制及连作障碍。高架种植比常规种植多种植 15%，吊架种植比常规种植多种植 65%；采用精准的水肥一体灌溉系统为植物全季生长提供精准的营养供给。比常规水溶复合肥使用量减少 32%，费用降低 50%；采用深井水源热泵技术对种植土壤及温室空间进行加（降）温进行调节，大大节省了能源开支。比常用煤锅炉费用降低 65%，天然气锅炉费用降低 55%，电锅炉费用降低 80%。

‖ 经验与成效 ‖

（1）**经济效益**　实现智能控制、信息化监测控制，通过追溯系统合理调节生产流程后，降低对技术工人水平依赖程度，降低人工费用 60%，节约能源 32%，减少农药使用率 50%，提升优品率 22%，增产 10%，农产品质量也显著提高。

（2）**社会效益**　生产的农产品轻松通过良好农业规范认证（GAP）。推广温室面积达 40 万 m^2，取得了良好的社会效益。

撰稿：浙江省农业农村大数据发展中心　李林
　　　　杭州艾维园艺有限公司　　　　张侃

浙江省宁波市古林镇国家现代农业示范区案例

需求与目标

水稻种植业是宁波市农业优势产业，宁波市水稻种植总面积约 120 万亩。近几年，宁波市以农业规模化、设施化、生态化、信息化建设为重点，积极推进农业供给侧结构性改革，在农业机械化、土地集约化、农业信息化等方面为数字农业的实施奠定了良好的基础。然而，随着水稻规模化生产模式的推广，也凸显出诸多问题，主要表现在：种植地块细碎，机械化作业效率低下；劳动力成本高，人工成本已占水稻生产总成本的 1/4 左右，存在严重的"用工荒"问题；农业从业人员稀缺，农业可持续发展问题严峻，节水、减肥任务艰巨，水稻品质提升困难。综上所述，基于宁波市大田种植业现状，亟须通过发展数字农业，重点推广提升农机效率、提高稻米品质、节约劳动力成本的精准种植技术，进而对各单项技术进行综合集成和示范，以全面提高劳动生产率、土地产出率和农机利用率。

做法与技术

古林优质高效水稻大田种植数字农业技术集成示范项目是由海曙区农业农村局、古林镇农办联合浙江托普云农科技股份有限公司等多家单位于 2017 年起组织开展的数字农业建设试点项目，是多家单位联合打造的高标准农田无人农场样板工程项目。项目总投资为 2 572 万元，充分利用建设区农业生产区域土地规模化流转优势，针对宁波地区水田特点，以国家现代农业示范区为依托，建立完整的水稻优质高效、精准化种植技术体系，在超过 1 万亩的规模化种植基地进行集成示范。

（1）**软硬件集成系统建设**　数字农业装备与系统配置。通过建设北斗精准时空服务基础设施，配置高效精准新型农机具，实现高精度、自动作业、精准导航与实时信息采集，凸显农机在现代农业中的支撑保障作用。同时，项目通过对部分田块整理、净空清理，改变当前水稻种植田块面积小、碎片化的现状，为大幅提升农机使用效率作出示范；通过改造部分田块排水沟，利用沟渠设计植保机械行进路径，为突破植保机械在水稻种植中的应用瓶颈、补齐全程机械化短板作出示范。

统防统治

无人机飞防

控制中心

古林全息投影

病虫害监测预警点

无人农机

（2）**生产技术创新**　以"农机可视化、种植信息化、灌溉智能化"等三化为核心，将虫情监测预警与绿色防控、墒情监测预警与灌溉、农机与无人机设备和新型的物联网、无人机遥感、无人驾驶等技术结合，探索现代农业新型生产方式。

(3) **运营模式创新**　项目还结合宁波市现代都市农业示范区建设成果，通过多元化投入、专业化运行，强化资源整合、政府全程监督等措施，探索建立可持续发展的运行机制。以"农旅结合"为立足点，展现当地数字农机技术应用水平，打造"以农促旅，以旅兴农"的可示范模式。

实现了从育苗–耕–种–田间管理–收–烘干的全流程自动化生产加工程序的古林大田数字农业项目，发展成为浙江乃至整个华南地区都很重要的水稻大田种植数字技术推广示范基地。

经验与成效

提升农业机械化水平和农机利用率，满足农业机械提档升级的需要；提高劳动生产效率，实现降低劳动力用工成本的需要；提高资源利用效率和环境保护能力；集中展示水稻种植全程机械化信息化操作，推广示范应用成果；实现精准种植技术的需要；建设单位提高管理水平，增加生产效益。

(1) **经济效益**　预计可提高产量 10 kg / 亩，总产提高 10 万 kg，省工节本达到 86 元 / 亩，节省总成本 86 万元，创收 20 万元，综合效益达到 120 万元以上，亩均净利润增加 5% 以上。

(2) **生态效益**　减少了农药、肥料和灌溉水的使用量，大大降低了水土营养的流失和土壤面源污染风险。

(3) **社会效益**　促进了农艺、农机和信息化的深度融合，全面提升水稻生产的安全水平；对长三角地区具有较大的辐射示范效应，提高区域粮食安全生产能力，并形成了可复制的产业应用模式，能为更多水稻产区提供模式应用推广价值。

撰稿： 浙江省农业农村大数据发展中心　王兵
　　　　浙江托普云农科技股份有限公司　朱旭华

浙江省更香茶叶种植基地案例

需求与目标

农业产业加快应用物联网、智联网、大数据、云计算等新一代信息技术的变革，形成发展数字经济的热潮。农业农村部继 2021 年中央一号文件后发布《数字农业农村发展规划（2019—2025 年）》，明确指出加快生产经营数字化改造。数字赋能茶产业发展，是未来推动茶产业转型升级的重要手段，也是乡村产业兴旺的科技动力。

做法与技术

浙江更香有机茶业开发有限公司成立于 2001 年，是国内最早开发有机茶种植、加工、销售、研发、农旅于一体的农业产业化国家重点龙头企业、浙江省农业科技企业、浙江省农产品加工示范企业、浙江绿色企业、浙江省"最美田园"。2020 年，更香在全省领跑，实施数字化生产建设项目，投资 1 600 多万元，由"一个平台、一个系统、一个中心"构成，在移动 5G、云计算、物联网等技术的支持下，实施完成 200 亩智慧茶园及 3 000 m² 数字化茶叶生产车间。集"有机模式""数字化模式""可视化模式"于一体的数字化、智慧化、高效化、科技化的更香有机茶示范园区。

（1）**硬件设施建设** 更香智慧茶园已全方位综合利用太阳能诱虫灯、信息素诱虫板、声光精准防控、防霜扇、气象监测站等管理设施。

茶文化主题公园　　　　　数字化加工鲜叶前期处理车间　　　　　数字化加工车间

（2）**软硬件集成系统建设** 以总控云平台为核心，建立数字化集中控制系统，生产线全部设备集中管控，可向各台设备参数发起启动或终止指令、实时记录各项工艺参数，车间环境、生产设备电力实时监控，三维图形界面，直观明了，实现了故障报警显示，历史数据保存、导出，整个生产线的工艺参数管理，与数字总平台进行数据交互。为进一步优化数字化生产加工技术工艺参数奠定了坚实基础。

运用物联网技术，与管理设施网络模块化研究设计，通过研究大气温度、相对湿度、土壤温度、土壤湿度、总辐射量、光合有效辐射量等的参数变化趋势和茶叶生长趋势之间的关系，建立茶叶长势监测和采摘期的预测。

智慧茶园系统　　　　　　　　　　　智慧茶园农事管理系统

（3）**生产技术创新** 虫情测报：通过气象信息病虫害监测装置，获取病虫害发生程度，建立病虫害预警系统，并合理利用诱虫灯、色诱板、声光精准防控等设备。

土壤及水肥管理：土壤达到一定湿度的时候，水肥系统会自动开关；防冻害管理可结合大气温度、相对湿度、风向、风速等观测数据，对茶园温度等气象参数分布进行分析，建立茶园霜冻害预警。连接茶园防霜扇，在温度达到冻害限值时，会适时开启防霜扇。防霜扇的作用是利用气流循环防止冻害。

农事管理：茶园每块基地负责人利用手机 App 端进行农事活动输入，包括种植、施肥、灌溉、植保、修剪、除草、耕作、采摘等农事活动的数字化管理。

‖ 经验与成效 ‖

20 年来，公司立足"科技创新，示范带动，促农增收，人才培育"，以龙头企业带动产业发展，以数字治理促进科技提升，以科普示范提升技术水平，以资源化整合拓宽销售出路，在带动农民增收致富，兴旺乡村产业，促进乡村振兴等发挥了积极作用。

（1）**经济效益** 实现从"凭经验做茶"到"看数字做茶"的转变，机械化水平达到 95% 以上。整条生产线日生产能力 4 万 kg 鲜叶，加工过程从鲜叶摊青、杀青、烘干每道茶叶加工工序都清晰可见，应用传感设备，实现工艺上的无缝衔接。

智慧茶园与数字化加工生产线的建立，使茶产业科技水平得到提高，生产成本大幅降低，既减轻了操作工的劳动强度，又减少80%以上人工成本。让产品标准更一致，品质提升半级以上，同面积加工能力提升50%以上，加工能力的提升，夏秋茶资源得到充分利用，让企业和茶农得以双赢。

(2)**社会效益** 投入生产以来，智慧茶园和数字化加工项目实施，得到了省市县各级领导的肯定，国家、省、市、县的多家媒体给予数十次报道，进一步提升了企业品牌知名度，对推进智慧农业建设起到了良好的带头示范作用。此外，还为每年来厂实习的安徽农业大学、江西农业大学、河南农业大学茶叶专业学生提供良好的见习场所。

(3)**生态效益** 更香数字化加工，利用数字化、自动化、网络化、多媒体等技术，构建数字化茶叶加工平台，采用先进节能型生产装备和清洁化能源，满足节能型生产需求，实现无排放、无污染的清洁化生产。

撰稿： 浙江省农业农村大数据发展中心　吴晓柯
　　　武义县农业农村局　　　　　　周小芬

浙江省金华市浦江县十里阳光示范区案例

需求与目标

浦江葡萄种植面积已达7.03万亩，年产量12.79万t，年产值11.43亿元，是浦江农业第一大产业。浦江在葡萄产业"机器换人"示范工程建设过程中，已经达到了葡萄种植设施化100%覆盖。在此情况下以"超级农场"为思路方向，探索未来农场生产模式，把未来技术创新应用进入农场，注入"数字"能力，最大限度地降低人力投入，加强农产品质量安全管理，提升品牌营销能力，为农场注入科技的智慧。

做法与技术

浦江葡萄"超级农场"项目的实施单位为浦江县农业信息中心，主要职能为负责指导和规划全县农业信息化服务体系、智慧农业、现代农业大数据中心建设管理等工作。本案例在浦江县十里阳光农业发展有限公司进行示范建设应用，总投资金额188.8万元。

(1)**软硬件集成系统建设** "超级农场"的重要组成部分主要包括农场数字"孪生"、农事AI专家、农事行为智能捕捉、农作物智能估产、农场人脸识别、智能采摘车、数字品牌营销等。通过葡萄"超级农场"根据条件智能控制农场生产设备，智能提示指导农民进行必要的农事活动，为农场经营提供市场行情借鉴，通过农事行为等智能识别设备实现农产品安全事件的远程精准监控与预警。

农场"数字孪生"：创新在浦江产业使用"数字孪生"技术，以数字技术衍生成农场"数字孪生"虚拟场景，基于虚拟3D通过打通物联感知、智能控制、农场运转情况等数据，与现实版农场进行动态交互，实时反映、透视农场运行状况，自主判断、干预农场日常的生产经营。农场"数字孪生"技术的运用，能够为农场提供比现场勘探更加直观、全面、及时的探视渠道，向农场输出了优化、预测、仿真、监视、分析等能力，创新并有效优化了全县葡萄产业农场生产经营方式。

农事AI专家：创新在浦江葡萄产业使用农事AI专家，基于机器学习，通过葡萄生产决策模型能够全程智能通过农事AI专家指挥各类恒温、通风、消毒、灌溉、施肥等设备全自动作业，全智能自动分析，全自动给出生产建议与种植情况结果分析。

农事行为自动捕捉：创新在浦江葡萄产业使用农事行为智能识别技术，通过摄像头自动实现喷药、采摘等农事活动的自动识别准确捕捉，真实准确地解决了农事过程记录无法保证真实有效的问题。能够完全规避手工农事台账录入带来的农事数据造假问题，能够真实监管到禁药期间违规喷药行为，高效可靠地解决了农产品农药残留问题。

建议提醒功能

农事信息

实时监控

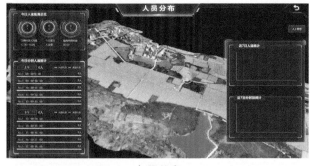

人员分布

园区安防

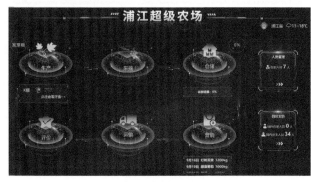

浦江超级农场

管理界面

(2) **生产技术创新** 利用大数据、云计算、区块链、人工智能、数字"孪生"、物联网感知等先进技术，从产、供、销等多个环节切入，打造智能生产、机器采摘、智能分拣、智慧冷库、数字营销等内容，实现农场精细化、智能化管理，推动小生产与大市场的对接，保障前端生产提质量、中端管理降成本、后端销售增效益，用"数字技术＋互联网思维"赋能葡萄园种植销售。

基于超级农场整体创新转型农场传统的生产经营模式，以大数据、人工智能、自动化等方式最大限度降低农场人工投入成本、降低人工劳作安全风险，提升农产品生产质量，解决农产品质量监管不及时、远程监管数据造假等问题。

‖ 经验与成效 ‖

（1）**经济效益** 浦江葡萄"超级农场"为浦江带来生产模式的全面革新，投入应用以来为浦江县十里阳光农场综合节约人工90%以上，降低农事失误率90%以上，每年总体有效节约劳动力投入、农资投入等成本30%。农事过程实现机器化全程管理与自动捕捉农事记录，为全县葡萄产品的质量安全提供了落地有效的技术手段。

（2）**社会效益** 通过浦江葡萄"超级农场"的打造，为浦江葡萄的品牌形象实现了有效提升，进一步扩大了浦江葡萄品牌知名度，为农产品销售环节提供了数字化科技赋能。浦江葡萄"超级农场"是对农业生产模式的创新与变革，能够有效降低葡萄生产成本，实现农产品质量安全管控，打响品牌知名度，从而进一步推进浦江葡萄产业兴旺，是"深化农业供给侧结构性改革，走质量兴农之路"的乡村振兴实现路径。

（3）**生态效益** 浦江葡萄"超级农场"通过葡萄生产决策模型和终端农业环境感知，精准指导控制农业生产资料投入，保障农产品产量、质量，优化水、肥等农资资源配置，防治耕地破坏，减少资源浪费的同时，为浦江生态环境改善提供数字化全程防控。

（4）**推广示范效益** 浦江超级农场目前在浦江县十里阳光农业发展有限公司进行推广应用，运行过程中效果良好，符合预期。浦江葡萄"超级农场"项目具备对葡萄产业提升发展能力，是对已有成熟技术的转换应用，考虑了同类产业的通用性，可被同类产业广泛借鉴、推广。

通过在十里阳光试点建设"超级农场"项目，看到项目带来的巨大经济和社会效益，让我们看到了智慧农业的前景一片光明，之后将以十里阳光"超级农场"为建设模板，在浦江葡萄产业中进行推广应用，逐步提升全县智慧农业发展水平，着力提高葡萄产业的经济效益，带动浦江农业飞速发展。

撰稿：浙江省农业农村大数据发展中心　　陶忠良
　　　　浦江县农业信息中心　　　　　　　潘青仙

浙江省衢州市龙游县数字化服务系统案例

‖ 需求与目标 ‖

塔石镇大力推进数字乡村建设，全面深化"最多跑一次"改革向基层延伸，做实"龙游通＋乡村振兴讲堂"的深度融合，推进"无差别受理"机制顺畅运行，进一步优化便民服务体验。推进"县乡一体，条抓块统"试点工作，以做好乡镇"一件事"的闭环管理为切入点，通过强基、赋权、减负三管齐下，不断促进政府行政扁平一体高效。面对国家及浙江省大力推进新基建的新形势，龙游紧跟步伐，全面发力农业农村数字化改革，通过龙游数字农业农村建设工程，推动优势产业数字化转型升级，提升农民生产生活信息化、智慧化水平，将龙游建设成浙江省数字农业样板示范地。

无人机和遥感处理分析的作物长势

塔石镇水稻示范基地

土壤肥力

施肥方案

做法与技术

发展数字农业，建成泽随村 2 000 亩数字水稻示范基地，着力打造水稻产业数字化服务系统，通过数字服务与农业种植技术的深度耦合，整合种植土壤、气象、地形、水文、卫星遥感、无人机遥感、农机作业、农业信贷、农业保险等海量数据，以大数据和 AI 算法等核心技术，为水稻种植户提供农业"产前、产中、产后"的全方位服务，实现"手机成为新农具、数据成为新农资"，为生产绿色无公害粮食保驾护航。

(1)"一网智治"耕地智能监测系统建设　龙游塔石镇"一网智治"耕地智能监测系统主要通过卫星遥感、无人机拍摄等数字监控手段，图像识别、大数据等技术手段，自动识别耕地地物和变化情况，从而制止耕地"非农化"，防止耕地"非粮化"，稳定发展粮食生产。利用数字技术打通线上线下，建立水稻种植的科学技术体系、农村普惠金融服务、一田一码原产地溯源服务、线上线下产销对接服务等服务体系，最终实现种出好品质，卖出好价钱的产业发展目标。利用数据与现有应用端"龙游通""浙里办"和"浙政订"的融合，实现一个管理系统，便民惠民，提高乡村管理效率。

(2)水稻数字化服务系统　水稻数字化服务系统结合塔石镇泽随数字水稻示范区的创建，打造全程数字化水稻示范样板基地，配置自动气象站、环境传感器、作物长势监测仪、虫情监测仪等设备，建设数据传输及存储系统，配置温度、湿度、光照等环境控制设施设备，构建农业数字化生产与管理系统，实现生产过程的全程数字化管理及可追溯。

数据驾驶舱及可视化系统（数字大屏）：水稻数字示范区智慧管理驾驶舱通过对示范区生产主体数据进行可视化展示，并对水稻种植、加工、物流、市场全产业链数据进行挖掘分析，形成产业分析数据，并进行可视化展示；对示范园的气象环境、虫情、水肥、种植管理、生产预测、市场预测、生产预警等数据进行可视化展示，具体包括龙游简介一张图、产业主体一张图、产量预估一张图、长势监测一张图、两非一张图、土地确权一张图、土地流转一张图和农业补贴一张图。

生产管理服务系统（龙游通手机终端和浙政钉管理端应用系统建设）：水稻数字化示范基地生产管理服务（龙游通手机应用）系统是以"云计算、大数据、人工智能"为核心，集成3S和移动互联网等技术，为用户提供处方型解决方案的手机客户端。系统深度融合农学、生态学、植物生理学、土壤学等基础学科，实现对水稻生产全过程进行动态模拟以及分析决策，为水稻生产管理提供一体化解决方案。主要功能包括田块气象环境预警服务、土壤（光谱）云测土、空天地苗情长势监测、病虫害预警预测、GIS生产作业管理（种植计划制订、植保方案、水肥管理）、水稻产量预估、粮食品质安全系统和数字水稻服务系统等8项由数据和模型驱动的农业生产服务模块。利用多源涉农数据资源，通过大数据分析及可视化工具为示范基地提供水稻市场行情、供需信息发布等市场营销服务模块。通过智能化的应用，实现田块级"一对一、点对点"的管理与精准服务，为种植管理者提供及时、高效、精准、优化的分析及管理决策服务，利用大数据助力水稻生产的增产、增质、增效和增收。田块气象环境预警服务结合国家气象中心和站点气象环境数据，例如光照、温度、湿度、降水、气压及风等因素，利用大数据算法为种植户提供气象预警，结合水稻生长周期的积温需求，有效指导农事活动。土壤（光谱）云测土通过土壤肥力遥感光谱测算，提取土壤特征，包括积温、墒情、肥力、坡度、海拔以及流动测土配方和土壤墒情仪的测土数据相结合，多方位获得田块土壤养分情况，积累土壤大数据，可以发现田块里易积水的低洼地带，实现更精准的土壤采样，为种植户推荐个性化测土配方施肥方案。空天地苗情长势：结合卫星遥感数据、无人机数据和作物生长检测仪数据，提供水稻生长的整体视图，找到生长状况不佳以及可能需要实施补救措施的水稻田，并更好地评估不同生长阶段的水稻活力，实现精准管理，节省种植成本。病虫害预警预测通过虫情测报仪数据，获得水稻生长过程中病虫害发生规律，推荐统防统治整体防治方案。GIS生产作业管理是基于GIS的数字农业农事系统，可以精准盘点水稻种植面积与长势情况，通过示范区分布图清晰洞察水稻和其他作物分布情况，并在关键生长阶段更好地进行生长管理、植保管理和水肥管理，通过线上线下实时专家报告迅速发现问题并解决问题让种植户减少损失，从而实现水稻生产的节本增效和高产高质。水稻产量预估是基于卫星遥感高光谱分析和大数据算法，结合历史水稻产量数据，提供水稻产量预估数据，为订单农业奠定基础。水稻品质安全系统主要基于对水稻田的综合分析，通过给不同种植户不同的肥料和农药采购配合，结合"肥药两制"系统，从源头控制农资施入量；并通过对水稻生长环境的监测、加工生产过程及品质监测，进行水稻品质指数评价，进而对构建绿色安全的粮食奠定基础。

数字水稻服务系统：主要包括以赋能生产端的农事服务、专家服务和农资服务，赋能销售端的农产品供需和价格行情服务，以及解决农户现金流的种植信用贷，旨在通过精准的田块管理、用户信息及管理信息，联合蚂蚁金服专门针对种植户开发的普惠性金融产品。

一田一码原产地溯源系统：利用二维码和区块链技术，为每块田地赋予一个二维码，通过"空、天、地"一体化的数据采集系统，实时记录水稻种植过程，实现对每个田块的水稻品质质量进行追溯，为水稻的质量安全保驾护航。

(3) 运营模式创新 该系统建成后用户主体分为3大类，即农户、企业经营主体和政府人员。平台用户将使用积分制来激励农户使用，即农户通过使用系统的不同功能，会有相应的积分分值，可以通过最终积分换取农资购买抵消额和补贴奖励等。

经验与成效

(1) 经济效益 "一网智治"智慧监测和水稻数字化服务系统的应用，在经济效益方面，主要表现在有利于提高生产效率，提升农产品品质，帮助农户节本增效。项目建成后，可实现优质稻的全产业链管控，严格控制种源、减少农药和肥料等农业投入品的使用量，实时收集分析数据，指导基地生产。使用数字化管理手段，可节约人工成本30%，节约化学农药投入品20%。

（2）**推广示范效益** "一网智治"智慧监测系统通过建立对"两非"土地的自动监测，智能识别耕地变化，实现非农非粮治理精准管控，长效治理。积极响应国家保证粮食安全和耕地安全的政策号召，该系统具有使用高效便捷、建设成本低的应用和推广价值。

水稻数字化服务系统中通过田块级精细管理服务，为农户提供动态的管理方案，结合无人机飞防的技术手段，大大节约了劳动力成本。此外，可以通过作物模型构建，为农户提供肥料和农药配额，结合省厅实名制系统，实现从源头控制化肥农药投入，从而保证粮食安全，可推广到其他省份应用。

撰稿：浙江省农业农村大数据发展中心　　管孝锋
　　　浙江省龙游县农业农村局　　　　　郑晓翠
　　　南京数溪智能科技有限公司　　　　张晶

安徽省芜湖市峨桥镇中联智慧农业示范基地案例

需求与目标

通过建立"天、空、地、人、农机"五位一体，实现低成本、全方位数据采集，解决目前国内数字农业数据采集成本高、数据量少、体系不完善的问题。实现地块级的数字化管理，支持智慧（数字）农业赋能的水稻全程标准化种植是智慧水稻种植的主要需求。

做法与技术

中联智慧农业示范基地位于芜湖市峨桥镇，总面积2 000多亩，经过几年的研究、探索和实践，累计投资超过亿元。

（1）**硬件设施建设** 基地布置了小型田间气象观测站1台、智能化虫情测报灯3台、土壤墒情仪30套、智能灌溉1套，实现多维度、低成本数据采集。

（2）**软件系统建设** 以水稻为主，作物生产模型为核心搭建了中联智农云平台，实现数据的动态、自动化分析处理并反馈结果。即在农业种植全程中以数据为支撑，数据模型建设为核心，输出种植各环节的精准决策点，指导用户种植全过程，实现精准管理、监测农田的效果。依托平台开发了一个简单易操作的"中联智农云App"，实现对基地的农事指导、长势分析、数据记录、产量评估、经济效益分析等功能，便于科学化、标准化种植，并为区块链溯源的生产端提供准确数据。

（3）**生产技术创新** 水稻种植标准化：标准化主要体现一般要求、参考标准、最佳实践、数字化试验调节参数及属地标准化种植指南等方面。通过种植全过程标准的优化，从而使保证土壤健康和植株健康成为可能，进而支持了种植效益的提升。

水稻种植产业化：围绕播种前、播种、育秧、壮秧、插秧前、插秧、返青期、分蘖期、拔节期、孕穗期、抽穗期、成熟期、储藏等13个环节，49个决策点，搭建了工厂育秧物联网、全生育期管理物联网、农事作业车联网、水稻烘干智能监控网和品牌销售电商网，实现了从生产到销售的"五网合一"。

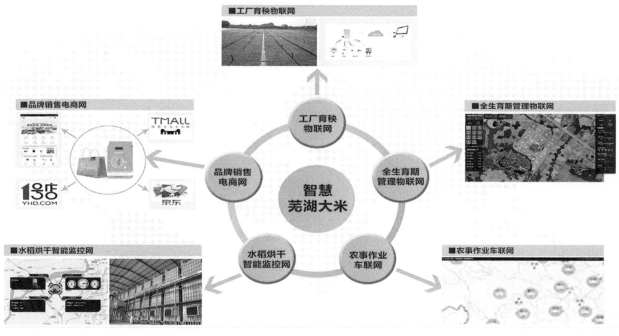

五网合一

｜ 经验与成效 ｜

（1）**经济效益**　数字化种植比经验种植在化肥和农药成本上节约 101 元/亩，人工成本节约 7 元/亩。水稻专家对同一品种（美香占 2 号）采用"实收实测"方式进行测产，发现"机插数字化管理"比"机插普通管理"增产 14.3%。

（2）**社会效益**　数字化种植为传统农业向精准农业转变提供了方向与方法，围绕健康植株精准管理及区块链技术支持，确保了高端农产品的一致性产出，实现农产品优质优价。利用数字化技术，为芜湖大米品牌赋能，提高农民收入。

（3）**生态效益**　数字化种植技术实现地块级的精准管理，可减少氮肥用量约 21.8%、农药约 30%，降低了农业面源污染，促进农业绿色发展和农业生态环境持续改善。

撰稿：安徽省农业信息中心　　　丁作坤　丁晶晶　方文红　叶显峰　丁砥　梁苏丹
中联智慧农业股份有限公司　郭爽爽

安徽省马鞍山市和县数字化育苗基地案例

｜ 需求与目标 ｜

原农业部从 2017 年起组织开展实施数字农业建设试点项目，推动大数据、云计算、物联网、移动互联网等现代化信息技术在现代农业中的应用。在设施园艺领域，以环境监控系统、设施农业工厂化育苗系统、生产管理系统、病虫害预警系统、生产加工系统、农产品交易系统、农产品质量追溯系统为建设重点建设数字化管理服务平台，以提升设施农业精准作业、精准控制水平，并探索数字农业技术集成应用解决方案和产业化发展模式。2019 年，和县成为全国数字农业试点县之一，新源农业作为项目的参与者，承担部分智慧农业项目的建设。

新源农业智慧中心

‖ 做法与技术 ‖

安徽新源农业科技有限公司位于和县国家现代农业产业园，是安徽省农业产业化龙头企业，目前已成为安徽省乃至长三角地区大型的蔬菜工厂化育苗企业之一。已建有蔬菜自动化播种线 2 条、日可播蔬菜种苗 100 万株，年育苗能力达 1 亿株以上，建有食用菌自动装袋生产线 1 条、日可生产食用菌菌棒 1 万个。公司主营业务包括工厂化育苗，蔬菜园区规划、设计、建设一体化，园区运行管理一体化，园区产供销一体化等。

新源农业物联网平台

（1）硬件设施建设　新源农业建成了新源农业物联网平台，实现了工厂数字化育苗和数字化精准高效环保设施蔬菜生产，并利用大数据来支撑蔬菜智慧生产决策。在工厂数字化育苗中，安装了室外气象信息获取系统 1 套、温室环境信息监测系统 10 套、作物生理监测系统 10 套、建成作物健康状况监测系统 1 套、建成视频语音对讲系统系统 10 套；建设了基质养分自动化配肥系统 1 套，建成穴盘育苗自动化播种系统、智能催芽系统 2 套、种苗在线评价及分选移栽系统 1 套、温室作物对行自走式喷药系统 5 套、水肥一体化喷灌及水分管理系统 5 套、潮汐式育苗智能管理系统 5 套，单日穴盘播种最大生产量可达 1 万盘，单日嫁接苗产量可达 2 万株，单次催芽生产量为 1 500 盘，满足工厂化育苗的生产需求。

在蔬菜智慧生产决策支持系统中搭建 1 000 m² 连栋温室立柱式平面运动轨道，在该运动装置上挂载 RGB 图像传感器、三维激光扫描多光谱传感器和红外热成像传感器，部署轨道和传感器运行的控制系统。搭建温室环境监测设备，包括土壤传感器、气象监测站、长势监测仪，通过对比实验，确定仪器的适宜参数，将实时监测数据通过中继传输站传送到云平台后存入数据库；建设了数据解析系统，包括自动化表型数据采集系统、单株表型数据解析系统和植物可视化计算系统，可以对采集的数据进行解析。

新源农业水肥一体化中心

新源农业嫁接苗愈合室

新源农业大棚生产传感器

新源农业自动化播种中心

补光系统及自动灌溉系统

新源农业锅炉增温控制中心

（2）**软件系统建设**　在数字化精准高效环保设施蔬菜生产中，建设了包括设施蔬菜高效生产管理精准智能管控软件、多功能水肥管理设备、基于物联网的水肥一体云平台以及系统正常使用所需的相关基础设施，建成了包括物料粉碎处理系统、发酵调节系统、过滤消毒系统、系统安装平台、有机水肥一体化系统。

（3）**运营模式创新**　公司在生产方面以"物联网+农业+科技"的模式、以"公司+合作社+农户"的方式组织生产；在销售方面，公司赋能百大周谷堆、生鲜传奇实现了订单农业的转型升级，通过连接批发零售端和农户，渠道赋能、品牌共建，为企业提质增效，销售订单达到5 000 t。

（4）**生产技术创新**　设施温室环境综合监测控制技术：集成多传感、物联网、自动化等技术，构建包括作物生长及环境信息综合获取、数据传输及云存储、设施环境控制3部分的温室环境监测控制系统。工厂化数字育苗技术：集成了基质养分精量自动化配比技术、气吸式精量播种技术、催芽环境智能调控技术、高效嫁接技术、种苗在线评价及柔性移栽技术、种苗水肥一体化喷灌及水分管理技术、育苗生产信息化管理技术。数字化精准高效环保设施蔬菜技术：通过水肥一体化技术、废弃物资源化利用技术及温室生产环境智能调控，实现生产经营过程高效、节能的目标。蔬菜表型解析技术：对作物表型数据进行高通量、高精度获取，并进行表型解析。由自动化表型数据采集技术、单株表型数据解析技术和植物可视化计算技术组成。基于大数据的蔬菜生产决策支持技术：基于高通量表型获取设备和环境传感器监测的各项指标，定量评价不同品种蔬菜的各种农艺参数，诊断生长季蔬菜的水肥丰缺状况和生长发育状况，并根据不同管理措施下的蔬菜适宜生长指标、营养指标和水分指标设定目标产量，提供优化栽培管理的决策建议。

经验与成效

（1）**经济效益**　公司带动了和县现代农业产业园区内两家蔬菜育苗场的发展，3年内可望复制到6~10家大型蔬菜工厂化育苗场。公司向周边合作社和家庭农场输出生产要素和创新经营模式，提高了农户的经营水平和生产效率，流转耕地27 000余亩，带动周边农户约13 000人，人均增加收入2 000元以上。

通过数字农业项目的实施，公司蔬菜苗亩产量由67万棵/年增加到110万棵/年，公司产值由9 800万元增长到1.2亿元，利润达1 700万元。实现了增产增效、节本增效、减损增效、提质增效。

（2）**社会效益**　公司扶贫就业70人，助推地方精准扶贫；公司与家庭农场合作，推行统一供种供肥、统一培训和生产技术标准、统一按订单进行收购，蔬菜生产总成本降低12%，单户管理面积增加80%，蔬菜销售价格增加10%；实现了农产品从"田头到餐桌"的全程监控，降低食品安全风险，实现了农产品生产全产业链的质量安全控制。

公司通过与相关科研单位及院校合作，促进农业科研和技术推广，使农业生产经营突破地域及环境限制。提高自身农业信息化水平同时，通过技术培训提高农民科技水平，促进了传统农业向现代化农业的转变。公司将智慧农业高新技术应用到农业的产前、产中和产后环节，有效带动了安徽省和县现代农业产业园乃至整个安徽省蔬菜种苗生产数字化、设施蔬菜生产精准化水平的提高。公司的工厂化育苗作为和县蔬菜产业中的一个环节，通过数字建设，形成了数字化、网络化、智能化和智慧化的生产格局，盘活了和县蔬菜产业的一盘大棋。

（3）**生态效益**　公司通过工厂数字化育苗技术的应用，实现了育苗的集约化生产，有效节约了耕地资源；在育苗及蔬菜生产物联网技术，节省人工及化肥、农药、灌溉用水均在20%以上，增产15%以上，采后商品化处理与贮藏保鲜减少损耗30%以上；通过基于大数据的蔬菜生产决策支持技术，提前预测农业生产的风险。大数据、物联网等技术的应用为公司减少了资源浪费，节约了成本，优化了农产品品质，减少了农药污染，提高农产品竞争力，改善生态环境，实现了可持续发展。

（4）推广示范效益　公司的工厂化数字育苗，通过运用物联网技术进行科学管理，解决了例如夏季降温、冬季增温等各种问题，使苗不仅移栽成活率高而且品质好；通过设施蔬菜数字农业建设，实现日光温室蔬菜工厂化育苗生产精准作业、精准控制，推进设施蔬菜生产智能化、决策智慧化，助推了和县蔬菜产业的发展。通过公司的示范带动了周边区域数字农业的建设，促进信息技术的应用，推动传统设施蔬菜产业的转型升级，增加农民收入，具有一定的推广价值。

撰稿： 安徽省农业信息中心　　　　丁作坤　丁晶晶　方文红　叶显峰　丁砥　梁苏丹
　　　　安徽新源农业科技有限公司　夏新发　严乾元

安徽省黄山市祁门县祁红茶业基地案例

▌ 需求与目标 ▐

智慧茶园的建设强化了农业信息化应用，将农业物联网与全产业链渗透融合，对茶园的整体把控从以前的以人为主转向以数据为主的方向，同时，通过各种传感器和智能化应用，更加便捷地采集分析数据，用远程操控的方式来及时解决出现的各种虫害、灾害。通过互联网＋物联网＋水肥一体化，App应用，实施监测、数据分析等各个方面可以完整地实现从茶园到客户的全产业链融合，缩减了以往烦琐的数据采集以及茶园管理流程，真正实现一键操控式管理。

▌ 做法与技术 ▐

（1）软硬件集成系统建设　智慧茶园云平台由"一个平台、一个系统、一个中心"构成。通过在茶园安装农业气象站监测站，对茶园环境进行实时监测并上传云端为科学管理提供数据依据。在茶园安装智能水肥一体化灌溉系统，实现节水灌溉和精准施肥。茶园安装的高清摄像头可以实现对茶园实时监控。在茶生产车间安装传感器实时监测生产车间环境情况，更好掌控茶生产环境对茶叶生产的影响。

历口基地物联网监控　　　　　农业物联网监控大屏　　　　　智能生产控制系统平台

（2）生产技术创新　通过系统的功能，可对茶园基地内农作物的虫情、墒情、苗情、灾情等数据进行实时采集、分类、管理及维护，使得茶园的管理可以按照不同的模块进行，也可以统一进行。

历口基地物联网监控　　　　　　　　　　祥源祁红农业"四情"系统

苗情监测管理：通过苗情监测设备，实时采集现场作物生产情况，通过高清视频了解作物的生长态势来判断作物的整体发育与生长是否良好，并且提供定时拍照功能，将每个特定时期的作物长势图片拍照并上传至数据中心，以备后期的作物长势分析提供依据。

灾情监测管理：通过在线视频监测设备，实时采集现场作物生长情况，通过高清视频实时掌握种植区域作物的受灾情况以及灾情的严重性，为管理人员实时指挥应急工作提供便利，也避免了因不了解灾情而造成二次损失。

经验与成效

（1）**经济效益**　传统茶园和智慧茶园实施对比，智慧茶园使用物联网技术以远程种植为目的，以自动浇灌、自动水肥一体化、物理灭虫等手段进行茶园管理，与传统茶园管理的对比如下表。

表　传统茶园与智慧茶园对比

	项目	传统茶园	智慧茶园
管理	浇灌	人工浇灌	智能化
	施肥	人工施肥	自动水肥一体化
	灭虫	农药灭虫	智能物理灭虫
数据收集	数据收集	实地采样	智能系统自动收集
产能	产量	150 kg/亩	280 kg/亩

按照公司 2 000 亩智慧茶园的管理，每年可新增销售收入 500 万元，利润 40 万元，税金 80 万元。

（2）**社会效益**　智慧茶园技术应用已在国家高新技术企业安徽省祁门县祁红茶业有限公司应用，并取得了较好的经济效益。当前劳动力紧张及人力成本大幅上升的情况下，该成果的应用能够适应大规模农作物种植的需求，提高种植效率、降低成本和损耗，推动祁门红茶产业科技含量、推动整个黄山茶产业的蓬勃发展，形成产业良性循环。茶叶作为山区经济的支柱产业，为山区经济的发展作出重要贡献，特别是山区集体经济的主要来源。通过智慧茶园的建立，有效带动了当地和周边茶叶种植水平，提高茶农生产茶叶的经济效益，促进了农民增收和区域茶叶产业的发展，推动新农村建设。

（3）**推广示范效益**　目前，公司已建成首块"智慧茶园"2 000 余亩，经过近两年的对比实验，"智慧茶园"的建设，有利于加快推动茶园精植发展模式，提升茶园综合产值，实现茶业标准化、自动化、规模化和集约化发展，进一步促进祁红产业"高质、高产、高效"的转型升级。

截至 2020 年，祁门县茶园实施绿色防控面积 9.8 万亩，茶业企业已有际源春、天之红等多家企业

进行了物联网 + 水肥一体化项目的实施，随着项目的实用、好用、耐用，茶旅结合的观赏性、设施操作的安全性、技术系统的先进性显现，祁门茶企业应用此技术会逐渐增多，为祁红的智能信息化发展将会产生较为明显的经济和社会效益。随着此项技术在生产实践中日益成熟，可以辐射到池州、江西等红茶生产加工企业及国内其他茶叶生产加工企业，形成高新技术企业联市场、带基地、牵农户的产业化格局，促进安徽及祁门茶产业可持续健康发展。

撰稿：安徽省农业信息中心　　　　丁作坤　丁晶晶　方文红　叶显峰　丁砥　梁苏丹
　　　　安徽省祁门县祁红茶业有限公司　姜红　陈文华

"多库联动"大数据融合创新农业精准施肥案例

‖ 需求与目标 ‖

通过"测、研、配、产、供、施"一条龙的测土配方施肥服务与平台的有机融合，将农业信息数据化，以数据指导农业生产发展，面向全国农户免费提供全方位、多样性、互动式的知识服务、测土服务、农资产品展销等个性化服务。围绕国家乡村振兴战略，为农业高质量发展、农民富裕富强和全面促进乡村振兴贡献司尔特力量。

‖ 做法与技术 ‖

司尔特公司是专业从事各类肥料研发、生产和销售服务为一体的现代化高科技上市公司，是中国新型肥料行业十大领军企业，是农业农村部测土配方施肥定点生产企业。本项目充分发挥司尔特复合肥龙头企业作用，联合中国科学技术大学、合肥工业大学、北京市农林科学院、南京农业大学、安徽农业大学等科研院所的优势研发力量，依托中国农业大学 – 司尔特测土配方施肥研究基地积累的实验数据，以强大的销售能力和完善的采购、营销服务网络，立足市场，利用大数据、云计算等信息技术不断累积、反哺、清洗、优化土壤养分、农业气候、种植结构、农业知识等各类数据库，实时跟踪政策、市场变化，不断创新，不断成长。

（1）**基础设施建设**　建设中国农业大学 – 司尔特测土配方施肥研究基地展示中心、科学施肥互动体验中心及数字展馆、安徽省化肥减施增效技术工程研究中心和国家认定企业技术中心。

（2）**软件系统建设**　"二维码上学种田"农业生产技术智慧服务系统、"季前早知道"大数据分析预测系统和"甜农网"电商平台，司尔特不仅能够实现技术人员对农户的当面指导，而且可以通过云平台上的农业生产技术智慧服务系统、大数据分析预测系统、数字展馆更为高效地与农户线上交互，依托电子商务平台将农业生产资料一站式配送到农户手中，同时结合线上反馈服务平台，为农户提供更加及时贴心的服务，通过利用信息化高科技手段为农民朋友提供更优质、更高效的测土配方肥料产品和更加科学的种田知识。

（3）**自主研发与创新**　本项目所含"二维码上学种田"农业生产技术智慧服务系统、"季前早知道"大数据分析预测系统、中国农业大学 – 司尔特测土配方施肥研究基地展示中心、科学施肥互动体验中心及数字展馆等建设内容均为行业内首创。

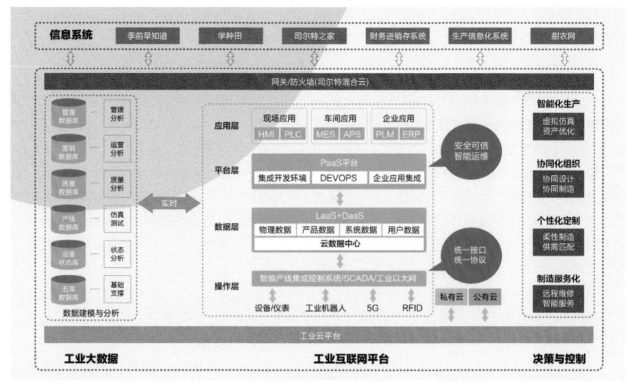

总体架构

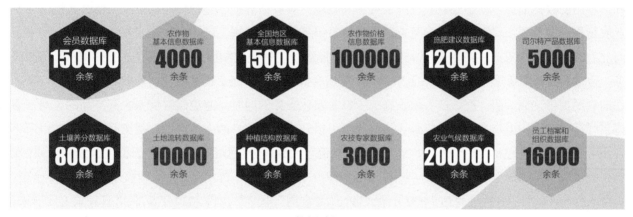

数据建设

公司所有基于大数据技术研发的项目平台均采取自主研发模式,公司享有软件著作权,所有平台均立足服务三农,加强农业信息化、数据化的延伸,旨在为现代农业信息发展提供"数字"支撑。在项目的建设过程中,司尔特联合中国农业大学、南京农业大学等农业类科研院所,联合中国科技大学、合肥工业大学、安徽省工业和信息化研究院等信息和数据科学类科研院所,联合互联网大数据公司和各行业内具备多年从业经验的研发人员,全面保障项目的高质量、高水平和可持续健康发展,在行业内处于领先水平。

(4)运营模式创新 通过充分利用互联网工具和思维,打通种田人、耕地和肥料生产制造厂家的信息沟通渠道,创新形成政府、企业和种田人之间可复制、易推广的扁平化管理模式。利用土壤养分数据库、种植结构数据库等大数据平台、电商平台,打造广大农村种植用户每家每户的耕地情况、农产品市场价格情况以及政府政策导向情况综合分析大数据平台,扁平化政府、企业和种植用户的信息沟通渠道,进而辅助政府有效指导肥料、农药、种子和农机具等农业资料生产制造行业调结构促生产,辅助政府管理农村生产工作，探索创新互联网环境下大数据环境下政府管理农村的新模式，为我国的农村改革与发展做一些司尔特力所能及的工作。

经验与成效

（1）**经济效益** 通过项目的深度推广运用，通过积极引导农民朋友科学施肥科学种田，引导农民朋友采取节本增效的耕作方式，促进农民朋友增产增收可达10%，同时，司尔特通过该项目的实施，促使企业内部运营效率提升了近20%、运营成本降低了10%、企业营收显著增长了近30%。

（2）**社会效益** 该项目服务范围已涉及近5 000万亩的土地耕地，采取线上线下相结合的方式，积极向农民朋友宣传推广测土配方施肥技术的重要意义，从环境保护的角度给种田大户和农民提供投入产出比的合理化建议，积极推广司尔特测土配方肥料、土壤调理剂、生物有机肥等产品，耕地缺多少营养补多少营养，最大程度避免过度施肥对环境造成的危害，最大限度地降低肥料施用对土壤环境的破坏，积极促进农村生态环境保护，促进保障农民的宜居环境，履行企业的社会责任。

（3）**推广示范效益** 本项目可以应用于农药、种子等季节消耗性农业生产资料的大规模个性化定制推广应用中，对全国范围内的农业生产资料的个性化定制生产制造和个性化服务具有指导意义，能够为政府引导农业现代化生产提供合理化需求建议提供大数据咨询服务支撑。

项目结合用户（农户）的个性化需求，已研发出基于配比（总养分）、适用作物、净含量等差异化因素共计9类近400个配比规格的肥料产品。同时，系统平台通过用户反馈模块实时收集用户的需求和可利用的数据信息，动态跟踪农户种植效果和收成，对各项数据库进行反哺和清洗，使公式提供的专业农化指导服务更加科学、高效和可持续发展。系统平台应用以来，已经为江苏、安徽、江西、河南、河北、湖南、山东等产品覆盖省份15万种田大户提供了个性化定制服务、施肥指导服务和产量预测服务，为基础数据库反哺有效数据10万余条，生产指导数据达近万条，给其他应用系统反哺数据达万条。在向农民提供"测、研、配、产、供、施"一条龙农化服务的同时，避免假冒伪劣农资产品的流通，通过系统平台向种田大户和农民提供最优施肥建议，得到了广大用户的一致好评。截至目前，本项目所包含服务的种植大户已达15万户；所含"季前早知道"大数据分析预测系统已为公司产品销售覆盖区域农户提供免费预测服务10万余次；"刘教授科学种田"语音资讯平台发布原创农业技术信息1 500余篇，涉及农作物146种，总阅读量达7 000万余人次；"甜农网"电商平台自2020年5月20日正式上线以来，销售额已达3.6亿元。

撰稿：安徽省农业信息中心　　　　丁作坤　丁晶晶　方文红　叶显峰　丁砥　梁苏丹
　　　安徽省司尔特肥业股份有限公司　刘艳清

福建省三明市尤溪县农民创业园食用菌基地案例

需求与目标

每一次生产技术的革新都带来了食用菌产业的飞跃性发展，然而自从30多年前出现了玻璃瓶栽培改袋栽、用棉籽壳代替木屑技术以来，食用菌栽培技术及生产模式上至今没有很大的突破。栽培技术方面，仍然以大棚或具有简易环境控制设备的菇房进行栽培，机械化及自动化程度较低，远远达不到真正意义上的工厂化生产。为此，福建省祥云生物科技发展有限公司发明出一种适合食用菌（银耳）生长特性

成果展示实验室

基地近景

的可机械化、工厂化、周年化、自动化生产的技术，实现了自动装罐、自动打孔、自动盖内外盖、灭菌处理、制冷处理、接种处理、养菌处理、开外盖处理、出菇管理、采收菇、烘干过程的智能化管理。根据银耳的生长特性，制订各个生产环节的技术规程，技术人员按照规程进行规范生产管理，可实现缩短栽培周期、提高产量、提高银耳品质同时减少人工成本、降低污染。

做法与技术

福建省祥云生物科技发展有限公司成立于2013年4月，现已建成日产银耳鲜品48 t的两条全自动银耳瓶栽生产线，年产量占全国银耳年产量10%以上，全国首创瓶栽银耳工厂化技术，是目前单体规模全国最大的银耳瓶栽工厂化企业。公司通过ISO9001质量管理体系、ISO14001环境管理体系、HACCP食品安全管理体系等认证；主营产品（银耳）获得绿色食品、欧盟有机产品等认证，并通过SGS通标515项农残成分检测，无一检出农残成分，重金属指标符合出口欧盟标准，产品质量居同行业前列。公司拥有自主知识产权的银耳品种一个（Tr2016，第一个认定的工厂化品种），目前拥有8项发明专利、23项实用新型专利、3项外观专利，项目主体已获得国家高新技术企业、省级农业产业化龙头企业、福建省知识产权优势企业、科技型企业、科技小巨人领军企业、三明市首届十佳创新型企业、福建名牌农产品等称号。

（1）**基础设施建设**　建设智慧园成果内容展示中心，包含展示中心90 m²、成果展示试验室30 m²以及显示LED大屏8 m²。

（2）**软硬件集成系统建设**　建立物联网控制系统。2017年，福建省祥云生物科技发展有限公司深入贯彻落实省委省政府关于加快推进智慧农业发展的决策部署，加大智慧农业建设资金投入力度，加快改善企业核心示范区的基础设施，发展现代化工厂化菇房，推行标准化生产，提升农业信息化

自动化分拣机械

标准化、规模化种植车间

水平，充分发挥现代农业智慧园核心示范区的辐射带动作用。2017年新二代的物联网控制系统，可以实现湿度控制、CO_2浓度控制、光照控制等功能，实现智能化控制菇房内的制冷、内循环、新风、加湿、LED补光等。建设视频监控系统。在PC端和手机监控系统实时监控拌料、装瓶、灭菌、接种、养菌、培育、采收、烘干及厂区情况。

（3）**软件系统建设** 建立"银朵"网站。促进了产品销售和宣传效果，并与抖音、淘宝、阿里巴巴合作，达到线上线下协同发展。

（4）**生产技术创新** 福建省祥云生物科技发展有限公司以现代生物技术为依托，革新传统的银耳生产模式，首次以工业化方式实现银耳规模化瓶栽生产，公司采用"物联网管理＋可追溯监管"模式，强化农产品质量安全，同时设有银耳研究开发中心，集声、色、科教文化于一体的食用菌科技文化展示厅以及农产品质量检测实验室等，推行"首席专家＋领军企业＋示范基地"三结合的集成创新推广模式。

自主研发空气净化、绿色循环利用、高温灭菌、水冷变频中央智能控制、数字智能应用、集成纯净水在栽培中应用等六大先进技术，建立银耳工厂化栽培工程技术研究中心。基于银耳的生长特性，建立银耳从种植计划、种植管理、生产加工、销售管理的全流程系统，细化银耳各生长周期的操作流程，提供农事作业环节、人员、工时等信息化记录等功能。生产车间数字显示屏（触摸一体机智慧管理）可用于展示或者操控生产计划排期、银耳生长环境，告警消息处理等。

‖ 经验与成效 ‖

（1）**经济效益** 提升银耳产量。福建省祥云生物科技发展有限公司目前已建成智能化培养房 22 间，出菇房 150 间，两条全自动银耳瓶栽生产线，日产银耳鲜品 48 t，通过智能化物联网管理系统建设，对培育房温度、湿度、光照、CO_2 浓度等关键因子进行监控、自动调节并收集相关数据，为银耳工厂化栽培提供了数据支撑，同时也为银耳产量的提高提供了分析数据；每间培育房已完成视频监控管理，产生效益是传统种植的 6 ～ 8 倍。

提升银耳产品质量。银耳产品加入福建省农产品质量安全追溯信息平台，与福建农林大学菌物研究中心合作制定"瓶栽银耳工厂化栽培技术规范"和产品质量可追溯体系，采用"物联网管理＋可追溯监管"模式，强化农产品质量安全，公司生产管理通过 ISO9001 质量管理体系、ISO14001 环境管理体系、HACCP 食品安全管理体系、财务业务一体化管控能力信息化与工业化融合管理体系等认证；主营产品（银耳）获得无公害、绿色食品、欧盟有机产品等认证，产品每年通过 SGS 通标 515 项农残成分检测，重金属指标符合欧盟标准，确保银耳产品从菇房到餐桌的食品安全。

提升经济收入，获得经济效益。每年示范推广工厂化瓶栽银耳 4 300 万瓶，产值 1.1 亿元，利润 1 685 万元，开展技术培训 2 期 200 人次，带动农户 1 250 户，带动农户增收 1 080 万元，辐射带动增收 450 万元。

（2）**社会效益** 带动配套产业，获得社会效益。随着绿色有机银耳标准化、周年化、规模化、产业化、智能化生产力应用推广，将带动与之配套的自动装瓶、接种、清料、运输、清洗和包装等生产机械设备，进一步促进了农业机械制造业的发展。通过示范带动当地农户开展学习银耳种植技术，解决当地富余劳动力的就业问题。公司采用机械化、流水线作业生产大幅提高了农户的积极性和食用菌生产专业分工的程度，增加了农民经济收入，促进了标准产业化的发展。

（3）**生态效益** 减少资源浪费和污染，获得生态效益。通过银耳工厂化栽培技术应用，充分利用农作物下脚料等资源，延伸上游产业链，减少农作物秸秆污染，变废为宝。同时，菌渣等副产物作为优质有机肥供应给当地果园，施用后有利于提升土壤有机质，对生态环境有益。

撰稿：福建省农业信息服务中心　福建省祥云生物科技发展有限公司　念琳　黄暖云

福建省泉州市安溪县桃源有机茶种植基地案例

需求与目标

福建省安溪县认真贯彻落实党中央、国务院作出实施大数据战略和数字乡村战略、推进"互联网+"现代农业、大力发展数字农业等一系列重大部署安排，在部、省、市各级农业农村部门大力支持下，围绕茶叶主导产业，以数据为关键生产要素，大力推进数字技术在该县农业农村领域应用，推动茶叶全产业链改造升级，取得明显成效。

做法与技术

智慧化有机茶庄园项目主要由安溪县桃源有机茶场有限公司建设，安溪县桃源有机茶场有限公司成立于2005年3月，是一家集有机茶生产加工、文创休闲为一体化的有限责任公司，是目前全国最大的有机铁观音生产基地，国家有机食品生产基地，基地里的两株历史最悠久灌木型古茶树是茶界文化瑰宝。公司所在地海拔在800~1000m，境内没有任何有污染的工业企业；基地占地面积12 000亩，通过国家有机认证茶园2 000亩，目前企业拥有厂房7 600 m²、文化休闲10 000 m²，固定资产12 000多万元。

(1)**硬件设备建设** 2018年度在茶园核心区域800亩进行数字农业试点建设项目，总投资2 206万元，主要建成800 m²数控中心，配备了800亩茶园自动化灌溉系统、病虫害防治系统、环境监测系统、视频监控系统以及无线AP系统，加工厂房引进茶叶初制、精制及深加工智能化自动生产线。

环境+气象墒情监测站

自动化检梗去茶沫包装流水线

自动化晒青

(2)**软硬件集成系统建设** 开发数字农业平台1套，包含物联网系统、电商平台和溯源系统。实现公司从茶叶种植、茶园管理、环境监测、病虫害监测、专家远程服务全方位可视化、信息化、数字化、自动化。项目建设完成后，实现了茶叶田间环境及长势监测，实现了茶叶从晒青、晾青、到挑茶、色选、包装的自动化控制，通过深加工设备产出了第一批茶叶深加工产品，通过电商系统可以在线进行产品选购并通过产品二维码可以实现茶叶的溯源，农业物联网平台可以查看所有前端传感器、摄像头、植保机、作物长势等设备信息及远程控制田间喷灌系统。

茶园数控中心

经验与成效

(1)**经济效益** 通过项目的实施，每人以年薪5万元计算可节省人工支出140多万元。此外，由于监控设备的应用，对茶叶采摘人员起到了监督作用，采摘效率提升15%以上；深加工系统的引进，改变了传统的生产模式，亩产经济效益提升 20% 以上。

（2）**社会效益** 解放了劳动力，提高了土地资源的利用率。大数据、云计算、物联网、移动互联等技术的应用可以合理规划种植密度、种植品种，极大地增加了产量，提高了土地利用率，减少了劳动量。保障了食品安全由于使用了物理防治病虫害技术，极大地提高了茶叶的品质；同时物联网技术及质量安全追溯系统又保障了茶叶在生产、加工、存储、运输、销售等全过程有记录，可追可查，保障了茶叶的质量安全。提高了生产管理水平，能够根据茶叶生长的历史数据、产量、销量、专家等建议，预测需求，合理规划生产计划；同时还能够指导茶叶的生长处于最佳状态。

（3）**生态效益** 通过覆盖整个园区的视频监控设备和空气环境监测设备，可以及时发现可能存在的破坏有机茶庄园的污染行为，并作出有效的决策，保障有机茶庄园区的生态环境。

（4）**推广示范效益** 在安溪共建设推广 2 个省级现代农业智慧园；14 个市级农业物联网示范点。建设安溪"数字茶业"云平台，平台共有茶叶大数据中心、数字茶园、数字茶市、数字茶政、茶叶信息服务门户等 5 个模块，将实现茶园到市场的各类信息全覆盖。通过该项目的建设，为安溪县传统茶产业向现代茶产业转变提供了建设样板，对物联网、大数据、云计算等技术在茶叶种植与加工管理上具有很强的借鉴意义。

撰稿：安溪县农业农村局　安溪县桃源有机茶场有限公司　李福德　谢宝林　黄金水

江西省江天农业云系统案例

‖ 需求与目标 ‖

江西省江天农业科技有限公司成立于 2002 年 7 月，是集优质功能性水稻和铅山红芽芋品种保护、研究繁育、推广加工、流通为一体的农业产业化国家重点龙头企业、国家高新技术企业，公司建立了院士工作站、江西省红芽芋工程技术研究中心。面对物联网科技催生商业模式快速创新的时代，江天农业投资 2.8 亿元新建科技产业园，继续以"回报家乡、服务三农"为企业宗旨，以市场及品牌为导向，致力打造"生态农业、立体农业、体验农业、循环农业、创意农业、科技农业"六位一体的一二三产融合发展示范企业。

气象、土壤监测系统

‖ 做法与技术 ‖

（1）**物联网管控系统建设** 建立江天智慧农业云平台农业物联网智能监控管理系统，利用高精度智能数字传感器，对水稻生长需要关注的土壤墒情、肥力、微量元素、水质 pH 值、水质电导率、小环境农业气象等指标进行 24 小时实时在线监测，并且增加了对 Cd^{3+}、Cu^{3+}、Pb^{2+} 等重金属污染指标在线监测；通过全景高清网络视频系统，对水稻苗期、分蘖期、抽穗期、扬花期、灌浆期等整个生长过程进行监测记录，对收割、晒谷、加工、运输、仓储全程进行监控，实现安全绿色全覆盖，并将所有采集数据和图像数据通过智慧农业云平台扁平化通道与生产者、消费者、科研者共享。通过先进的技术手段，对鹅湖香米生长环境的土质、水质进行全面检测，保证水稻的高品质，将纸质认证更换为数据认证。

物联网监控系统

监控监测数据

智能云终端采集系统

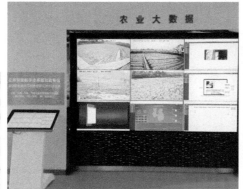

农业大数据

云智能水肥一体机

（2）**软件系统建设**　通过电商平台，由领鲜网牵头，通过路演、体验和网上实景查看和生产数据查询的模式，将 500 亩鹅湖香米种植面积分割为每 50 m^2 500 元的价格，向消费者推出认养模式，为消费者提供参与、体验、收获的软性服务和产品个性包装、快递到家的硬性服务标准。消费者通过手机 App 可以查看自己认养田块实际状况，了解水稻生产全过程，数据可查询、农资可追溯，让消费者买到高质产品，高高兴兴消费、明明白白消费。

鹅湖香米生产数据与农业科技部门分享，除了可对生产进行远程技术指导外，还可以建立数据档案和数据模型，为制定科学的水稻种植模式提供支持。

（3）**运营模式创新**　农业物联网科技公司、生产主体、农业技术部门和农产品电商四方联盟，取消中间环节，合力打造农产品产销快捷通道，创造多赢模式。生产者应用高科技手段进行生产管理，并通过互联网实现产销一体化，获得较高的附加值收益。消费者通过支付较高的合理价格，获得了真正优质品牌产品，提升了参与感与体验感。

（4）**生产技术创新**　江天智慧农业云平台融合了互联网、物联网、无线通信、云计算、二维码、RFID 等前沿技术，打通了"云端 +SaaS 模式"，创新地构建数据云、应用云、设备云，通过数据互联互通与资源共享，推出了 1 个"开放式的现代农业云工作服务平台"，聚拢以农业服务为主体的商业实体，包括生产主体、管理主体、服务主体、科研主体、消费主体。在生产者、管理者、消费者、科研者、服务者之间建立了物联网农业服务生态圈。

经验与成效

严格按照现代农业管理制度和食品质量安全管理体系要求，遵循"生态基地、绿色有机、精益求精、全程追溯"的质量方针，不断追求卓越，以一流的产品品质和市场服务赢得广大客户及国内外消费者的信赖。公司现拥有 400 亩有机原生态鹅湖香米种植基地、1 000 亩红芽芋种植基地。2015 年，与上海左岸芯慧电子科技有限公司合作，建立江天智慧农业云平台农业物联网智能监控管理系统。目前，公司已构建了一整套鹅湖香米物联网规模化应用推广解决方案，产生显著的效益。

（1）**社会效益**　经济收益的提高，鼓励了农民生产高品质农产品的积极性，解决了传统农业回收成本周期长，农业种植受自然因素影响大，农民收入不稳定的问题。为农业生产者提供可借鉴的产销对接模式。在转变生产方式、发展智慧农业、绿色农业的同时，不增加农民负担，满足社会消费多样化、个性化、品牌化的需求。

（2）**经济效益**　鹅湖香米稻田每亩产值 2 300 元，采用电商模式后，亩产值达 6 666.6 元，每亩增值 4 366.6 元。生产者在获得原成本收益后，再分享增值部分 20%，即每亩增加收入 873.3 元，500 亩鹅湖香米每年增加收入 43.66 万。

撰稿：江西省农业技术推广中心　熊倩华

山东省青岛市莱西市凯盛浩丰玻璃温室基地案例

需求与目标

"十三五"时期，在以习近平同志为核心的党中央坚强领导下，农业农村保持了良好的发展趋势，脱贫攻坚任务圆满完成，农业产业规模不断提升，农民收入持续增加，人居环境明显改善，农村社会和谐稳定，农村改革向纵向推进，为乡村振兴开启了良好的局面。我国是农业大国，也是果蔬类产品的生产供应大国，食品安全问题日益严峻，国家加大力度加强对食品安全的管理和调控，同时我国传统农业正在向标准化、规模化、集约化、精细化转型，并已进入快速转型阶段，大规模发展智慧农业是农业发展的必由之路。

做法与技术

凯盛浩丰农业有限公司是农业产业化国家重点龙头企业，总部设在青岛莱西。在山东、上海、福建、河北建有蔬菜大田种植基地 2 万余亩，协议合作基地 8 万余亩，拥有多种蔬菜 365 天周年供应能力，是中国最大的结球生菜种植企业之一。通过"数字技术＋农业技术＋操作流程"开发"浩丰数字农业大脑"，赋能上游，服务下游。2015 年公司开始发展智慧农业项目，截至目前，已建成运营山东莱西、德州临邑、德州陵城、四川眉山、安徽桐城、江西进贤等 6 个智慧玻璃温室基地，温室面积 1 000 亩。同时，在四川资中、河南濮阳、黑龙江佳木斯、陕西富平、宁夏闵宁等地 20 多个智慧玻璃温室项目正施工建设。

山东青岛莱西智慧玻璃温室位于青岛莱西市北京东路，规划总面积 1 000 亩，其中一期项目 2019 年 6 月开工，2020 年 9 月投入使用，项目总投资 3.6 亿，面积是 210 亩。主要生产欧洲同样质量标准的番茄产品，预计 3 年达产，达产后产量可达 85 kg/m²，是普通大棚的 4 ~ 5 倍，年生产供应量达到 5 100 t，年均销售收入达到 8 000 万元。二期项目占地面积 300 亩，2020 年 6 月已开工建设，2021 年 9 月开始投入生产。

(1) **硬件设施建设** 远程智能监控：在生产区域设置传感器等多种物联网设备，对作物、气候、土壤、水肥等参数进行实时监测，并可对设备运行情况实时展示，异常情况发生时会产生相应的报警消息，以便提醒相关人员进行相应的应对措施。

绿行者番茄全自动包装生产线

凯盛浩丰智慧温室

温室管理

智慧温室无人运输车

温室外景

温室内景

(2) **软件系统建设** 农业大数据平台：利用数据仓储技术，对各类数据进行分析、溯源、预测，完成各种计算统计汇总，实现对农业种植、加工、包装物流以及销售工作的全方位信息支持，实现农业生产标准化。

劳工管理系统：整个温室都采用了智能劳工系统，工人完成一项工作之后只需要刷卡就可以将其工作记录到数据中心，精准地掌握工人的工作效率，便于绩效管理。

选品管理体系：凯盛浩丰具备 18 年的优良品种筛选引进经验，形成了科学完善的品种筛选引进体系，致力于将全球各地的优良品种引导生产中来。通过优良品种与先进技术的结合，保障产品的稳定性、一致性。

(3) **软硬件集成系统建设** 环境控制系统：温室的环控系统是以中央控制计算机为中心，连接各项温湿度、光照、CO_2 传感器、幕帘系统、加热系统、高压喷雾、环流风机、通风窗等相关设备设施来实现环境条件的精准控制。配置室外气象站进行精准气象数据采集。温度控制采用的 5 段智慧控制法在不同时间根据植物需求自动调节。采光采用高透光散射玻璃覆盖，可以高效调节光分布。顶设置双向连续通风窗，实现 1 小时内完成整个温室换气 2 次。

肥水一体化系统：通过自动化控制和肥水一体化系统实现，进行精准灌溉和施肥。灌溉液每天进行两次监测，精准监测灌溉量、EC 值、pH 值，从而保证给到植物最合适的营养。灌溉回液会经过多层杀菌处理，进行循环利用，肥料综合利用率可以达到 90% 以上，是传统的土壤栽培的 3 倍。

(4)**生产技术创新**　智慧玻璃温室利用物联网技术,大数据、云计算技术颠覆了传统的农业耕种方式,引进国际前沿的智慧温室解决方案以及最先进的智慧温室生产管理系统,采用现代化的栽培管理技术和环境友好型的生产工艺,在智慧玻璃温室中应用可持续发展的绿色生物技术,采用熊蜂(蜜蜂品种)进行自然授粉,不使用激素催熟,无需喷洒农药真正做到即摘即食、绿色无污染。利用中国建材集团在高端玻璃产业上的优势、工程管理的优势、国际合作的优势以及人才等方面的综合优势,结合凯盛浩丰在现代农业领域近 20 年数据管理、智慧云端、市场、大数据等方面的专业优势,应用互联网、物联网、大数据、云计算、人工智能等现代信息技术,对生产、加工、营销全过程进行智能化控制。采用无土栽培:使用椰糠作为栽培的基质,杜绝通过土壤传播病虫害的可能性,增加根系的透气性,使根系更健康,吸收营养的能力更强;同时,减少重金属污染的风险,实现营养供给的准确性。熊蜂授粉:遵循自然规律,改变传统农业激素授粉,实现产品零激素。熊蜂授粉能够稳定糖酸比,使得产品营养多汁。物理病虫害防控技术。利用害虫的天敌抑制害虫的繁殖,无需喷洒农药,实现零农残。采用高水平的管控方法,温室生产的果实干物质含量比传统种植的果实干物质含量高 1.2 倍以上。精准数据分析:通过农业种植数据、劳工管理数据、ERP 数据及第三方数据对各类信息进行汇总呈现可视化分析图,实现市场、销售、种植、生产、加工等全方位规范化指导。为企业战略规划方面将做到更有把握地面对。技术标准化体系的建立:智慧玻璃温室统一技术管理标准,执行从种子、育苗、定植、植保、肥水配方、环境控制、安全卫生管理、农事操作管理、采后管理各板块的统一技术标准,实现生产标准化,产品供应稳定,质量水平一致,实现从种子到餐桌的绿色。

(5)**运营模式创新**　凯盛浩丰农业所有的智慧农业玻璃温室均由凯盛浩丰专业管理团队加本地产业工人进行生产管理,由荷兰技术专家提供技术支持,生产产品按照绿行者品牌的要求,进行产品的分级,进入新零售、出口、加工等现有的渠道进行销售。利用新零售渠道,用大数据对消费者进行画像,市场端根据大数据分析获取消费者对产品需求后,根据品种数据自动匹配,进行精准生产,高效率、高投入、高产出,生产高品质产品。

‖ 经验与成效 ‖

(1)**经济效益**　凯盛浩丰的智慧玻璃温室引进国际前沿的智慧温室解决方案以及最先进的智慧温室生产管理系统,采用环境友好生产工艺,进行精准生产,高效率、高投入、高产出,生产高品质产品。土地净利用率智慧温室是传统大棚的 2 倍,智慧玻璃温室产品环境稳定、管理标准,产品品质稳定,智慧玻璃温室单位土地净产量是传统温室的 6.8 倍,智慧玻璃温室单平方番茄产量可达 85 kg/m²,是普通大棚的 4 ~ 5 倍,年生产供应量达到 5 100 t,年均销售收入达到 8 000 万元。智慧玻璃温室将带动周边 1万多农户、10 万多人从事标准化智慧农业生产,人均收入增加 1.2 万元。

智慧玻璃温室和信息化数字化紧密结合,通过使用移动化、IoT 化、云化、智能化的技术,达成农业标准化、组织化、设施化、信息化的目标,最终实现农业全产业链的数字化变革,调整产业资源配置,提升农民收益。

(2)**生态效益**　节约土地资源。智慧玻璃温室作物采用立体吊挂式栽培方式,土地的综合利用率95% 以上,种植土地净利用率大于 80%。温室采用无土栽培对土壤没有严格要求可以采用荒废的土地进行建设,不占用优良的土地资源,温室拆卸后可以复耕复林。

节约水资源。智慧玻璃温室配备雨水回收池,收集雨水处理后,利用肥水一体化系统进行精准灌溉,温室中多余的水继续进入水处理系统,循环利用,最大限度节约水资源,绿色无污染,废水零排放。

使用洁净能源。智慧玻璃温室使用的能源是天然气，天然气作为一种清洁能源，燃烧的过程只产生热量、水和 CO_2 气体，天然气燃烧产生的多余的热量会存储到储热罐，用于夜间加热，产生的 CO_2 气体会输入到温室促进番茄的光合作用。植株光合作用产生 O_2，可以有效发挥生态涵养作用。

（3）推广示范效益　智慧玻璃温室有着得天独厚的持续性、推广应用价值，温室具有产量高、寿命长、气候稳定、能耗低、土地利用率高等优点，可实现无土栽培、精准给肥给水、温室内小气候自动化控制等世界领先的生产方式；通过科学的环境控制手段，实现雨水、CO_2 的全面回收；同等面积温室相比传统的大田种植，番茄年产量增加 4 ~ 5 倍，灌溉用水量为传统方法的 1/20，实现了番茄生产的高效性和环境友好。

撰稿：青岛市智慧乡村发展服务中心　江科　张超峰

山东省淄博市七河生物科技基地案例

需求与目标

食用菌是一类有机、营养、保健的绿色食品，食用菌产业是继粮、油、果和菜之后的第五大种植业，是集经济效益、生态效益和社会效益于一体的农业经济发展项目。食用菌产业文化底蕴深厚，生产资源可循环利用，产业发展正处于上升阶段，是发展特色产业、传承传统文化、保护生态环境以及实现企业增效、农民增收、乡村振兴的重要手段。但是，由于信息化程度低，"数据孤岛""系统孤岛""业务孤岛"和"设备孤岛"问题严重，与智慧化决策、智能化生产、精准化管控的国际化现代企业运营理念相差甚远，严重制约了产业的快速发展。

运用新一代信息技术，依托部署在生产现场的各种传感器和 5G 通信网络及专家智慧，深度融合研发、生产、销售、财务、行政等业务，通过"纵向延伸"和"横向集成"，解决"数据孤岛""系统孤岛""业务孤岛""设备孤岛"等问题；通过对香菇产品从进料、育种、生产、加工、检测、储运和销售等全产业链信息的智能感知、泛在联通、数字建模、实时分析、精准控制、迭代优化，对七河生物的数据采集装置、生产基础设施、人力、物力等资源进行组织和空间上的优化整合，实现香菇生产全产业链的智慧化决策、智能化生产、精准化管控，全面提升创新能力、产品质量和产量，引领国内外香菇生产发展方向是未来发展的重要目标。

香菇菌棒智慧工厂

做法与技术

山东七河生物科技股份有限公司是一家集食用菌研发、生产、销售、出口、推广业务的国家高新技术企业、农业产业化省级重点龙头企业。公司主要产品为香菇和平菇菌种、香菇菌棒、鲜干香菇等，在香菇的育种研发、生产工艺、产品品质方面处于世界领先地位。

（1）**基础设施建设** 公司已建成占地 2 000 亩的工厂化香菇菌棒生产和培育基地，建有现代化生产车 3 万 m²，智能化温室 1 000 余栋，年产菌棒 7 500 万棒。

七河生物大数据平台

香菇种植车间

（2）**软件系统建设** 仓储管理系统。通过基本信息管理、期初数据管理、出入库管理、库存管理、库存账簿管理、存量查询与统计及储备分析等功能，实现多仓库业务协同，货品流向精确追踪，销售、采购、生产和库内作业策略及时调整，使企业效益最大化。

（3）**生产模型构建** 利用 5G、物联网、人工智能、大数据等信息技术，实时采集菌棒发菌、转色、催蕾等生长阶段关键指标，构建优质香菇菌棒生长模型，优化生产环境因子，实现香菇菌棒培育过程中数据采集智能化、环境调控智慧化、管理过程精细化，同时，通过对香菇菌棒生产全流程信息的维护、检索、统计分析、生产业务流程自动流转、网上审批、成本自动核算以及生产工序工作量自动提报等功能，实现生产过程精准管理，规范企业生产活动，提高生产效率，降低生产成本。

通过实时采集香菇出菇过程中的温、光、气、湿等生长环境信息，基于大数据技术分析香菇质量、产量与生长环境之间的关系，构建优质香菇生长模型，实现出菇环境实时监测与智能调控，为香菇生长提供舒适的环境，减少了对种植人员的经验依赖。

对公司的生产及其他物资的使用情况进行建模，根据需求自动生成采购建议计划，根据库存情况和生产需要，自动发出采购预警，根据对供应商的历史采购数据分析，建立供应商信用评价模型，采购申请提交后，自动提示所采购物品在不同仓库的库存情况，自动匹配优秀供应商。

根据销售订单自动提醒库存情况和菌棒在棚内的成熟情况，自动提出供货建议，并从空间上定位可供货冷库和大鹏的位置及其库存量，对销售业绩进行多维度分析，实现对销售人员和部门的自动考核，销售管理系统通过销售计划、销售订单、合同管理、单证管理、销售业务流程自动流转、网上审批以及销售业绩多维度分析等功能，实现销售全流程管理，提升销售效率和业绩，助力企业盈利能力持续增长。

（4）**运营模式创新** 公司按照农业标准化、数字化、国际化思路，走出了一条"国内发菌、国外出菇、鲜菇就地上市"的农业产业化新路，自 2005 年以来先后在韩国、美国、日本、波兰建有 8 个子公司，产品出口全球 40 多个国家，占全国菌棒出口市场的 60% 以上，被评为行业单项冠军、山东省瞪羚企业、"隐形冠军"企业山东省农产品知名品牌、省级扶贫龙头企业等荣誉。公司建成了国内外领先的食用菌环境智能控制生产流水线，实现了自动搅拌、自动装袋、自动上架、连续灭菌、无菌接种等生产工序流水作业，实现了食用菌生产规模化、产业化、自动化，建立健全了从菌种管理到产品的完备的生产体系。

经验与成效

（1）**经济效益**　公司通过流转农户土地，建立智慧食用菌生产基地，公司共流转土地 1 137.89 亩，按照每亩 800 元/年的租金支付给农户。2019 年和 2020 年共支付土地租金 198.87 万元，带动农户每年增收 877 元/户。利用淄博地区丰富的苹果树修剪枝条、小麦麸皮等农林废弃物资源，开发新型香菇栽培基质替代林木资源，在解决当地原料供应不足问题的同时，实现农林资源绿色生态循环利用。此项技术成果已完全转化到公司的菌棒生产中，年可消化利用果木和麸皮 3.5 万 t，带动基地周边苹果种植和小麦种植大户 800 余户，按原料到厂价格 300～400 元/t 计算，每年至少为相关农户增收 1 100 万元以上。

（2）**社会效益**　提升农业生产和运营效率。实现从进料、育种、生产、加工、检测、储运和销售等全产业链的智慧化决策、智能化生产和精细化管理，最大限度地降低农业成本和能耗，减少农业生态环境破坏，实现农业可持续发展，全面提升七河生物的创新能力、产品质量和产量，引领国内外香菇生产发展方向。

促进农业企业的信用体系建设。通过端口，可实时查看、了解产品的物料储备、生产运行、产品物流等规范化生产过程。生产数据的唯一性、即时性保证数据的真实性，数据可追溯性保证了整个产品生产流程的可靠性。实现质量可追溯，使客户更满意、更放心。

（3）**推广示范效益**　解决生产效率问题。通过香菇智慧化生产工厂的建立，实现香菇生产数据智能分析、工艺智能执行、工序智能流转、生产环境实时监测与智能调控，提高生产效率，解决原材料供应问题。通过构建原材料智慧管理系统，实现原材料供求信息精准化管理，确保低成本生产正常进行。解决农产品品质问题。通过构建覆盖进料、育种、生产、加工、流通各环节的香菇产品质量追溯系统，实现香菇产品从进料、育种、生产、加工到流通所有环节的正向追踪与逆向回溯，提高产品质量安全保障能力。解决运营效率问题。通过对成本投放、产线能力、产品加工、市场供求等各运营环节信息进行融合分析，提供辅助决策依据，实现计划、组织、实施和控制等运营业务的智慧化，提升企业计划、决策、预警能力，提高运营效率和竞争力。

实现农业新技术的可控可复制。通过对生产各环节的实时监控，不仅实现温度、湿度、CO_2 等浓度食用菌生长环境的实时监测，更能进行全自动调节，从而保证产品质量。智慧七河项目技术成果不仅可以直接运用到公司的生产扩大、新建中去，也可以推广应用到其他农业生产中，实现新模式的复制和推广，从而解决农业数字化、智慧化推广的难题。

撰稿：山东七河生物科技股份有限公司　王守卿　宋秋潇

山东省兖州区漕河镇片区案例

需求与目标

漕河镇片区是国家高标准农田区，农业种植土地资源丰富，农田水利设施完备。漕河镇片区，有着悠久的农业种植传统和文化。片区中管家口村被评为第一批全省乡村振兴十百千示范村。因此，围绕兖州区西北平原带洸河流域乡村振兴示范区，搭建农业现代化载体，构建完整的乡村产业体系，促进一二三产融合，增加农民收入，建设宜居、宜业乡村示范区，通过集约型、高效型、循环型、智慧型高效农业，促进农村产业提质增效，促进产业兴旺，进而实现乡村产业振兴的目标。

做法与技术

（1）**基础设施建设** 指导片区各村村集体流转土地，利用流转土地承包经营权、村集体资产、资金成立公司（合作社）。引导片区各村抱团发展成立村集体＋村集体的合伙制公司，共同发展。建设1万亩小麦、玉米种植基地和1 000亩良种种植区。生产培育小麦玉米良种和优质商品粮。合伙公司建设10座冬暖式大棚，采取集中经营，各村按投入分红的运营模式种植黄瓜、番茄、香椿、羊角蜜甜瓜。

建设良种存储加工中心，实现良种培育、种植、储存、加工、销售，一二三产业融合。

漕河镇乡村振兴示范区　　　　示范区温室　　　　示范区大田

（2）**软硬件集成系统建设** 依托5G无线网络，建设基于农业生产服务平台、农产品溯源平台、农业资源管理平台、数据可视化展示平台、农业物联网监测平台、作物生长模型平台和无人机飞防的综合农业信息大数据平台。通过农业大数据系统，以电子化、流程化的方式管理、指导农业生产，建立电子化生产档案，实时掌控生产过程的所有要素情况，并将采集的环境信息、作物生长信息、生产信息等数据通过5G网络传输到物联网平台，平台基于回传的数据利用数据挖掘、作物本体等算法、模型对作物进行实时动态分析，构建作物生长模型，形成覆盖"前期预测""中期控制""后期处理"的定制化作物种植方案，反向指导现代化农产品的高效生产。

（3）**生产技术创新** 通过结合农业农村局秸秆综合回收利用项目和畜牧中心牲畜养殖粪污无害化处理项目，引入社会资本建设牲畜养殖粪污和秸秆回收综合利用中心，变"废"为肥，实现农业生产有机废物回收再利用，减少片区化学肥料使用量，降低农业生产成本，增加农产品品质和安全性，增加亩产效益。实现环保增收。

经验与成效

实施的5G+智慧农业信息应用系统建设项目，依托"基于云计算的物联网智能灌溉系统"和"基于反馈控制的农田灌溉系统及方法"，综合互联网、云计算、大数据、人工智能和移动应用等现代信息技术，创新性研发了以精准灌溉、精准施肥、环境精准调控为核心的农业精准管理服务系统，取得了较高的经济效益和社会效益。

（1）**经济效益** 通过建设温室智慧物联系统，实现投入品的精准使用，实现对种植流程的标准化生产，实现对种植户的规范化操作，使大棚蔬菜的种植质量稳定、品质优良，从而增加市场售价1.5～2倍，使效益大幅度提高。

通过建设温室智慧物联系统，依托"温室智慧物联系统"＋"大棚核心控制器"＋"水肥一体化管理设备",实现水、肥、药、环境调控的无人化自动运行,减少此环节的人工用量。通过"温室智慧物联系统"+"数字化大棚标准化种植管理服务",减少对种植技术员的依赖,提高生产人员的效率和操作水平。由原来1人管理1~2个棚提升到1个人管理2~3个棚,同时由园区1名技术员服务20~30个棚提升到1人服务40~50个棚,人工成本降低30%左右,为大棚种植户带来成本优势。

通过建设温室智慧物联系统,大数据平台会通过专家模型对水、肥、药的使用进行科学的分析,形成水肥药管理方案,并将方案下发到现场的智能水肥药设备和用户的手机,控制设备精准施用,指导用户科学管理,提高水肥药管理的科学性,并一定程度地减少用量,降低生产成本10%左右,减少化肥污染和农药残留,从而提高产品品质并增加种植效益。

(2)社会效益 通过建设温室智慧物联系统,能够实现大数据专家决策、精准调控温室环境、精准灌溉施肥、规范生产操作,减少病虫害的发生,从而降低用药量,提高果蔬品质和质量标准,增加产品销售价格。既能符合政府提高农产品质量安全政策的要求,又能满足群众餐桌食品健康安全的需要。

撰稿:山东省农业技术推广中心　　　毛向明　蔡柯鸣
　　　济宁市兖州区农业农村局　　　　徐鹏
　　　济宁市兖州区漕河镇人民政府　　孟昭强

山东省无棣县西小王镇钟金燕家纺基地案例

‖ 需求与目标 ‖

在中国经济发展进入新常态的形势下,针对棉花种植业产业结构单一、生产成本抬升、经济效益低等问题,进一步调整优化产业结构,转变农业发展方式尤为重要。与此同时,消费结构的升级,工农业技术的发展,也给棉花产业的发展带来了新的发展空间和机遇。智慧农业是当前农业发展的新阶段,它运用物联网、大数据、云计算等技术对传统农业产业进行升级改造,构建基于物联网和大数据的现代棉花产业体系,为棉花种植、加工与销售、农技服务、农业旅游资源开发提供全方位技术支撑,对加快棉花产业结构调整和产业链延伸,拓宽棉花产业增收渠道,推动农业与二三产业融合发展,具有重大意义。

‖ 做法与技术 ‖

山东钟金燕家纺有限公司坐落于渤海之滨山东省无棣县西小王镇。是一家集现代农业、智能织造、家纺产品设计与销售为一体的综合型企业。公司坚持"科技兴企",深化"产学研"合作,实现现代化、高质量发展。山东钟金燕家纺智慧农业建设主要对棉花种植、产品加工与销售、种植服务和农业科普教育资源开发的全产业链条,加快推进基于物联网和大数据的棉花产业体系建设。山东钟金燕家纺有限公司基于物联网技术,建立企业数据中心,研发各部门的信息管理应用系统,建立企业信息化平台,为智慧农业提供技术支撑。

(1)硬件设施建设 物联设备建设。根据种植基地和企业生产需求,在基地、厂区等进行规划设计,保证通网通电到各个点位,安装视频监控设备及温湿度、土壤等各类传感器,安装数据存储及服务器,部署网络通信设备，其中，路由器、光纤收发器等需由其他运营商辅助实施。

数据中心建设。以公有云和本地云服务的模式建设企业级数据中心，将基础数据进行云和本地存储和管理，实现各类数据有效存储和共享，为各应用系统提供基础数据支撑。

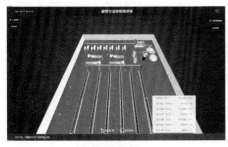
数据监测平台

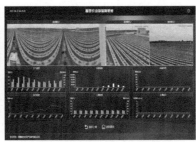
智慧农业数据统计分析界面

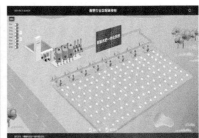
智能水肥一体化系统

田间传感器

智慧农业数据驾驶舱

智能水肥一体化设备

（2）**软件系统建设** 物联网环境监管系统和视频监控中心。结合地理信息系统和监控系统直观呈现棉花种植和生长情况。引进水肥一体化滴灌系统，利用农田墒情监测、农田气象监测、远程视频监控、自动化开关阀等物联网技术，实时自动化灌溉，较传统灌溉节水 25% 以上、节肥 16% 以上。为农业生产提供精准化种植、可视化管理、智能化决策。通过采集棉花种植环境数据，进行数据统计分析，结合专家知识系统，为棉农实时提供种植技术指导，实现种植的数字化、标准化、科学化管理。

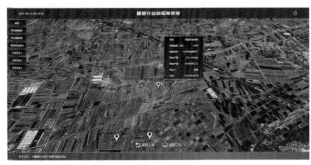
智慧农业数据影像界面

视频监控中心

建立整个厂区的生产监控系统。通过视频监控系统直观呈现生产进度和设备运行状况，结合生产管理系统，实现数据统计、计划提醒、报警预警等功能。通过视频监控系统直观呈现生产进度和设备运行状况，结合生产管理系统，实现数据统计、计划提醒、报警预警等功能，并对生产环境（温度、湿度、产量、质量、棉纤维断头率等）进行实时监测。客户下单后系统自动生成排产计划，并根据客户对产品指标需求进行个性化定制，定向开展智慧农业种植服务模式，根据客户需求定向筛选原棉种植品种，根据订单系统数据采集与种植原材料系统数据采集，达到精确配棉、不同纱线工艺流程、个性化定制家纺产品的目的，从而提高消费终端的需求。

构建产品质量追溯系统。实现对棉花种植、棉纺织产品生产加工和销售信息全过程记录和跟踪。

搭建棉纺织产品电子商务平台和农资产品网上服务平台。

经验与成效

（1）**经济效益**　智慧农业在钟金燕家纺有限公司种植基地已经推广及试用面积达 2 000 亩，取得了显著效果。通过传感器自动检测土壤湿度、自动灌溉，土壤环境的可控化使种植基地的棉花出苗率达 90% 以上，有了适宜的生长环境，棉苗出土后生长特别旺盛，再通过土壤传感器实时检测棉花生长对氮、磷、钾的需求，进行自动补肥。种植成本下降 100 元 / 亩、效益提升 230 元 / 亩。

（2）**社会效益**　智慧农业信息化建设，利用科学技术实现了农业生产的现代化，最终达成标准化和数字化农业生产的目标，有效解放劳动生产力，释放农村活力。预计到 2022 年智慧农业种植面积将推广到 8 000 亩，带动周边农户共同致富。

撰稿： 无棣县农业农村局　孟祥峰

湖北省荆门市钟祥市大柴湖经济开发区案例

需求与目标

传统耕种只能凭经验施肥灌溉，不仅浪费大量的人力物力，也对环境保护与水土保持构成严重威胁，对农业可持续性发展带来严峻挑战。随着设施栽培技术的进步，以无线传感器网络应用为代表的全新设施农业生产和优化设施生物环境控制技术，已逐步成为发展现代设施农业的重要途径，以其实时、快速、多维、动态的信息数据采集与监测优势，突破了农业信息获取困难与智能化程度低等技术发展瓶颈，实现了农田的智能灌溉、智能施肥与智能喷药等自动控制。

做法与技术

湖北农青园艺科技有限公司主要从事园艺项目的研发，花卉苗木、农作物种植销售，政策许可的农副产品购销，园林绿化工程，温室工程设计、建造及施工，花木盆景租赁、批发兼零售的私营企业。可年产红掌、白掌、观赏凤梨、竹芋等各类盆花和观叶植物约 2 200 万盆，产品销售覆盖长三角、珠三角、晋鲁豫、东三省等各大花卉市场，产品供不应求，年销售额超 2 亿元。

（1）**硬件设施建设**　公司建设设施大棚环境监测控制系统，配置自动气象站、环境传感器、视频监控等设备，构建数据传输及存储系统，配置温度、湿度、光照等环境控制设施设备。建设工厂化育苗设备，改造播种、嫁接、催芽、移栽等育苗装备，构建集约化种苗生产信息管理系统，实现育苗全程智能化管理。

规模化生产水源热泵系统水源热泵属可再生能源利用技术。水源热泵运行效率高、费用低、节能、运行稳定可靠、环保效益显著、一机多用、应用范围广、更加经济环保。

规模化生产水肥一体系统。水肥一体化技术是将灌溉与施肥融为一体的农业新技术。水肥一体化是借助压力系统（或地形自然落差），将可溶性固体或液体肥料，按土壤养分含量和作物种类的需肥规律和特点，配兑成的肥液与灌溉水一起，通过管道系统供水供肥，均匀准确地输送至作物根部区域。

（2）**软件系统建设** 规模化生产温室控制系统。为了适应公司规模化盆花生产的需要，减小劳动强度，提高盆花质量，在充分了解温室控制系统与信息输出系统的基础上，通过应用物联网感知技术，将温室控制系统、集成模块、传感器、控制器连接在一起，建立远程控制管理终端系统。所有温控大棚与终端系统连接，所有温控的数据均在终端系统显示，通过终端实现对各大棚自动化的控制，实现

| 规模化生产温室控制系统 | 规模化生产水源热泵系统 | 规模化生产水源热泵系统 |

了盆花对光照、温度、湿度的精细化管理和各种故障及状态在终端显示，可以通过直接手工或按照系统设定参数自动调节，为盆花生长提供良好的环境。

经验与成效

湖北农青园艺科技有限公司现已经建成完备的培育、生产、销售一体化体系，有组培中心，白掌、红掌、凤梨生产工厂等多个区域，销售网络覆盖全国 11 个省份，同时带动当地 600 户进入盆花行业，13 户微小企业入驻中国花城盆花基地。湖北农青园艺是农业科技型企业，通过数字系统参与生产管理有 10 多年经验。

撰稿：湖北农村信息宣传中心　湖北农青园艺科技有限公司　杜巍　张中义

湖北省庄品健数字化粮食生产与定制服务案例

需求与目标

2020 年，新冠肺炎疫情全球蔓延，加快了 ABCD+5G（人工智能、区块链、云、大数据）带来的数字化转型浪潮，加快了全社会线上线下数字化连接的进程，永久性地改变了部分原有的商业要素，数字化转型是企业和产业必须全力达成的时代趋势。新冠肺炎疫情全球蔓延，使粮食产业链、供应链建设更为重要，更加迫切。湖北庄品健实业（集团）有限公司作为农业产业化国家重点龙头企业，抢抓数字农业发展机遇，积极探索和研究如何在互联网、大数据、人工智能等新一代信息技术正在引领新一轮科技革命的大背景下，通过数字化转型推动粮食发展的质量变革，为农业农村发展增添新引擎和新动力。

做法与技术

湖北庄品健实业（集团）有限公司位于湖北省天门市，是一家以优质大米加工为主，集种植、科研、收购、储运、生产、销售于一体的全产业链农业产业化国家重点龙头企业。公司现有稻谷库容能力 20 万 t，准低温成品大米容量 2 万 t，稻谷年加工能力 80 万 t。

(1) **基础设施建设** 公司投资 6 200 多万元，建设了大型粮食清整系统，日清理能力达 9 600 t；建设了 200 个总容量 2 万 t 的绿色储粮立体仓，实现了不同水分、不同品种粮食单收单存，保证优质粮食品种在收储过程中的品质和纯度。整套流程机械化、自动化，做到了粮食收获全程不落地，减少粮食耗损。投资 5 815 万元，建设了大型粮食烘干中心，日烘干能力达 3 500 t。整个烘干系统全部采取低温循环烘干技术设施，严格将稻谷受热温度控制在 35℃ 以内，有效提升了粮食收获品质。

庄芯农场数字化生产基地

(2) **软硬件集成系统建设** 田间物联网建设。包括农业环境监测、病虫害在线监测、农田作业视频监控、农技在线服务系统、农机智能管理系统等 5 个方面内容。实时监控温度、湿度、光照、土壤 pH 值、化学元素等，实时呈现生产资料记录、农事记录、检验记录等信息。

溯源体系建设。包括加工仓储环节的全程可视化溯源体系和粮食质量安全追溯体系建设。完整记录粮食出入库及物流过程的时间、数量、重量等信息，并通过 ID 实现产品追溯；系统生成产品二维码，消费者可通过扫描二维码，实时掌握产品信息，实现全产业链可追溯。

田间传感器

数字化粮食订单和配送系统建设。包括销售管理、客户管理、订单处理、客服管理，应用 GPS 定位技术、GIS 地理信息系统、无线传输技术等及时采集跟踪粮食产品的运输状况并反馈信息。

中央指挥控制中心建设。包括粮食数字管控模块和电商平台建设，通过互联网技术实现用户管理、产品信息、物流配送、产品追溯、购物、结算、充值、评价等功能。

化肥减量增效示范区

(3) **生产技术创新** 以数字工厂和庄芯农场为两个着力点，以粮食供应链建设为核心，以产业链资源整合为手段，有效运用定制农场 + 互联网运行机制，通过北斗定位、遥感监测、物联网、大数据等信息技术，建立起跨区域、多级分层管理的粮食生产环境监测和可视化大数据信息管理平台，将现代信息技术与粮食产供销各个环节深度跨界融合，实现对粮食生产的实时监控、精准管理、远程控制和智能决策，切实做到生产管理精准化、质量追溯全程化、市场销售网络化融合升级，提高粮食资源的利用率和生产效率，建立从田间到餐桌的粮食供应链闭环的市场运作体系，整合供应链，提升价值链，并通过可复制的商业模式做大数字农业规模，做强数字农业品牌。

经验与成效

(1) **经济效益** 已建成 1 万亩试验示范基地，数据大楼、中央控制指挥中心、产品体验中心、工厂数字化改造等建设已完成，提升了内部流程效率。基于数字孪生的虚拟化、整体优化和执行环节的精确匹配实现资源（人、物料、技术、资金等）的快速流动和周转，提升了产成品合格率、资产利用率，设备综合运营效率提升 5% 以上，设备的有效产能提升 10% 以上。主要体现在以下几个方面：一是人工智能种植模块，根据粮食作物的实时生长情况智能预防，并采取精准化措施，帮助农民增产增收。二是全程溯源模块，自动记录选种、加工、储存、物流和销售每一个环节的关键信息，通过全程追溯保证粮食产品安全。三是新零售系统，建立粮食产销对接供应链体系，引导参与农场定制的农民加盟，帮助农民致富。四是粮食交易平台和"AI"大数据中心，建立与完善利益联结机制，共建粮食数字产业集群，助推粮食产业转型升级。

(2) **社会效益** 提升柔性化和敏捷性。员工不需要做选择或判断，只需根据系统提示进行操作，1个员工可以胜任多台设备的操作。零学习的人机界面，确保产品调整时员工能够即时满足作业要求，不再需要提前组织大量的员工作业培训。优化了成本结构。通过物联网、大数据和人工智能等信息技术的应用，企业对资源的感知和掌控的程度更广、更细、更实时，可以实现更高层次的精确匹配和优化；生产设施在自动化基础上的智能化，可以最大限度地减少人工干预。构建模块，搭建了粮食数字化生产与定制大平台。

"三个要点"落实到位。一是通过"种得好"助推"卖得好"。把消费者需要"更好的产品"与农民需要"更低的成本"结合起来，通过数字农业引导农民转变种植思维。二是帮助农产品建立溢价。通过数字农业，实现农业生产技术创新，打造粮食品牌，从而提升粮食销售价格。三是全产业链运作。从生产、渠道、物流、技术、营销等全方面投入资源和资金，实行全产业链布局。

(3) **推广示范效益** "十四五"期间，公司全面实施数字农业"三百计划"，即建设100万亩数字农场，对接100万个城乡家庭，实现全产业链100亿元综合产值。目前，已在天门市建成单个种植面积200亩以上的庄芯农场20个，面积10 000亩；在洪湖市、公安县、汉川市等地建成单个种植面积300亩以上的庄芯农场10个，面积5 000亩。在取得成功经验基础上，在天门市及周边县市快速复制推广。

撰稿：湖北农村信息宣传中心   杜巍
     湖北庄品健实业（集团）有限公司 姚中亮

湖南省金之香米业全产业链互联网农业案例

需求与目标

构建"绿源农产品质量溯源系统"并在各大生产基地投入使用，通过可追溯系统实现质量管控，打造绿色、有机、安全、有标准、可溯源的地标品牌"南县稻虾米"是大米生产的主要需求和目标。

做法与技术

湖南金之香米业有限公司创立于是集种植、烘干、仓储等于一体的产业化省级重点龙头企业。拥有高标准稻谷仓储能力10万t、日产1 000 t全自动化低温烘干设备、年产30万t全自动化智能控制大米生产线，物流专干线4条，一次可备货2 000 t。公司坚持"市场主导、因地制宜、稻虾并重、绿色发展"的原则，秉持"打造绿色精品，服务全民健康"的理念，生产的产品从田间到餐桌粒粒甄选、层层把关。

(1) **软件系统建设** 绿源农产品质量溯源系统。具有防伪、溯源、营销、大数据分析等功能，在种养基地、加工场所安装直播摄像机，实时查看生产基地和加工作业的情况，通过物联网设备，精准采集企业生产环境中土壤温湿度、风速、土地肥力、水质元素含量、重金属含量等数据，帮助企业控制并规避生产加工中的风险，并为智慧农业的发展收集精确的基础数据，提高企业的工作效率，节约了人力成本。此外，绿源农产品质量溯源系统为每包南县稻虾米制作自己唯一的"身份证"（二维码），完整地记录了每袋大米的品种、产地、种植、收割、加工、仓储、质检等全部信息，消费者只需扫描产品二维码，就能快速查看金之香大米整个生产过程的详细信息。公司自主开发了绿源农产品质量溯源微信小程序，客户通过小程序可以随时随地跟踪生产过程，通过基地视频、实时采集的种植环境数据，了解洞庭鱼米之乡的土壤温度、空气湿度、光照情况、稻谷的长势，亲历生产全过程，真正做到全程掌控，提前预订，让消费者买得放心，吃得安心，建立并展示了绿色、有机、安全的良好品牌形象。

大数据平台

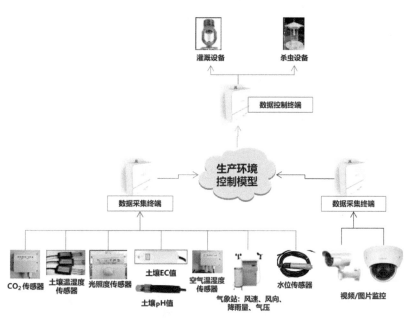

智能生产线

（2）**生产技术创新**　公司大米加工采用国内外先进的 15 道精米工艺，全程封闭式智能蓝光筛选、杀菌，保证每粒稻虾米的天然营养，精米加工数据、实时防伪数据传至溯源云。政府可通过监测中心随时对企业的实况进行远程安全监督，从而提高了企业的安全生产与产品的公信力。

（3）**运营模式创新**　公司以建设种植示范基地、强化科技创新、完善助农服务体系等措施，通过"公司 + 合作社 + 基地 + 农户"模式，发展订单粮食生产，

物联网设备

基地以稻虾种养为基础，以订单收购为纽带，将稻虾种养、收购加工、销售有机结合，带动农民增收，加快农户致富。

经验与成效

（1）**经济效益**　目前，公司已在全国布局华南、华中、华东三大板块为主销区的营销网络，总销售占比为 65%，互联网销售占比 5%。近 3 年来，公司整体经营状况良好，各项指标稳步上升，营收平均增长率达到 41.34%。公司通过农业农村信息化的建设，有效增强了市场化收储条件下农民售价的议价能力，促进了粮食提质进档，通过市场带动农民增收，推动节粮减损，同时保障了优质粮食的有效供给。2018 年通过订单收购优质稻谷 1.25 万 t，占应收购量的 83%，向订单农户支付 1 007.7 万元，平均每户年增收近 500 元；2019 年通过订单收购优质稻谷 3.13 万 t，占应收购量的 90%，向订单农户支付 1.1 亿元，平均每户年增收近 600 元；2020 年通过订单收购优质稻谷 5.65 万 t，占应收购量的 95%，向订单农户支付 2.15 亿元，平均每户年增收近 800 元。

(2) **社会效益**　公司通过产学研合作机制，以"南县稻虾米"绿色食品技术研发为平台，充分发挥南县现代农业示范工作站，加强校企战略合作，与湖南水稻研究合作培育开发"南县稻虾米"新品，科技创新能力不断提高，2020 年获高新技术企业、科技型中小企业认定，申请专利 10 件，其中发明专利 4 件。另外，参与湖南农业大学主持的稻田生态种养关键技术创新与应用项目荣获湖南省科学技术进步奖一等奖。按照一二三产业融合发展思路，能有效带动运输业、服务业和旅游业的大力发展，每年可提供就业岗位 2 000 余个，随着农业农村信息化的不断推进，公司已建立农民培训中心，每年举办粮种繁育、富硒稻种植、水稻病虫害防治、壮谷动力推广等培训班对基地农民进行培训，确保新技术推广应用到位。

(3) **生态效益**　随着农业农村信息化技术的不断深入应用，农业自然资源得到合理的开发、利用和保护。通过物联网设备、溯源平台能够了解企业的生产环境，随时管理生产数据，并为智慧农业的发展收集精确的基础数据，开展精细化农业生产，每年可减少化肥、农药投入 80% 以上，粮食产品优质率达到 70%，农民种粮收益提高 20% 以上；生产加工环节应用粮食加工监测系统，有效节粮减损；同时，集成公司实用新型专利除尘箱和噪声消音装置，降低粉尘污染和噪声污染；仓储环节应用粮食仓储监测系统，采用"三低一防"储粮方法，节约能耗，降低用药，实现环保、绿色、安全储粮，从而维护了生态效益与经济效益的协调发展。

金之香米业深入探索稻虾养殖新模式，规范稻虾种养体系，通过大力推进规模化、标准化、品牌化和市场化建设，强化科技项目推广，升级改造场地设备，提升米业产能与品牌质量，创新推广新技术，提升品牌形象，打造"南县稻虾米"的标杆产品，提高周边农户稻虾种养技术，辐射周边优质稻订单种植，加快农业农村信息化数字化发展，改变周边村镇居住环境，改善群众生产、生活条件，大力维护生态与经济的平衡，实现了经济、社会、生态效益的大丰收，为振兴乡村打下坚实的基础。

撰稿：湖南金之香米业有限公司　王敏

湖南省益阳市安化县马路镇云上茶业基地案例

‖ 需求与目标 ‖

新一轮科技革命和产业变革正蓬勃兴起，物联网与人工智能深刻改变着世界和我们生活的方方面面，传统行业不断被颠覆，未来的世界就是一个万物互联的智能社会，作为有着几千年历史传统的安化黑茶，如何适应信息化时代的要求、如何拥抱物联网，进而从根本上实现产业的更新换代，这是业界多年苦苦探索和急需解决的问题。

‖ 做法与技术 ‖

湖南省云上茶业有限公司成立于 2012 年 5 月，注册资金 2 105 万元，主营茶叶生产与销售。公司位于湖南省益阳市安化县马路镇云台山，这里地理条件优越，孕育出全国 21 个优良群体茶树品种——云台山大叶种，以该品种作为原料精制而成的黑茶具有入口滑爽、滋味醇厚、回甘持久、经久耐泡等地域特色，是制作安化黑茶的"芯片"。在此优势资源基础上科学培植，大力扩建发展生态有机茶园基地，始终坚信"好茶从种植开始"，坚持"原产地、原叶料、原地加工"，是安化全产业链典范企业。茶园基地按照"全息农法、还茶于自然"的有机理念进行培育管理，做到了"化肥、农药、除草剂零使用"，已通过有机产品认证。"妙境云上"品牌系列产品均精选云台山大叶种茶作为原料，传承国家级非物质文化遗产制茶技艺，生产的"高山云雾绿茶、传统功夫红茶、云台大叶黑茶"三大类茶产品，已实现了"从茶园到茶杯"可视频追溯，自推出以来，每年深受茶友欢迎和好评。随着企业实力逐年增强、品牌美誉不断提升、茶旅特色充分彰显，纯种黑茶产品身价逐年翻番，是送礼、品饮、收藏之首选。

(1) **软硬件集成系统建设**　茶园滴灌水肥一体化建设。为实现茶园培管智能一体化，公司目前引进建设水肥一体化系统。该系统包含土壤温度、湿度、氮磷钾等传感器，用来监测茶树生长的土壤情况，通过土壤传感器反馈的数据，用手机 App 远程即可进行智能浇水和施肥。

自动化植保管理系统建设。利用无人机巡航功能，可能茶园进行巡航管理，并设置高空喊话功能。另外通过在无人机上搭载光谱病虫害分析仪，可对茶园病虫害进行分析，实时了解茶园病虫害的情况。

产品溯源

农眼设备

摄像头

智能化操控台

数据中心

水肥一体化系统

(2) **软件系统建设**　可视频产品溯源系统。针对食品安全问题，公司建设了一套 CN39 可视频溯源直播系统。实现了消费者只需要关注公司中公众平台即可观看到茶园、生产车间、仓库、茶产品展览馆、云海日出观景台等一系列地方的实时直播；另外采用国内领先的 CN39 追根溯源系统，基于 CN39 标识开发的食品安全追溯体系与食品安全追溯平台，实现了商品"顺向可追踪、逆向可溯源、真伪可查证、责任可追究、物权可转移、损失可救济"的技术效果。通过扫描产品上的 CN39 编码即可了解到这款产品从生产到最后到达消费者手中的一个全过程，并且这款产品产自哪个茶园，茶园生态环境数据采集呈现以及生产于哪个车间都有可视化的视频直播。

(3) **运营模式创新**　消费者互动系统。随着 VR 虚拟现实技术的越来越成熟，公司购置了 1 套 VR 设备，通过对采茶、制茶、泡茶和云海等场景拍摄，让消费者不用到茶山即可感受茶旅体验游。

无人茶馆新型模式。无人茶馆安装无人售茶机，消费者在售茶机购买品鉴茶样后，根据消费者选择品饮人数，无人茶馆系统将自动开通指定推荐泡茶台的电源，并提示消费者前往该泡茶台，实现茶馆无人值守，开启茶馆运营新模式。

‖ 经验与成效 ‖

(1) **经济效益**　提升茶叶产量，降低劳动成本。2020 年在未覆盖光纤网络的茶园安装 NB-Iot 窄带物联网设备，建成农业物联网设备茶园覆盖面积 4 000 亩，全面对新建现代化流水线生产厂房进行智慧物联网覆盖，达到每年毛茶生产 300 t。通过各分支系统 API 接口调用，对相关分支系统进行功能整合，优化平台用户体验度，减少了 30% 冗余劳动力。

节水增质，积极发挥安化黑茶全产业链典范企业作用，带动周边黑茶企业建设物联网标准化基地建设，所建设物联网标准化茶园达成节水率 50%，降低 40% 茶叶病虫害发生率及旱情发生率，提高产品 35% 生产品质。

(2) 社会效益　基地物联网建设以来，一直与各级政府相关部门合作紧密，也先后将物联网设备接入到了省市县各级平台，包括县级农业局、县现代农业产业园、市智慧农业溯源平台以及省农产品身份证管理体系。公司承诺积极配合接入各级农业物联网平台，为相关物联网应用提供一线数据。

撰稿：湖南云上茶业有限公司　黄叶兰

重庆市大足区月斧山家庭农场案例

▎背景与目标▎

重庆市大足区月斧山家庭农场秉承"健康、绿色、共赢"发展理念，获得番茄、丝瓜等 11 个类别的无公害认证和 3 个绿色认证。农场坚持"三个第一"服务理念："新鲜"第一，实行蔬菜早晨采收，中午发货，下午到家，从采收到餐桌不超过 12 h；"安全"第一，蔬菜从种植到收获，不使用任何农药和除草剂，以农家肥为主，化肥为辅，绿色种植，实现全程监控，客户用手机能质量可溯源；"性价"第一，通过手机小程序下单，农场直接送到客户家里，省掉中间商环节，客户花同等价钱能买到更好的服务和质量。

▎做法与技术▎

(1) 软硬件集成系统建设　"物联网＋田园"实现生产全透明。月斧山家庭农场现有汽车 3 辆，监控 50 个，4 套无线网络，实时上传蔬菜长势、农事活动等相关数据到监控 App，随时监控和掌握情况。装配车间 450 m²，合作网点 40 家，具备完成接收线上下单、采收装配、准时送达、处理售后的基础条件，实现了特色农产品供应链信息的全追溯，为消费者提供透明化的全程信息，消费者吃了安心、放心、舒心。

视频监控平台

月斧山家庭农场大数据平台

(2) 软件系统建设　"互联网＋销售"实现农产品网上购。月斧山家庭农场依托网络和物流系统，自建蔬菜订购微信群 2 个，采取会员制，现拥有固定客户 4 000 人。客户网上预订，翌日 6 时采摘蔬菜水果,11 时顺丰从基地出发,当日 18 时前送达。实现了蔬菜运输无中转,新鲜、安全、实惠,获得很高的回购率。同时,也节约了社会资源。

(3) **运营模式创新** 月斧山家庭农场建立了"产销一体化"的线上、线下融合发展的新零售方式,即通过线上预定、快递送到家以及通过线下投放蔬菜柜客户现场选购自提。

"走进社区+投放冷鲜蔬菜柜"拓展市场。农场在各个社区超市投放冷鲜蔬菜柜,用于展示产品、广告、农场营业执照、绿色认证、农场平台二维码。农场由专人负责,把所有蔬菜统一处理成 3 元 1 份的信息单元,并投放到各社区超市。客户可以线上、线下共同体验,并通过蔬菜柜上的信息追溯到农场的生产源头,实现农产品质量可溯源,促使生产端严控质量。目前,已进入了协信天骄城等 40 个社区,客户覆盖了重庆主城 9 个区。

经验与成效

(1) **经济效益** 产销一体化,有利于品牌打造。投放蔬菜柜,并把蔬菜统一成 1 个信息单元,全部 3 元 1 份,实现了复杂的事情简单化,简单的事情重复化。能规模发展。每个基地年销售额 108 000 元,效益非常可观。口碑积累,有利于品牌的形成。市场稳定,还实现了以市场为引导,反馈生产。然后以蔬菜柜为依托,开展肉类、水果、家禽等各种安全农产品。组织客户来基地参观旅游,促进城乡交流,真正实现产业有活力,推动乡村振兴。

(2) **社会效益** 产销一体化解决了安全问题。由于农产品自身价值不太高,为了节本,大多基地舍不得花大理人力物力去贴追溯码或者商标,且流通环节多,造成农产品质量难溯源,客户总感觉不放心。传统模式也很难对生产者形成有效监督,也很难解决溯源这个痛点。月斧山产销一体化模式解决了这个难点,客户可小程序下单,快递直接送到家,更可以轻松追溯到生产源头。线下,蔬菜柜上贴有农场的二维码、绿色认证、营业执照等,客户能通过蔬菜柜上的信息找到农场,实现质量可追溯源。

撰稿:重庆市大足区月斧山家庭农场 陈真勇

重庆市梁平区金带镇双桂村数谷农场案例

需求与目标

为积极发展集循环农业、创意农业、农事体验于一体,一二三产业融合的现代农业,帮助农民增收致富,助推乡村振兴,重庆市梁平区大力招商引资,积极引进万州同鑫农业公司,紧扣农业供给侧结构性改革,采取 EPC 建设模式,创新发展创意农业、航天科技农业、智慧农业,建成集旅游观光、休闲采摘、农事体验、科普教育等功能于一体的现代农业集中展示区,助推乡村振兴,打造西部一流的智慧农业园。

做法与技术

重庆数谷农场位于梁平区金带镇双桂村,占地规模 400 亩,现已建成现代智能温室 35 000 m²,园区以农业数字化、精准化、智慧化为目标,运用现代物联网、水肥一体化智能灌溉技术等,实现生产全过程的可视化、数字化、精准化、智能化管理,提高了产量、保障了质量、降低了成本、提升了效益。

现已成为重庆市高科技农业展示中心、梁平区现代农业科技服务平台、绿色生态农产品生产基地、优质农产品展销服务平台、现代农业技术服务平台以及农旅融合、产学研结合发展示范基地，是重庆乃至西部一流的智慧农业园区。

(1)**基础设施建设** 建成现代智能温室 35 000 m²。包含"一馆、四场、一中心"，即中国农业科学院·云腾田园馆、花卉工场、番茄工场、重庆农业科学院·瓜果工场、西南大学草莓工场、智联总控中心。采用国内外 18 种立体栽培模式和荷兰轨道种植模式，引进世界最先进的以色列耐特菲姆水肥一体化灌溉系统，采取智能监测、智能生产、智能管理、智能控制等现代农业生产管理技术，充分运用物联网、大数据平台，实现水资源大幅节约，降低生产成本，促进生态环境与经济的可持续发展。

数谷农场鸟瞰图

重庆数谷场智联总控中心

无土栽培技术种植蔬菜

数谷农场

植物灯光工厂

数谷农场玻璃温室

水果番茄种植

垂直种植

智联总控中心

物联网温室智控系统

水肥一体化系统

环控系统

(2)**软硬件集成系统建设** 为实现对农作物生长环境的智能感知、智能调节、营养的精准供给，给农作物创造一个良好的生长环境，重庆数谷农场引入了农业物联网系统与水肥一体智能灌溉系统。物联网系统：园区物联网系统采用了成都智棚物联网技术，系统主要由室外气象监测系统、视频监测系统、智能温室控制系统、物联网远程访问及控制终端、室内高精度无线传感器。室外气象监测系统：主要由风向、雨雪传感器及 LED 显示屏组成，用于监测园区温湿度、风速、风向、雨雪、雨量等气候信息。通过及时掌握气候信息，提前避免极端气候灾害，为温室内的环境调控提供一个综合节能方案。视频监测系统：视频监控系统主要由高清摄像头、视频处理器、传输设备、显示设备与控制设备组成，能360°全方位实时监测农作物生长情况，为专家远程诊断服务提供作物生长影像资料。智能温室控制系统：该系统可根据环境的变化及农作物生产需求，通过启动、关闭温室的相关设备来调整温室内的温度、湿度、光照、CO_2浓度等参数，也可根据已知的农作物生产模型，通过设置相关环境参数标准，来实现温室设备设施的自动化运行模式，确保农作物始终在适宜的环境中生长。物联网远程访问及控制终端：主要实现园区物联网与PC端与手机端的连接，确保无论何时何地，都能够通过计算机或手机实时查看作物生长环境及生长状况，控制温室设备设施调节温室内的相关环境参数。室内高精度无线传感器：主要通过安置传感器对棚内的各项环境参数进行实时监测，了解作物生长状况。同时通过数据收集，形成农业生产大数据库，为建立农作物环境生长模型提供基础条件，也为实现温室环境参数智能化控制提供判断依据。水肥一体化系统：园区水肥一体化智能灌溉系统采用以色列耐特菲姆设备设施，由灌溉首部控制系统，配液系统，EC值、pH值、微量元素等传感器、输送管道、电磁阀及滴灌终端等，根据作物需要设定相应的EC值、pH值及养分，混合均匀后采用滴灌的方式直接施于植物根部，便于作物吸收。该系统可精确控制水肥的各种参数，实现定时、定点、定量的精准灌溉，有效避免大水大肥粗放式灌溉的浪费，同时可以有效保持温室环境湿度，降低污染及病虫害风险。

(3) **软件系统平台建设** 物联网数据云平台：主要用于农业生产数据的存储、分析，通过大量数据的汇集、整理，结合农作物的生长状况及对应的环境参数信息，建立不同作物的温室最佳生长环境模型，通过各种参数设置来调节温室环境适合农作物生长需要。

农产品质量追溯平台：该平台主要用于开展农产品质量溯源工作，该平台运用二维码与RFID专业技术，将园区产品种源信息、生产作业信息、采收入库信息、配送信息等集成到产品条码中。消费者通过二维码扫描等方式可以查询到所购买农产品的完整追溯信息，实现"从农田到餐桌"全过程的质量跟踪和追溯。

物联网控制中心：主要用于园区的生产管理控制及物联网系统应用场景展示，不仅实现园区生产管理、生产作业数字化、可视化，同时对园区物联网系统的应用、运行情况进行完整的展示。

(4) **运营模式创新** 重庆数谷农场按照农业+科技+旅游+教育的运营模式，运用现代科技开展农业高效生产示范与农业技术培训及服务，促进现代农业适用技术应用推广；通过农业旅游开发、开展教学实训、中小学生科普等实现农旅融合、产教融合及产学研结合等多产业融合发展。

‖经验与成效‖

(1) **经济效益** 项目于2019年建成开园至今，累计销售蔬菜、水果等农产品约3 500 t，花卉10万余株，实现农业收入约1 450万元；累计接待游客20万人次，旅游收入约500万元；共计收入约1 950万元。

(2) **社会效益** 提供就业岗位45个，有效解决当地剩余劳动力就业；免费培训3 000余人次，通过示范引领带动云龙、曲水、金带3个近万亩果蔬基地建设，带动上万菜农发展设施蔬菜增收，为区域经济发展作出贡献；同时，园区农业科技含量处于国内领先水平，是重庆乃至西部一流的集科普教育、现代农业体验、数字农业为一体的现代农业示范园，大大提升了在现代农业领域的知名度和影响力，市政府、市级部门、周边区县领导多次莅临视察和指导工作，获得高度肯定。

(3) **生态效益** 与传统模式相比，灌溉用水节约40%，生产用电节约10%，单位产量提高15%，产品优质率提升10%，单位肥料消耗节约30%，实现了节约水资源，降低氮、磷和农药污染，既降低了生产成本，又改善了生态环境，有力促进了生态环境与经济的可持续发展。

（4）推广示范效益 实用性强，有效解决园区生产管理实际问题。不同作物有不同的生长环境及水肥需求，通过人为经验判断与人工管理温室设备设施，需要投入较多的人力资源，同时不同人员的经验不一样，无法做到标准统一，不利于产品质量控制。实施物联网系统及水肥一体化灌溉后，依据具体参数来操作，统一了标准，温室设备设施根据参数自动运行，大大提高了管理效率，促进了农业生产数字化、精准化、标准化。

运行稳定，操作简单，推广性强。园区物联网系统建成后，运行十分稳定，对温室设备设施不仅自动化控制，还可以提供 PC 端、手机端操作，提供在线升级，具有较高的可复制性与推广性。同时，园区的物联网系统还可以与其他基地系统有效对接，实现多个基地实时互访与数据的实时共享。

撰稿：重庆市数谷旅游开发有限公司 胡铁军

云南省玉溪市通海县河西镇河西村贾梨园花卉基地案例

背景与目标

随着企业的发展，对生产效率、管理能力、成本管控的要求也在不断提升，手工管理模式已经无法满足企业对生产数据和市场销售数据实时性、准确性、可分析能力的要求，缺少现代化的管理手段已经成为企业进一步发展的瓶颈，锦海花卉用现代化技术手段，采用"公司＋基地＋专业合作社＋市场"的产业发展之路，按照种苗、农资、技术、包装、品牌、销售 6 统一的服务。解决花农"种花难、卖花更难"的问题，带领花农走上规模化、产业化生产经营的致富之路。

做法与技术

锦海花卉是集玫瑰种苗繁育、鲜切花生产销售为一体的高新技术生产企业。

以物联网技术（二维码与配套手持设备）＋移动互联网为基础，建立锦海花卉分拣系统（简称锦海分拣），可帮助公司提高鲜切花分拣精细管理水平，提高实时管理效率。系统总体为锦海分拣（安卓 App）＋锦海分拣数据中心（B/S）＋锦海分拣微管理（微信公众号接入）＋锦海分拣数据可视化组成，通过统一的编码规则、统一的识别规则、统一品种管理规范、统一产品识别体系完成各部分独立管理内容的交互和通信解析。

锦海分拣微管理（微信公众号接入）：①访问信息维护，即使用部门、使用人员、使用角色、授权等信息；②基础档案维护包括品种、基地、农户、花秆长度、质量等级、农户供货、打包数量等信息；③管理者实时查看分拣情况和分拣报表。

锦海分拣数据中心（B/S）：提供数据存储、数据交换、数据解析等服务。数据存储即将所有数据统一存储，统一连接访问、统一数据权限；终端接口面向分拣 App 和分拣微管理提供数据交换、数据解析服务；访问授权即对所有访问者提供登录验证、身份核验和操作授权、终端设备接入验证等服务；统计引擎即对终端发起的查询和统计请求提供统计要素整理、统计数据生成等服务；消费者查询引擎包括消费者扫描标签、生成动态访问网页，展示，获取品种、采摘时间、采摘基地、种植户信息。

锦海分拣（安卓 App）：①分拣员使用指定账号登录数据中心；②确认分拣信息（品种、打包支数、农户、花秆长度），打印标签；③分拣重复预警（当分拣员进行信息确认时，系统自动扫描当天分拣数据，如发现同品种同农户同打包支数同花秆长度，向分拣员发出可能分拣重复操作预警）；④本机信息授权信息。

锦海分拣数据可视化：大屏集中展示月产量、当日产量、分基地产量、分品级产量、产量品种分布、月度产量对比、分拣量排名。

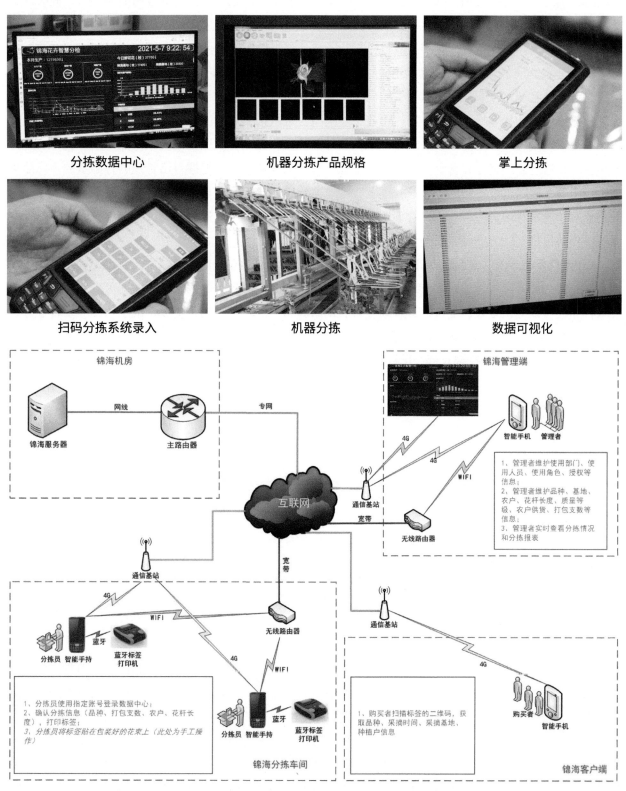

运作模式

‖ 经验与成效 ‖

(1) **社会效益**　花卉产业是玉溪的农业重点产业之一，《玫瑰鲜切花分拣智能管理系统》是玉溪地区首个花卉行业兼具生产数据实时性、准确性和统计分析能力的智能化管理系统，通过 4 端应用，将传统的手工管理模式升级为数字化、智能化管理模式，直接减少数据统计人员，数据统计周期由原来的 1 周缩减至实时；结合拍市销售数据和批发零售数据，形成了对市场价格波动的及时响应能力；同时形成了从鲜切花生产出发的产品质量追溯体系，向上游可以追溯农户产品质量和结算价格，向下游可以支持终端用户扫码追溯，为企业提升产品质量，打造云花品牌提供了强大助力。

下一步公司将在温室管理方面做出进一步的管理方式突破，也将会上线云南省草本花类的第一个温室作业指导系统，该系统也是基于二维码技术和移动互联网技术，将企业的种植经验和技术管理经验智慧固化成系统的作业指导模型，通过作业指导模型，可以帮助一线的温室管理员迅速熟悉和掌握企业的标准化生产流程和种植标准，系统对各品种的各个种植阶段需要采取种植技术，如浇水、施肥、施药等作业内容进行详细指导和警示，既可以帮助温室管理员能够精准地把握自己管理的各温室的不同品种的生长管理，同时也可以帮助企业的管理者有效地监督一线温室管理员的种植工作。该系统上线可以降低企业对于温室管理员的种植培训管理压力，也可以帮助企业直观地进行全局的精准种植管理，帮助企业进一步向植物工厂的建设方面进化和技术改造。

(2) **推广示范效益**　玫瑰鲜切花分拣智能管理系统自 2020 年 7 月正式上线运行至今，完全替代了手工管理，极大提升了管理效率和管理能力，以往需要一周完成的各类数据统计，现在可以实时在手机上查看，并且可以导出报表，支持财务管理进行农户结算、工人薪酬、销售提成、成本核算等多种业务，并可以结合昆明斗南拍卖市场数据进行市场波动预判，增强了企业应对市场变化的能力。目前，系统接入移动端 15 台、管理手机端 6 台、可视化大屏 1 台，随着业务的发展可以不断增加设备接入。

撰稿：通海锦海农业科技发展有限公司　玉溪市农业科学院　董春富　张军云　张钟表　胡颖　胡丽琴

云南省玉溪市通海县玫瑰鲜切花分拣管理平台案例

‖ 需求与目标 ‖

手工管理模式已经无法满足企业对生产数据和市场销售数据实时性、准确性、可分析能力的要求，缺少现代化的管理手段已经成为企业进一步发展的瓶颈。

‖ 做法与技术 ‖

通海锦海农业科技发展有限公司成立于 2010 年 12 月，注册资本 1 010 万元，位于云南省玉溪市通海县河西镇河西村贾梨园，是专业从事新品种引进、种苗繁育、鲜切花示范种植及销售的省级农业重点龙头企业。锦海花卉是集玫瑰种苗繁育、鲜切花生产销售为一体的高新技术生产企业。随着企业的发展，对生产效率、管理能力、成本管控的要求也在不断提升。公司拥有研发生产基地 650 亩，配套自动育苗袋灌装、切割生产线 2 条，鲜切花采后处理车间 1 280 m²，冷库 6 000 m³，办公及管理用房 968 m²，采用"公司＋基地＋专业合作社＋市场"的产业发展之路，按照种苗、农资、技术、包装、品牌、销售 6

统一的经营模式，为农户提供切花月季种植产前、产中、产后一条龙服务，解决了花农"种花难、卖花更难"的问题，带领花农走上规模化、产业化生产经营的致富之路。"锦海"牌月季鲜切花在拍卖市场获五星供货商，质量和拍卖价格均位居前列，产品已销往国内北京、上海、广州等地、出口至马来西亚、澳大利亚、新加坡等国家。

(1) **团队建设与创新**　公司自成立以来一直致力于玫瑰新品种培育、种植技术创新，成立了以法人为首的技术研发团队，在品种研发、种苗繁育、切花高效生产等领域关键技术展开研究，公司拥有"红唇""心相印""甜心芭比"等11个自主知识产权玫瑰新品种，1项发明专利，15项实用新型专利，为公司发展奠定了创新基础。

(2) **硬件设备建设**　目前系统接入移动端15台、管理手机端6台、可视化大屏1台，随着业务的发展可以不断增加设备接入。

(3) **软件系统建设**　以物联网技术（二维码与配套手持设备）+移动互联网为基础，建立锦海花卉分拣系统（简称锦海分拣），可帮助公司提高鲜切花分拣精细管理水平，提高实时管理效率。系统总体为锦海分拣数据中心（B/S）+锦海分拣微管理（微信公众号接入）+锦海分拣（安卓App）+分拣数据可视化组成，通过统一的编码规则、统一的识别规则、统一品种管理规范、统一产品识别体系完成各部分独立管理内容的交互和通信解析。

锦海分拣数据中心提供数据存储、数据交换、数据解析等服务。所有数据统一存储，统一连接访问、统一数据权限；面向分拣App和分拣微管理提供数据交换、数据解析服务；对所有访问者提供登录验证、身份核验和操作授权、终端设备接入验证等服务；对终端发起的查询和统计请求提供统计要素整理、统计数据生成等服务；消费者扫描标签、生成动态访问网页，展示，获取品种、采摘时间、采摘基地、种植户信息。

锦海分拣（App）支持分拣员使用指定账号登录数据中心；确认分拣信息（品种、打包支数、农户、花秆长度），打印标签；分拣重复预警（当分拣员进行信息确认时，系统自动扫描当天分拣数据，如发现同品种同农户同打包支数同花秆长度，向分拣员发出可能分拣重复操作预警）。

锦海分拣数据可视化。大屏集中展示月产量、当日产量、分基地产量、分品级产量、产量品种分布、月度产量对比、分拣量排名。

(4) **生产技术创新**　玫瑰鲜切花分拣智能管理系统自2020年7月正式上线运行至今，完全替代了手工管理，极大提升了管理效率和管理能力，以往需要一周完成的各类数据统计，现在可以实时在手机上查看，并且可以导出报表，支持财务管理进行农户结算、工人薪酬、销售提成、成本核算等多种业务，并可以结合昆明斗南拍卖市场数据进行市场波动预判，增强了企业应对市场变化的能力。

经验与成效

花卉产业是玉溪的农业重点产业之一，玫瑰鲜切花分拣智能管理系统是玉溪地区首个花卉行业兼具生产数据实时性、准确性和统计分析能力的智能化管理系统，通过4端应用，将传统的手工管理模式升级为数字化、智能化管理模式，直接减少数据统计人员，数据统计周期由原来的1周缩减全实时；结合拍市销售数据和批发零售数据，形成了对市场价格波动的及时响应能力；同时形成了从鲜切花生产出发的产品质量追溯体系，向上游可以追溯农户产品质量和结算价格，向下游可以支持终端用户扫码追溯，为企业提升产品质量，打造云花品牌提供了强大助力。

下一步公司将在温室管理方面做出进一步的管理方式突破，也将会上线云南省草本花类的第一个温室作业指导系统，该系统也是基于二维码技术和移动互联网技术，将企业的种植经验和技术管理经验智慧固化成系统的作业指导模型，通过作业指导模型，可以帮助一线的温室管理员迅速熟悉和掌握企业的标准化生产流程和种植标准，系统对各品种的各个种植阶段需要采取种植技术，如浇水、施肥、施药等作业内容进行详细指导和警示，既可以帮助温室管理员能够精准地把握自己管理的各温室的不同品种的生长管理，同时也可以帮助企业的管理者有效地监督一线温室管理员的种植工作。该系统上线可以降低企业对于温室管理员的种植培训管理压力，也可以帮助企业直观地进行全局的精准种植管理，帮助企业进一步向植物工厂的建设方面进化和技术改造。

撰稿：通海锦海农业科技发展有限公司　玉溪市农业科学院　董春富　张军云　张钟表　胡颖　胡丽琴

甘肃省陇南市油橄榄生产案例

需求与目标

油橄榄产业是甘肃省陇南市特色优势产业之一，通过多年积聚的产业优势明显，油橄榄种植面积、产量、产值均为全国第一。提升油橄榄生产、加工、销售水平，并最终提升农民收入，是巩固脱贫攻坚成效的重要举措。陇南市抢抓东西扶贫协作机遇，积极与行业部门、试点单位沟通交流，加强与互联网平台深度对接，紧盯重点任务落实，扎实推进工业互联网建设。依托工业互联网平台，推动大数据、云计算、物联网、区块链技术与油橄榄产业深度融合，建成了"油橄榄数字农业示范基地"。

做法与技术

(1) **基础设施建设**　建立油橄榄生产示范基地。打造了专属的定制化数字农业解决方案，共同建设区域首个油橄榄数字农业示范基地。

(2) **硬件设施建设**　以大数据、云计算、物联网、区块链技术为基础，以智能传感器、视频监控等设备为支撑，立足油橄榄种植基地，搭建相应的物联网设备，打造"数字化油橄榄"基地，解决油橄榄种植生产端的技术落后问题，实现油橄榄的智慧种植、橄榄油的智慧生产。

(3) **软硬件集成系统建设**　通过物联网对基地18项数据指标进行实时监控和管理，实现生产智能化、管理数据化。建成油橄榄质量溯源系统，以物联网＋区块链加密算法的方式对15个数据指标进行动态溯源，实现了品质有保障、生产有记录、流向可追踪、信息可查询、质量可追溯。此外，定制设计创新平台，赋能企业进行橄榄叶、橄榄果、橄榄油新品研发，延伸了产业链条。线上收购及支付功能，颠覆传统收购环节，快速精确完成收购结算。

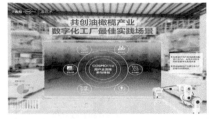

数字工厂

产品推广加工

互联网平台

产品溯源

种植基地监控

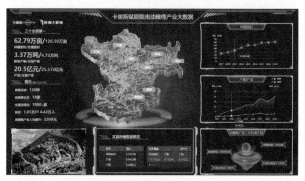

产业大数据平台

通过物联网技术，将田间管理、农场虫情、土壤、气象等18项数据指标实时监测，并实时上传后台云端，形成基于大数据的标准化种植指导。农户通过手机 App 实行数字化管理，在家就能看见山上橄榄树的长势、虫情等，不用再辛苦爬山。通过物联网和区块链技术，实现从种植到采收，仓储，加工，物流全流程可追溯，也通过用户社群的交互，定制开发了针对母婴人群专属的橄榄油新产品。在企业端实现网络化协同。让产业上下游共享客户、生产、管理等脱密信息，快速响应用户需求。

经验与成效

通过打造油橄榄产业互联网平台，在用户端实现个性化定制，在企业端实现智能化制造、服务化延伸、数字化管理，为产业链上下游企业赋能。扩大陇南橄榄油产品的影响力，使陇南橄榄油品牌影响力显著增强。为陇南市产业兴旺和乡村振兴注入新动能。项目核心区总面积约1.22万亩，辐射带动14个乡镇、5.76万种植户。通过数字赋能、品牌升级，带动产业人均增收2 200元。

撰稿：甘肃省农业信息中心　高兴明　张昕　高虹
陇南市大数据管理局　徐静婧

云平台监测

新疆维吾尔自治区阿克苏地区温宿县金丰源种子基地案例

‖ 需求与目标 ‖

在实施乡村振兴战略的时代背景下，发展智慧农业已经成为产业兴旺的具体要求。新疆阿克苏地区温宿县金丰源种子基地引入智慧农业，为良繁基地农事管理提供全程可控精准服务。

‖ 做法与技术 ‖

新疆金丰源种业有限公司是新疆维吾尔自治区农作物种子育、繁、推一体化重点种子生产经营企业。自公司成立以来就一直注重科技研发，不断努力研发创新品种，年研发投入占当年主营业务收入的6% ~ 8%。公司建立了自己的研发中心，从事品种研发、区域试验等工作，自有核心科研育种基地约1 500亩，建立了以自有堤根良繁场5万亩地为中心＋土地流转的18万亩地形成涉及四大作物的良繁育种基地26.7万亩，引入中化MAP智慧农业，为良繁基地农事管理提供全程可控精准服务。2019年，金丰源种业与中化农业签订战略合作协议，达成金丰源种业与中化智慧农业示范项目。金丰源种业良繁基地主要由提根良种繁育场为中心＋盛丰合作社、金泽丰原合作社组成。金丰源种业棉花良繁基地运用中化MAP的六大功能：棉花全生育期的施肥方案、全生育期的植保方案、全生育期的棉花长势情况监测、全生育期棉田的土壤墒情监测、全生育期的病虫害监测、棉花生产全过程监测报告。

(1) **大数据平台建设** 面向金丰源种业良繁基地管理，中化智慧农业服务团队为良繁基地构建了基于土地生产状况的智慧农业大数据平台。根据良繁基地对于土地的管理需求，提供土地的可视化管理，帮助良繁基地实现所有地块位置、轮廓、面积、土壤属性的可视化展示，同时提供地块千米级格点气象、病虫害预警、遥感数据，提供棉花全生育期的施肥、长势情况监测、土壤墒情监测、病虫害监测的方案，做到棉花整个生育期及生产过程的精细化管理，为农业整体调控提供信息统计和决策建议，逐步实现智慧农业制种田大数据平台创建，提高良繁基地经营效益，提升良繁基地规模化、科技化、市场化、数字化水平。

种植全程追溯功能主要针对宏观管理的需求，在全程追溯功能中，可以对每个环节的影像监测结果进行随用随取。棉花生育期开始直至采收后，可以按照实际单产与多项遥感估产模型估算作物产量进行对照分析，对指定区域进行全程数据追溯、全程数据统计分析，用以辅助管理过程中对执行层的绩效评价，综合分析种植过程、种植方式、种植时机、灌溉、施肥、植保、管理等环节的影响因素，为大面积科学管理棉田提供强大的数据支撑，降低人为主观管理缺陷，相对提高管理效能，补充监管不足导致的人力、物力的浪费，为翌年农业生产提供生产管理参考。

(2) **生产技术创新** 通过金丰源种业与中化农业共建智慧农业农场，以地块精细化种植基地管理、精准种植模型、气象灾害预测、卫星遥感识别、农机作业监管、智能水肥模型、无人机飞防、物联网设备等几大模块为核心，以GIS地理信息系统、卫星遥感系统、病虫害监测系统、数据统计分析系统、IOT物联平台等专业技术为基础，以标准化的生产管理及农事实时记录为手段，通过对农业大数据的监测、积累与分析，实现田间智能化管控和产销一体化网络建设，致力打造新疆高标准智慧农业示范基地。

土壤含水量数据的获取是作物播种时间和干播湿出精准水量控制的前提条件。通过对播前土壤墒情监测，综合分析各类影响因素，科学判定播种区域的播种时机，避免由耕种管理者根据主观臆断的经验片面武断地下达播种指令，造成某些区域出苗率欠佳，进而避免管理决策方面的不足。中化 MAP 监测整个生育期的土壤墒情，根据棉花的需水需肥规律，及时掌握棉田墒情，有效降低棉田受旱，同时做到点片旱点片补，避免一处受旱，全田滴水，提高水资源利用率，减少棉田用水量，使棉田墒度基本一致，以此确保棉花长势长相一致。

（3）运营模式创新　通过金丰源种业与中化农业 MAP 的合作，良繁基地"两社一场"将不断完善运营机制，进一步扩大服务范围，继续做好免费为农户测土配方，指导农户合理施肥；聘请农业技术专家，免费为农户提供技术培训；免费为农户提供病虫害预报，指导农户适时防治，提高防治效果，降低防治成本；优惠供应棉花良种、化肥、农药；签订棉花收购合同，约定收购时间，优棉优价。

金丰源种业充分发挥智慧农业科技技术的推广与应用，把经验与科技相结合。繁荣农村经济，将良繁基地打造成为高标准智慧农业示范农场，积极促进新疆优质粮棉基地的建设和发展，立足新疆，为促进现代种业发展作出更多贡献。

▌做法与技术 ▌

金丰源种业依托 MAP 技术服务中心，为良繁基地提供良种选育、作物营养＋土壤改良、作物保护、农机应用、技术培训、智慧农业服务、品质检测、金融支持、品牌打造和农产品销售等在内的"7+3"服务项目；以共建示范智慧农场为目标，为良繁基地提供棉花全生育期的施肥方案、植保方案、棉花长势情况的监测、棉田的土壤墒情监测、病虫害监测，从而做到棉花整个生育期及生产过程的精细化管理，实现了种植标准化，减少了肥药投入成本，降低亩成本，提高亩效益。进而实现种出好棉花，卖出好价钱，实现节本增效，达成助农增收的目的。同时，中化 MAP 还为广大农户提供金融服务，主要是对于资金不足的农户提供农资、资金等解决农户的春耕春播物资难题。

通过中化 MAP 平台预警功能监测棉田的杂草及虫情，当杂草及虫情达到防治要求，平台会发出预警，工作人员按照平台预警的条田位置，进行定点除草防虫工作，以此改变以往全面积进行防虫工作，减少人员、农药成本。对棉花苗期，蕾期，花铃期病虫害的情况进行实时监测，通过监测反馈的数据，及时制定预防、防治方案，减少了因病虫害发生产生的损失，提高了病虫害防治效率，有效降低了病虫害防治次数及农药用量。还可以通过中化 MAP 智慧平台对棉花吐絮期的情况进行监测，当棉花吐絮达到一定比例的时候，选择合理的时间和区域，进行脱叶剂的喷施，促进棉桃成熟和棉花叶片脱落，可适当减少棉花产量降低的风险。针对吐絮状态不佳的区域，根据棉花生长周期特点，结合当地当时气候条件，因地制宜采取措施，加强管理，确保后期稳产稳收。

农场概览

地块详情

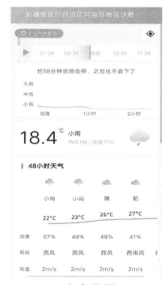

气象数据

良繁基地根据中化 MAP 卫星地图对棉花全生育期的长势长相进行监测，通过每期监测结果对照，有针对性地采取评估预判，提前采取防治措施，以减少棉花管理措施滞后所造成的棉花减产损失。结合棉花不同生育时期的长势长相、需肥规律来判断棉花对 N、P、K 等不同元素的需求，实时监测出良繁基地棉花叶色、株高等数据，根据监测数据及时制定出相应的施肥方案，显示到 MAP 智慧平台，良繁基地工作人员根据施肥方案迅速调整肥料配比，做到缺什么补什么，例如针对叶绿素缺少区域，应及时补充叶面肥来增加叶绿素含量，从而提高叶片光合效用，同时产生较多的有机养分，弥补由于养分不足导致的减产，增加棉花干物质的积累。以此达到精准施肥，提高肥料利用率，减少无效投肥，节省成本，利用智慧农业技术改变农民靠经验施肥的方式。

组织培训

环控管理

撰稿：新疆维吾尔自治区农业农村厅信息中心　古丽皮艳·迪力夏提　乔建军

二、智慧畜牧

北京市技术与装备应用案例

需求与目标

我国在奶牛、生猪养殖领域信息化起步较早，而作为世界养鸡大国，家禽育种及养殖受到养殖方式、个体投入产出比、技术复杂性等多方面因素的影响，目前存在鸡个体无法准确、快速识别，人工称重效率低，养殖数据采集以及数据处理性能差，养殖企业管理水平差异等问题。本案例从我国鸡育种与养殖工作现状和需求出发，针对智能育种与数字化养殖关键技术、装备进行研究与创制，通过应用示范，有效提升育种工作效率和养殖管理水平。

做法与技术

北京市农林科学院农业信息与经济研究所围绕三农需求，开展农业科学研究和科技成果转化工作，研发新品种、新技术、新产品、新装备，引领和支撑都市型现代农业和全国现代农业发展。

（1）硬件设施建设　首创了适合鸡全生命周期佩戴的可折叠 RFID 电子翅标。在复杂的养殖环境中快速、精准标识鸡只个体。翅标为三层可折叠结构，外壳采用聚乙烯材质，内嵌高频（13.56 MHz）RFID 玻璃管芯片，识别时间在 10 ms 以内。翅标平均佩戴时间需要 7～8 s，全生命周期掉签率小于 1.4%，较传统铝质翅标佩戴时间缩短 37%，掉签率降低 58%。成品重量约 0.5 g，佩戴后不影响鸡健康，耐水、耐腐蚀，可冲洗消毒处理，实现了"一次佩戴、全程跟踪、重复可用"。

研创了鸡快速称重装置，集活体称重算法和数据自动上传于一体，称重效率提升 3～5 倍，误差小于 2%；研创了可调节倒锥形称重桶、盘式和桥式称重台，适用笼养和散养方式；采用嵌入式 ARM 芯片，可实现 5 000 次/s 称重采样，灵敏度 2 mV/V；构建了高精度动态称重算法，数据采集准确率超过 98%，实现无纸化记录，效率提升 3～5 倍。

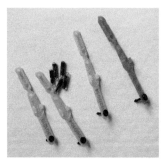

RFID 电子翅标

鸡快速称重装置

研制了鸡个体性能数据高效采集终端，实现了一站式智能采集与自动上传。采集终端集成 RFID 读写模块，识别距离在 28 cm 以内，穿透力强，响应时间小于 20 ms；采集系统集身份识别及生产性能测定于一体，数据传输延迟在 30 ms 以内，数据采集效率提高了 10 倍以上，且具备数据入库自校正功能，数据准确性超过 99%。已采集鸡个体性能数据超过 5 200 万条。

盘式自动称重台

桥式自动称重台

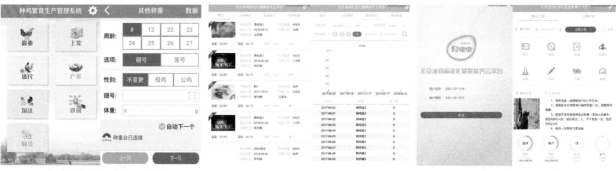

| 一站式数据采集终端页面 | 标准化养殖云平台管理端 | 标准化养殖云平台养殖端 |

（2）**软件系统建设** 研发了鸡舍环境数据采集系统，实现养殖环境数据的实时获取。自主研发数据采集器和4G无线网关，实现了传感监测数据与服务器的无缝对接与高效传输。传感器数据采集准确率达98.2%以上，累计采集约1.8亿组环境数据，故障率小于0.06%。

智能育种信息管理系统   系统选配

种鸡系谱查询   肉蛋全产业链质量追溯系统

研发了鸡养殖生产数据采集系统，实现了饲料、疫病、产蛋、死淘等生产过程信息的快速采集。系统通过 JSON 和 XML 接口进行数据通信，数据传输成功率在98%以上，实际应用提升数据录入效率2～3倍。通过构建智能选种选配和养殖环境预警模型，研发鸡智慧养殖平台及肉蛋全产业链质量追溯系统，实现鸡育种及养殖的数字化、智能化管理，率先建立了种鸡智能选种选配模型及养殖环境预警模型，鸡智能选种选配模型通过智能交叉配对模拟生成多种组合，并依据种鸡系谱和亲缘系数，可快速、准确地筛选出优良种鸡，在保证遗传进展的基础上避免近亲繁殖；鸡舍养殖环境质量评价预测模型可将温度、湿度、光照强度、氨气等4个指标转换为单一养殖环境评价指数，实现鸡舍养殖环境评价指数的快速计算，及时预测鸡舍养殖环境的适宜程度。研创了鸡智慧养殖云平台，实现了传统养殖模式向数字化、自动化的升级。平台实现了覆盖鸡选育、育雏、育成、产蛋到淘汰的全生命周期的数字化、智能化管理。实际应用中育种数据处理效率提高7～10倍，优良品种选育准确率提升40%，环境预警监测准确率达 92% 以上，同时，可对养殖现场进行有效监控，提高综合管理效率，构建了肉蛋全产业链质量追溯系统，利用 QR 码与 RSA 加密实现了高效、可靠溯源。系统以鸡舍为单元来确定身份识别码，以全生命周期数据为支撑，实现了一鸡（蛋）一码，通过 RSA 加密算法保障了溯源码无法被复制和篡改。实际应用中溯源完整度可达 70% 以上，平均溯源用时在 3 s 以内。

经验与成效

该研究项目发表论文 12 篇，取得专利 10 项，授权软件著作权 25 项，获得行业奖 2 项。经科技成果评价，该成果整体水平国内领先，其中在种鸡智能识别、种鸡性能数据一站式智能采集技术方面达到国际先进水平。先后在京津冀地区的华都峪口禽业、百年栗园、遵化市长城种禽等多家鸡育种及养殖企业进行试验及应用示范，种鸡覆盖比例达 80%，商品鸡覆盖比例达 50%，累计经济效益达 1.35 亿元。该研究探索了基于数据决策的鸡智能育种与数字化养殖新模式，相关技术及装备可有效拓展应用到鸭、鹅等其他家禽品种，社会经济效益显著。

(1) **经济效益**　成果的应用极大地节约了人力成本，提高了育种和养殖的工作效率。研发的适合鸡不同生长阶段佩戴的电子标签，实际佩戴超过 80 万只种鸡，佩戴效率提升 30%，快速称重桶使得称重效率提升 3 ~ 5 倍，误差小于 2%；数据采集终端采集鸡个体性能数据累计超过 5 200 万条，数据采集效率提高 10 倍以上，数据准确性超过 99%。成果应用极大地减少了育种及养殖过程中信息采集的误差和人工成本，显著提高了管理的效率和自动化程度，帮助企业实现节本增效。

(2) **社会效益**　成果的应用有效优化了育种策略，有效提高了育种及养殖的精细化程度。利用种鸡智能选种选配模型能够根据育种者需求自动筛选配对鸡种，提供种鸡育种的最优策略，得到最优良的品种；通过实现自动化、智能化和可视化的育种数据，大大降低鸡育种的复杂程度，育种数据处理分析效率较传统电子表格方式提高 7 ~ 10 倍，优良品种选育准确率提升 40%，养殖环境预警模型已累计采集约 1.8 亿组环境数据，预警监测准确率达到 92% 以上，实现了精细化养殖及管理，有效降低了鸡场大规模疫病发生概率，有效推动了传统养殖模式向数字化、标准化的升级。

撰稿：北京市数字农业农村促进中心　何继源

天津市现代化智能奶牛养殖场案例

背景与目标

通过现代都市型奶牛场建设等一系列项目实施，消除国内牧业长期以来无法解决信息孤岛的窘况，推进现代化智能奶牛养殖场建设。

做法与技术

天津嘉立荷牧业集团有限公司是专业从事奶牛养殖、生鲜奶销售、技术研发与服务及奶牛育种繁殖的企业，公司以"客户至上，以奋斗者为本，以奶牛为中心"的经营理念，以"创国内一流企业，建国内奶牛养殖第一品牌"为目标，养好牛、出好奶、服务好社会。引进发情监测系统、智能喷淋系统、精准饲喂系统、智能挤奶系统、奶业之星数据管理平台等信息化设施设备，通过信息化数据整合，形成ERP系统云平台。

(1) **硬件设施建设** 地磅系统：地磅为无人值守的地磅，饲料运输车入门即领取卡片，料、卡、车进行绑定，摄像头抓取车牌号，采集电子显示屏的称重信息，一体化形成采购单、质检单等。地磅系统完善的报表功能可以与进销存系统实现无缝同步对接，生成物料收发日报表、原料入库汇总日报表、成品出库汇总日报表等多种专业报表，并将上述数据信息及报表进行自动存储、无线传输与网络共享。随着牛只智能称重系统的开发完善和使用，奶牛的体重、增重等重量信息也将得以实现和共享。

喷淋系统：采用先进的摄像头控制喷淋，由摄像头采集牛只视频，控制喷淋开启状态。智能喷淋系统通过视觉精准感知，控制水线上的电磁阀门进行精准喷淋，为牛体进行降温。较传统方法节水60%，极大地减少了饲养员清理粪污的工作量，减少了粪污处理量，减轻了沼液还田的压力。该系统同时采集奶牛采食习性相关数据，通过人工智能摄像头对圈舍牛只采食习性进行数据分析，并依据结果指导生产，有针对性进行投料，提高饲喂效率和饲喂效果。

喷淋系统

视频监控设备：牛场视频监控系统全覆盖，在牛舍安装摄像头，牛场管理人员不必进入生产区，利用视频监控技术就可以掌握整个牛场的生产状况。

视频监控系统

(2) **软件系统建设** 挤奶厅信息采集：目前，智能化挤奶系统在挤奶的同时会自动实时监测奶牛的生产性能、挤奶设备性能（挤奶效率、挤奶过程、挤奶速度等）以及挤奶员（每个挤奶员所管理的每个挤奶位的效率和持久性）的操作状况，并将这些数据信息即时传输进牛场管理软件自动生成专业报表，通过奶牛场网络信息平台实现数字化信息管理与共享。当奶牛进入挤奶厅后，整个挤奶过程进行远程在线监控，保证牛号和转盘牛位一一对应。在挤奶的同时，通过自动测量装置自动计量挤奶量，通过测定牛奶的导电率来判断奶牛是否患有隐性乳房炎，并将数据收集。同时能够整合地磅及饲喂系统数据，得出不同批次的草料饲喂产量对比，用产量优化采购方案。在挤奶厅出口处设置分群门，将牛群一分为三，挤奶和健康正常的奶牛经过回牛通道返回各自原来的牛舍，需要修蹄的奶牛经过分群进入修蹄操作区，需要兽医治疗、配种或做发情鉴定的奶牛，经过分群回到牛舍端头进行兽医治疗和授精操作，解决兽医、授精人员寻找奶牛的时间，提高工作效率；较以往在待挤厅处置牛只的方式，该模式让奶牛回到牛舍，能够采食、饮水，提高奶牛福利。

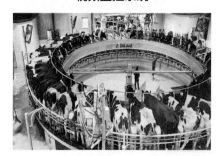

挤奶厅

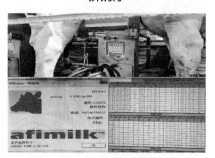

挤奶厅信息采集

发情监测信息：发情监测系统能持续监控每头牛每天的繁育、健康、营养和活动量的状况，提示出每头发情牛，便于用户统一管理，提早采取行动，做好繁殖育种工作，提高育种工作效率，同时处理奶牛群潜在的问题。

TMR配送中心信息

TMR 配送中心信息：所有制作过程即时数据均可自动采集。当每批 TMR 制作完成时，系统将包括电脑配方数据、饲料实际投入数据、饲料消耗数据等自动存储，及时按照不同集团版的"奶业之星"和奶牛场的"奶业之星"软件无缝链接，包括挤

发情监测信息

发情监测信息管理

奶机挤奶情况、发情监测、繁殖情况、牛只遗传谱系、牛只称重测高、TMR 饲喂系统、现场牛只识别、环境监控等，都可实时采集牧场数据，实现物联网管理，进销存系统物资管理、牛只精细成本管理等。财务系统 K3 可直接在奶业之星抓取数据，可分析每个牛场所有的生产指标和财务指标。

嘉立荷牧业部分奶牛场能实现 ERP 管理：奶牛场 ERP 云平台是由管理软件和数据收集设备组成，通过信息源如挤奶、发情监测、精料仓、TMR、地磅、监控系统等的有效整合，使用手持终端进行数据的收集，通过无线网络将这些数据传输到云平台的数据库中，通过软件的数据分析功能，根据牧场的需要，生成牧场所需的各种统计信息。通过智能挤奶设备收集奶牛产量、疾病信息监测奶牛生产性能和健康状况，实现奶牛个体差异的精准饲养。利用发情监测系统监控每头牛每天的繁育、健康、营养和福利状况，提示发情牛只信息，提高配种率，同时处理影响每头牛潜在产量的事件。

奶业之星生产管理系统

饲喂系统

‖ 经验与成效 ‖

通过以上信息源的有效整合和手机终端数据采集，形成了 ERP 平台，构建了奶牛场奶牛信息库，管理者可以通过 ERP 系统调取每头牛只详细信息，包括谱系档案、生产性能、饲养成本、疾病记录、繁殖等信息，实现了规模化牧场智能化生产管理。对奶牛场的安全生产和奶业产业链的安全和奶制品的安全提供来自上游环节的保障。

奶牛场的人工效能提升 30%，奶牛养殖自动化水平提高 20%，奶牛养殖舍网络视频监控比例达到 100%，奶牛疫病防控水平达到 95% 以上，奶牛发情鉴定信息化达到 100%。

撰稿：天津市农业科学院　　　　　王浩
　　　天津嘉立荷牧业集团有限公司　许维　任妮

天津市智能化猪场监控预警体系案例

背景与目标

为了提高猪场生物安全，减少人猪接触，提高远程管理能力，天津农垦康嘉生态养殖有限公司计划于2021年年底实现猪场管理的数字化、可视化、智能化。打破数据孤岛，实现可追溯、可视化的远程管理，向智慧农业迈进。主要包括总部数据中心、物联网管控系统、智能终端设备等。

做法与技术

（1）**基础设施建设**　总控数据中心。总部将成立总控数据中心，通过可视化大屏监管平台，实现对各个猪场全方位、全天候的远程监控。实时监管猪场的人、猪、设备等，通过采集的数据进行统一管理，实时查看猪舍情况、猪群生长情况、人员工作情况、设施设备运行情况及异常警报等信息，让管理者如临现场，掌握第一手信息。

（2）**软硬件集成系统建设**　物联网管控系统。将建立物联网管控系统，收集、传输智能终端的设备数据，做到信息采集和远程管控。可按照预设参数，自动控制智能摄像头。通过摄像头对猪场内的行为数据进行采集、管理和智能分析，将猪场事件与业务规则相匹配，对事件进行标签等级划分，之后按等级推送至总控数据中心监管平台和智能终端，实现猪场重要事件的实时监控预警；可根据预设温度、湿度、CO_2浓度等环境参数，自动控制风机、水帘等设备的开启关闭。环控系统的自动预警功能、水电表的预警功能会将事件推送至总控数据中心监管平台及智能终端进行告知，同时自动调控风机、水帘等设备，直至场内温度、湿度、空气质量恢复到适合生猪生长的最佳状态。

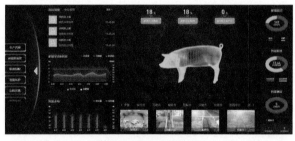

智能监管平台概览图

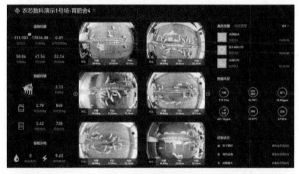

平台功能概览图

经验与成效

待项目建成运营后，通过建立完善的猪场智能化监控预警体系，详细记录生猪养殖关键环节的生产运营数据，形成生猪养殖过程可追溯，全方位监管猪场生物安全，提高企业的远程化管理能力及突发事件的响应效率，通过物联网数据采集，智能化管控，互联网及信息的服务体系，打造智能化、标准化、数据化为一体的智慧农业养猪，减少猪场的人力和物力投入，降低管理成本，提升经济效益。

预警视频概览图

撰稿：天津市农业科学院　　　　　　　　　李扬
　　　　天津农垦康嘉生态养殖有限公司　　金红岩　安建勇

山西省体系创建及产业化应用案例

需求与目标

为贯彻落实"十三五"国民经济和社会发展纲要、全国农业现代化规划关于实施智慧农业工程的部署，充分发挥国家现代农业示范区先行先试和示范引领作用，提高农业信息化水平，探索建设模式，农业部出台了《数字农业建设试点总体方案（2017—2020年）》。2017年1月和10月相继发布了《农业部办公厅关于做好数字农业建设试点项目前期工作的通知》，2018年10月农业农村部发展规划司《关于抓紧申报2019年数字农业建设试点项目的通知》，提出要推动大数据、云计算、物联网、移动互联、遥感等现代信息技术在农业中应用，在大田种植、设施园艺、畜禽养殖、水产养殖等领域开展精准作业、精准控制建设试点，探索数字农业技术集成应用解决方案和产业化模式，打造一批数字农业示范样板，加快推进农业生产智能化、经营信息化、管理数据化、服务在线化，全面提高农业现代化水平。

我国是养猪大国，生猪出栏量和猪肉消费量均为世界第一，但是全国养猪水平与养猪发达国家相比，依然存在较大差距，特别是规模化猪场的数字化管理缺乏，未能及时了解各种生产指标和生产成本消耗，不能及时发现生产中存在的问题。面对这样的困境，开发数字化管理系统并在养猪产业的推广越来越重要，利用猪场数据的有效管理可以保证种猪选育精准率、优化种猪质量、降低饲料和物品的浪费，及时发现生产中存在的问题，及时反馈。

做法与技术

新绛牧原农牧有限公司（简称新绛牧原）经营范围为生猪养殖、销售，畜牧良种繁殖，饲料生产及销售，畜禽粪污处理及销售。主要产品为种猪、仔猪和商品猪。新绛牧原总体规划110万头生猪养殖体系，预计总投资16亿元，规划建成15个养殖场，1个饲料厂，配套1个公猪站及洗消中心、无害化处理中心、有机物处理中心。

(1) **硬件设施建设** 臭气收集处理设备。猪舍中猪群粪尿、猪群呼吸、饲料残渣等过程会产生臭气，这种臭气在排出舍外时不仅污染外部空气质量，同时又有传播病原的风险，为了实现生产环保、安全，项目组自主研发了猪舍末端臭气统一收集系统，利用智能环保控制系统自动调节除臭网流下的水量和除臭剂浓度，降低臭气等级，出风端0.5 m以外，没有任何臭味，同时进行臭气灭菌处理，可以过滤杀灭93%的空气游菌，实现无臭气，不扰民，环境友好。

牧原智能化平台

轨道巡检

智能饲喂

饲喂设备

温度检测、3D估重

巡检、清理机器人

(2) **软硬件集成系统建设** 猪舍环境智能化控制系统。环境是生猪生长生产的重要参数，是显著影响猪生产效率的重要指标。项目组基于物联网技术及节能环保设备，创建了无人环控平台，将自动环控系统通过物联网将猪舍接入平台管理，实现远程查看猪舍状态，远程控制猪舍设备，配置参数等功能，实现自动调节控制，对环境参数异常进行及时预警。极大地提高了管理效率，减少了疫病风险及生产损失。结合立体生物安全防控体系，应用后，使育肥猪实现 115 kg 出栏日龄小于等于 160 d，成活率提高 3%，头均药费降低 41.79 元，累计日增重提升 170 g。

空气过滤系统。项目组根据养猪生产实际，创新设计了猪舍进风端 4 级空气过滤技术，将空气中的气溶胶颗粒拦截到猪舍外，过滤后的空气质量标准，对 0.3 μm 的气溶胶颗粒拦截效率可达到 98% 以上，同时对细菌的拦截效率可达到 99%。"三防"猪舍包括新风过滤、舍内精准通风及排风灭菌除臭，外界空气经过新风端逐级过滤，进入猪舍内部的风箱，再通过风口吹出，到达猪群体表，满足猪群的呼吸及降温需求，在风机的作用下，排出到猪舍外部，经过除臭系统进行除臭灭菌后，排出到空气中，达到"防病、防臭、防四害"，是实现绿色高效安全规模化养猪的重要创新技术。

猪舍内精准通风系统。通风系统采用了母猪舍实现单猪精准通风，猪与猪之间不交叉；生长舍实现单圈精准通风，圈与圈之间不交叉；前后、左右圈栏通风不交叉设计，实现了精准为每头猪带去新鲜空气，猪群生病不交叉感染，减小疫病传播范围，降低损失。

(3) **生产技术创新** 智能化巡查技术：针对当前规模化猪场人力紧张，疫病检测环节多，养猪生产过程中出现问题不能及时被发现，进而引起生产损失，基于可见光图像识别技术，通过建立目标检测模型、特征识别模型，建立生产过程中猪舍环境、生猪群体、姿态、形体以及体表特征的检测特征数据库，经过数据计算和分析模型，实现生产异常的自动报警。本成果实现了巡检预警准确率达 85% 以上。

猪声音识别预警技术：猪在不同的应激情况下，会发出不同的叫声，用来反馈外部环境的变化及其生理状况的变化，可通过检测这些发生信号及时做出干预。传统养殖过程中主要是通过人的经验评估判断可能的疾病，存在着时效和人力成本及人的主观误差方面的因素。为了解决以上问题，提高预警时效，项目组基于声音识别技术及大数据分析技

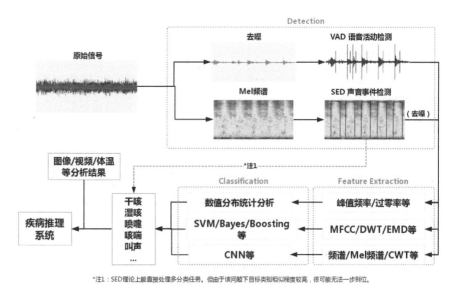

猪声音识别预警技术

术，根据猪的声音信号进行处理和分析，提取相关特征量并建立相应的数据库，为生猪养殖过程中声音信号的识别提供模型和数据支持。同时，通过猪群咳嗽识别技术可实时从嘈杂的环境中识别出猪群咳嗽声音并生成趋势图，从而做到疫病的提前诊断与精准防控。猪群咳嗽症状的平均检出率达到 80% 以上。

基于红外线成像技术创建了猪红外线健康提醒技术。传统的猪体温测量方法主要是接触式测温，

易引起生猪的应激
反应，而且在测定
成年公猪或成年母
猪时，会给工作人
员的操作带来极大
的不便。对于规模
化生猪养殖而言，
接触式测温效率
低，不利于实时监
控猪群／猪只的体

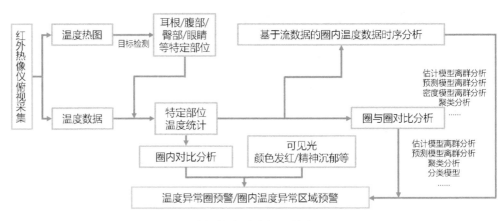

猪红外线健康提醒技术

温变化情况，无法及时发现猪只发烧、发病等异常情况。因此，项目组基于红外热测定技术对猪群／猪只的体表温度进行测定，构建猪群／猪只的红外温度数据，进行大数据及人工智能算法分析，从数据中挖掘能表征猪群／猪只异常的特征，判别猪群／猪只的健康状况，预警现场饲养员及时进行针对定，研发应用了自动化、连续化和无线化猪体温测量方式，提高猪群／猪只发烧监测系统准确性和灵敏度。猪群个体体温异常的平均检出率达到 75% 以上。

‖ 经验与成效 ‖

（1）**经济效益**　安全环保智能化养猪技术体系创建及产业化应用，经济效益主要体现在两个方面：一方面是猪群的养殖智能化可提高人工效率、降低人工成本、减少饲料浪费；另一方面是恒温控制模式对于猪群生长性能的优化，体现为健仔率和生长速度的提升，降低发病率及死亡率等。

（2）**社会效益**　保障劳动生产。在老龄化日益严重，"80后"群体离开土地、离开农村，城镇化率不断提高的今天，大数据农业应用示范项目的实施，能够解决因此带来的劳动力危机，保障劳动生产，保障粮食的战略安全。

（3）**推广示范效益**　该科技成果的创新性突出，推广应用价值高，目前已在牧原集团各子公司开始推广使用，新绛牧原作为牧原集团旗下全资子公司，已将该科技成果应用于新绛牧原各养殖场，致力于发展数字农业经济，推动当地畜牧业向数字化、智能化迈进。

充分运用现代信息技术，对农牧业生产的各种要素实行数字化设计、智能化控制、精准化运行、科学化管理，不仅将农业资源、生产要素、市场信息的运用提升到全新的水平，极大提高了资源利用效率，还有助于企业管理部门、管理者及时、准确地掌握全公司牲畜养殖及全生产链条的运行动态和经营信息。该科技成果的应用在提高公司行政管理效率、促进企业增效、职工增收和公司全面可持续发展等方面对农业信息化数字化产生有着极大的促进作用。

该科技成果的应用，使得农业将依靠大数据的精准管理，提高资源使用效率。运用系统工程方法和现代科学技术集约化经营的农业发展模式，也是解决我国农业由传统农业向现代农业发展过程中，所面临的确保农产品总量、调整农业产业结构、改善农产品品质和质量、资源严重不足且利用率低、环境污染等问题的有效方式，对智慧农业建设的方向有着重大参考借鉴意义。

撰稿：山西省农业农村大数据中心　　赵雅琴
　　　牧原食品股份有限公司　　　　张玉良
　　　新绛牧原农牧有限公司　　　　胡义勇

辽宁省好星来农业科技案例

需求与目标

施行智慧化经营，通过有效利用物联网、人工智能、区块链条等现代信息技术，推动新一代信息技术与农业生产相融合，实现智能化养鸡、生态养鸡、系列蛋品深加工等方向的自动化、数字化、网络化、智能化、智慧化。

做法与技术

辽宁好星来农业科技开发有限公司（以下简称该公司）是一家现代化工厂养鸡，生态养鸡和蛋品深加工相结合的综合性农业龙头企业。该公司始终坚持"生态环保＋科技研发＋专业合作社＋家庭农场＋农户＋市场开发＋互联网销售＋跟踪服务"等经营生产理念，公司以及合作社共有蛋鸡82万只，果园、山地和集约化区域占地3 000多亩，投入资金近5 000万元，系列蛋品深加工和普通鸡蛋年销量达1.7万t以上。

（1）团队建设　公司现有高学历管理人才6人，专家工作站1个，蛋鸡养殖联合体1个，禽蛋产业创新战略联盟1个，申请注册商标2个，线上运营平台1个。

（2）硬件设备建设　现代化蛋鸡养殖是现代化建设里基础最为扎实、最为完善的一个体系，该公司所有养殖设备都是使用国内先进的蛋鸡养殖设备，从投喂饲料、饮水到收集蛋、粪污处理都有一整套完整的自动化体系。购置国内先进水平的第三代真空减压腌制设备，提高腌蛋效率，研发新的生产工艺。研发出了烤制鸭绿江鸭蛋、盐皮鸭蛋、黄金鸭皮蛋、卤制鸡蛋等系列蛋品10个以上。通过新设备、研发新的腌制技术，做到腌制过程全自动控制，提高腌制效

生态养殖

率，出成品的时间是传统腌制方法的1/5 ~ 1/3，同时，因为温度、压力等条件统一可控，产品的稳定性、一致性相较于传统方式高出许多。优势集中在真空腌制技术利用由压差引起的流体动力学（HDM）和变形松弛现象（DRP），打开蛋壳和蛋内壳下膜、蛋白膜、蛋黄膜的毛孔，将蛋内部分气体抽出，料液迅速填充，加速料液中的碱、盐等物质通过蛋壳和蛋膜进入蛋清与蛋黄中，经过化学变化，形成口感丰富的再制蛋；真空减压状态下，小分子物质运动加剧，有利于料液中有效成分扩散；在皮蛋和盐皮蛋的研制过程中涉及多种生物化学反应，根据勒夏特列原理，减压条件下，可以加速这种反应过程；腌制过程中料液定期循环，避免了压差和蛋壳表面的低浓度区，所以腌制速度快，而且更加均匀，制作一些常压腌制不能制作的新产品。

鸡蛋收集设备

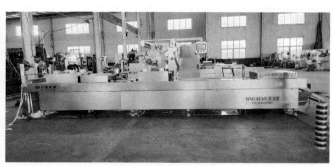

真空减压腌制设备

(3) **信息化建设** 公司在信息化应用方面主要建设网上商城 1 个，鸡舍精准检测控制系统 1 个，精细化管理和蛋品品控系统 1 个。

环境控制监控体系建设：在整个养殖场的室内室外都安装了物联网监测监控系统。

物料控制体系建设：从蛋鸡养殖多个阶段进行分析，计算出该阶段每只每天鸡需要多少饲料、喝多少水、产多少蛋，从而实现全自动化操作。

物料控制体系　　　　　可视体系建设

可视体系建设：可视系统不是简单的监控系统，它对整个数据应用和调整起到了至关重要的作用。首先，预警提醒。例如突发蛋鸡吃料变少、喝水变少等问题导致产蛋量也随之减少，通过数据分析可能蛋鸡生病，提前预警，及时治疗，可以避免损失；设备数据无缝溯源。为了保证从入口端到终端数据都不可以屏蔽更改掉，必经过一个封闭的数据链，整个链条是永久封闭的，不可更改，保证整个生产过程数据的真实有效。其次，智能控制。通过自动化控制系统，控制鸡舍温度，湿度以及光照、通风等环境。

(4) **生产技术创新** 除了集约化养殖模式，该公司还采取生态养殖，例如在果园、板栗园、绿化用苗木地、滩涂等地饲养散养鸡品种，且这几种模式基地全部制定了一整套的控制监控追溯系统。放养鸡群采取流动放牧式和散养模式，其中，流动放牧式，即用网圈地，不定期地移动放养鸡群；散养模式：确定一个区域并圈起来，在场地内的鸡群可以自由觅食；分区轮流放牧式，把一个较大的养鸡区域，围成多个小区域，2 天对鸡群进行一次流转，以确保集群能够从自然条件中摄取充足的食物。

‖ 经验与成效 ‖

系列蛋品深加工，满足了不同消费群体对不同口味、不同口感、不同营养价值蛋品的需求，提高了蛋品的科技含量和蛋品附加值，同时提高了生产效率，丰富了市场蛋品种类，产生了良好的经济效益和社会效益。

(1) **经济效益** 全自动化养殖节约了大量的人力成本。7 万只蛋鸡的养殖过程只需要 1 名劳动者管理即可，至少节约了 20 个人的工资成本。生态养殖方式所产出的笨鸡蛋，回归自然，蛋品营养丰富，节省了饲料成本，增加了蛋品价值，经济效益非常可观。

(2) **社会效益** 成立了专家工作站、禽蛋产业创新战略联盟、产业联合体等科技型组织，引进 5 所大学院校的教授、研究员等科技人才 20 多人，专家互相交流，分享经验，推动了整个地区蛋鸡养殖业自动化、现代化、智慧化的进程，同时开展产学研合作，为蛋鸡养殖业等各项技术攻关带来了强有力的支撑。

新型蛋鸡饲料的研发，节约了大量的饲料成本，提高了蛋鸡产蛋率，达到了科学化、个性化、精品化、定量化、规模化的最佳配置方案。

撰稿：辽宁省农业发展服务中心　东港市农业农村发展服务中心　赵坤　于晓明

江苏省京海肉种鸡养殖基地案例

▌需求与目标 ▌

　　智慧农业是农业的根本出路，国家也在智慧农业产业化上给予更多的政策及扶持。《中华人民共和国国民经济和社会发展第十三个五年规划纲要》明确提出"推进农业信息化建设，加强农业与信息技术融合，发展智慧农业"。2016年中共中央办公厅、国务院办公厅发布的《国家信息化发展战略纲要》中提出"培育互联网农业，建立健全智能化、网络化农业生产经营体系，提高农业生产全过程信息管理服务能力。"从2016年起每年一号文件都有农业物联网、智慧农业的相关规定，要求以"农业供给侧结构性改革"为主线，实施智慧农业工程，推进农业物联网和农业装备智能化；发展数字农业，推进物联网实验和遥感技术的应用。

▌做法与技术 ▌

　　江苏京海禽业集团有限公司是一家集种禽繁育、肉鸡饲养、饲料生产、绿色食品开发、有机肥生产和病死畜禽无害化处理等为一体的农业产业化国家重点龙头企业、高新技术企业。公司现占地3 200多亩，下辖种鸡场、孵化厂、饲料厂、屠宰加工厂、有机肥厂、畜禽无害化处理中心等32个产业单体，常年饲养AA祖代种鸡40万套，AA父母代种鸡120万套，年生产AA父母代种鸡800万套、AA商品代鸡苗1.2亿只、年产优质全价饲料12万t、颗粒有机肥6万t，祖代种鸡规模创江苏之最，全国同行前列。

　　公司建有国家博士后科研工作站、国家级星创天地、省企业院士工作站、江苏省绿色禽产品工程技术研究中心等众多科研平台，汇聚了一批由国家青年"千人计划"专家、"万人计划"专家等组成的科技创新团队。先后主持或参与国家"十二五"科技支撑计划项目、星火计划项目等省部级以上科研项目20多项，拥有数项发明专利和软件著作权，多次制定行业标准和江苏省地方标准，先后荣获国家科学技术进步奖二等奖和省部级科技奖9项，率先全面实施卓越绩效管理，荣获2015年度江苏省质量奖。近年来，公司不断通过设备设施智能升级，应用物联网技术，突破智慧管理和智慧养殖的瓶颈，实现京海养殖数字化。

物联网设备——调光控制箱

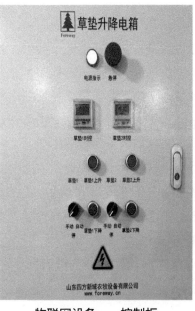

物联网设备——控制柜

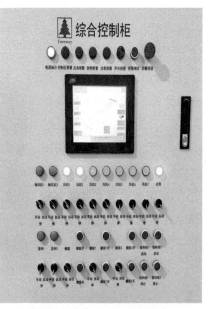

物联网设备——综合控制柜

物联网设备——横向通风系统

物联网设备——湿帘

物联网——探头

（1）硬件系统建设 该平台在构建需要配套建设信息收集设备（手机、电脑、摄像头、温度探头、湿度探头、氨气探头等）、数据服务器、信息查询设备（手机、电脑）、信息传递设备（互联网）。

（2）软件系统建设 智慧农业监管云平台。该平台由物联网监控系统、鸡舍养殖环境应用系统、种蛋孵化系统、有机肥生产应用等9个部分组成，覆盖了种鸡养殖、孵化、病死鸡无害化处理、有机肥生产等环节，促进了企业实现一体化和数字化管理，目前该平台覆盖了整个公司70%的生产活动。平台融合了传感器技术、嵌入式系统技术、智能技术等物联网应用中的关键技术，于2019年获得了国家版权局颁发的软件著作权证书。其中，物联网监管系统可通过视频监控，实时了解场内的鸡只和工作人员活动情况，及时阻止场外人员进入场区，提高场区安全等级。鸡舍养殖环境应用系统通过温度、光照、NH_3、CO_2、湿度、噪声等智能传感器，在线采集养殖环境信息，并根据监测结果分析对比，启动相应的报警，实现鸡舍环境全自动化智能控制

视频监控中心

物联网设备——纵向通风

以及鸡群状态的实时监控。种蛋孵化应用系统实时采集孵化厂温度、湿度、CO_2浓度等环境数据，并通过与已设定的阈值进行对比，启动相应的警报，从而保证了孵化厂的安全生产。畜禽无害化处理应用系统该系统由病死禽类入库管理、生产批次管理、成品出库管理3部分组成，监控了从病死禽类收集到销售的全程，加强了对病死禽的管控，规范了病死禽无害化处理工作流程。有机肥生产系统和消纳应用系统生产人员和销售人员通过手机App将生产信息和消纳信息上传到系统中，使管理人员及时掌握有机肥厂的生产和消纳情况，确保了有机肥生产和消纳工作有条不紊。有机肥追溯系统将有机肥的生产信息和销售信息自动进行数据处理和分析，形成有机肥生产和消纳的批次详细记录，有效提升了有机肥生产和消纳过程中精细化管理水平。数据管理与分析系统用图表的形式，直观地反映一年内每月有机肥原料入库和有机肥产品消纳情况，实现了有机肥生产和消纳的动态管理。业务集成将各个系统采集的信息汇集在一起，便于管理人员及时了解企业整个生产的情况。

虽然该平台由多个功能部分组成，但每个功能部分可通过权限设置进行单独运行，能较好地满足单一产业或者综合产业的企业的需要。

经验与成效

平台的应用极大提升了公司的管理、生产和产品质量水平，与应用前相比，减少一线生产员工人数达 35%；通过种鸡合格种蛋数、受精率、孵化率和健雏率等生产性能指标的提升，最终每套父母代种鸡产商品代鸡苗从 156.2 只提升到了 167.8 只，综合生产性能提升了 7.42%，其中，通过该平台实现了公司 P128 群入舍母鸡累计产蛋数达 212.03 枚、每只入舍母鸡累积产雏鸡数达 176.79 只，创造了美国安伟捷公司父母代种鸡生产业绩的世界纪录。此外，通过智慧农业监管云平台，提高了病死鸡和鸡粪处理水平和管理力度，杜绝了农业面源污染，提升了企业可持续发展水平。

撰稿：江苏省互联网农业发展中心 魏祥帅 陈可

江苏省泰州市仙岛蛋鸡养殖基地案例

需求与目标

为积极响应政府号召，适应时代发展的需求，提高生产效率及经济效益，通过加大资金投入，实现产业培大育强。同时借助现代家禽项目的实施，生产性能测定、自动化饲喂、选种、选配、选育等精细化饲养管理技术得以迅速推广应用，是智慧养鸡的未来发展趋势。

做法与技术

泰州市仙岛农业科技有限公司成立于 2003 年 7 月，先后投资 6 000 万元，专业从事优质鸡饲养及销售。公司坐落在泰州市姜堰现代农业园区（夹河村），占地面积 50 亩，拥有标准化装配式鸡舍 10 栋，存栏商品蛋鸡 30 万只。公司一直以来与南京农业大学、中国农业科学院、扬州大学等建立了长期紧密协作关系，引进了国内最先进的全自动化电脑控制层叠式蛋禽养殖设备，保证公司生产技术和其他各项技术管理达到国内先进水平，技术研究中心研发人员致力于绿色草鸡蛋的安全生产标准化探索，研究出从育雏、育成、产蛋，饲料配方、环境控制与鸡粪处理等一整套安全生产技术，已在草鸡蛋生产上建立了完整的"绿色食品"全程技术方案。公司目前拥有仙岛绿壳蛋鸡配套系和仙岛草鸡两个品种，年产鸡蛋 1 亿枚。在国家级期刊发表文章 16 篇，获得发明和实用型专利 6 项。目前养殖规模在泰州市领先，获得了泰州市农业重点龙头企业和江苏省农业科技型企业称号。2019 年获评全国数字农业农村新技术新产品新模式优秀项目，2020 年获评省级数字农业农村基地。

（1）**硬件设施建设** 自动清粪系统。彻底改变鸡场臭味问题，实现"变废为宝"。公司重视环境保护工作及种养结合，初步形成畜牧养殖、粪便污控处理、有机肥生产、蔬菜种植的循环型生态农业产业链条。采用环保发酵罐进行鸡粪资源再利用，发酵罐采用离心分离法、高温好氧发酵法以及中温厌氧发酵对鸡粪混合液进行资源化、无害化综合处理。实验结果的数据可通过信息传送给用户，据统计，鸡粪回收率可达 53% ~ 91.8%，发酵后鸡粪含水率 31% ~ 44%，处理后 $COD_{(er)}$、BOD_5 的总去除率均大于 90%。实验表明工艺具有投资少、能耗低、费用省和效益比较明显等优点，且操作简单易行，经发酵罐发酵处理后的沼渣、沼液是花木种植、粮食生产的肥料。

（2）软硬件集成系统建设　引进先进中央集蛋系统。将鸡蛋从鸡舍直接输送到仓库自动装托，显著减少了劳动力的使用。

集蛋车间

　　鸡舍物联网系统建设。通过鸡舍内各种环境变化，由终端控制系统接收处理后，发出指令控制各个养殖环节，实现鸡舍内温度、湿度、压力等方面的自动调节。同时，系统可以根据蛋鸡不同日龄阶段习性，及时、准确地自动喂料和供水。管理者可以从手机智能牧场平台终端实时监控鸡舍环境，并调取任一时间段养殖数据，进行研究分析，为管理决策提供可靠依据。

搬运

智慧鸡舍

　　（3）生产技术创新　采用自动化 H 型层叠笼饲养模式，摒弃传统养殖 A 型蛋禽笼养，同等养殖面积上养殖数量翻了一番，即土地利用率翻了一番。如按照传统饲养模式，公司蛋鸡养殖量仅接近 20 万羽，现公司养殖容量接近 40 万羽，实现了养殖集约化发展。层叠式蛋鸡笼养模式的环境控制系统与电脑、手机终端对接，在一定范围内，每个系统多则可传输给 3 名管理人员，环境控制系统的实时运营质态可以随时掌握，一旦发现异常，管理人员即可实时调控、处置，可以随时、直接排除设备运行异常带来的生产安全隐患。

　　（4）运营模式创新　公司的主营方向以生产优质仙岛绿壳鸡蛋为主，采用"公司＋农户"的经营模式，带动农户周边农户养殖，由公司以提供鸡苗、联系饲料、回收鸡蛋的方式合作共赢。为追求蛋品质的不断提升，在生产上经过长期实践，对绿壳蛋鸡进行杂交改良、日粮调整使蛋品质及风味稳定，与上海、广州蛋品公司合作多年，优异的蛋品质深受市民热捧，公司现已成为蛋品销售公司的重要生产基地，并以此成为长三角等大中城市经济发达地区客商推广的主打品牌。创立淘宝店铺"仙岛生鲜旗舰店"，具有专业运营、客服团队，店铺好评率 100%，其产品仙岛绿壳蛋备受欢迎，实现了销售和宣传的双重作用，年网络销售额超百万元。

App 首页

经验与成效

　　（1）经济效益　由于鸡舍环境持续稳定良好，每只鸡的产蛋率可提高 10%，成活率也相应提高。单位养殖面积的利用率提升了 1 倍，劳动力成本下降 75%～83%。

　　（2）社会效益　智能化鸡舍完善了环境因子的影响及预防治理方

App 功能

案，公司确立了绿壳蛋鸡饲养场（区）与健康养殖相悖的危害关键控制点，形成健康养殖生产技术体系和环境控制程序，其方法可行易推广，有助于提高区域性养殖水平。

（3）生态效益　采用环保发酵罐对鸡粪混合液进行资源化、无害化综合处理，可以为花木种植、粮食生产提供肥料，具有投资少、能耗低、循环利用等优点。

（4）推广示范效益　生产基地为农户提供技术培训、科技推广、禽蛋销售途径、饲料采购、禽病诊治等服务，并以农业专业合作社为载体，以养殖基地为核心，向泰州市增辉养殖专业合作社、泰州市鸥翔禽业有限公司、姜堰区大伦天意养殖场、泰州市宇茗养殖专业合作社、泰州市兴阳蛋鸡养殖专业合作社等农民专业合作社示范推广绿壳蛋鸡生态健康养殖技术，带动全区及周边地区从事家禽产业的人员达到 200 人以上，示范蛋鸡养殖规模 100 万只以上，年实现综合效益 2 500 万元以上。

撰稿：江苏省互联网农业发展中心　魏祥帅　陈可

浙江省桐乡市洲泉镇湘溪开发区华腾养殖基地案例

‖ 需求与目标 ‖

以三产融合模块化驱动"数字牧场"建设，实现生猪饲养的现代化、生态化、智慧化，创新建立国内生猪绿色生态智慧养殖新模式，促进了生猪产业转型升级，是当前国内畜牧行业智慧饲养的主要需求和发展目标。

‖ 做法与技术 ‖

浙江华腾牧业有限公司（简称华腾牧业）成立于 2007 年 6 月，坐落于桐乡市洲泉镇湘溪开发区，注册资金 7 000 万元，公司占地面积 160 000 m²，企业总资产 8.09 亿元。华腾牧业是浙江第一家倡导"智慧养猪"概念和技术的企业，技术水平在全国处于领先。华腾牧业旗下的"桐香"牌猪肉被评为浙江省十大名品猪肉，成为 G20 杭州峰会、历届世界互联网乌镇峰会、世界地理信息大会等国际性会议的指定餐桌肉。华腾牧业先后荣获浙江省省级骨干农业龙头企业、全国农业农村信息化示范基地、国家重点扶持高新技术企业、浙江省农业科技企业、省级重点农业企业研究院、省级现代农业科技示范基地、省级院士专家工作站、国家数字畜牧业创新中心示范基地等称号，同时，华腾牧业的绿色生态智慧养猪等技术被农业农村部被评为全国"互联网 +"现代农业百佳实践案例和全国数字农业农村新技术新产品新模式。

（1）软硬件集成系统建设　综合应用物联网、大数据、云计算、区块链、人工智能和 5G 等先进技术，建立以智能耳标和猪脸及行为识别为基础的猪联网作为底层，以猪只信息采集和设备控制为核心的边缘计算终端作为中间层，以大数据智能分析为核心和以区块链账本为数据基础的数字管理运营平台作为应用层的生猪生产大数据中心，构建猪只信息档案数字化管理总平台，运用大数据技术精准管理牧场，为每头生猪建立自己的成长档案，实现了生猪养殖从群体管理到个体精密智控的技术突破。

应用智能生物耳标系统，实现了生猪养殖从群体管理到个体精密智控的技术突破。智能生物耳标由华腾牧业自主研发，可对动物行为感知、动物生命体征信息进行实时监测，结合网关，实现猪只信息实时上传监测数据。智能生物耳标结合应用区块链技术，可自动采集生猪出生的品种、重量、健康状况等数据，养殖过程中的药品、疫苗、饲料、保健、驱虫、转栏等数据，屠宰过程中的重量、膘厚等数据，销售过程中的冷链运输、分割销售等数据，并将数据直接写入区块链中，防止数据篡改，可供消费者查询到真实的数据，保障食品安全。

应用智能巡检机器人系统，实现对猪舍环境实时自动检测。应用 5G 智能巡检机器人系统，可替代人工实现对猪场环境进行全天候智能化实时自动检测巡检监测，对种猪自动进行体温检测及开展统计分析、疫情监测、发情状况测报等管理，并基于 5G 通信技术拓展巡检机器人的部署范围，构建"云 – 边 –端"一体化牧场养殖巡检机器人系统，全面提升牧场饲养管理的数字化、无人化和智能化水平。

数字化综合管理平台

华腾猪舍

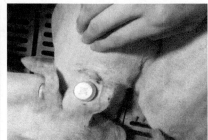

猪只智能耳标应用

猪只智能耳标

智能巡检机器人

数字化平台监测猪舍

远程监测

（2）生产技术创新　华腾牧业通过创新打造绿色生态智慧养猪新模式，深入打造基于数字化的云养殖信息化综合管理平台，通过应用智能生物耳标系统、物联网管控系统、智能巡检机器人系统和精准饲养专家系统等，制定有效的猪舍环境信息采集及调控程序，开展对猪舍环境的实时监测与最优化调控，实现了从生猪养殖、生产加工到销售的全过程信息化采集与数据化智慧管理。

应用数字化养殖平台，实现牧场环境实时感知与自动监测。应用数字孪生技术，结合大数据管理云平台直观地呈现出前端各种感知采集数据及牧场各重点区域的主要环境因子数据，实现牧场应用环境实时感知与自动监测分析和可视化监管。同时，结合季节、生猪品种、不同生长期及生理等特点，通过"AI

机器人""IOT""智能生物耳标""区块链"等多种智能技术,制定有效的猪舍环境信息采集及调控程序,实现对猪舍环境的监测与最优化调控和远程智慧管理。

经验与成效

(1)社会效益 华腾牧业应用自主研发的生猪智能生物耳标系统,实时监测生猪存出栏、日龄、体温、运动量等生产性能指标,实现了生猪养殖从群体管理到个体精密智控的技术突破,为政府实时获取辖区内生猪存栏量及分布、开展疫情防控提供数据支撑,也为养殖企业的贷款抵押、保险理赔提供具有高可靠度的数据依据,在保供监测、精准育种、精密防疫、全链追溯和金融供给等多个领域开展场景应用。

(2)推广示范效益 华腾智慧养猪模式现已在公司下属的各个牧场全面推广应用,在公司总部嘉华牧场和淳安千岛湖牧场、安吉牧场、石湾牧场、嘉善牧场等5个牧场已全面应用了智能巡检机器人系统、智能环境控制系统、智能生物耳标,并将全部数据接入公司总部大数据综合管理云平台,由云平台对各个牧场实行统一的远程监管和控制。

华腾智慧养猪模式,通过几年来建设完善、生产应用,现已形成较为成熟的解决方案和技术体系。生产中使用的智能生物耳标、智能巡检机器人、智能环境控制系统和数字化管理平台经过生产实践检验,可极大提升牧场数字化、智能化水平,让牧场生产管理更为精准有效和高效便捷,在同行业中具有可复制的推广应用价值,为我国提高畜牧业生产数字化水平,促进养猪业转型发展提供了一套有效解决方案。

撰稿：浙江省农业农村大数据发展中心　　吴晓柯
　　　　浙江华腾牧业有限公司　　　　　　姚雪飞

安徽省和县天邦养殖基地案例

需求与目标

猪肉是我国居民的重要食品,我国既是养猪大国,又是猪肉消费大国。提升智慧化养殖能力是关系到国计民生的重要内容。

做法与技术

天邦食品股份有限公司成立于1996年,于2007年在深圳证券交易所挂牌上市。经过24年的发展,拥有水产饲料、种猪育种、生猪养殖、生鲜食品、供应链多个相关一体化业务板块,是全球产业链最齐全的农牧食品企业之一,也是国家重点龙头企业和高新技术企业。截至2020年末,公司员工规模超过10 000人,销售额超过100亿元,净利润32亿元,正处于跨越式发展的关键时期。在生猪养殖领域,天邦已发展成为国内规模前五的生猪养殖规模化公司。2014年战略投资全球知名的Choice Genetics(CG)公司,取得国际优秀的种猪基因,后通过大数据育种、全基因组选择、CT测定等多技术运用奠定了全球先进的种猪育种能力。

天邦从农牧和食品行业出发,致力于不断创新,以技术立身,连接并拓展价值链,引领产业发展,促进商业文明进步,让生活更有味道。生猪养殖业务成为成本和规模领先的养猪行业领导者,同时打造数字化及供应链能力，成为数字化智慧农牧领军企业及安全敏捷零售供应链一流服务商。

（1）**团队建设及技术储备** 在建立了 2 个院士科研工作站、2 个博士后工作站的基础上，设立 9 个研究所，研发人员 480 余人，与相关高校、科研院所、境外研发机构等建立了项目合作开发关系。研究院拥有专家、教授、博士近 196 人。迄今已拥有有效授权专利 146 件，其中发明专利 31 件，实用新型专利 115 件。

（2）**软硬件集成系统建设** 通过建设猪舍自动化精准环境控制系统、种猪数字化精准饲喂管理系统、种猪疫病监测预警系统、繁殖育种数字化管理系统四大系统完成生猪养殖精准化管理。

种猪精确饲喂器

机器人现场近照

仔猪秤秤小猪重量现场

CT 处理软件

数字化精准饲喂管理系统

猪舍自动化精准环境控制系统：猪舍内各采集节点根据设备作用可以分为数据采集设备（传感设备）和控制设备。当气温、空气湿度、氨气浓度等环境监测数据超过设定的预警值时，系统自动预警，生成预警事件，提示管理人员或工作人员进行养殖管理和控制。养殖基地环境调控设备可以远程将养殖基地内的

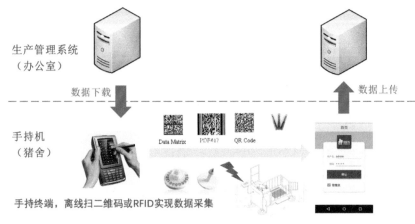
手持终端，离线扫二维码或RFID实现数据采集
工作模式

风机、湿帘、卷帘等环境调控设备按照预先设定自动智能地依次开启，对养殖基地进行排风、进水、遮阳等环境调控作业，当养殖基地内的环境数据回到正常区间范围内，养殖基地内风机、湿帘、卷帘等环境调控设备就会自动关闭。当设定为人工控制模式时，则由管理或工作人员根据实际需要通过系统远程控制养殖基地内风机、湿帘等环境调控设备，适时调节养殖基地内空气温度、湿度、CO_2 浓度、NH_3 浓度，使牲畜有个适应的生长环境。

种猪疫病监测预警系统：系统记录栋舍的防疫日期、防疫对象、防疫头数、防疫用药及药剂厂商等防疫信息，并可通过防疫日期、防疫对象、防疫用药等查询条件对栋舍防疫进行查询。记录每批次栋舍的出栏日期、出栏品种、出栏数量、出栏检疫等出栏信息，并可通过所在栋舍、出栏品种、出栏日期等查询条件对出栏信息进行查询。建立专家知识库，为综合服务平台的远程专家诊断系统提供经验数据支撑。流行病学调查内容包括病原名称、猪品种、监测地点、检测样品类型、检测方法、检测结果、采样时间等；免疫效果上报内容包括病原名称、猪品种、监测地点、检测样品、检测方法、免疫抗体结果等。疫情监测数据包括养殖场名称、发病数、死亡数、病原名称等。

繁殖育种数字化管理系统：支持电脑/移动设备网页登录使用、电脑端安装使用、App安装使用。借助二维码和RFID技术，利用移动手持设备采集母猪在各个生长周期中需要采集的生产数据。不限时间、不限地点、不限用户数、不限电脑数，数据实时同步。支持初始数据导入，去除烦琐的初始化。支持批量录入，简约、高效。支持所有表格、报表、分析等都可以导出到Excel或打印。支持组合查询数据，可灵活设置条件查询。

经验与成效

（1）**经济效益** 生猪养殖精准化管理模式将使场区数字化生产和管理水平得到全面提升。自动精准环境控制系统、数字化精准饲喂系统、数字化繁殖育种系统、数字化疫病防控系统等系统在天邦股份近两年来新建投产的猪场里得到广泛应用，生猪的生长环境得到改善，从而提高种猪的受孕率与产仔数、仔猪的成活率等，生产水平显著提高。同时，随着智能化系统的运用，通过智能化系统的运用，可有效减少生猪疫病的发生，提高母猪产仔率和生猪成活率。总投资收益率、项目资本金净利润率

母猪场数据采集终端

生产系统App管理员页面

监控平台移动端

巡栏小程序——考勤

手持机现场使用

智能天邦小程序——竞价平台

等各类指标均高于同行业平均水平，经济效益显著。

(2) **社会效益** 天邦股份通过生猪养殖精准化管理模式，利用先进农业信息技术发展智慧农业，具有积极的社会意义。一是项目单位通过本项目建设，可成为农业数字化发展实验前沿基地，打造成农业数字化发展样板间，不但提高了当地生猪养殖技术水平，而且在周边市县起到示范带动作用。二是通过本项目的示范推广，传统的生猪饲养方式得以改造，生产效率大幅提高，生产成本下降；加快新品种选育，提高疾病预测和防治水平，有效减少农民损失，增加产出，获得更大的效益，减少生猪饲养的不稳定性。三是天邦股份通过家庭农场模式、集体农场模式和扶贫农场模式直接带动农民养殖，增加农民收入。

(3) **生态效益** 通过生猪养殖精准化管理模式，天邦实现建设数字化精准饲喂管理，减少饲料浪费，提高饲料转化率，缓解人畜争粮矛盾；实现自动化精准环境控制，在满足生猪生长环境的基础上，提高能源利用效率，尽可能地减少能源消耗量；自动化饮水系统，减少生猪养殖耗水量。生态效益十分显著。

撰稿： 安徽省农业信息中心　　丁作坤　丁晶晶　方文红　叶显峰　丁砥　梁苏丹
　　　　天邦食品股份有限公司　吕成军

福建省福清市光阳蛋业养殖基地案例

需求与目标

随着信息化时代的到来，包括农业在内的各行各业都在利用信息技术改变行业发展方式，在这过程中，数字农业以其超前的概念得到了人们的关注。当前我国农业现代化进入全面推进、重点突破、梯次实现的阶段，党的十八大明确提出"新四化"的战略部署，使"信息化"与"农业现代化"成为两大突出亮点，数字农业是推进现代农业建设的重要手段。数字农业是高新科技装备农业的重要突破，是开创农业现代化的新方向，是农业生产、经营走向信息化、自动化、高效化的重要手段。

做法与技术

福建光阳蛋业股份有限公司成立于 1995 年，是专注于禽蛋一二三产业融合发展的"农业产业化国家重点龙头企业"。

(1) **硬件设施建设** 建设自动化精准环境控制系统，包括电控系统等设备 12 套；数字化精准饲喂管理系统，包括精准供料饲喂设备、精准饮水给水设备等 12 套；自动清粪系统，包括自动化清粪设备、智能鸡粪装卸设备等 8 套；蛋鸡疾病监测和预警系统，包括体温监测设备、异常预警设备等的 12 套；自动化集蛋与商品化处理系统，包括自动集蛋、自动输蛋等设备的自动化集蛋与包装系统 1 套；数控中心，包含服务器、网络、中控和管理系统等设备 1 套。

(2) **软件系统建设** 计划执行模块：制订年度养殖计划，并实现从设备、饲料、人员、养殖、产蛋、疫苗等的计划和管理；制定设备保养计划，通过点检、保养、维修 3 方面实现设备的有效管理，确保设备使用正常。

养殖管理模块：蛋禽养殖过程包含进雏、育雏、育成、产蛋、换羽、淘汰等流程，该模块主要实现蛋禽养殖过程的记录、日报呈现、数据收集。

饲料加工模块：实现饲料的进场、验收、饲料加工申请、加工、采食量等功能，并记录在饲料加工过程中的采用配方。蛋分拣管理模块，在产蛋鸡舍输送鸡蛋至分拣区后，进行鸡蛋数量、品质、规格等数据的采集和人工记录，实现鸡蛋喷码与系统的无缝对接。能源管理模块，实现场区电力监控及发电用柴油、汽油和供暖用天然气的用量和存储量情况，记录电力使用状态、供电量。设备设施管理模块，记录设备的日常点检、保养和维修情况，并通过设备保养计划，进行设备的日常保养有序进行。防疫管理模块，标准防疫管理标准防疫过程的执行需要根据日龄进行防疫工作，并进行确认；突发疫情管理突发情况，进行事件描述，描述诊断及处方，并进行物资储备、范围及影响描述。生产文件管理模块，主要用于日常生产使用的操作手册、说明书、记录、档案等文件管理，提升场区的日常管理水平和操作规范。包含作业手册、作业记录、作业评价、归档、应急预案、应急演练。岗位绩效模块，岗位绩效用于生产固定岗位和临时岗位排岗，并记录各岗位投入产出情况，进行奖惩，并通过现场走动稽查，记录生产过程中的违规操作和作业缺失。废弃物模块，生产过程中及包装作业会产生危废、病死鸡、垃圾等待处理或特殊处理的废弃物，该模块记录处理情况。

(3) **生产技术创新** 项目以提升光阳蛋业养殖的自动化和智能化水平为目标，面向蛋鸡养殖、集蛋及商品化处理等全业务链环节，综合利用物联网、移动互联等现代信息技术，通过感知化、物联化、智能化的手段，建设蛋鸡养殖与蛋品商品化处理环境监控系统、自动化精准饲喂系统、蛋鸡疾病监测预警系统、禽蛋商品化处理流水平台、数字化蛋鸡生产经营管理平台等，全面提高蛋鸡养殖现代化水平，实现蛋鸡产业可持续健康发展。

鸡舍精准环境监控及控制技术：蛋鸡养殖以鸡舍为单元、育雏育成以鸡舍为单元，根据现场环境参数和视频资料进行分析，科学调节温、湿、光、水、气等环境参数，为禽畜的养殖提供一个最适宜的环境，实现增产增收。

蛋鸡自动化精准饲喂技术：以鸡舍为单位，在塔下方安装称重设备及数据采集器，通过对接塔的数据接口和传感器测算的储水容器的水位变化情况，结合精准饲喂系统及精准给水系统自动实时采集耗、耗水、水比、计划与实际耗差等相关信息。系统根据每个栋舍鸡群数量和耗量，精准控制每栋每次的上量，保证蛋鸡采食量的精准。

禽蛋商品化处理技术：本项目将用自动集蛋系统连接 MOBA 设备，进行蛋品商品化处理技术方案。在蛋品从鸡舍输送到加工车间的过程中，将按照以鸡舍为单位对蛋品来源进行划分，每天产出的鸡蛋通过传送带传输到养殖场中的粗加工车间，经过自动化的摩巴自动控制系统（MOBA）设备，对鲜蛋进行清洗、消毒、喷码、检验、称重、包装等 10 道工序的初加工，产出符合标准的包装品牌蛋。

(4) **运营模式创新** 为了统筹推进项目的实施，福清市成立了以分管市长为组长，农业、财政等各相关单位为成员的数字农业试点工作领导小组，统筹协调解决数字农业推进中遇到的各种问题。光阳蛋业根据项目实施制定了规范的管理办法，通过细化落实相关人员的责任进行人员配备管理和责任落实到位以保证项目井然有序地开展实施。

经验与成效

(1) **经济效益** 项目建成后，人工效能提升 30%，产蛋率提升 1% ~ 1.5%，料蛋比降低至 2.1，累计死淘率降低至 7.5%。项目建成达产后，年销售收入达到 8 144.13 万元，其中，45 万只产蛋鸡年提供鲜蛋 810 万 kg，收入 7 290 万元；每年产生淘汰鸡 7.39 批，平均每批 5 万只，开产至产蛋结束可收入 764.13 万元；鲜鸡粪 1.8 万 t 销售收入 90 万元。

(2)**社会效益** 项目采用世界先进的层叠式全封闭笼养设备，实现了以栋为单位的全进全出，将成为福建省规模最大的蛋鸡标准化场，项目建成后，每年能够为社会提供新鲜鸡蛋 810 万 kg，增加福建省鸡蛋供应量 5%。项目的建设提高了福建省鲜蛋自给水平，为国家级产业化龙头企业解决加工鸡蛋原供给，保证了鸡蛋制品的质量安全，提高了福建省品牌鸡蛋的国内外市场竞争力。

对于行业而言，项目的建设将促进蛋鸡的数字化、产业化、现代化革新，为行业内相关企业树立数字蛋鸡养殖的样板，引领我国禽蛋产业换代升级，优化禽蛋产业结构，促进蛋鸡产业可持续健康发展。

对于区域而言，项目的建设将增加一部分人员，因此可以带动周边就业；项目建设可以使工作人员效率大幅提升，从而有更好的经验和更多的精力指导周边养殖户，较好地实现龙头企业的带动作用。

对于产业链而言，本项目数字农业的数控中心将来可为 1 000 万只蛋鸡养殖提供服务，链接产业链上下游，通过数据互通共享，实现区域内蛋鸡养殖产业链各方合作共赢、协同发展。

(3)**推广示范效益** 以畜禽数字农业建设试点实施为契机，扫除原有"公司＋农户"模式中可能出现"质量"管控风险的障碍，为基于数字化管理下的"龙头企业＋家庭农场"新型带动模式在全国大面积推广铺平道路。

撰稿：福建省农业信息服务中心 福建光阳蛋业股份有限公司 念琳 李国彬

福建省星源养殖基地案例

需求与目标

我国是世界上最大的猪肉生产国，2020 年全国猪肉总产量占全球猪肉产量的 40% 以上。同时，猪肉是我国消费者日常饮食中最重要的动物蛋白来源，猪产业与我国人民的生活息息相关。但是，我国养猪产业现状仍多以传统养殖方式为主，就整个产业发展而言，还存在很多问题，因此，为了应对生猪养殖行业现状问题，逐步探索借助运用互联网＋、自动化、信息化、智能化技术，与此同时，国家提出的农业产业化升级转型、智慧农业和与此相匹配的政策、法规，也有效地推动了养猪业向规模化、集约化、高效化、智能化转变。公司智能化养猪项目通过借助智能化设备、搭载大数据云共享平台，以数字可视化精准分析，突破传统养猪的诸多壁垒，有效解决了传统养猪方式存在的问题，有效实现养猪业经济、社会、环保的多赢效益，助力完成智能化、数字化深度应用的华丽转变。互联网＋生猪产业结合云计算、大数据、物联网、终端技术等新型信息技术和传统的信息技术，将信息资源、数据资源作为主要生产要素参与到生猪产业各生产经营过程中，为生猪产业带来巨大变革。

做法与技术

福建省星源农牧科技股份有限公司主要从事无公害生猪饲养与销售，绿色蔬菜、水果、商品有机肥生产与销售。目前，公司有 7 个现代化生猪养殖基地和 1 个现代化设施蔬菜种植基地，生猪存栏 15 万头，年出栏 30 万头，为稳定猪肉食品市场价格作出积极贡献。公司在发展生猪养殖的同时，高度重视环保与资源化利用,在项目区域实现规模化养猪的固体废弃物和污水的资源化循环利用，达到"零污染、高产出"的生态养殖效应。公司于 2016 年 1 月实现在全国中小企业股份转让系统成功挂牌；此次成功挂牌,是公司发展的一个里程碑,也是公司向"成为中国餐桌主要供应商"迈出坚实一步。公司秉承"诚信、创新、奉献、共享"的核心价值观,以生态融合集群发展,创新引领产业升级,形成产品研发、生产与销售为一体的农牧业重点龙头企业。公司旗下有无公害产品 2 个、绿色食品 11 个、福建省名牌产品 1 个;现有授权发明专利 9 项、实用新型发明专利 25 项,公司研发的循环农业技术模式获得过 2010 年福建省科技进步奖二等奖、2012 年福清市科技进步奖一等奖,2019 年公司与中国农业大学等单位合作的"种养加循环利用关键技术研究与模式创新应用"获得教育部科技进步奖二等奖。公司还获得农业农村部授予"生猪标准化示范场""国家现代化示范区畜禽养殖示范基地",福建省经济贸易委员会授予"福建省城市副食品调控基地"等荣誉。

公司承担了 2017 年农业部数字农业建设试点项目,通过数字化、智能化技术应用,在生产、经营、管理各领域中开展了先行探索,并取得较好成效。在生猪饲养方面,充分发挥优良种猪生产性能,整场采取自繁自养模式运营。

(1)**软硬件集成系统建设** 主要应用数字农业、智能化、信息化技术,通过应用精准上料系统、自动引水系统有效减少饲养成本,节约能源资源,提高饲料转化率;有效改善猪舍内部环境,提高母猪配种率、产仔数和成活率;此外,通过应用生猪养殖追溯系统、生猪养殖智能化平台,精准分析养殖过程存在的问题,提高生产效率,实现数据价值变现,由智能化设备替代人工,有效节约人工成本,从而增加了养殖的综合收益。公司推行的清单式管理实现电子化,各类报表的数据能实现自动采集、分析,通过物联网采集、大数据分析的应用,尽可能地减少人工录入错误率,提高数据准确率。公司构建从源头到出栏全程可视、可追溯、可展示的信息化体系,依托猪联网应用降低养殖成本,提高养殖效益,实现养殖业务的智能化管理、数字化展示,提升了公司的整体管理水平与核心竞争力。

智能化猪舍

自动喂料

自动饮水

自动控温

滑轨巡检机器人系统

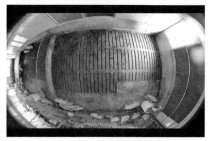
AI 视频盘猪系统

为应对非洲猪瘟疫情,做好生物安全防控,公司还建设了生物安全防控体系,包括 AI 视频云盒、轨道巡视机器人盘猪系统、智能花洒等,通过应用智能巡检、全流程盘点算法、智能化 AI 视觉技术,可以实现猪场智慧化监管,通过视觉技术的自动预警功能,更加强有力地保障猪场的生物安全。

通过建设滑轨机器人,运用物联网和 AI 视觉技术获取实时数据,在猪舍上方安装滑轨,轨道巡视机器人在滑轨上按照既定路线巡视,对每头猪的情况以及猪场环境进行实时动态监测,累计后获得数据曲线。管理系统将自动完成猪只的测重、体况、盘点，精准度分别能达到 95%、90%、99%。根据实时的体况和体重数据，管理系统可自动进行预警，助力精准决策、形成合适的生产方案。轨道机器人的自动巡视可以降低人为接触猪只的概率，减少人为载体携带从而真正有效助力生物安全防控。

星源猪联网云端平台

数字化展示平台

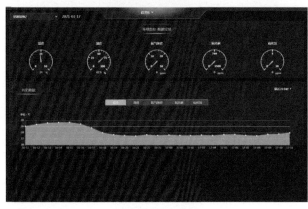

环境监测子系统

母猪发情监测子系统

生猪养殖 ERP 管理系统

养殖数据精准分析

‖ 经验与成效 ‖

（1）**经济效益**　通过应用数字农业、智能化、信息化技术，应用精准上料系统、自动引水系统有效减少饲养成本，节约能源资源，提高饲料转化率；数字农业、智能化技术的深度应用，提高养殖业生产效率，降低循环流转成本，节约能源资源，提高养殖的经济效益，通过建立猪信息库，形成种猪选育以及仔猪转栏、用料、用药、无害化、检疫、出栏等过程中的人、机、猪、料的管理；有效改善猪舍内部环境，提高母猪配种率、产仔数和成活率；应用生猪养殖追溯系统、生猪养殖智能化平台，精准分析养殖过程存在的问题，提高了生产效率，避免了原材料的浪费，优化了生产工作流程，同时，由智能化设备替代人工，有效节约人工成本，从而增加了养殖的经济效益。

（2）**社会效益**　通过数字农业建设，实现了生猪养殖管理的精准化、信息化，提升了畜牧业生产的科技含量，不仅有效控制原料投入的安全，把控兽药停药期等问题，实现了生猪、猪肉产品的全程可追溯，从源头保障了农产品质量安全，为食品安全、餐桌品质提升作出了积极贡献，同时，项目的落地实施，直接为社会提供了就业岗位20个，带动周边产业协同发展，间接带动相关产业上下游的融合升级。

公司不断应用数字农业技术，结合智能化、信息化设施设备，有效提升了养殖基地的养殖管理水平和信息化管理水平，提高了生猪的品质质量。未来，公司继续秉承"诚信、创新、奉献、共享"的核心价值观，以生态融合集群发展，创新引领产业升级，致力于智慧农业建设，助力生猪养殖的升级转型。

撰稿：福建省农业信息服务中心　福建省星源农牧科技股份有限公司　念琳　吴飞龙

山东省环境控制与生产管理技术应用案例

需求与目标

养殖业的发展造成的环境污染问题主要有粪便、污水和恶臭3方面，严重影响了空气质量。由于养殖往往受到养殖品种、饲料种类和质量、疫病、生长环境、管理水平等因素的影响，致使我国养殖业一直发展不强。与此同时，规模化养殖场的养殖风险也在增加。养殖过程中的粗放管理方式，通风、排污、取暖等设施不完备，导致牲畜生长环境恶劣，容易引起动物疾病、死亡，畜牧产品质量不过关等问题。因此，实现现代有效的养殖场环境监控措施，不仅可以及时防止传染疾病的发生，还有利于畜禽的健康生长和提升产品品质，科学的智能化养殖显得尤为重要。随着4G无线网络的逐步普及，传感器网络技术的发展，智慧农业具体到养殖业，农业物联网技术为现代养殖场环境监控的智能化提供了新的解决方案。

做法与技术

济南安普瑞禽业科技有限公司是年提供4 000余t鸡蛋的大型国家标准化蛋鸡养殖示范场，现已建成2栋育雏舍，6栋蛋鸡养殖舍，年育雏能力达到40万只，每天生产安普瑞品牌鸡蛋12 t，2座集蛋中心，日分拣量可达20 t／日。有机肥加工车间3座，年可提供约1 000 t鸡粪有机肥，为农产品种植提供优质有机肥料，减少化学肥料的添加，达到生态农业的目的。鸡蛋主要销往各大食品厂、大专院校及科研机构等，并将150～250日龄的优质鸡蛋按照"农村电商"模式建立"入户工程"系统，每周为济南市民配送，节约中间环节，从而保证从鸡场到市民餐桌不超过24个小时，同时保证济南市民每天都能吃到7天内新鲜的鸡蛋。基地利

智能养殖小程序

用国内安全、清洁、先进的养殖模式技术，鸡舍采用现代化、自动化设备，自动饮水、自动清粪便、自动捡蛋、自动调控温湿度等；使用天聚企业饲料配方技术及中草药保健流程；部分土壤检测、光照、湿度、温度传感器、监控设备等加装完成，依托智慧牧场建设，现已申请软件著作权"蛋鸡饲养自动环控系统"，其中首创"蛋鸡全程无抗饲养管理技术"为提升食品安全作出重要的推动作用。

系统架构

养殖环境异常自动报警

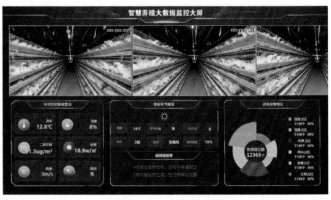

智慧养殖大数据监控

智能化控制系统建议：现有的控制柜是将底层的风机、喂食机、拣蛋机数据信息采集传输到控制层，形成不同的控制终端，需要通过继电器用小电流来控制大电流的开关。小电流通过线圈，产生的磁场使得控制大电流的开关吸合，从而使得人们能够安全地操控大电流大电压设备（风机、喂食机、拣蛋机）。继电器通过4G方式跟智能养殖控制小程序通信，实现远距离的继电器控制，即小程序实现各类设备的集中控制，可大大减少施工量，提高施工成本和维护成本。养殖环境异常自动报警，用户可根据专家系统和管理员经验设定环境相关的标准值，当鸡舍环境指标（温湿度等）发生异常时，设备会给使用者发送报警信息。智慧养殖大数据监控，通过鸡舍监测管理中心现场会议大屏，实时展示鸡舍养殖情况，集成各种数据，调度计算与存储资源，实现信息快速掌握，并实施科学、高效的决策与部署。智能养殖小程序，鸡舍数据展示移动端，拿起手机即可清楚了解鸡舍状态，包括温湿度、风机、拣蛋机、喂食机的状态，接收环境异常报警信息并远程控制相关控制器。

经验与成效

（1）**经济效益** 利用物联网、大数据、云计算等技术，建立起蛋鸡养殖场的环境监测、智能控制与安全追溯系统，进一步提升蛋鸡养殖的信息化水平。应用智能监测设备和智能控制设备后，原本3～5人的工作量仅需1人就能轻松完成，大大地减少蛋鸡养殖场管理人员的工作量，从而降低管理成本。客户可根据管理后台收集的数据进行比对分析，及时调整饲养策略，提高质量及生产率，进而提高经济效益。

（2）**社会效益** 可视化追溯系统为蛋鸡养殖建立起有效的溯源机制，为老百姓舌尖上的安全保驾护航。打造地方农产品品牌，形成品牌差异化。通过信息化的生产手段和可视化的溯源机制，打造绿色健康的农产品品牌，有效增强企业的品牌效应，同时也区别于传统的畜牧养殖企业，打造差异化。

撰稿： 济南安普瑞禽业科技有限公司　伏圣鑫　孙伟

山东省规模化生产与应用案例

需求与目标

利用青岛独有的区域资源优势，通过"智慧养鸡"项目的不断探索，积极建立养鸡体系，将潜在的区域资源优势转化为商品优势和经济优势，对于加快区域农牧产业结构调整的步伐，优化产业结构，改善农业生产条件和生态环境，推动科学规范化养殖，提升农副产品的品质和产量，丰富百姓的"菜篮子"具有重要的现实意义。

做法与技术

青岛梦圆生态农业科技有限公司位于青岛市黄岛区六汪镇塔桥村东南，占地240亩。公司主要建设农业循环经济蛋鸡产业示范基地，集现代化、规模化、自动化于一体。经营范围包括种植、养殖、销售、技术服务等一系列循环农业畜牧业项目。公司园区采用自动化科学技术、计算机控制技术应用到鸡群饲养设备中，建设物联网之下的存栏蛋鸡120万羽现代化智能化养殖场，由靠人工完成的饲养活动由自动化执行机构所代替，建立"人管设备，设备养鸡"的发展模式。

(1) 基础设施和硬件设施建设 建成 8 栋标准化全自动养殖车间和 1 栋育雏育成车间，引进以色列 AGROTOP 公司鸡舍设计理念和意大利 OMAZ 养殖设备公司蛋鸡饲养设备，采用 6 列 8 层笼养，单栋养殖 15 万羽，配备整套全自动化蛋鸡养殖设备，笼网采用全镀锌材质，不易腐蚀，鸡笼隔网和底网加密，结实耐用。蛋鸡笼养可减少产蛋鸡疲劳综合征，降低破蛋率。配置自动化精准环境控制系统、数字化精准饲喂管理系统、全自动集蛋分拣包装系统，无害化粪污处理系统实现供料、供水、环控、集蛋、清粪的全自动化、数字化、智能化，目前有 4 栋投入生产，主要养殖海兰褐、京红 1 号等品种商品代蛋鸡，现存栏 60 万羽，日产鸡蛋 27 t。

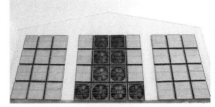
通风系统

智慧鸡舍

温度控制系统

分拣流水线

智慧鸡舍

恒温鸡舍

料塔

智能控制柜

蛋品加工车间引进荷兰 MOBA 公司进口的全自动智能鸡蛋分级设备，自动对新鲜鸡蛋分级、清洗、干燥、紫外线杀菌、红外线剔除散黄血斑蛋、超声波检测裂纹蛋、涂油、喷码和包装。鸡蛋符合无公害鸡蛋的标准，不得检出有害致病菌，并且蛋品安全可追溯，符合鸡蛋安全、卫生、营养的标准，保证人们能吃上放心健康的鸡蛋。

(2) 软硬件集成系统建设 自动化环境精准控制系统由环境信息采集部分、控制部分、二维码等录标牌、系统软件、监控值守中心组成。对影响鸡舍环境的主要指标进行检测，并上传到控制器，控制器根据设置启动或关闭温控设备和换气设备。同时，控制器通过 GPRS 把数据上传到数据中心，通过登录数据中心实现对鸡舍的远程监控，可有效地调节控制鸡舍的温湿度和有害气体的浓度以及采光时间，为蛋鸡创造一个良好的生存环境。

(3) 生产技术创新 青岛梦圆公司采用数字化精准饲喂管理系统是基于蛋鸡觅食的特性，采用实时监控管理形式，通过人工智能和蛋鸡养殖专家的知识库，自动计算鉴别不同时期的蛋鸡能量需求，量身定做蛋鸡各个不同阶段能量的饲料，每排 1 台电机的电力自行驱动，速率为 11 m/min 每个料箱带 1 个均料器。自动调节料槽里的料量通过自动化行车式喂料系统中的均料器，自动调节料槽里的料量，让蛋鸡自由采食，不断摄取能量，实现优质高产高效的养殖目的。

同时，配置自动喂料、自动调压饮水、自动集蛋、自动清粪等系统，以实现降低人工成本、提高生产效率的目的。该系统实现了完全的自动供料自动调压饮水、自动集蛋、自动清粪，全套自动化行车喂料系统，落料均匀，可保持饲料的新鲜卫生，自动化喂料系统可实现调速限料。

经验与成效

节本增效作用明显，公司引进蛋鸡自动化养殖设备，首先从根本上实现了养鸡设施的标准化、智能化与产业化，填补了当地清洁养殖和智能机械养殖的空白。项目完成后，将能够实现规模化、标准化养殖。同时，养殖中智能软件的大量应用，通过规范化、精细化管理，降低人为管理过程的失策和失误行为，极大地提高项目单位的综合实力、市场竞争力及带动辐射能力，对项目区蛋鸡养殖业的健康、稳定发展具有重要的推动作用。

在为社会提供大量放心蛋的同时，既可消化吸收当地农业种植的大量农副产品，又为农业种植提供了大量的有机农家肥，为农民增收提供了良好的条件，为当地的农村产业结构调整提供了多项选择的余地，项目投产后，对于促进当地农村一二三产业的融合发展，解决"三农"问题将作出积极贡献。

利用当地区位优势、资源优势，大力发展蛋鸡标准化养殖、饲料工业、蛋品精深加工及有机肥加工，使当地的资源优势转化为经济优势和产业优势，将产业发展与废弃物综合利用相结合。项目将产生良好的社会效益。

撰稿：青岛市智慧乡村发展服务中心　江科　张超峰

山东省得益乳业奶业循环基地案例

需求与目标

为贯彻落实党的十九大报告提出的乡村振兴战略，以规模化种养基地为依托、以农民增收为根本，加快推进农业农村现代化、促进城乡融合发展，加快公司对优质乳原料的自控，山东得益乳业股份有限公司斥资10.88亿元在淄博市高青县建设一二三产业融合生态循环奶业基地项目。项目已经完成投资超5亿元。

做法与技术

山东得益乳业股份有限公司是农业产业化国家重点龙头企业，是山东最大的低温乳品企业，中国乳制品工业协会副理事长单位，中国奶业协会副会长单位，中国奶业D20企业联盟观察员，全国液态奶消费者满意度"七冠王"单位。2018年服务上海合作组织青岛峰会，2019年服务中国海军成立70周年多国海军活动，市场覆盖全省16地（市）及北京、天津、河北、河南、山西、安徽、江苏、上海等省份。

（1）基础设施和硬件设备建设　养殖基地建设：3.5万头现代规模奶牛养殖基地依照国际最高标准设计，养殖基地建成后可实现奶牛总存栏量3.5万头，年产原料奶23万t。运用物联网+数字化技术，将挤奶、饲喂、繁育、生长、环境等智能设备系统与牧业管理系统打通，实现数据互联。通过多项智能设备系统与牧业管理系统的集成，提升牧场生产、管理的智能化、数字化水平，实现数字化智慧牧场。

得益乳业

得益农牧园

现代化规模化国际化牛舍

80 位重型转盘挤奶机

体况智能识别设备：计算牛只体况评分、体重和步态评分，牧场（牛群）管理系统获取体况数据，电子耳标、体况得分上传到牧场（牛群）管理系统体况评分系统。

美国 B 超检测仪、进口红外线检测仪：精准保障牧场繁殖成绩，精准检测饲草，为奶牛配方提供数据保障。

(2) 软硬件集成系统建设 运用数字化技术，将挤奶、饲喂、繁育、生长、环境等智能设备系统与牧业管理系统打通，实现数据互联，降低人工数据传递带来的风险，提高工作效率。

通过牧业信息化多系统与牧场管理系统（奶业之星）的集成，实现饲喂、环境管控、生长指标测定、过磅管理、三维体况评分、发情监测等事件的线上管控；实现物联网管理，透过接口连接牧场其他设备（挤奶机、发情监测、牛只称重测高体况评分、TMR 饲喂系统、环境监控）。

牧场（牛群）管理系统（奶业之星）：牧场牛群档案、单产、质量、发情、饲喂等信息精确掌握，牧场采购、生产、仓储、财务、销售等运营环节的精细化管理。

实现奶牛发情、干奶、妊检、转群、防疫等现场作业智能预警，牧场挤奶、繁育、兽医、饲喂等各岗位工作指令在线跟踪和考核。牛只生命周期管理：牧场牛只产犊、配种、孕检、泌乳、干奶、转群、淘汰等全生命周期信息共享。挤奶软件系统（瑞典帝波罗 Delpro）：将奶牛挤奶、发情探测等数据集合 1 处，通过综合系统平台对挤奶牛只奶量进行监测，将生产性能处于可控状态。牛只发情活动探测系统：监测发情，减少人为巡查奶牛发情的不可控问题，提高繁殖效率。牛只精准饲喂系统：对 TMR 饲喂全过程进行监控，精准查询跟踪饲喂车的重量信息、饲料种类信息、不同圈舍奶牛的饲喂信息、人员操作准确度信息等。智能喷淋系统：联动 THI 指数，通过京东自研物联网平台传输与处理数据，自动启动喷淋系统，并根据 THI 指数调整喷淋频率以缓解奶牛不同程度的热应激。奶罐及清洗检测：大丰源控制箱部署的温湿度、液位传感器进行罐内状态进行检测，奶业之星通过网络找到大丰源系统指定的寄存器，获取状态数据，处理后再通过 API 接口推送到云端。淘汰牛称重：通道式牛称，行走测定，不干预奶牛奶业之星接口程序读取电子耳标及重量信息，将称重数据进行上传，上传到奶业之星体尺称重事件中。手持机 App：将电脑端的部分业务关键报表移植到手机端。识别棒识别系统：通过与手持机 App 相关联，实现快速牛群核对以及部分数据录入。

经验与成效

一二三产业融合生态循环奶业基地项目总投资 10.88 亿元，项目已经完成投资超 5 亿元，目前存栏奶牛 1.2 万头，该项目设计容量 3.5 万头，预计 2025—2026 年将达到最终最大产能。公司自 2018 年开始建立数字牧场体系，整体体系已经基本搭建完成，后期还将逐步进行数字牧场体系的升级和扩容，随着牛群的继续增长和技术的不断提升，未来公司在数字化、信息化方面将不断总结、不断投入、应用前沿新技术，持续助力山东乃至全国的奶业振兴。

(1) **经济效益** 公司自 2018 年实施体系以来，成母牛单产提升到 35 kg/ 日，经测算每头成母牛年提高收益 2 000 元，得益二牧牧业有限责任公司年收益增加值近 600 万元。在公司自有牧场的示范引领和公司的培训指导下，合作牧场近 2 年来单产从 26 kg/ 日提升至 30 kg/ 日，单头成母牛年增加收益 1 500 元。

(2) **社会效益** 自营奶牛养殖为基础，整合合作牧场资源协同管理，以青贮种植合作为纽带，通过"公司 + 农户"合作模式，推进乳牧联营，带动农村产业模式升级。

自有牧场建立一二三产业融合生态循环奶业基地，已建设的 4 处自有牧场奶牛存栏已达到近 1.2 万头，现年产优质原奶 6 万 t，带动周边 4 个乡镇 300 余农民转变为产业工人，通过土地流转带动 4 个镇，3 657 户，1.2 万农民。

合作牧场采用"龙头企业 + 奶农"的合作模式，带动养殖模式变革，农户变为产业工人。2020 年合作牧场牛群规模近万头，主要分布在淄博、滨州、东营、潍坊、泰安及济南，带动牧场周边 426 人就业，带动农户 1.8 万。

(3) **推广示范效益** 公司的第二牧场率先进行数字化提升工程，自 2018 年实施以来，单产从 28 kg/ 日提升到现在的 35 kg/ 日，管理流程逐渐顺畅，员工每日工作任务明确，养殖效益明显提升。不仅企业自身在上游实施智慧养殖系统，而且通过公司平台给合作牧场免费提供使用奶业之星管理系统，政策上激励合作牧场使用温控风机喷淋系统，给合作牧场开展奶牛 BOSS 班进行标准操作流程、制度的统一服务，彻底转变了奶牛养殖方式，使其由粗放式向精准化、标准化、工厂化方向转型，带动淄博市及与得益乳业合作的牧场奶牛单产水平达到 30 kg/ 日，当前合作牧场受益奶牛超过 1 万头，合作牧场充分享受到了数字农业带来的收益，有效推动了双方的合作紧密型。

撰稿：山东得益乳业股份有限公司　李凯

山东省潍坊市青州市金谷园土鸡散养场案例

需求与目标

传统散养模式因为自动化程度低，疾病预防困难，母鸡死淘率高，产蛋率低，抗生素滥用严重，监管困难，靠天吃饭等原因，造成成本居高不下，前景堪忧。

2012 年，欧盟等国家开始发展蛋鸡福利无笼养殖，并且要求 2025 年全部实现蛋鸡福利散养。目前国内品牌蛋市场大部分以笼养蛋为主，很多跨国餐厅，例如星巴克等要求使用非笼养鸡蛋，正大等大型公司开始着手建设室内福利散养。

做法与技术

养殖基地位于青州市东夏镇祝家村，始建于 2009 年，已投入资金 500 多万元，是集养殖、种植、物流配送相结合的生态循环智慧农业。有普通笼养产蛋鸡 4 万只，育雏育成青年鸡 1.5 万只，日产普通鸡蛋 2 150 kg 左右。散养基地 2 个，有散养无抗生素、无重金属残留、富硒、非转基因谷物喂养的土鸡 1.1 万只，散养基地日产土鸡蛋 4 000 多枚，注册了"张雅茹家小鲜蛋"品牌商标，年销售大公鸡 5 000 多只，老母鸡 7 000 多只，注册了"张雅茹家散养鸡"品牌商标。

(1) **基础设施建设**　种植基地有拱棚 6 个，高温大棚 4 个，主要种植无农药的绿宝石甜瓜、羊角蜜甜瓜，不使用化肥，用养殖场的发酵鸡粪做底肥，注册了"熙茹鲜果园"品牌商标。发酵有机肥场地 1 处，日产优质发酵鸡粪约 2 000 kg。自有配送车辆 4 部，4.2 m 箱货 2 辆，面包车 2 辆，省内大订单当天送达，保证了产品新鲜度和品质。

智慧散养土鸡模式

选育优质鸡苗疫苗防疫到位

散养土鸡新模式

喷码溯源

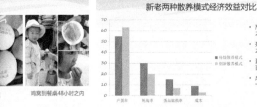

经济效益对比

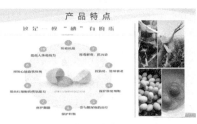

产品特点

运营模式

运营平台

参与公益事业奉献爱心

(2) **软硬件集成系统建设**　独创了国内第一家智能化散养模式。绿色＋科技，采用物联网技术智能化管理，舍内智能自动控温，昼夜温差不超过 4℃，手机 App 远程自动控制。自动饮水、自动喂料，杜绝了老鼠、黄鼠狼的入侵，采用发酵床技术降低舍内氨气味。白天母鸡在树林自由运动，夜晚在舍内栖息。舍外运动场种植了白蜡树、猕猴桃、无花果的苗木，让母鸡有一个舒适的生长环境，不生病，杜绝了抗生素的使用，同时有效利用了土地空间增加了经济效益。

(3) **生产技术创新**　选用五黑鸡、贵妃鸡等优良品种。拥有国内最先进的育雏育成鸡舍，120 d 开产之前 19 种疫苗全部防疫到位，疫苗是保证无抗养殖的关键。使用优质食材，中草药预防，添加有机硒、发酵辣椒粕、花椒粒、非转基因谷物喂养。辣椒粕富含维生素 C、辣椒碱、维生素 B_2 等多种矿物质和氨基酸，花椒籽含有大量花椒油素、花椒碱及大量蛋白质，并含有钾、锰等多种微量元素。花椒油富含不饱和脂肪酸、亚麻酸、DHA 等，具有明显的健脑促智、祛病强身的作用，无重金属，无抗生素，质检 27 项全部合格。"绿色＋科技"创新了国内散养土鸡新模式，绿色插上科技的翅膀，24 小时监控母鸡生长状态，喷码溯源，鸡窝到餐桌 48 小时之内。

（4）**运营模式创新**　同城配送约占 80%，基地研学采摘约 10%，全国包邮约 10%，微信小程序下单，抖音企业号微信公众号查看检测报告，老顾客由 2018 年的 30 多位，发展到目前的 1 200 多位，靠的是品质诚信。此创新模式获得了畜牧专家各级领导的肯定，山东省畜牧局领导莅临指导，全国农业科技示范基地。在做好自身发展的同时，积极参与公益事业、奉献爱心，连续两年被青州青城义工评为爱心单位，抗洪救灾抗击疫情捐款捐物，每年重阳节为村内老人发鸡蛋送寿字。未来将继续承包闲置土地，复制此模式，扩大养殖规模，解决目前产品供不应求的状态。

经验与成效

产蛋率提高 8%，死淘率降低 10%，蛋品破损率降低 8%，成本降低 10%，蛋黄大蛋清黏稠度高，口感劲道，香味浓郁，富含亚麻酸软磷脂等，促进婴幼儿大脑发育。每千克鸡蛋有机硒含量 460 mg 左右，蛋白质含量 19%，比普通鸡蛋高 7 个百分点。质检 27 项全部合格，大肠杆菌、沙门氏菌全部合格，可生食。大公鸡散养半年以上才出售，鲜香味美、清炖即可。

撰稿：潍坊市农业技术推广中心　李学涛　李炳辉
　　　青州市畜牧业发展中心　　邢法禄　曹福琛

山东省五牛蛋鸡养殖数据服务系统案例

需求与目标

以现代农业供给侧结构性改革为主线，新旧动能转换为依托，创新驱动核心技术发展为引领，绿色生态循环可持续发展为目标，积极探索新时代条件下畜牧养殖产业新模式新业态新途径，建立绿色、生态、循环、可持续发展的现代农业科技示范园和国家级生态循环农业综合体项目。

做法与技术

山东五牛农业科技有限公司是一家专业化、规范化、标准化现代创新农业科技有限公司，目前公司控股山东新四维农业科技有限公司、费县新四维果树种植专业合作社。经过 10 年的努力，公司逐步发展成为以蛋鸡育苗和蛋鸡生产为基础，以示范园区带动和产品标准化为手段，以养殖一条龙服务和新技术应用培训为重点，以大数据管理和合作金融为核心，以促进食品安全和项目区农民增收为目标的现代化绿色生态农业龙头企业。富硒鲜蛋"良丘吉蛋"目前已销往北京、上海、天津、苏州等多个地区。多家国内新闻媒体多次报道公司养殖、运营及管理模式，成为业界风向标。

（1）**软件系统建设**　新四维数据分析平台。2010 年开始新四维创始团队就持续对蛋鸡养殖数据持续进行采集、分析、整理，初步形成了蛋鸡养殖基础数据库。2015 年 5 月，山东新四维农业科技有限公司联合太平洋财产保险公司山东分公司、中国银行临沂分行、青岛市动物检疫所实验室、北京英惠尔集团成功建立了新四维数据分析平台，并于 2016 年推出手机端 App "蛋道"，免费让蛋鸡养殖户入驻。该平台是通过利用大数据、云计算等技术建立养殖信息监测体系，实时监测养殖动态，为蛋鸡在营养、管理、疾病、防疫、生产性能等方面提供强有力的数据支持，帮助养殖户有效规避蛋鸡种源不良风险，营养缺失或失衡致使产量下降或蛋品质量不高风险，疾病、疫情、灾害等致大面积死亡无法恢复生产的风险，禽蛋价格波动致产业亏损风险，养殖中资金可能断链的风险等，形成了从蛋鸡种源、饲料营养、养殖设备、技术支持、粪污处理、质量追溯、蛋品销售等蛋鸡全产业链服务，让缺少经验的养殖户也能轻松养殖，轻松赚钱，成为平台的受益者。针对行业风险特点，公司以大数据管理平台为依托，引入了太平洋保险保障服务体系，并分别于 2015 年 8 月启动了蛋鸡养殖保险服务，2016 年 6 月面向养殖户开放了鸡蛋价格指数保险，累计保险金额 2.2 亿元。截至 2018 年10 月底，累计赔付金额已达 1 000 余万元，有力提升了行业抵御风险的能力，促进了行业持续健康发展。

鸡蛋信息查询

防伪验真

新四维"蛋道"互联网数据平台。2016 新四维"蛋道"互联网数据平台上线，标志着蛋鸡养殖业与互联网 + 现代农业实现融合发展，也成为山东省唯一蛋鸡大数据平台；平台由中国农业科学院饲料研究所、北京英惠尔集团、临沂大学、中国银行、太平洋保险等多家机构共同参与构建。平台在山东境内养殖密集区 70 余县建立了服务中心，辐射服务 1 300 余户接近 2 000万只的蛋鸡存栏量，占山东存栏总量的 1/5。公司和中国太平洋财产保险股份有限公司山东分公司合作，首创全国蛋鸡价格指数保险，承保金额达到 1.2亿元，参保总量 1 000 万只鸡、400 余户，2017 年理赔金额 2 000 万元。同时配套成立了金融服务部、保险服务部，中国银行山东省分行授信 4 900 万元为公司下游客户提供"福农分期"项目贷款，是全省唯一蛋鸡行业银行授信项目，为养殖户融资，解决养殖户养殖融资难困惑。

"蛋道"溯源系统。以产业园现代蛋鸡产业发展为试点，围绕环境保护和食品安全两条主线，蛋鸡全部采用"蛋道"溯源系统管理，自主研发的溯源系统已上报国家商务部门重点农产品质量安全追溯系统，把"溯源鲜蛋"生产模式在山东乃至全国推广复制。养殖户通过大数据系统的管理，通过数据分析可以准确把握生产状况，提前预防，降低养殖疾病风险；可以通过生产成绩，用最合适的价格采购最优质的原料，提高生产成绩，降低生产成本；可以把生产数据实时展现给消费者，确立鸡蛋商品属性，提高产品销售溢价，增加收入。五牛公司通过对蛋鸡产业链运营服务，解决了蛋品质量和安全问题，为传统养殖企业生产提高了收益，把养殖企业变成食品企业，成为新四维溯"溯源鲜蛋"生产基地，做到了蛋鸡养殖产业链"闭环"运营，创造社会价值和经济效益，为当地经济发展注入新的活力。

(2) 生产模式创新 "良丘吉蛋"是五牛产业园推出的自主品牌，园区拥有得天独厚的自然资源和生态环境，是典型的生态农场。"良丘吉蛋"的产蛋鸡食用原材料加入了大青叶、板蓝根、黄芪、金银花、党参、益母草、蒲公英等中草药，经过科学配方，可显著提高鸡蛋中硒、锌的含量，同时降低鸡蛋中的胆固醇和脂肪含量，尤其是生产的每枚"良丘吉蛋"都带有独特的二维码溯源，可以查询到每颗鸡蛋每个阶段具体养殖信息，保证消费者食用的每一颗鸡蛋新鲜、安全、健康。

(3) 运营模式创新 通过科技创新，走出传统畜牧养殖业发展模式，公司采用养殖基地 + 农户 + 企业的生产模式，就是通过园区养殖基地的示范作用，引领传统养殖方式的转变，以适应现代农业供给侧改革大潮；通过银行、保险等金融行业的引入，解决蛋鸡养殖过程中存在着的融资难、风险大，困难多的问题；通过大数据管理平台的创建、无偿使用，解决养殖户育雏、营养、检测、防疫乃至销售等养殖过程中可能遇到的问题。近年来，公司与国内蛋鸡营养研究的最高机构中国农业科学院饲料研究所合作，研发出符合蛋鸡生产性能的拥有自主知识产权的专利饲料，确保蛋品质量上乘，营养、口感最佳；联合国内顶尖动保企业，创建了专业化的防疫团队，并与临沂大学合作推出蛋鸡抗体监测标准操作规程的建立与应用的项目，从科学研究的基础上为蛋鸡疫病防治和蛋鸡的健康成长提供强有力保障，公司积极引进中国科学院士吴常信、中国农业大学呙于明、杨宁等国内畜牧兽医界知名专家建立专家工作站，把山东五牛农业股份有限公司打造成国内知名研发基地、试验示范推广中心、高档蛋类产品生产基地。同时积极筹备建立院士工作站，充分利用科技研发中心大楼和金融数据中心大楼，积极探索科技核心技术与金融保险创新融合发展的新业态新、模式、新思路。

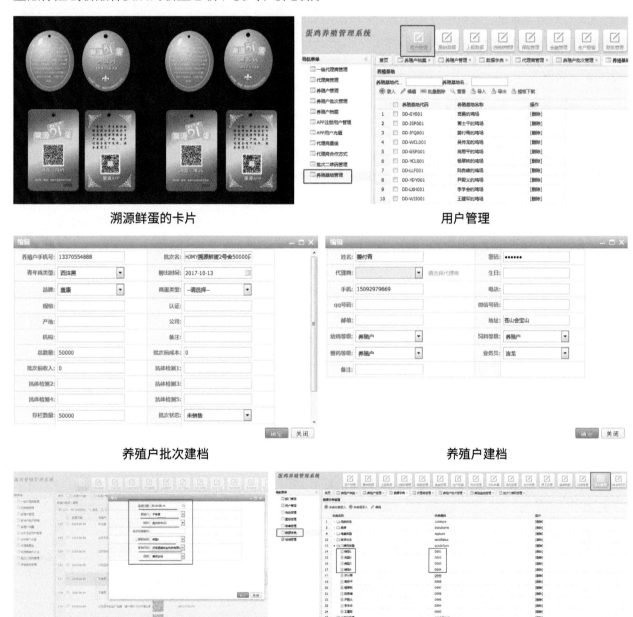

溯源鲜蛋的卡片   用户管理

养殖户批次建档   养殖户建档

溯源码的生成界面   溯源鲜蛋追溯页面

此外，公司将鸡粪生产有机肥，实现了粪污的资源化利用，有机肥提供给合同种植户，从种植户合同收购玉米、大豆作为饲料，示范区域生态循环农业已见雏形，同时按照绿色生态循环可持续发展的创新发展理念，延长企业的产业链，鸡蛋深加工、仓储物流、电子商务等实现产业转型升级和新旧动能的转换。

(4) **金融模式创新** 积极发挥资源、平台优势，联合太平洋保险推动包括中国银行在内的多家银行参与养殖行业服务，形成了保险公司提供信用保证保险产品，银行提供资金，新四维农科提供养殖技术、生产标准和基础养殖物料的金融和技术服务链条，有效解决了养殖户融资难的问题，促进了众多生态型家庭养殖场的孵化和农民通过养殖脱贫致富。同时，积极协调保险机构，引入了行业补贴政策，最大限度地降低三农保险费率，减少农民的保费支出，切实帮助养殖户解决融资难、保费高的问题，确保了资金精准投放、精准扶贫扶到点上。为有效提升客户服务能力，近年来，新四维在近 80 个核心养殖县区建立了区域服务中心，配备了上百名专业服务人员，常年为签约的 2 000 万蛋鸡、上千家养殖户免费享用技术支持服务。将来，服务中心还将服务领域扩展到鲜蛋配送领域，使服务中心兼配物流中心的功能，方便客户就近选择无抗蛋、新鲜蛋等新鲜蛋品。

经验与成效

(1) **经济效益** 通过利用大数据、云计算等技术建立养殖信息监测体系，实时监测养殖动态，为蛋鸡在营养、管理、疾病、防疫、生产性能等方面提供强有力的数据支持，形成从蛋鸡种源、饲料营养、养殖设备、技术支持、粪污处理、质量追溯、蛋品销售等蛋鸡全产业链服务，让没有多少经验的养殖户也能够轻松养殖，轻松赚钱，成为平台的受益者。平台在山东境内养殖密集区 70 余个县建立了服务中心，辐射服务 1 300 余户接近 2 000 万只的蛋鸡存栏量，占山东存栏总量的 1/5。

目前直接带动提升临沂市 60 ~ 100 户优质品牌鸡蛋的产业化、标准化生产水平，辐射带动鲁南地区大型蛋鸡养殖户 300 多家，中小型养殖户 1 500 多户，涉及农业人口 5 000 余人，直接带动养殖户年增收万元以上。

(2) **社会效益** 调动了相关产业发展，例如玉米、大豆、小麦、运输、销售等行业。每年需要 400 万 t 的玉米作为生产饲料，带动种植玉米 10 万亩，增加农民收入 120 多万元，促进了产业结构调整和农村经济可持续发展，有效加快了农村建设。

(3) **推广示范效益** 山东五牛充分发挥带领养殖户"脱贫致富"的统领作用。为实现培育目标精准、培育机制长效，公司对接产业发展和岗位要求，实行专题化、系统化培训，有效提高贫困养殖户的职业技能水平。

撰稿：临沂市农业农村局　　　郝建伟　黄培　谭善杰
　　　费县农业农村局　　　　周长海　赵庆梅
　　　山东五牛农业科技有限公司　李柔君

山东省临沂市沂南县伊拉兔养殖基地案例

需求与目标

迅速发展的畜牧业产生的废弃物威胁周围生态环境，导致农村的生态环境问题日益突出，对畜牧业以及环境的可持续发展构成巨大威胁。基地利用物联网等先进技术,充分发挥合作社组织、资金、技术、市场和产业化优势,带领社员大力发展肉兔养殖和标准化生产。

做法与技术

山东云耕农业发展有限公司位于山东省临沂市沂南县湖头镇房家沟村。公司依托沂南县家园兔业养殖专业合作社、临沂康大家园食品有限公司以及沂南县云耕家庭农场。沂南县家园兔业养殖专业合作社创建 2012 年 5 月,是一家集伊拉种兔繁育、放养、回收、销售、服务于一体的省级先进合作社、国家级示范社。合作社养殖场位于湖头镇房家沟村,占地 55 亩。2013 年被山东省农业科学院评为"肉兔繁育基地",2014 年被省人民政府评为"省级标准化肉兔养殖场",被省农业厅评为"省级先进合作社示范社"。2016 年初,家园兔业养殖基地被市畜牧局确定为"临沂市精准扶贫良种兔繁育基地";3 月,被农业部列入国家兔产业体系示范基地;8 月被评为国家级标准化示范场;11 月,家园兔业合作社与山东省特种经济动物产业创新团队签订了兔养殖技术研究示范推广基地,及临沂科技扶贫服务中心合作协议。2019 年 11 月合作社事迹入选"山东省农业农村厅典型案例"并被予以推介。2020 年合作社重点实施的"家园"产业扶贫模式,被评为"中国兔产业区域扶贫和企业扶贫先进模式"。同年被评为"山东省农民乡村振兴示范站""山东省智能牧场"以及"山东省智慧畜牧应用基地"。

(1) **基础设施建设** 成立临沂康大家园食品有限公司,建设肉兔生产加工基地,延伸产业链,提升产品附加值,为社会提供安全营养的兔肉食品,打造集"养殖繁育技术研发、沂蒙优质肉兔示范养殖、兔肉特色食品加工"三大功能为一体的现代畜牧业发展新模式。

成立临沂康大家园食品有限公司,聘请浙江大学余琳博士为公司总经理、浙江大学周玲博士为公司技术总监兼学术带头人,2019 年获批"市级重点工程实验室"及"企业技术研究中心"。同年,"肉兔精准养殖与标准化生产关键技术示范"项目被列入中央支持地方科技发展资金项目。

(2) **软硬件集成系统建设** 合作社在养殖生产中主要是通过"家兔疫情远程检测平台"以及"环境控制系统"来监测、控制养殖生产,提升养殖的自动化、信息化和智能化水平,实时监控养殖生产过程中出现的问题,技术人员针对出现的问题及时、快速地响应、处理,实现高效、高产的现代智慧农业体系。

家园兔业疫情远程监控平台主要分为数据采集、数据传输、数据可视化、疫病预警、预警处理几个部分。数据采集,通过佩戴在家兔身上的内置传感模块的测温节点采集家兔实时体温,测温精度能达到 ±0.1℃。数据传输,家兔身上佩戴的测温节点采集到兔子实时体温数据,通过内置的通信模块传送给场内的基站,每个基站可汇聚 999 个节点的实时数据;基站汇聚到节点实时数据后,之后通过移动通信模块传送到后台数据中心。数据可视化,数据中心接收实时数据处理过后会在监测平台可视化显示,管理者、饲养员均可以实时查看并人工上传防疫记录、采食量、饮水量等记录。疫病预警,当家兔体温、采食量、饮水量等发生异常变化时,监测平台会及时响应,通过大数据分建立的疫病模型,可以在疫病发生前进行预警。预警处理,收到异常预警信息,专家可远程指导公司进行合理应对,消弭危机的影响。

(3) **生产技术创新** 通过专家指导实行全进全出的饲养模式,集中繁育,各个生产阶段清晰划分,通过执行各个环节标准可以实现饲养人员的专业化,培养各个环节的专门人才,来提升整体饲养水平。集中发情排卵支持了人工授精技术的推广,人工授精技术是畜牧业从粗放型发展到高效型的重要标志,大大降低生产成本和工作劳动量,提高繁育效率,加速良种推广,减少疾病传播。

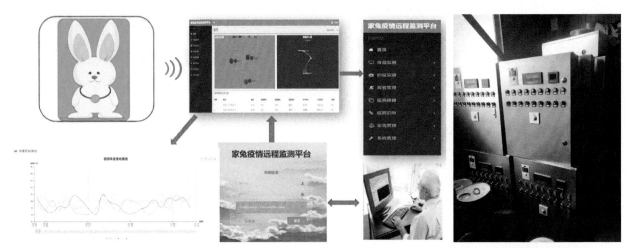

家园兔业疫情远程监控平台　　　　　　　　　　　　　　环境控制系统

粪便清理是机械化、自动化清理，实施雨污分流。清理出的干兔粪公司在种植基地用来种植韭菜、生姜等蔬菜，沼液兑水稀释后可直接浇灌蔬菜、果树、粮食等农作物，能有效提高农作物抗病能力，增加产量，使农作物达到优质、高产、高效的种植。这种循环利用的生产模式，不仅节约养殖成本，创造经济价值，还解决了养殖粪污造成的环境污染问题。

(4) 运营模式创新　合作社筹建开始运作以来实行"合作社 + 社员养殖户"的产业化发展模式，帮助肉兔养殖户发展标准化养殖小区，从兔舍设计、供料、养殖、防疫、技术服务、保护价回收等一条龙服务。合作社定期专门对养殖户进行培训，技术员定时上门技术服务，提高了养殖户的饲养管理水平，坚定了社员大力发展肉兔养殖的信心。合作社实行"产、学、研"结合，与省农业科学院、家兔专业委员会、县畜牧局、欧洲兔业等多家院所单位建立技术指导合作关系，并常年聘请 2 名畜牧专家对社员养殖过程中出现的疾病、疫情以及防治等进行现场指导，提高社员的养殖水平，造就一支高素质的养殖队伍，构建"一产稳增根基、二产强增核心、三产扩增收"的一二三产业融合发展体系，实现产业增产、农民增收、企业增效。

扩大沂南兔产业影响力，充分利用养殖、屠宰、深加工的废弃物资源，实现"变废为宝"。养殖业的迅猛发展，导致畜禽粪便无法全部用作农家肥，易造成新的污染，公司计划建立沂南县云耕家庭农场，占地 200 亩，发展"种养结合"循环农业，主要种植玉米、小麦、生姜以及韭菜，并根据公司科研团队和合作科研机构的资源，将循环农业打造成兼具效益和创新的中高端设施农业基地。

高度重视品牌战略，以产品质量为企业的生命线，以食品安全为第一理念，通过了无公害农产品产地认定证书，"沂蒙康大""康大家园"两个品牌知名度稳步提升，获得消费者的一致认可。

经验与成效

利用物联网技术，将养殖合作社、食品公司以及农业公司连接起来，实现养殖生产自动化、农业管理智能化，从而构建节能、高效、绿色生态为一体的现代农业体系。合作社在养殖生产过程中，利用现代信息技术成果，改造提升产业链，提升了竞争力，拓展了业务空间。智慧农业促进农业生产精细化、高效化，推动农业可持续发展。智慧农业是农业发展的必然趋势，大力发展智慧农业对提高农业现代化水平、促进农业转型升级、提高经济发展质量和效益，有着重要的现实意义。

(1) 经济效益　合作社在繁育、示范养殖、加工、销售过程中，带动了运输、包装物、餐饮等行业的发展，经测算每年可为当地直接从业的农民增收 1 500 多万元。

合作社多年以来与多个乡镇（村）签订精准扶贫协议，通过扶持养殖、安排就业、现金扶贫等模式，针对贫困户进行精准扶贫，切实有效地增加农民收入，已实现精准脱贫 500 户，推动了沂南县贫困村相对集中区域的脱贫步伐。

（2）**社会效益**　合作社利用现代信息技术成果，积极发展智慧农业，通过远程检测系统大力发展社会农户养殖、庭院养殖，构建"合作社＋示范基地＋农户＋公司"的产业化经营模式，连接专业养殖基地 20 多家，连接养殖户 600 余户，壮大了合作社的生产规模，加快了当地养殖户发家致富的步伐。公司每年回收订单式肉兔 100 多万只；由公司统一供应幼兔、统一供应饲料、统一防疫、统一管理，与养殖户"风险共担，利益共享，长期稳定，共同发展"。

推广沂蒙优质肉兔繁育示范养殖基地建设，利用信息技术推进肉兔养殖特色化、规模化、产业化发展，推进传统畜牧养殖业生产方式向现代农业生产方式转变，拓展产业链条，发展特色沂蒙优质肉兔产业，提高产品附加值；同时融入科技示范、技术服务、金融助推、电子商务等特色方式，带动服务业发展，促进就业增收。

合作社通过养殖粪污的循环利用，是种以资源的高效利用和循环利用为核心，符合可持续发展理念的经济增长模式，对构建资源节约型、环境友好型社会，实现农村可持续发展、建设现代农业和社会主义新城镇、促进和谐社会的发展有着十分重要的意义。

通过"种养结合"发展循环农业，有效改善了畜禽养殖造成的环境污染，保障了畜禽养殖长期可持续发展，带动了乡村振兴和农场现代化建设。

撰稿：临沂市农业农村局　　　　　刘超　徐瑞　谭善杰
　　　沂南县农业农村局　　　　　韩凯
　　　山东云耕农业发展有限公司　李在伟

山东省数智化全产业链应用与服务案例

‖ **需求与目标** ‖

立足于生猪产业化发展的需求，秉持"为耕者谋利，为食者造福"的企业使命，布局和完善生猪育种、养殖等全产业链，全面构建食品安全保障体系，从产业源头保障食品安全。

‖ **做法与技术** ‖

德州新好农牧有限公司隶属新希望六和股份有限公司的全资子公司，是集生猪养殖、林木及果蔬种植于一体的生态循环型农牧公司。公司位于山东省德州市宁津县杜集镇前刘庄村东 500 m，占地 950 亩，养殖规模为 18 000 头父母代母猪、3 000 头祖代母猪、22 500 头种猪育肥（6 000 头保育猪、15 000 头育肥猪、1 500 头育成猪）、300 头公猪站及配套污水处理和固废处理系统。总建筑面积 14 万 m²，总投资 7.7 亿元，是山东省年出栏最大的商品猪聚落项目。

（1）**软件系统建设**　依托母公司新希望六和，推动 SaaS、云计算、边缘计算、物联网、大数据、人工智能等数字技术与产业融合，构建"数智养殖"全产业链服务体系。以数字化助力生物安全防控，实现智能猪只盘点、猪只异动智能报警等养殖管理模式，更通过为养殖户及产业链上下游企业打造的一系列产业互联网生态圈产品，全方位助力农村养殖用户线上服务，逐步建立农牧食品产业的数字化生态。

依托母公司新希望六和开发的"猪盈利""聚猪宝""云放养"等多个 App 系统，通过"远程＋实地"两种方式指导农户科学养殖，降低养殖成本，提高养殖效率，增加收益。

(2) **生产技术创新** 科技研发，智能育种。新希望六和与全球最大的育种公司 PIC 合作，德州新好依托母公司新希望六和的专业育种团队以及强大的数据库，基于 BLUP 育种估值计软件，结合人工智能、大数据、云计算、区块链等前沿科技，大力发展五元杂交配套系，通过 PIC 提供的优良品种，

智慧养殖平台

经过育种团队的逐代选育，最终培育出优秀的父母代康贝尔种猪和商品肉猪。

种养结合，物联网技术提升粪污资源利用化水平。通过粪污资源化利用区，将猪只产生的粪尿、污水经固液分离、生化处理，固体部分转化为有机复合肥还田，液体部分转化为沼液对种植区进行灌溉，种养结合。应用物联网技术根据土壤信息，将处理后的污水、有机肥精准还田，提高中央集合区域管理水平，改变人为操作的随意性，在提高效益的同时还可通过智能控制灌溉减少人工，降低管理成本。种植区种植大棚蔬菜、果树等，用猪场自产的有机肥施肥，用处理达标的出水灌溉，增肥了地力也改善了周边环境。同时，通过循环、绿色经济项目的建设，实现土质改良、种养结合、零污染排放，可持续发展之路，为中国的养猪业发展树立标杆。

(3) **运营模式创新** 德州新好农牧有限公司年出栏商品猪 50 万头，其中，25% 由公司自建育肥场做示范养殖，75% 通过"公司＋农户"合同代养模式帮扶带动农户创新创业。公司按照生产管理"六统一"模式为农户提供一条龙服务，指导农户进行标准化、现代化科学养殖，包括苗、料、药的提供，毛猪的回收、饲喂、管理以及猪舍建设、选址等相关培训、指导。农户提供场地，希望金融还可为农户提供贷款。同时，以公司为主体帮助养殖农户购买生猪死亡险和生猪价格险，降低农户的经营风险。

‖ 经验与成效 ‖

(1) **经济效益** 联农带农成效显著。公司先后带动农户 116 户，发放代养费 1 492.92 万元，同时，公司采购以玉米、高粱为主配方饲料和公司推广的种养结合模式间接带动种植农户 2 600 余户，极大地带动了本区及周边地区相关产业的发展。

(2) **社会效益** 智能育种率先突破。通过与先进育种公司合作，大力发展五元杂交配套系，高水平选育优良品种，既实现了公司自主育种的突破，又保证了养猪业种源的健康安全，为中国养猪业实现质量跨越做出了企业担当。

(3) 生态效益　节能环保绿色发展。以节能减排和环境保护为主题，减少粪污排放的同时，发展了绿色种植业，实现农业生产的经济效益和环境保护并重，建立起技术成熟和高效率的农业循环模式，实现种养结合的高效和综合循环利用，实践了土壤改良、种养结合、零污染排放的可持续绿色发展之路，达到养猪业生态效益的最大化。

撰稿： 山东省农业技术推广中心　　王钧　　王统敏
　　　　宁津县农业农村局　　　　　　杨洪新

山东省华特希尔猪场养殖智慧平台建设与应用案例

‖ 需求与目标 ‖

全面贯彻落实党中央、国务院决策部署，牢固树立新发展理念，充分发挥国家现代农业示范单位先行先试和示范引领作用，利用大数据、云计算、物联网、移动互联网等现代信息技术，通过感知化、物联化、智能化的手段，在生猪养殖领域开展智能猪场试点，提升养殖智能化和数字化水平，从而辅助生猪生产全过程追溯，从源头有效保障食品安全，提升产业链协同服务水平，促进生猪产业链的转型升级是未来发展的主要趋势。

‖ 做法与技术 ‖

山东华特希尔育种有限公司位于黄河三角洲的山东省无棣县境内，建设总投资 7 000.63 万元，总占地 157.8 亩，总建筑面积 17 984.8 m^2。公司拥有从美国 Whiteshire SPF 核心场引进的原种猪 1 129 头，现有基础母猪核心群 2 410 头，其中大白母猪 1 805 头、长白母猪 605 头。每年可向社会提供优秀种猪 20 000 余头。公司通过不断整合创新，优化产品结构，运用智能化管理模式，不断提升了猪场的生产安全性，降低了员工劳动强度，提高了生产效率，并且种猪生产和销售能力不断上升，成为全国最大的种猪生产企业之一。公司种猪超强的生产性能，以及向上下游产业链的延伸，带动了周边养殖户发家致富，同时辐射滨州市以及周边区域社会经济的发展，为当地百姓安居乐业、社会稳定提供了保障。

(1) 软硬件集成系统建设　运用大北农集团开发的自有智慧农业互联网软件系统，主要包含猪联网、视频监测系统、智能饲喂系统、数据质量监管以及办公 OA 系统等，生产监管方面使用的是国家育种的丰盾 IGPS 育种系统、手机 App 智能通、山东畜牧兽医综合监管服务平台和掌上牧云等。

建立猪场专属生猪养殖智慧系统，包括监管平台（PC 端）、手机客户端（App）以及相关的智能化设备等模块，实现多层级的数据交互、智能化的信息管理、可视化的场区掌控。

建立山东华特希尔育种有限公司（简称华特希尔）专属的猪场养殖智慧平台，包括智能饲喂、视频监测等数据可视化模块。实现养殖场内区域性视频监控，保证生产区域内生产过程可视化，大幅度提升猪场生物安全等级；实现现代猪场自动化饲喂效果，根据各阶段猪的生理特点和饲喂要求，进行精准化饲喂，同时提升料肉比，有效减少饲料浪费、发霉等问题。精准饲喂对于母猪的膘情调节、NPD、产仔率、健仔率、配种分娩率等核心指标有非常重要的作用。建设猪场生产管理平台，实现生产提示、生产计划、母猪管理、公猪管理、健康管理、物资管理、成本管理、智能报表分析等功能，贯穿生猪养殖过程中各环节，通过互联网连接形成闭环，构建智慧养猪生态圈，实现猪场养殖管理的标准化、流程化。为华特希尔各个猪场基地的经营数据和养殖数据进行资源整合，建设猪场大数据指挥决策系统，实现对企业经营数据、猪场数据的汇聚和标准化，充分发挥大数据的分析指导功能，深化大数据在生猪的生产、经营、管理和服务等方面的创新应用，为企业管理部门和猪场管理人员内提供更加完善的数据服务。

监管平台

(2)生产技术创新 公司拥有自主品牌"华特希尔"和"HTXR"，拥有 4 个实用新型专利和 2 个软件著作权。

秉承"远程化养猪、智能化管猪"的核心理念，为猪场提供系统、科学的智能猪场整体解决方案；同时，基于云计算、物联网、大数据、人工智能等技术，让猪场数据可视化展示，通过数据综合、全面地应用，实现更完备的信息化基础支撑、更透彻的生猪养殖信息感知、更集中的数据资源、更广泛的互联互通、更深入的智能控制，从而为养殖企业提供更加精准的经营决策与解决方案，赋能传统企业。

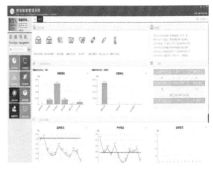

平台数据分界面

山东华特希尔育种有限公司智能猪场方案的实现依托于农信云计算后台的智能算法分析，以猪联网（ERP）+猪小智智能监管平台（AIoT）+养猪大脑（大数据服务）为载体，以提高生猪养殖的整体经营效率为目标，实现智能饲喂、智能监控、生猪追溯等核心功能，实现了猪场的整体功能集系统化、自动化、智能化、数据可视化等先进理念为一体，充分提升规模猪场的养殖管理运营效率。

手机客户端

农业上新的种养结合模式必将成为发展趋势。2018 年 3 月公司引进种植华中农业大学耐盐碱油菜，其消纳粪水的能力是小麦、玉米、高粱等作物的 3 倍，可以高效消纳猪场的粪水，同时耐盐碱油菜根部可以分泌一些有机酸很好地改良当地土壤的盐碱程度。2019—2020 年，公司与佘家镇政府积极对接，整合佘家镇自身优势资源，探索中草药种植项目，先后对接了金银花、皂角树种植等，皂角树属于种植低密度、低成本、高收入的项目，市场前景和经济收益非常可观，公司计划经过 1~2 年的摸索后大力拓展，带动周边百姓进行种植，不仅契合了国家大力倡导发展中医药的理念，而且使得区域内真正形成畜牧养殖和绿色种植的有机结合。

物联网设备

(3)运营模式创新 公司拥有完善的组织管理体系和模式。在管理上，依托大北农集团的管理优势和技术优势，内部生产运营等各环节均依托企联网，建成以互联网为工具、培训为手段、服务为内容、产品为载体、服务人才为主体的无处不到、无时不在的全新的知识型服务网络体系，切实实现高效互联的运行模式。公司以报国兴农、争创第一、共同发展为宗旨，通过充分信任、充分授权、自主创业的事业平台（事业共同体）和资质股份化（利益共同体）的经营理念，结成"事业财富共同体"，让更多的创业、事业伙伴一同参与并分享公司发展的成果，使人人都成为公司的股东，人人都在干事创业，极大鼓舞和调动了员工的工作积极性，激发起广大员工的工作热情和创业激情。

经验与成效

（1）**经济效益**　经过升级后，种猪和育肥猪的年出栏量比2019年提高了1倍，销售利润比2019年增加约70%，进而带动公司其他场区全面升级，实现了大部分场区智能化、信息化的应用，使公司整体生产规模提高了50%，利润增加了60%。

（2）**社会效益**　随着国内生猪产能的逐渐释放，生猪养殖行业也在快速扩大规模，因此，公司认识到行业性质的变化及市场规模的改变，不断优化产品结构，调整模式，在改换自身生产设备的同时，不断号召周边中小养殖户及准备新建的养殖场向规模化、自动化、规范化方向发展，不但自己新上马了畜牧设备加工生产线，还推荐给周边企业，使广大养殖户一改原来陈旧落后的生产设施，取而代之的是自动化的饲喂系统生产线、科学合理的栏舍设计以及技术先进、做工优良的辅助生产设施，使得广大养殖户由原来的粗放型管理慢慢向精细化、规模化转变，有效促进了以生猪产业为中心的上下游产业的有效融合，进而延伸产业链条。

撰稿：滨州市农业综合执法支队　　宋立莉
　　　山东华特希尔育种有限公司　　徐芳芳
　　　滨州市农业技术推广中心　　　尤全胜

湖北省武汉至为畜禽无害化处理监管平台案例

需求与目标

"至为畜禽无害化处理监管与养殖业保险联动平台"是畜牧主管部门、保险公司、无害化处理厂、养殖户共同建立的，由武汉至为科技有限公司（以下简称武汉至为）设计，将畜禽无害化处理与畜牧业保险两个难点结合，用数字化技术处理的解决方案，把病死畜禽无害化处理作为保险理赔的前置条件，使其紧密结合，达到"联动、精准、闭环、共享"。以技术手段跟踪病死畜禽无害化处理全过程，共享大数据平台信息，同步完成养殖保险、畜牧监管两个任务，形成了"业户参与、部门监管、保险联动、专业处理"四位一体的保处联动新模式。

做法与技术

武汉至为科技有限公司成立于2007年3月，坐落于武汉光谷，东湖高新技术开发区，是一家专业从事畜牧行业软件开发与实施的高科技公司。秉承"求是创新，不懈努力"的企业精神，凭借优秀的人才，过硬的技术，为全国诸多省、市、县级畜牧局提供了优质的整体信息化解决方案。多次参与农业农村部畜牧兽医局相关系统建设和运维工作，具有比较丰富的经验。正在投入建设、维护的项目有全国检疫电子出证交换系统、全国动物卫生监督报送系统、全国畜禽车辆备案系统"牧运通"、全国公路检查站检查系统、中南区生猪及产品运输全程监管系统、全国无害化处理监管系统、山东省智慧畜牧管理服务系统、湖北省智慧兽医监管服务平台等。武汉至为科技有限公司为湖北省软件协会会员、双软企业、软件外包服务企业，高新技术企业、东湖高新区 3551 人才企业，全国畜牧业协会信息分会理事单位，拥有员工 73 名。获得专利 30 余项、软件著作权 60 余项，通过 CMM3 国际软件开发能力成熟度模型认证。

（1）**软件系统建设** 基于 GIS 系统的养殖户信息档案管理。无害化处理的主体为养殖场户，为了更好地为养殖场户提供无害化服务，平台对养殖场户根据"农业部直连直报"系统进行编号，可将信息自动同步到"农业部直连直报"系统中，实现互联互通。

随着现在移动通信技术（4G）和地理科技（GIS）的发展，本平台充分考虑利用手机作为一个现代化的通信和工作工具的优势，通过手机或者 PDA 来加强无害化工作管理监控，提高监督人员和处理中心人员的工作效率。

基于区块链技术的保外联动机制。使用新的数据存储＋区块链技术，快速实现无害化信息监管和保险数据上链。除核心服务器外，根据实际业务需求在各省级畜牧兽医主管部门、大型畜禽养殖场、病死畜禽无害化处理企业、保险机构等设立区块链的节点服务器，实现源数据在多个关键主体中直接共享，确保无害化处理全过程的可追溯管理。

完善的报表汇总和大数据统计功能。提高了效率，保证了数据的准确、即时，并通过平台中的各项即时数据生成相关的统计报表。

（2）**运营模式创新** 高效闪赔。应用大数据＋区块链技术，确保了数据的真实可信，简化现场勘查和理赔手续，缩短了理赔时间，方便了农民理赔，提高了保险理赔工作效率。

提高保险效力。通过推进畜牧业保险工作开展，扩大了保险承保面、承保率，降低了畜禽养殖风险，维护了养殖户利益，提高了农民投保积极性，促进了畜牧产业的健康持续发展。

全程智能管理。通过推动监管规范化，使数据采集更为真实、过程监管更为严格、风险防范更加科学、数据分析更加到位。

协同出效益。通过集中无害化处理，解决了病死畜禽乱扔乱埋现象，降低了环境污染和疫病传播风险，保障了畜产品质量安全，促进"稳产保供"工作

GPS 定位功能

车辆轨迹生成

处理厂监管

病死猪平台拍照上传

监管平台

的开展。2020 年，仅湖北钟祥一地为例，参保生猪 127 万头，保费达到 6 000 万元以上，实现了规模化养殖场全覆盖。

经验与成效

（1）**经济效益**　该模式在湖北钟祥运行一年来已取得明显成效，保处联动平台彻底解决了钟祥市 3 756 家养猪场、867 家养鸡场的病死禽畜无害化处理难题，经受了严格的环保检查。也有效阻止了非洲猪瘟等疫情传播，稳定了生产。2020 年全市生猪出栏 127 万头，2020 年累计无害化处理病死生猪 16 万头，钟祥市中国人民财产保险、中华联合保险、太平保险 3 家保险公司 2020 年共实现保费 6 000 多万元，保险覆盖率提升到 50% 以上，赔付率降到 70% 以下。

（2）**社会效益**　"至为畜禽无害化处理监管与养殖业保险联动平台"应用现代电子政务管理思想和科技手段，按照"政府引导、市场运作、信息服务、智能管理"的思路，建设"保处联动"信息化平台，农业农村厅为主导，市、县农业农村部门配合，以养殖场户和无害化处理企业为主体，立足基层工作实际和保险理赔流程，提供实用、便捷、高效的信息化服务，深得基层使用者的好评。项目在服务中强化管理，有利于提高行政管理工作效率。项目通过大数据集成分析，有利于对动物防疫情况综合研判，为领导决策提供有力依据。

畜禽无害化处理监管大数据与养殖保险长效联动机制以无害化处理监管平台为纽带，以畜牧监管和养殖保险信息共享为手段，有效地保障了畜牧业的持续发展，形成了"业户参与、部门监管、保险联动、专业处理"四位一体的保处联动新模式。简化理赔流程，应用大数据互联网技术，简化现场勘查和理赔手续，缩短了理赔时间，方便了农民理赔，提高了保险理赔工作效率。增加经济收益，通过推进畜牧业保险工作开展，扩大了保险承保面、承保率，降低了畜禽养殖风险，维护了养殖户利益，农民投保的积极性高了，保险公司和无害处理厂利益可观了，可以说是三方共赢，促进了畜牧产业的健康持续发展。规范监管行为，通过推动监管规范化，使数据采集更为真实、过程监管更为严格、风险防范更加科学、数据分析更加到位。维护公共卫生安全，通过集中无害化处理，解决了病死畜禽乱扔乱埋现象，降低了环境污染和疫病传播风险，保障了畜产品质量安全，维护了社会稳定。

（3）**推广示范效益**　2019 年 10 月 18 日，湖北省农业农村厅主管领导在钟祥市牧原公司召开现场工作会，对畜禽无害化处理与保险联动作出部署，要求钟祥市（全省育肥猪保险试点 5 区之一）以牧原公司为突破口尽快推动畜牧兽医监管部门、保险机构、无害化处理厂的三方协议签订，细化生猪保险实施方案，切实将无害化处理数据应用到生猪承保、申保、查勘、理赔的各环节中来，作为湖北省保处联动火炬试点项目，先试先行，将保处联动的成熟经验快速推广到全省。发挥保处联动长效机制在养殖业可持续发展过程中的优势，为湖北省畜牧产业发展提供优质的金融服务，降低畜禽养殖风险，维护养殖户利益，稳定养殖业经营，促进畜牧产业的健康持续发展。"至为畜禽无害化处理监管与养殖业保险联动平台"用户覆盖 20 个省，600 多个县（市、区），全国用户超 700 家，居行业第 1 名。2019 年"基于移动互联网的至为畜禽无害化处理监管大数据平台"纳入中国畜牧业信息化"种子工程"方案库。

本项目在湖北省成功试行后，已在湖南、河南、山东、重庆、江西、广西、内蒙古、广东等 16 省成功应用。2021 年，农业农村部印发农牧便函〔2021〕125 号文件，在全国范围内推广本项目，并建设国家级无害化处理监管平台与保险联动平台。

撰稿：湖北省农业农村厅畜牧兽医处　武汉至为科技有限公司　张臻　何年华　易俊东　耿墨浓

湖南省怀化市辰溪县晨曦养殖基地案例

做法与技术

湖南晨曦牧业有限公司创建智能化、标准养殖场，项目包括生态养殖场、鱼田、果园建设。项目总占地面积约 300 亩，其中，生态养殖栏舍面积 15 000 m^2，鱼田面积 17 580 m^2，果园面积约为 82 058 m^2。

（1）**硬件设施建设** 湖南晨曦牧业建设按照美式工艺，引进全自动喂料、控温通风系统、智能恒温饮水槽、母猪智能繁殖猪舍，完全实现标准化养殖。同时，在养殖场旁建立果园及有机肥生产线，通过生物发酵，产生有机肥，惠及周边农户使用，形成"猪 + 有机肥 + 果"的种养循环生态圈。

占地面积 300 余亩，建设占地面积 15 000 m^2，建设标准为砖、混凝土及钢结构式，建成后具备智能自动化控温、通风、喂料的现代化猪场，猪场总投资 5 000 万元，其中，固定资产投资 3 327.82 万元，流动资产投资 1 893.28 万，猪场建成后将为当地猪肉消费提供有力保障，为当地脱贫攻坚作出巨大贡献。

| 智慧猪舍内景 | 智慧饲喂系统 | 监控设备 |

（2）**生产技术创新** 人畜分离：在总体布局上做到生产区与生活区分开、净道污道分开、正常猪与病猪分开，种猪与商品猪分开。

严格防疫：在建设中着力发展适度规模养殖户或联户建设养殖小区，并严格按照防疫要求进行修建。

科学规划：建设前由专业技术人员进行规划，并在专业技术人员指导下开展猪舍的建设工作。

圈舍建设：圈舍规模根据自身条件（经济条件、身体条件以及自身养殖基础）进行选择。

市场营销：一是整合现有营销队伍，在稳定县城销售网点的前提下，新开辟市内其他市场。二是采取"走出去"战略，加快公司产品外销步伐，力争 5 年内在建设成为大型企业，使公司产品外销份额占公司总销售量的 70% 以上。三是加快对外合作，推动公司实现对外贸易，计划用 5 年时间，实现外贸销售收入零的突破。四是强化公司营销队伍的建设，力争在 5 年内，公司专业营销队伍达到 20 人的规模。

经验与成效

（1）**经济效益** 园区采用"自繁自养"和"公司 + 农户"的两种生产模式，与农户建立紧密利益联结，公司每年安排周边 4 个村贫困户 330 余人就地转岗就业，每年为当地群众支付劳务费用 80 余万元，带动当地 360 多户发展产业，有力加速广大群众脱贫进程。带动生猪养殖、种植、渔业等高效产业发展，产业成型后，可观的产量可为交通运输业提供可观的经济效益。经初步估算，每年基地可为运输、餐饮等第三产业创造产值约 800 万元以上。

（2）**社会效益** 本项目实施后采用规模化养殖、标准化生产、商品化处理、品牌化销售、产业化经营的模式，有效拓展了生猪养殖的利润空间，实现增产增收的目的。项目实施不仅有利于带动周边生产方式的转变，保障生猪供给安全，还能提高生产效率和生产水平，改善和促进畜牧业结构的调整，增强全县畜牧业综合生产能力，推动当地现代农业生产的快速发展，为广大农民脱贫致富开辟了一条新的道路。

（3）生态效益 有效改善区域内农业发展，增加植被，使农业资源得到合理开发利用；标准化生产和管理可有效控制农业面源污染，为全县创建生态示范县作出贡献，促进农村和谐发展。

（4）推广示范效益 为现代农业提供示范引领。项目生产环节严格按照绿色食品生产技术标准，推广疫疾专业化防治，大面积采用物理生物方法防治疫疾、测土配方施肥等技术，降低化学投入品用量，强化质量检验、检测制度，树立牢固的质量第一的观念，能从源头对产品安全进行控制，提升产品质量安全水平，从而为全县农业现代化生产提供示范样板。

撰稿：湖南晨曦牧业有限公司　肖华

广东省中山市小榄镇三鸟市场光禽溯源案例

‖ 需求与目标 ‖

近年来，禽流感、禽类私自屠宰等引发了一系列公共卫生安全事件，带来了食品安全问题。特别是新冠疫情后，该问题更引起相关部门的关注。但由于华南地区市民消费习惯，冰鲜禽类推广受到一定的市场限制；另外，当前政府推广的"集中屠宰，新鲜上市"由于缺乏有效的光禽追踪溯源，给政府市场监管、市民放心消费带来极大难度。因此，如何利用当前物联网、大数据及区块链等信息技术，实现光禽屠宰及流通环节的追踪溯源，为广大消费者提供放心的畜禽产品，为政府监管部门和生产销售部门提供决策支持是本系统研发的主要目标。由于禽类附加值不高、数量庞大，因此其溯源体系一直是市场难点。尽管当前市场存在多种活禽或光禽溯源的一些尝试，例如给禽类养殖或销售过程套脚环等，但都存在追踪标志（脚环等）可以重复使用、难以解决冒用作假、过程监管难度大、难以有效提振消费者信心等问题。

‖ 做法与技术 ‖

实施案例单位以仲恺农业工程学院和广东省中山市小榄三鸟综合交易中心联合开发实施应用。以仲恺农业工程学院为技术支撑，以小榄三鸟综合交易中心实施应用为主。技术支撑实施以6个研发平台为主，即广东省高校智慧农业工程技术中心、广东省农产品安全大数据工程技术研究中心、广州市农产品质量安全溯源信息技术重点实验室、省级现代农业（农产品质量安全溯源）产业技术研发中心、智慧农业创新研究院（校级）。主要从事智慧农业、农业大数据、农产品质量安全溯源、区块链等方向理论研究与应用示范为主，共有研发人员30余人，研发占地超过3 000 m²，项目研究经费超过1 000万余元。小榄三鸟综合交易中心于2013年开业，位于中山市小榄镇，属于中山市"菜篮子"工程项目，主要经营管理禽类加工及销售相关业务，包括禽类销售；屠宰加工无害化处理；机器设备的销售、出租、维修、售后服务；市场管理服务等，市场占地约3万m²，共建有11座星棚，划分为超200卡商铺，建筑面积达2万m²，进驻商家超100家，主营活禽批发及禽类屠宰，年销售额超亿元。双方前期根据国家政策及市场需求，投入近200余万元，历时3年，开发及实施本应用案例。

屠宰市场（档口）通过光禽屠宰脚标机对每只光禽贴二维码脚标，系统同时自动采集光禽相关信息并关联标签中二维码，从而实现屠宰市场（档口）、市场销售的全程可追溯体系。"二维码"是该光禽的身份证，消费者通过手机扫描脚标二维码可查阅每只光禽的品名、原产地、屠宰市场（档口）、屠宰日期、检疫合格证明、去向市场、市场经营者等信息，以确保每只上市光禽信息真实可靠、屠宰流通环节透明、质量安全优质、监管部门便于监督，实现消费者放心购买，政府易于监管。系统可以对接养殖环节溯源体系，实现禽类全产业链的溯源。案例系统主要包括硬件部分及软件部分。

（1）**硬件设备建设** 光禽屠宰脚标机由机械部件、扫描模块及数据上传设备构成。机械部件实现脚标机贴标。相关信息由数据上传设备传送至云平台。

光禽贴标速度理论可以达到 3 s/ 只。其特点包括：采用北斗卫星定位模块及电子围栏设计，仅可以在指定合法地点使用；采用远程电子锁，仅授权人员可以打开设备；支持多种通信方式，包括有线网络、Wi-Fi、GPRS 等多种通信方式；支持特殊情况下离线工作及断点续传功能；采用防水设计，适应屠宰恶劣环境；屠宰畜禽自动计数；设备故障远程报警等。

光禽溯源标签由光禽屠宰贴标机贴于光禽脚部或脖子部位，实现光禽身份标识。标签中"二维码"可以实时获得这只"有身份的禽类"安全屠宰交易信息，甚至养殖、检疫信息。标签采用防水及食品安全级材料制成，根据禽类特点，标签可以适应贴至禽类脚部后脖子上，每张标签采用唯一二维码标识，标签采用特殊设计，一旦禽类消费后即会被撕毁，防止重复使用，标签赋予多重编码，实现防伪，消费者用微信扫描该标签后，可以查询到该屠宰相关信息。

（2）**软件系统建设** 针对光禽屠宰存在的问题和技术需求，在光禽屠宰脚标机、二维码溯源标签等硬件基础上，开发基于区块链、大数据分析决策等技术的光禽溯源系统，实现了光禽产品可信溯源和生产决策等功能。软件系统包括 Web 云服务平台和档口通 App 两部分用于系统相关信息设置、管理及订单式操作运行。

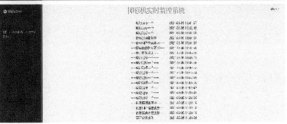

Web 系统部分界面

Web 系统部分界面

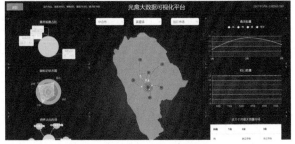

Web 系统部分界面

通过对接养殖环节、检疫、冷链物流等环节，系统以养殖信息、检疫、屠宰、物流等模块作为征信数据，通过在联盟链基础采用分布式账本＋数字通证方法融合获取处理，供消费者和监管部门查询以及产品身份码的获取。形成养殖链、供给链、加工链、销售链（含进出口贸易）、信誉链、监督链等6链有机融合的光禽质量安全供给服务体系。

消费者扫描后溯源信息界面　　光禽屠宰（档口）用户　　　光禽去向市场用户　　　光禽屠宰贴标机

（3）运营模式创新　　实施应用运营，由相关开发单位共同成立第三方公司中山食安云科技有限公司负责推广及运营。项目主要以各地活禽屠宰市场为主要实施推广应用单位。相关硬件设备以租或售卖方式进入活禽屠宰档口，其纸质标签由运营公司统一分发、管理和回收，以保证系统可信溯源。

系统优点：一禽一码一市场，追溯粒度细；通过智能合约、共识机制、溯源机制等区块链技术将养殖链、供给链、加工链、销售链（含进出口贸易）、信誉链、监督链等6链有机融合，实现家禽产品质量安全可信溯源应用创新；溯源信息全自动采集，避免人为信息输入带来的可信度不高问题；脚标机采用北斗卫星定位及电子围栏设计，仅在指定位置方可使用；纸质标签使用后即被撕毁，保证不可重复使用；关键环节信息采用区块链设计，防止信息篡改；可关联市县动物检验检疫部门系统，实现每只光禽同步自动生成电子检疫单（须得到有关部门同意开放相关系统端口）；无须额外包装，成本低；标签采用食品级材料，保障食品安全；适应当前市场屠宰方式，可推广性强。

经验与成效

项目历时3年多开发，已经在中山小榄镇三鸟市场开始应用推广，具有广阔应用前景。

（1）经济效益　　仅以珠三角地区为例，珠三角地区每10人每天消费1只禽类，2018年珠三角9市常住人口6 300.99万人，光禽消费量每天约630万只。仅以消费量1/3做测算，每只标签以0.15元计，年度产值可达1亿元。

（2）社会效益　　系统应用具有极大的社会效益。解决光禽流通环节溯源问题，对每只光禽赋予独立的身份信息，实现农贸市场及超市销售的每只光禽均有屠宰等信息。解决消费者最关心的食品安全问题。通过标签实现光禽合法身份，杜绝私宰肉、未经合法检疫等的肉类销售。辅助行业执法监管，杜绝消费欺诈。实行大数据管理，便于执法部门监督、执法，相关部门可以实时查看屠宰、销售数据，对屠宰、销售数据异常的市场、经营者精准执法，从而使有关部门降低食品安全监督、执法的难度、强度。助力实现广东省提出的家禽"集中屠宰、冷链运输、新鲜上市"目标。解决活禽交易屠宰带来疫病防控难度大，危害公共卫生安全问题。引导市民消费习惯，帮助活禽屠宰产业转型升级。

对农业信息化、数字化产生的促进作用，相关实践对智慧农业建设的参考具有借鉴意义。项目实施应用，在禽类加工及消费环节实现数字化典型应用。项目实施，以数字化手段，有效解决传统禽类销售数据难以精确统计、难以监管等难题。相关大数据积累与分析，对养殖企业养殖规划及市场推广具有很好的指导作用，对于政府部门，能准确进行交易市场、禽类屠宰及消费数据监管；对于屠宰及交易市场，能有效降低运营成本，提升管理效率。以数字化手段，倒逼禽类养殖、加工及消费端的转型升级。

撰稿：广州国家现代农业产业科技创新中心　　　陈婉姗　张兴龙
　　　仲恺农业工程学院　　　　　　　　　　　刘双印　冯大春　刘同来　郭建军　曹亮
　　　广东省农业科学院农业质量标准与监测技术研究所　丘广俊

广西壮族自治区南宁市武鸣区桑蚕示范基地案例

需求与目标

随着国家加快推进"一带一路"建设，进一步巩固扩大"东桑西移"成果，广西壮族自治区提出了以"立桑为业"为突破口，加快推进广西蚕桑产业优化升级、拓展转型，目前桑蚕生产过程中尚未统一标准化生产工艺流程，生产出来的原料也没有进行品牌化包装。在传统的桑蚕生产中，通常要面临片区分散、管理成本高、监督难度大等问题，并最终造成桑叶生产成本高、蚕种生产成本高、管理和运营效率低等现状，主要原因如下。

(1) 种桑是蚕种繁育的基础环节　需要根据每天各个蚕房蚕种繁育阶段和情况进行汇总统计后，再统一动态调配桑叶种植、喷药、采摘，整体协调和管理的效率不高，反应滞后，往往对蚕种生产繁育造成负面影响，运营效率低下，创新不够，偏离了现代化优质、高产、高效农业的发展方向，费工费力。

(2) 蚕房环境监控是蚕种繁育过程中的重要环节　蚕房蚕室的温度湿度将影响蚕种是否按照标准生产规范进行生长，蚕种繁育的每个阶段都会有对应的温度和湿度要求，如果出现失调将对正常生产造成巨大经济损失，对整体运营管理造成一系列联动影响。项目实施之前是采用人工统计的方式进行温度湿度核查和控制，费力费时，管理成本非常高，管理难度较大，管理效率较低。

(3) 病虫害防治是确保桑叶高产稳产的重要因素　农药喷洒"跑、滴、漏"现象严重，在病虫防治中，普遍加大剂量，甚至依赖化学农药防治，施药后残效期累计不成体系标准，导致时常出现蚕中毒的现象，给农业生态环境和蚕种生产繁育造成了一定影响。

因此，利用现代信息技术采集并分析桑蚕养殖过程中的各项生产数据，实现桑蚕养殖科学化、精细化管理，提高养殖效率，降低养殖风险，控制养殖成本的要求越来越迫切。

做法与技术

2016 年，广西壮族自治区农业信息中心落实专项资金 200 万元，以武鸣桑蚕示范基地建设为依托，以广西蚕业所基地现场需求为项目主导，搭建广西智能桑蚕养殖平台，为广西区蚕种繁殖行业提供信息监控和信息共享服务，实现桑蚕种养业结构的全面优化调整，促进区内桑蚕种养行业的信息化发展。推动现代信息技术特别是大数据技术在广西农业领域的应用，提升广西现代桑蚕养殖科技创新能力。武鸣繁育场占地 110 hm^2，是世界最大的桑蚕原种繁育场，拥有 500 多亩连片集中桑园，8 栋蚕房，96 个蚕室，是我国重要的集蚕业技术示范推广、蚕桑新品种新技术研究与开发、桑蚕良种繁育等为一体综合性蚕业机构。

(1) **硬件设施建设**　通过构建包含传感器、控制器、监控摄像头和 RFID 射频识别的无线传感网络，实现桑田生产环境的环境监测、蚕室环境的环境监测和自动控制、现场环境的远程视频监控、灌溉设备的远程控制和现场人员的指挥调度，构建连接桑蚕养殖生产现场一切要素的无线传感网络。

(2) **软件系统建设**　在武鸣繁育场建设了智能桑蚕养殖平台，系统结构自上而下共分为 4 层，即终端体验、信息系统、数据中心和生产现场。以云计算、大数据、物联网、现代通信技术为依托，立足广西桑蚕业，建立广西智能桑蚕养殖平台，采集并分析桑蚕养殖过程中的各项生产数据，实现桑蚕养殖科学化、精细化管理，提高养殖效率，降低养殖风险，控制养殖成本。平台实现跨组织、跨平台、跨网络的异构系统融合，构建运营指挥中心，根据不同使用场景，为不同人群提供跨个人电脑、平板电脑、智能手机、投影大屏"四屏合一"的使用体验。

桑地生产监控　　　　　　　　　　　蚕室生产监控

桑地标准化生产流程　　　　　　　　养蚕标准化生产

桑地生产运营分析　　　　　　　　　蚕室生产运营分析

信息系统包括物联网监控系统、标准化生产管理系统和生产运营分析系统。物联网监控系统实现通过统一的线上服务平台查看前端传感器集群、视频监控，控制前端各类设备并根据传感器参数形成逻辑控制回路，在根据预设的控制策略下实现精准的蚕室环境控制（恒温恒湿）；标准化生产管理系统实现基于桑蚕养殖工艺的标准化生产管理，自动地给生产人员推送任务并监控完成情况，降低人员技术差异性为桑蚕养殖质量带来的影响，为集约化、规模化、品牌化生产提供服务支撑；生产运营分析系统实现平台数据的整合后的集中展示，集生产运营于一体的数据分析统计，实现桑蚕养殖基地运营成本分析和决策建议。

组建私有云数据中心，包括公共数据库（数据仓库）和系统的数据库，实现数据存储、分析与数据挖掘功能。

平台架构

根据桑蚕养殖工艺的典型性和模式，分析和抽象一个相对稳定、一致的关系型数据结构，最大限度冗余差异性较大的异构数据类型，实现异构信息的集成、数据同步、数据交换、数据统一管理和发布。大数据分析框架提供异构环境下的工作流和表单服务，让异构数据在一定的工作流和模型下进行处理和挖掘。

(3) 生产技术创新 在物联网无线传感网络的基础上架设统一的大数据分析框架，构建私有云数据中心，建设以物联网监控系统为基础，针对桑树种植和蚕种繁育两大主要任务定制化研发标准化生产管理和生产运营分析系统：通过标准化生产管理系统一站式的服务提高管理和生产效率，实现生产规模化、集约化发展；通过生产运营分析系统统计和分析生产过程中投入产出情况和人力资源耗费情况，为蚕业基地的生产运营提供战略决策建议基础。

‖ 经验与成效 ‖

针对传统桑蚕养殖过程中的各项难点和问题，在广西区农业厅信息中心的总体规划和技术指导下，以蚕业技术推广总站的桑蚕良种繁育与试验示范基地现场需求为项目主导，依托广西农业物联网示范项目，定制研发广西智能桑蚕养殖平台，为广西区蚕种繁殖行业提供信息监控和信息共享服务，实现广西桑蚕繁育行业的集约化发展，促进行业经济的发展，壮大整体产业链，实现产业结构全面优化调整。

(1) 经济效益 节约桑叶种植和蚕种繁育成本、提升效率。首先从监控管理上入手，精准化桑地环境监控和蚕室温湿度监控，推行农业生产全过程化监控，提高农业生产组织化程度。通过物联网信息化技术手段将以前耗费大量人力物力完成的日常环境监测事务交给计算机系统平台来完成，完善桑叶种植和蚕种繁育生产监控，节约成本，提高效率，全面降低基地运营成本。案例项目的实施有效提高了广西桑蚕良种繁育与试验示范基地的信息化水平，通过物联网监测网络实现远程监控，将基地工作效率提高了50%以上；规范标准化蚕种生产流程，通过信息化手段监控生产过程，为基地节省了约15%的运营成本。

(2) 社会效益 规范生产过程，提高沟通效率。从标准化生产流程管理抓起，规范标准化蚕种生产流程，确保操作员按照生产规范进行投食、消毒等生产任务，通过信息化的手段监控农业生产过程，降低农业生产管理成本，提高管理和沟通效率。项目结合云计算、大数据、物联网、现代通信等新一代信息技术，最大限度地实现桑蚕种养信息化、标准化，促进广西蚕业持续健康稳定发展。

撰稿：广西壮族自治区农业信息中心　吴炳科　饶珠阳　黄腾仪　曾鑫滔

广西壮族自治区贵港市扬翔养猪基地案例

需求与目标

养猪业已进入全球化竞争格局。据统计，中国养殖业总产值每年约4万亿元，生猪养殖业约占中国食品生产总产值的30%，是国计民生的重要一环。中国还是养猪的第一大国，占全世界的50%以上。但是，由于国内养猪业技术含量相对落后，生产效率、养殖成本远落后于国际水平。随着消费互联网向产业互联网转型的趋势加剧，各行各业均被互联网颠覆和重塑，相继迎来了数字化转型，传统养殖业的数字化转型升级之路艰难而曲折，在养猪业尤为突出，这就为基于物联网技术的产业互联网与养猪业的结合提供了机遇和挑战。为解决国内养猪业效率低、成本高、风险高等行业痛点，广西扬翔股份有限公司（简称扬翔公司）开展了未来猪场智能平台（Future Pig Farms，FPF）的开发与示范应用。

做法与技术

公司成立于1998年，总部位于广西贵港市，是集"料、养、宰、商"于一体的产业互联网科技型农牧企业，业务涵盖生猪、饲料、猪精、智能养猪平台等领域。公司是农业产业化国家重点龙头企业、2020年中国养猪巨头10强。成立20多年来，扬翔公司始终秉承"科技改变养猪业"的理念，顺应新时代"互联网+"的发展趋势，扎根"三农"、服务"三农"，立足养猪业发展之根本，以科技为导向，以创新为驱动力，实现了从饲料生产到传统养猪、科学养猪、数据养猪再到互联网养猪的跨越。在业内率先总结出"基因遗传、精准营养、环境控制、生产管理、生物安全"五大低成本、高效率科学养猪关键要素，引领低成本养猪。2017年，公司成功探索实践集群式楼房智能化养猪模式，2018年研发推出FPF未来猪场互联网养猪平台，成功"把猪搬上互联网"。

（1）**硬件设备建设**　FPF智慧物联围绕猪只全生命周期，利用感知技术与智能装置，对猪场内环境、猪只个体、采食饮水等进行感知识别，通过网络计算传输至精喂坊、查情宝、多奶宝、精喂仪、调膘器等智能设备进行智能处理，实现人与设备、人与猪、设备与猪之间的信息交互及自动智能控制。FPF生产管理，包含企业运营平台、智慧养殖web、FPF App、FPF小程序，多端联动，实现企业养殖精准管理与控制、现场快速准确采集业务数据、系统查看企业经营效果。

现代养猪场

（2）**软件系统建设**　FPF未来猪场智能平台基于人工智能、基因科学、物联网、大数据等新兴信息技术与现代农牧产业相结合，将传统猪场的人、猪、物、场搬上互联网，实现生产数据精准采集、自动分析、整体研判、智慧赋能，最终实现生产过程的智能化管理，为从农场到餐桌的料养宰商一体化产业链提供智能整体解决方案和服务，推动农牧产业链的数字化、智能化转型升级。

该平台系统包括FPF智能引擎、FPF智慧物联和FPF生产管理。FPF智能引擎，将养殖生产中基因、营养、环控、生物安全、生产管理五大业务板块最精细化、最标准化的做法整合到智能引擎中，

智能喂食设备

实现养殖生产的自动化、智能化，让不具备专业养殖知识的人也能去养猪、养好猪。

（3）**生产技术创新** 以扬翔亚计山集群式楼房猪场应用为例，亚计山楼房猪场单层管理 1 200 头母猪的人员编制已由原有的 20 人缩减为 5 人编制，人员规模减小 75%，降低了用人成本。猪场以前通过人工查情，受孕率为 92%，使用 FPF 查情器之后，对 1631 头断奶母猪进行鉴定发情对比试验，最终受孕率达 97.9%，比人工查情提高了 5.9%；用智能查情代替人工查情，不仅极大提高了母猪配准率，从根本上提高猪场生产效率，还能避免人猪接触，减少母猪应激反应，降低传染疾病的风险。

‖ **经验与成效** ‖

（1）**经济效益** 目前，该平台主要在扬翔公司内部推广应用。扬翔公司下属共有 192 个猪场（生产线）上线 FPF 未来猪场智能平台，提升养猪效率，降低成本。经测算，FPF 未来猪场智能平台可以通过降本增效帮助每头母猪综合增加利润 1 281 元。另外，在数据采集、整理、分析、挖掘、展现、应用、服务等环节形成多个亮点：一是实现了 IOT 设备的数据自动采集上传，避免人工录入易错漏的问题。二是数据在云端能够实时分析并形成决策，实时下发终端。三是通过云端算法和数据服务，用户能够用一个终端应用统揽全局。

（2）**推广示范效益** FPF 未来猪场智能平台为提升生猪养殖行业的竞争力提供基础技术支撑平台，对实现信息化、智能化、自动化、高机械化设施设备与生猪养殖生产深度融合，有效解决了传统养殖方式存在用地、生产管理、成本、生物安全防控等多种弊端和问题，在行业中具有引领和示范作用，有利于促进养殖业的转型升级。FPF 未来猪场智能平台的算法将颠覆养猪业现有的生产模式，驱动我国乃至世界养猪业迈向数字化和智能转型升级，降低生猪出栏成本，推动世界养猪业持续健康发展。

撰稿：广西壮族自治区农业信息中心 广西扬翔股份有限公司 廖勇 汤姣姣

重庆市荣昌区国家生猪大数据中心养殖基地案例

‖ **需求与目标** ‖

国家生猪大数据中心是农业农村部 2019 年 4 月批准建设的全国首个、目前唯一的畜牧单品种国家级大数据服务平台，致力于生猪产业数据化、数据产业化，立足重庆，服务全国，推动我国生猪产业和畜牧业健康可持续发展，推动我国生猪大国向生猪强国迈进。

‖ **做法与技术** ‖

国家生猪大数据中心成立以来，在生猪智慧养殖上，以重庆市荣昌区智慧畜禽养殖（生猪）试点区建设项目为契机，重点从以下 3 个方面发力：一是重庆市荣昌区智慧畜牧综合服务平台建设，包括 9 个系统（平台），分别为智慧养殖管理系统、畜禽粪污资源化利用系统、猪肉溯源大数据平台、畜牧兽医区域化服务系统、畜牧大数据应用平台、畜牧大数据模型算法平台、畜牧数据资源库、畜牧大数据资源管理平台、畜牧大数据共享交换平台。二是 9 个智慧养殖（生猪）示范场建设，主要建设智能化相关设备，涉及智能环控、精准饲喂、健康识别和数字屠宰。三是建设完成后形成一套智慧生猪养殖生产规程和模式。

（1）**硬件设施建设**　试点建设 9 个智慧养殖（生猪）示范场。主要涉及智能环控、精准饲喂、健康识别和数字屠宰等智能化相关设备。

（2）**软件系统建设**　开发生猪产业数字监管平台"荣易管"。以打造非洲猪瘟防控与监测"荣昌模式"，打通政府服务"最后一公里"为目标。国家级生猪大数据中心以生猪产业的难点、盲点为导向，对行业高效监管、决策者有效调控市场、防止生猪疫病传播、保障食品安全产生重要影响，运用大数据技术精准施策，成功研发集生猪养殖、贩运、屠宰、销售于一体的生猪产业链数字监管平台（即称"荣易管"）。一是助行业精准监管，实现生猪养殖、贩运、屠宰环节的全程精细化、数字化监管，提高政府生猪市场调控和动物疫病防控能力。二是助猪肉食品安全，形成生猪养殖、销售、贩运、屠宰环环相扣的信息链条，有效防范不法分子违规开具检疫证明、违规调运生猪等问题。三是助生猪产业提档升级，构建起多层次的生猪质量标准体系，实现不同规模、不同模式的生猪养殖品牌化、差异化发展，最终实现生猪产业的整体提档升级。

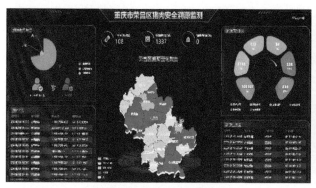

荣昌区猪肉安全溯源监测

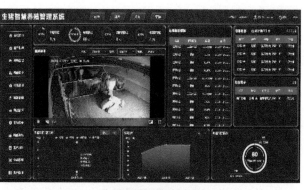

生猪智慧养殖系统

全生命周期溯源

粪污资源化利用

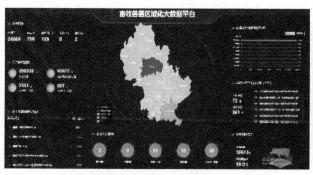

畜牧兽医区域化大数据平台

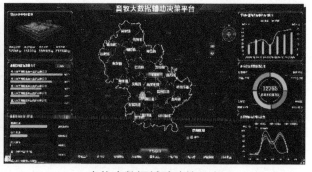

畜牧大数据辅助决策平台

搭建生猪智能养殖平台"荣易养"。以降低养殖户养殖成本和养殖风险，保障养殖户持续增收为导向，不断探索大中小型养殖场生猪智能化养殖新模式，为大中小型养殖户提供智能化解决方案，搭建起生猪智能化养殖平台"荣易养",即养殖投入品及生产管理系统。主要通过"企业+农户+扶贫+集体经济+科研+智慧养殖"的一体化模式,赋予示范场精准饲喂、智能环控、物联网5G、智能管控等数字化设备,逐步形成生猪养殖"喝糊糊、饮温水、睡温床、享空调、全可视、智能管"的荣昌生猪养殖示范,旨在适时监控查看生猪活动行径、降低养殖成本、提高养殖效率、减少死亡风险。

开设生猪线上交易平台"荣易卖"。以有效解决生猪养殖户销路问题和采购户采购问题,提供生猪价格"晴雨表",促进生猪市场"稳供保价"为方向。

(3)**金融模式创新** 开设生猪金融服务平台"荣易贷"。通过生猪大数据实现数字资本化,切实解决生猪产业上下游企业"融资难、融资贵"问题,为生产"赋能"。在精准掌握生猪全行业、全链条监管数据和市场数据的情形下,国家级生猪大数据中心利用庞大的数据库,会同大型国有银行和城商行,创新开发生猪交易系统、结算系统以及生猪金融产品,拓展"生猪大数据+"新业态,为生猪全产业链用户提供贴心、专业、高效的数据查询、数据保险及数据金融服务。一是生猪大数据+金融,与中国农业银行、重庆银行、重庆三峡银行、哈尔滨银行等金融机构合作开发的"猪e贷""猪易贷""生猪贷"等系列金融产品,解决养殖户及饲料兽药生产企业的生产扩能和生产要素购买等问题,也有效缓解生猪贩运户资金周转困难等问题。二是生猪大数据+保险,与中华联合保险共同开发的生猪保险和病死猪无害化联动处理模式,受到基层广泛好评。

经验与成效

(1)**经济效益** 一是培育新动能,推进智慧农业创新发展,形成数字经济条件下的新型实体经济形态。二是提供普惠公共服务,实现区域产业链优化,为企业和政府提供了生猪产业的成本低、覆盖广、效率高的流通渠道,降低流通成本。三是提高供给质量,实现降本增效,推广生产智能化,建设智慧养殖场,提高养猪场生产效率,减少人畜接触,降低猪只疫病风险和应激风险。

(2)**社会效益** 一是增加行业竞争力,促进企业数字化转型升级,养猪企业数字化技术实现精准养殖,同时也将刺激数字养猪场大面积的兴起。二是流程可视化,猪肉信息可溯源,产品安全可保障。三是建立涉及生猪全产业链的行业大数据平台,提供生产建议,稳定猪肉价格,实现以销定产,帮助养猪企业理性生产,以此稳定猪价。

(3)**推广示范效益** 形成一批"引领性、示范性"智慧养殖模式。通过9个智慧养殖生猪示范场的建设,形成适应不同主体的"引领性、示范性"智慧养殖新模式。一是"楼宇式生猪一体化"智慧养殖模式,以天兆公司双河楼房养殖场为试点进行探索,同华为合作,形成"楼房一体化"智慧养殖模式。二是"地方品种保护溯源"智慧养殖模式,以琪泰佳牧远觉育肥场为试点,引入生猪智能化液态饲喂系统,形成地方猪种保护与先进饲喂系统相结合,加持溯源、品牌的智慧养殖模式。三是"乡村振兴脱贫巩固"智慧养殖模式,以吴家代兴畜牧、峰高艾迪食品、盘龙禾众农业、双河康庄农业等5个集体经济中小型猪场为试点,形成集体经济、个体养殖场的智慧养殖模式。四是"科学研究与品种开发"智慧养殖模式,利用重庆市市畜科院的九峰山科研基地资源,通过与院SPF科研基地的深入合作,形成科研型生猪的智慧养殖模式。五是"屠宰企业生产数字一体化"智慧模式,在双河昌大食品屠宰场试点,探索屠宰环节的智能化实施途径,进行生猪屠宰数字化建设。

打造一系列"可复制、可推广"综合服务平台。一是打造"荣易养"智慧养殖管理系统。利用各种传感器、信息化环境监测、养殖环境控制等技术,集成对生猪个体识别、环境信息智能感知,实现养殖场智慧管理,形成数字化养殖数据库,利用数据库对比分析、整理挖掘实现猪场更加智能管理。二是打造"荣易管""荣易医"畜牧兽医区域化服务系统。"生猪数字监管平台"（荣易管）成功上线以来，联动荣昌区 21 个基层畜牧服务中心，全面核查全区 15 000 余户生猪养殖户、212 名动物防疫和检疫人员、210 个生猪贩运主体和 16 家屠宰企业信息，已实现 18.5 万头生猪养殖、贩运、屠宰"一网式"实时监管，产生生猪购销、调运记录 4 200 余条。三是打造"荣易买"猪肉溯源大数据平台。基于物联网和区块链技术，依托电子签章，开发猪肉食品溯源系统平台，让老百姓吃上放心肉。平台开发后将率先在琪金荣昌猪进行试用。四是打造"荣易净"畜禽粪污资源化利用系统。畜禽粪污资源化利用整县推进项目打下的良好基础，将养殖、粪污生产、粪污转运、粪污利用、种植户管理等环节链接，实现生猪养殖场废弃物处理业务管理可视化，构建土地承载能力和土壤状况预警模型。该系统对养殖环保、粪污利用具有积极作用。

撰稿：重庆（荣昌）生猪大数据中心 钟绍智 秦友平

四川省绵阳市三台县铁骑力士养殖基地案例

需求与目标

生猪养殖是畜禽养殖的重要组成部分，现代生猪养殖产业目前正在向规模化、集约化快速发展，但我国生猪养殖企业在产业化水平、养殖关键指标、养殖核心技术手段及生产流程管理等方面均还存在严重不足，目前仍以人员经验生产为主，缺乏量化管理方法和配套集成技术，养殖装备科技含量低，劳动强度大，人均效率低，智能化水平严重滞后，导致养殖成本高，效益低，较国际行业先进水平，还存在较大差距。因此，四川铁骑力士集团生猪智慧养殖试点示范建设通过依靠数字化、智能化等农业科技手段，大力推动养殖业快速完成转型与升级，利用物联网、AI 图像分析等新一代信息技术，实现生猪养殖的自动化、精准化、无害化、智能化生产与经营，切实降低劳动力成本，提高生猪养殖水平。

做法与技术

四川铁骑力士集团创建于 1992 年，在全国建有 150 余家分（子）公司，饲料年生产能力 400 万 t，蛋鸡养殖规模 1 300 万只，每年可提供优质商品仔猪 300 万头，拥有国家首批生猪核心育种场。

（1）**硬件设备建设** 四川铁骑力士集团生猪智慧养殖试点示范建设项目总投资达 1 800 万元，主要建设完成基于个体识别的数字化生产过程管理、智能繁育系统、环境智能监控系统、精准饲喂管理系统、网上展示与交易中心、疾病智能防控系统和大数据管理平台，共购置软硬件设备 208 台（套）。

环控数据采集监测系统：利用物联网传感器技术，实现养殖生产环境的实时在线监测，通过采集温度、湿度、CO_2 浓度、NH_3 浓度、光照等关键环境参数，实时反馈到本地风机、风窗、湿帘等设备控制系统，实时智能调控养殖生产环境为最佳状态，从而减少猪群发病概率、提升料比转化率，降低饲养成本。同时，通过物联网系统将采集到的环境参数和设备状态信息上传到云端数据中心进行存储和展示，并配置环境参数预警阈值和策略，实现参数异常自动预警，降低环境超标带来的风险。

饲喂数据采集监测系统：通过安装饲料自动化输送料线和料塔称重传感器，实时采集饲料存储料塔的重量，并根据猪群营养需求，配置每天自动下料策略，实现按时、按量地自动化精准投料，从而实现猪群的精准化饲喂。同时，系统会自动统计料塔每餐和每天的耗料情况，实现缺料和饲喂超标的自动预警。

能耗数据采集和监测系统：通过在每栋养殖圈舍安装物联网智能电表、流量计、水压监测传感器等物联网设备，将每栋圈舍的实时水压、电压、功率等参数和水电消耗数据上传到物联网平台，对能源数据进行实时监测和异常预警的同时，比较每个生产单元的耗用情况，及时发现能耗超标问题，减少能耗浪费。

智慧生产管理系统

实时视频查看环控数据

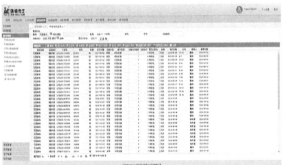

远程控制物联网平台

养殖数据采集设备

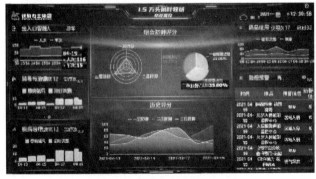

养殖大数据综合分析平台

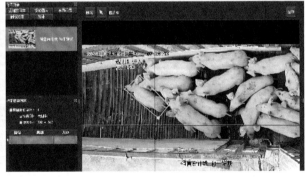

AI 分析平台

(2)**软件系统建设** 四川铁骑力士集团生猪智慧养殖试点示范建设通过移动端 RFID 识别应用技术、SaaS 软件编码技术、AI 图像识别技术、TCP/IP 网络通信技术、服务器虚拟化技术、物联网通信集成技术等现代信息化技术，围绕智慧生产管理系统、养殖数据采集、远程控制物联网平台、基于音视频监控 AI 分析平台、养殖大数据综合分析平台等现代数字化农业建设内容，实现生猪养殖的自动化、精准化、无害化、智能化生产与经营，切实降低劳动力成本，提高生猪养殖水平。

建设基于种猪个体、栏号的智慧生产管理系统：系统利用 RFID 电子耳标系统，并研发云端+移动端生产管理 App 软件，实现种猪个体的自动识别，建立种猪生产信息档案，实时准确录入种猪生产状态和生产成绩，实现种猪繁育过程的全程监控。根据标准生产流程，实现生产任务的自动提醒，生产指标的实时分析等功能。同时，结合二维码栏位管理信息，实现种猪个体的快速定位，并快速完成生产任务执行和生产指标参数的优化操作。从而提高管理的及时性、精细度，最终提升整体生产成绩和指标。

建设基于音视频监控 AI 分析平台：本系统是通过安装音视频监控摄像机，利用网络将各种生产现场的实时图像传输到后端监控中心，实现远程监控的同时，在监控中心建立 AI 算法训练平台，对图像中的关键信息进行多次标记，形成算法识别标准模型，再将算法模型部署于前端监控设备，实现设备基于标准应用模型的智能识别和预警。目前已经形成的算法模型包括入场工作服识别、物品消毒时长识别、猪只计数识别、入侵侦测识别等。

建设养殖大数据综合分析平台：建立数据仓库，将前端采集到各种环境数据、饲喂数据、能耗数据等物联网数据进行数据清洗和筛选，实现数据标准化管理，将生产指标数据、成本数据与物联网数据进行有效融合，构建数据相关性分析模型。通过综合分析，找出环境、饲喂、能耗等物联网相关数据对生产指标、生产成本、疫情防控等生产要素的影响，从而发现生产现场存在的问题，加强智能化管控力度。

‖ 经验与成效 ‖

四川铁骑力士集团生猪智慧养殖试点示范建设通过利用物联网、软件编码、智能终端等信息技术，提升养殖企业在生产管理中的便捷性、及时性和准确性。在减少人员劳动量的同时，提高管理维度和精细度，实现数字化、指标化、标准化、智能化的管理，从而提升整体管理水平，最终带来效益的提升，实现应用价值。

(1)**经济效益**　通过精准的个体管理、环境监测与控制、疫病智能防控、精准饲喂管理和智能繁育等系统的深入应用，探索形成三台生猪智慧养殖综合解决方案和产业化模式，智慧猪场较传统养殖模式每年降低生产成本 690 万元，增收 380 万元，实现节本增效 1 070 万元，并提高关键生产指标，经济效益显著。从收入增加方面，通过精准的个体管理及智能化繁育系统可提高种猪场 PSY 指标 6%，即每年多提供断奶仔猪 2 万头，增收经济效益 380 万元。从成本降低来看，该项目从饲料、疫苗、药品等主要原材料以及人工成本的降低对能源消耗等方面实现每年降低生产成本 690 万元。

(2)**社会效益**　通过养殖大数据综合分析平台，采集到各种环境数据、饲喂数据、能耗数据等物联网数据，实现数据标准化管理将生产指标数据、成本数据与物联网数据有效融合，构建数据相关性分析模型。通过采用"1211"生猪代养模式，直接带动 2 000 多户农户从事标准化生猪生产，提升商品仔猪出栏量，降低猪场常见疾病，实现农民脱贫增收。

(3)**推广示范效益**　通过四川铁骑力士集团生猪智慧养殖试点示范建设，建立生猪养殖、屠宰、物流、交易各个环节信息追溯链条，为政府部门提供了生猪产业质量安全监管服务，为企业提供了质量追溯管理服务，为消费者提供产品追溯服务，实现生猪产品标准化、标识化、身份化的市场需求，从而保障猪肉的质量安全，提升了农产品的科技含量，增加了农产品的附加值。

生猪智慧养殖试点示范建设对生猪的生产繁育指标提升具有明显提升，在目前猪价居高、产能不足的情况下，项目具备良好的推广应用价值，可对整个生猪养殖行业起到良好示范和带动作用，从而提升全国生猪养殖水平。依托三台智慧农业示范园区项目建设，将继续围绕生猪智慧养殖试点示范建设，进一步完善生猪全产业链和一二三产业深度融合发展的智慧农业园区，使其成为国家现代农业标杆。

撰稿：四川省农业农村厅信息中心　四川铁骑力士食品有限责任公司　陈挚　雷博　王森　杨松

四川省遂宁市经济技术开发区齐全养殖基地案例

需求与目标

以无抗生猪养殖为基础，安全溯源为宗旨，循环发展为支撑，产业融合为目标，采用智能化设备，通过智能化管理系统实现精准化养殖、科学化管理、可视化运营，通过大数据分析、互联网、人工智能等前沿技术的综合运用，在生猪生产统计、生猪健康数据、生猪产量预估、经营主体统计、经营主体监管、投入品监管等产业全流程实现数字化、可视化、智能化，全力打造当地数字农业的标杆，为当地数字农业建设发展赋能，为当地实现农业增产、农民增收目标贡献企业力量，助推乡村产业振兴。

做法与技术

齐全农牧集团股份有限公司成立于 1994 年，位于遂宁市经济技术开发区，共计 11 个全资子公司、2 个控股子公司及 1 个二级全资控股子公司，是集生产经营兽药、饲料、生猪养殖为一体的大型民营企业，属国家重点龙头企业和国家扶贫龙头企业。

为提高企业核心竞争力，集团于 2016 年成立了齐全研究院，下属生猪无抗养殖工程技术研究中心、种猪繁殖与选育研究中心、饲料营养分析研究中心、青花椒种植及加工技术研究中心、人才培训中心 5 个中心。成立以来，制定了无抗生猪养殖企业标准，并于 2017 年获得四川省科技厅批准成立四川省唯一的生猪无抗养殖工程技术研究中心。现已筛选出饲料优质配方 38 个，种植青花椒上万亩，培训人才 500 余人次，取得各种专利技术 80 余项。2019 年 3 月成功与英国猪业协会达成共识，与英国 DP 公司签订了 3 年技术合作协议，引进英国冻精配种技术，进行联合育种攻关，培育出更高产更优质的种猪。与北京农信互联公司合作，用互联网、物联网、大数据、人工智能等技术服务于企业生产经营管理。与丹麦丹育公司、中国农业科学院合作共同设计建设智能化全生态立体式楼房养猪场。

(1) **硬件设备建设** 齐全智能化立体式种猪繁育场内每两层猪舍共用一层的料塔存放区，分别由主料线从料塔把饲料送到每层猪舍内，再由支料线接力完成送料。料塔配备称重系统可远程监控料塔的存料及每天的用量情况，配称重系统后，可直观了解料塔的存量，从而确定为料塔供料的时机。称重数据可以通控制器上传到物联网远程查看。

节水系统主要是由饮水盘、饮水杆、智能水位控制器组成，上面连接水位控制器，经测试，每头种猪日耗水量 15 L（夏天更多），仔猪耗水量 5 L。齐全智能化全生态立体式种猪繁育场存栏母猪 8 000 头，年出栏仔猪 20 000 头，若不安装节水系统，则一天用水近 160 t，安装节水系统后，每头种猪日耗水量下降至 9.75 L，仔猪耗水量 2 L，节水 37.5%。

(2) **软件系统建设** 精准饲喂系统：通过农芯 Loki 算法引擎，制定精准饲喂曲线与采食计划，指导智能饲喂器，开启分餐模式、智能饮水、按阶段饲喂等功能，实现精准下料与数据采集。通过 AI 估重与采食数据计算肥猪料肉比，寻找最佳绩效；根据母猪不同背膘数据，提高猪只采食适口性和饲料最大利用率，实现母猪精准调膘。自动饲喂功能从水料比分析、水料比调节、料水混合、喂料等环节上实现了自动化，同时也满足了适用性的需求。智能饲喂器通过无线与猪小智 App 相连接，猪场养殖人员可通过猪小智 App 或猪小智监管平台远程查看猪只进食情况等相关信息，当猪只饲喂设备出现异常或猪只采食出现异常时做出异常报警提示。

智能环控系统：通过传感器对猪舍的温度、湿度、光照、NH_3 浓度、CO_2 浓度等环境指标进行监测，

立体猪场大楼

猪场监测总画面

平台实时监控

手机实时监控

料线

控制器

进料器

自动加药

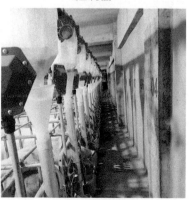

自动饲喂系统

通过机房本地电脑查看监控数据，也可通过手机、电脑，远程监测各个猪舍的监测数据。通过结合业务联动、风速调控、环境数据、业务预警、恒温控制等多种算法，根据栋舍环控曲线，下发控制指令，调控风机、水帘等设备，多维度调控智造舒适环境，为猪只打造健康舒适的环境。

智能盘估系统：在生猪养殖场中通过人工巡检得出猪只数量，称重更是需要将猪赶到地磅上，容易使猪只产生应激反应，影响其情绪、采食，从而影响其成长，且人工称重效率低下。通过非接触式摄像的方式得出的数据，将猪只影像数据传到硬盘录像机并传输到智慧引擎运算服务器，可以实时显示、分析数据，避免了人为因素的影响，保证了数据的实时性和真实性。

生产管理系统：采用智能终端（智能背膘、智能B超、耳标阅读器、智能卡钳等）对猪场生产数据进行采集、任务派发和执行、事件预警和处理、场内巡检与通信、设备监测与管理等，实现猪场日常生产的全流程管理，有效提升猪场管理水平，精细管猪，精准执行，为生产管理提效赋能。通过智能终端对生产数据进行采集、任务派发与执行，设备实时监控猪场生产数据，结合业务联动、场内巡检与通信、巡检预警，在事件异常之后，通过猪小智App推送、猪小智监管大屏滚动提醒、手机电话提醒、手机短信提醒，多种提醒方案给到猪场。并且对应的预警数据可生成单据任务，推送对应处理人员进行处理，场内生产数据只需要通过猪小智App便可猪场生产全知道，员工只需要过手机就可以监测整个猪场、处理整个猪场猪只的生产事件，并且可线上监测猪场的设备情况，既省心又省力。

经验与成效

（1）**经济效益**　齐全智能生态立体猪场现存栏父母代种母猪 8 000 头，父母代种公猪 60 头，年可提供优质仔猪 20 万头。项目对比传统养殖场节约用地面积 90%，节约用水 70%，节约人工 60%，提高了产能，产生的废弃物、粪污均按照最新技术处理，较传统模式更加环保。

（2）**社会效益**　智能生态立体猪场目前自养年出栏育肥猪 10 万头，可向船山区养殖户提供 10 万头优质仔猪，新增带动 100 余户贫困农户参与齐全公司"四六开"零风险养殖新模式养殖，取得了良好的社会效益。

撰稿：四川省农业农村厅信息中心　四川省遂宁市农业农村局　刘娜　张增恩

甘肃省中盛养殖基地案例

需求与目标

在全国脱贫攻坚战和农业农村部大力推进质量兴牧、绿色兴牧，全面提升畜牧业质量效益竞争力的大背景下，依托区位资源优势和当地政府的大力支持，为实现农业现代化和建设智慧农业，自主研发了智羊管理系统、全封闭式智能化饲喂系统，搭建了大数据监管平台和数字化管理体系。

做法与技术

甘肃中盛农牧集团有限公司是专门从事肉羊产业开发、探索构建现代肉羊产业体系的农业企业。经过多年的摸索实践，建成了集"饲草种植、饲料加工、种羊繁育、肉羊养殖、定点屠宰、精深加工、冷链物流、科研检测及终端销售"为一体的现代肉羊全产业链。旗下有全资、合资子公司 9 家，其中省级农业产业化重点龙头企业 5 家、市级 4 家。设立培训学校 1 处，分校 3 处。公司现有万只种羊繁育场 15 个，托管经营千只湖羊示范场 211 个、20 万只育肥场 1 个，存栏羊只 42 万只，年良种供应能力 23 万只、育肥能力 40 万只，建成 12 万 t 反刍动物饲料厂 1 处，建成 100 万只肉羊屠宰加工生产线 2 条、15 万只烫毛羊生产线 1 条，年屠宰肉羊 30 万只，是百胜中国、香港华润的长期供货商。帮扶"331+"合作社 230 个，带动养殖大户 2 万户，带动贫困户 3.3 万户，其中 22 270 户已实现脱贫，年预计分红 3 930 万元，已累计分红 2 804 万元，提供就业岗位近 1 500 个。通过饲草订单种植，年带动 10 万多农户种植紫花苜蓿、甜高粱、玉米 30 万亩。2016 年，秉承"鸡产业起步，羊产业做大"的发展思路，在庆阳市启动了 1 000 万只肉羊产业化项目。2019 年，在陕西省榆林市启动了 1 000 万只肉羊全产业链项目。为推进肉羊产业转型升级，增强羊肉产品稳产保供能力和有效提升肉羊产业发展质量和效益，公司运用互联网理念和信息化技术，组建科研团队，以肉羊产业为核心，实现了"草、羊、肥、果、饲"产业间横向一体化有机融合和一二三产业间纵向一体化协调发展的智慧农业体系建设。

（1）**软硬件集成系统建设**　在生产管理方面，采用软件、物联网、大数据、互联网等为技术支撑，促进上下游产业链资源整合，以现代化规模羊场的高效生产技术和科学管理研究为基础，推行肉羊集约化养殖的大型智能云服务平台和大数据中心。自主研发了"中盛智羊管理系统"，集生产管理、物料管理、生物安全管理、成本管理、档案管理及数据分析为一体，实时监管羊场生产管理情况，从根本上解决了生产数据记录不准确、不及时、不完整的问题，保证每只羊都能追溯到从出生到死亡的完整系谱档案、生长情况、健康情况、生活轨迹等信息，为中盛农牧集团种羊选育和培育提供安全可靠的数据，也为牧场养殖水平的提升提供专业的技术分析和指导。

在生产经营方面，自主研发了全封闭式智能化饲喂系统，应用全自动供料系统、环境控制系统、全自动消毒系统、全自动报警系统等实现了饲喂、环控、消毒及清粪等生产环节自动化及智能化。通过与科研院所合作，转化科研成果，充分发挥精准营养以及预防为主的指导理念，使育肥生产的料肉比、育肥周期、死淘率、人力成本等大幅较低，并首次独创了肉羊育肥生产新模式。

在大数据监管方面，使用远程监管技术，对质量追溯管控、远程指挥调度、价格信息发布、生产成本控制、工作督查指导、合作社规范管理、羊产业发展成果展示等方面，实时对肉羊产业重点环节的全方位监管。

在数字化办公方面，搭建了统一协作的多端办公平台，实现了集团及其分子公司多组织在线、高效协同的办公系统，实现了统一财务核算、统一供应链管理及财务业务一体化的 ERP 系统管理。

在科技研发方面，与中国农业科学院北京畜牧研究所开展技术合作，实施"湖羊全基因组选育"，组建了湖羊育种核心群 4 000 只，构建了适用于湖羊基因组选择的参考群体，研发出了拥有自主知识产权的肉羊育种芯片，通过肉羊全基因组选择和湖羊新品系选育，构建了肉羊育繁推一体化的商业化育种模式。同时，与波杜、农博力尔等多家科研院所及企业建立紧密的合作关系，立足当地种植的陇东紫花苜蓿、青贮玉米、玉米、豆粕等饲草资源，开展肉羊不同阶段营养需要量及高效饲喂试验研究，并成立了饲草料检测实验室，一方面检测购入饲草料营养成分是否达标，确保购入的饲草料质量安全合格，另一方面定期对羊只所采食的饲料、TMR 日粮等进行检测，通过测定分析日粮及饲料原料营养成分，探索湖羊不同发育阶段的最适日粮需要及最佳饲料配方，为湖羊的营养需求提供必要的保障。积极探索中草药添加剂、酶制剂、生物肽制剂在肉羊生产中促进生长和提高成活率抗病力的应用。

20 万只全封闭式育肥场　　国家肉羊生产性能测定站　　全封闭式智能化饲喂系统

  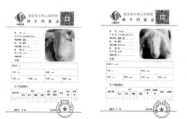

大数据监管平台　　智羊系统养殖繁育数据中心　　种羊档案

(2) 运营模式创新　与当地政府签订了 352 个肉羊标准化扶贫合作社经营管理饲养协议，政府建圈舍、购羊只、招员工，中盛抓管理、包运营、提效益，采取"统一建设标准、统一方法饲养、统一团队经营、统一购销调度、统一资金管理"的"五统一"方式，每个合作社计划饲养基础母羊 400 只，养殖基础母羊 16 万只以上，年出栏肉羊近 50 万只，整合了"政府、合作社、银行、中盛公司、保险公司"五方资源，共同搭建产业平台，组成了利益共同体。

政府指导村集体、资金、自有土地等资源整合建设合作社，为农户持续增收和村集体经济增长提供保障。中盛公司充分发挥技术和管理优势，最大限度提高肉羊的生物学潜能，保证养羊效益和屠宰羊源。同时，企业的加入，让银行资金有了贷款回收保障，合作社整合扶贫资金、土地等资源，建设标准化圈舍，配套相关设施设备，组织农户种植饲草，银行通过政府成立的扶投公司担保贷款解决合作社的流动资金来购买种羊、饲草料等。保险公司集中有限资金为养殖主体开发针对性保险产品，实行基础母羊保险制度充分发挥了保险资金的保驾护航作用，降低了养殖风险。

‖ 经验与成效 ‖

在中央数据信息系统及中心数据库的数据指导下，通过实施"湖羊全基因组选育"，实现了核心种群母羊单胎产羔率由 215% 提升至了 233%，育成公羊出栏时间由 195 d 缩短至 150 d，累计向当地合作社、农户提供优质种羊 13 万只，带动建成合作社 465 个，存栏近 50 万只，形成了以湖羊为主的扶贫产业，参与农户达到 2.3 万户，户均养羊收入达到 3 万元。

结合全封闭式智能化饲喂系统在生产上的应用，实行工厂化集中育肥，同时进场、同时育肥、同时出栏、同时屠宰、全进全出的管理理念，积极与科研院所合作，转化科研成果，充分发挥精准营养以及预防为主的指导理念，使羊的平均日增重高达 318 g，与半封闭高床羊舍相比提高了 20.2%，死淘率降低了 2.2%，出栏时间由 150 d 缩短至 140 d，人均饲养管理量由 2 000 只提高至 8 000 只，单位人力成本每月少 1.69 元 / 只，育肥人力成本每批次少 6.56 元 / 只，总体节约人力成本 79.5%。经济效益结合饲料成本、人工成本、折旧成本、出栏收益等计算，毛利润每只可增加 102.84 元。

撰稿：甘肃省农业信息中心　　秦来寿　张昕　高虹
　　　庆阳市农业信息中心　　张碧芸　贺怀刚　李佩阳

新疆维吾尔自治区畜牧兽医大数据平台案例

‖ 需求与目标 ‖

随着机构改革工作的推进，人员力量不足、数据采集难、监管难、渠道不畅、决策缺少数据支撑的现实短板，成为制约新疆维吾尔自治区动物防疫工作高效开展的一个重要因素，提升动物防疫全链条管理能力，加大监管力度，提高工作效率需要日益突出。而畜牧业信息化建设是完善重大动物疫情防控体制机制，健全完善动物疫病监督防控体系的需要，是当前畜牧业发展的必然趋势。

目前，全国动物防疫检疫机构信息采集的方式大多通过手工填写动物防疫证以及畜禽养殖场养殖档案。由于防疫人员文化程度参差不齐，防疫检疫工作中经常出现数据误报、作假现象，防疫数据各环节汇报、周期长效率低、存在人为误差、人力成本过高，不利于排查追溯责任，不能及时地反映防疫进展信息，并且对数据查询也有困难。因此建立一套高效、快速、准确的动物防疫检疫信息统计上报系统，已成为畜牧兽医相关部门当务之急。

‖ 做法与技术 ‖

新疆畜牧兽医大数据平台是由自治区畜牧兽医局组织项目整体建设实施，新疆七色花信息科技有限公司根据需求进行项目研发。项目建设思路是以检疫出证为抓手，以动物防疫为切入点，实现防疫和检疫工作信息化的全覆盖，推进畜牧兽医大数据平台业务信息化、数据可视化、分析智能化，努力达到政府监管到位、养殖者普遍受益、老百姓放心消费的目标。

新疆畜牧兽医大数据平台是在"无纸化防疫系统"和"动物检疫电子出证系统"基础上搭建的"移动互联网＋大数据分析＋手机 App"的现代化动物疫情防控体系，推进免疫进度、存栏统计、调运监管、屠宰检疫等工作，实现防疫和检疫工作信息化的全覆盖。

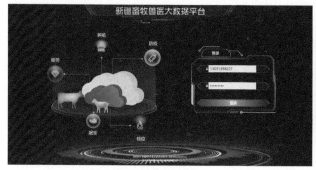

平台登录界面

防疫入户率

畜牧兽医大数据平台由 3 部分组成：第一部分是业务支撑系统，是由无纸化防疫系统、检疫出证系统、公路检查站、价格监测、车辆备案、无害化处理、落地监管、畜产品追溯等功能模块组成。业务支撑系统是基层业务人员日常工作的平台，处理日常业务工作的同时为大数据分析提供数据支撑。第二部分是数据分析系统，是将各业务支撑系统中的生产数据自动抓取形成汇总分析。同时根据支撑业务，形成不同的业务数据分析。目前实现畜禽存栏、防疫、检疫、流通、屠宰等业务的数据分析。第三部分是动态可视系统，是将各业务支撑系统生产数据自动抓取，实时业务分析，直观展现分析结果的功能页面，同时可以按区划、按时间、按畜种等条件进行定制化业务数据分析和展示。使各级畜牧兽医主管部门准确掌握畜牧业生产资源底数，科学部署动物疫病防控措施，为畜牧业发展、产业布局提供数据依据。初步实现畜牧兽医各业务信息化管理，初步形成畜牧兽医大数据分析的工作机制。动态可视系统包括实时防疫、实时存栏、防疫入户率、养殖场、屠宰运行、屠宰检疫、出栏分析、价格趋势、稳产保供、动物流向、异常批次、报检点、检查站运行等 12 个专题。

无纸化防疫系统

防疫员手机端
户主管理　智能提醒
存栏普查　作业统计
防疫记录

管理员手机端
统计展示　防疫员信息
权限审核　户主信息
防疫记录

系统后台
基础管理　数据统计
人员管理　自动报表
防疫管理

防疫系统主要功能

其中，无纸化防疫系统是依托村级防疫员及畜牧兽医社会化服务组织开展防疫业务工作的业务系统，能够准确掌握畜禽存栏和动物防疫工作数据，减轻了村级防疫员工作量、提高了防疫员工作效率，实现了防疫数据实时记录，业务数据自动抓取，为动物产地检疫提供了数据依据，为大数据平台提供了数据支撑。系统由防疫员手机端、管理员手机端和系统后台 3 部分功能模块组成。防疫员手机端是普查畜禽存栏、防疫作业记录的主要工具，相当于以前的防疫本，系统主要使用人员是基层防疫员；管理员手机端用于防疫员管理、防疫作业监督、权限审核登记的移动办公手段，系统主要使用人员是乡镇站防疫管理人员；系统后台是对系统使用机构、人员、业务数据进行精细化管理的后台程序，主要包括：基础功能配置、人员权限设置、业务数据监督、数据统计、生成报表等功能。系统主要使用人员是县级以上防疫管理人员。电子出证系统由以下功能模块组成：一是官方兽医电脑端出证功能，是基层官方兽医开具动物及动物产品检疫证明的业务模块。二是驻场兽医手机端查验功能，是屠宰场驻场兽医记录活畜进场，畜产品出场台账的手机端业务模块。三是公路检查站手机端查验功能，是动物卫生监督公路检查站官方兽医在牲畜调运业务中开展查证验物工作的业务模块；四是落地监管手机端查验功能，是各地基层官方兽医，在活畜调入本辖区时进行落地核查的手机端业务模块；五是系统后台，是县级以上检疫管理人员使用的后台系统，可以掌握所在区域牲畜出栏数据、动物及动物产品调入调出数据、屠宰场的屠宰数据，具有检疫人员管理、屠宰场备案、报检点备案、运输车辆备案等系统后台功能。截至目前，实时上传防疫记录超过 1 800 余万条。

公路检查站系统功能是利用智能手机替代其他专用设备和相机，用简单手段实现检疫证移动查验、信息上报等功能，降低了公路检查站查验人员的工作强度，提高了工作效率。系统在检查站手机端查验工作有序进行的基础上结合进疆畜禽及产品数据，形成"提前准备、过站必验、验后可查"的全新工作局面，不仅可以直观了解全疆所有公路检查站运行情况，更能将监管能力触达每一批次，保证了所有批次的可追溯。

价格监测系统功能，获取自治区各类主要畜产品（畜肉、禽肉、蛋、奶等）价格数据进行整理分析。通过该系统可从价格变化了解供求关系变化状况，便于引导企业生产，调整生产经营决策。

‖ 经验与成效 ‖

(1) **经济效益** 降低消耗，节省人力，节约办公成本。一方面是能减少人力资源消耗。大部分的数据上报、统计工作由系统自动完成，人力资源得到释放。伴随电子文件增多也将促使各个部门在对大量文件的处理问题上能够节约大量的人力与空间。另一方面能够节约交通以及邮寄等费用支出。

(2) **社会效益** 业务流程电子化，提高工作效率。平台将防疫检疫业务流程全部电子化，并新增了公路动物卫生监督检查站监管、落地监管、定点屠宰场备案、运输车辆备案与电子出证绑定等功能，同时优化了数据统计、汇总、查询功能。系统创新性地实现了电脑端与智能手机终端的无缝对接，将以前需要由电脑、照相机、录像机、PDA 等设备实现的功能由 1 部智能手机替代，不仅降低了广大动物检疫人员不必要的工作量，更大大提高了全区动物卫生监督工作的管理效率。

规范畜牧兽医日常业务流程，排除安全隐患。平台业务支撑系统通过互联网进行传送，并可以准确记录各项工作、审核等内容，这可以责任明确，权限分明，查有所依，杜绝推脱，保证及时反应。另外，各级管理部门可以通过电脑来实现信息的交流，管理人员能够通过网络对各个用户工作内容进行监督，必要的时候能够对每个个体进行相应控制。

可视化办公，提高决策效率和管理水平。在数据来源和质量稳定的基础上，系统实现了可视化办公。作为实现数据服务核心价值的关键路径之一，系统借助图形化手段向管理人员清晰有效地传达行业信息，将枯燥的数字、表格用形象生动、色彩斑斓的图形展现出来，调动使用者的视觉神经，一眼就可锁定特定目标，从而达到快速获取关键信息的目的。

(3) **推广示范效益** 系统通用性强，便于推广应用。当前，畜牧行业主要监管业务流程已实现制度化和程序化，通过在业务流程上应用信息化系统可进一步推进业务流程规范化。本项目完全贴合畜牧行业监管业务流程设计，经过多年平稳运行，能完全保证系统的实用性和通用性，可在整个行业展开应用。

推动大数据应用，挖掘大数据价值。平台的核心在于业务支撑系统获取的业务数据，因此对系统的应用与实施培训特别重视，保证每个系统应用单元每年最低 2 次的培训频率。通过不断强化业务支撑系统的应用，保证了数据来源和数据质量的稳定，为当前数据的可视化分析提供了关键的数据资源，为科学决策提供了重要依据。随着系统的逐年应用，数据规模越大，未来大数据分析结果的精确度就会越高，为大数据价值的挖掘和深度应用打下坚实基础。

撰稿：新疆维吾尔自治区农业农村厅信息中心　古丽皮艳·迪力夏提　彭学春

三、智慧渔业

光明食品集团上海农场案例

需求与目标

水产行业机械化、自动化起步较晚，目前大部分的水产品养殖仍然为粗放式养殖模式，其精准化程度较低，并且养殖过程监管困难，水产品品质参差不齐。食品安全监管工作难以开展，投入品监管难度较大，劳动强度较高，面临作业工人数量减少的情况，且养殖尾水排放监管力度不足。

随着现代农业的不断发展，信息技术不断渗透至现代农业的各个领域，渔业生产养殖业模式的改变成为发展的必然趋势，智慧渔业养殖示范基地的建设应运而生。智能养殖系统首先解决了水产物联网推广成本高昂的问题，其次重点关注了对于生产业务的劳动强度降低和劳动效率的提升，精准化、自动化、智能化、模块化成为上海农场智慧水产养殖示范基地的主要特征。

做法与技术

光明渔业有限公司隶属于光明食品集团上海农场有限公司，主要从事淡水鱼繁育、养殖、加工、销售，是上海所属最大的淡水养殖场。公司拥有 8 万亩集中连片、整齐划一、进排水良好的生态型的标准化养殖场。公司积极推进"种＋养＋加＋销"全产业链建设，建有年产 10 亿尾鱼苗的上海市级水产良种场，繁育的品种有异育银鲫中科 3 号、鳊鱼、草鱼、花鲢、白鲢、青鱼、鳜鱼等。与上海市水产研究所、上海海洋大学等多家科研院所建立了长期的合作关系。良种场生产附属设施配套齐全，基础设施良好，技术储备充足。公司年产淡水鱼 5 万 t，养殖采取"3＋X"的模式，"3"即是鮰鱼、黑鱼、鲈鱼，"X"即是特殊品种，包括甲鱼、螃蟹、南美白对虾、鳗鱼等。建有年产 2 600 t 水产品加工厂，并在上海嘉燕市场建立配送中心，在上海嘉定区建有 3 000 m²、暂养能力 5 万 kg 的前置仓，负责以上海为中心，向长三角城市群为主要目标市场的水产品的集成、检测和配送。公司还利用物联网云技术，探索自动化养殖技术，建设自动化养殖控制系统，实现万亩鱼塘养殖远程智能监测管理，打造高科技渔业示范基地。

（1）软硬件集成系统建设　整套系统是基于物联网技术和计算机技术的水产养殖区域改造，以信息化技术和物联网技术作为支撑，完善养殖管理作业流程、降低劳动作业强度、提升资源利用率的水产养殖管理平台。构建渔业养殖管理大数据，对养殖过程中水质实时监测建立水质变化（RDO、pH 值、温度）大数据库，对过程中病害进行记录建立水产品养殖病害预防大数据，对水产品生产过程进行记录建立水产品生长模型数据库。该系统基于信息技术的水产大规模集约化养殖数字化管理和智能化装备的需求，以鮰鱼、草鱼、鳙鱼等上海地区主导养殖品种为实施对象，应用无线传输技术、传感器技术、自动控制技术、软件开发技术，集成养殖水质在线监控系统、智能增氧投饲控制系统，实现水质、智能增氧与精准化投喂科学调控的关键智能装备，在此基础上应用计算机等技术，构建水产养殖全过程数字化、智能化、网络化的管理信息平台。气象在线监测系统：自动气象站是利用传感器将传感器感应的气象参数转换成电信号（如电压、电流、频率等），通过数据处理装置对这些电信号进行处理，再转换成对应的气象要素值。自动投饲集中控制系统：采用自动控制技术、计算机技术、传感器技术、远程通信等现代化技术构建自动投饲集中控制系统，主要由储料仓、喂料器、抛料机构、电控部分等组成。采用称重传感器，以保证有较高的重量控制精度。自动增氧集中控制系统：以无线控制柜为核心控制节点和无线通信节点，构建覆盖养殖场全范围的增氧机自动控制系统。视频监控系统：高清摄像机监控池塘中鱼类摄食情况，并通过控制中心管理软件及时控制投饲机工作状态。生产管理系统：通过对养殖全过程的数字化管控，精准管理养殖过程全资产投入，收集养殖管理模式和经验，建立数字化水产品生产模型，为后续养殖管理提供决策分析和数值预测。数据在线展示系统：以分屏的形式展示项目建设的水质监测、监控视频、智能控制、饲料使用情况、药品使用情况、苗种投放情况、成鱼养殖情况、产品流通销售情况等综合统计信息及预测预估信息。全链追溯系统：该系统覆盖公司苗种、养殖、加工、销售全产业链，公司的水产品管理全程电子化信息采集能够为公司的水产品提供全链的追溯信息管理,消费者可通过追溯二维码查询到水产品的养殖生产过程中的任何管理信息。智能泵房管控系统：通过对辖区内水泵房进行智能化改造，应用远程控制技术、计算机技术、传感器技术将池塘用水管理集中化、精准化，节约 80% 以上水资源管理成本。智能销售系统：利用软件编程技术、传感器技术、物联网技术建设的一套符合当前水产品，集成 RFID 传感器、智能衡器、视频监控、数据库管理与软件平台于一体的无人销售系统。

视频、数据监测

环境控制管理界面

料塔投放饲料

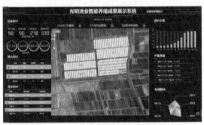
展示系统

控制中心

料塔

数字平台

物联网设备监控

(2) 运营模式创新 采用多层级权限管理结构，即"公司-片区-小区-塘口"的层级管理模式，小区内可自成一体不受外界网络环境影响，公司对片区及小区存在数据监管但不参与设备控制的管理模式，确保设备运行稳定和数据安全性。

经验与成效

(1) 经济效益 通过养殖数字化管理，可以监控养殖过程各个环节，对养殖环境指标进行判别，对养殖机械实现自动化控制，节省人力成本，摆脱单纯依靠经验养殖的方式，实现科学养殖管理。节省资源，重视环境保护和生态平衡，追求以较少的资源耗费获得最大的优质产出和高效益。降低养殖管理风险，降低因人为因素导致的缺氧、浮头或水质恶化导致的资产损失的可能性。

该系统运营期间，改造区域 12 000 亩面积，预计每年可通过精准投喂减少饲料资源浪费，通过散装饲料的使用减少饲料包装费用，通过环境参数监测减少非必要增氧机开启时长等各类手段节约水产品生产成本共计 536 万元，项目运营期间数字化智能管控系统运行维护费用预计为 84.8 万元，总计每年增加效益 451.2 万元。

（2）社会效益　本系统针对池塘集约化养殖的特点，将实现养殖场水质检测与控制的自动化、养殖过程管理与决策的智能化和养殖产品的精确标识化，最终实现水质、精准化投喂科学调控与生产过程可追溯，推动我国由粗放、经验型的传统水产业向精准、数字化的现代水产业转变，具有重要的战略意义。系统的持续运行还可以为其他种类养殖品生产提供成功的范例，促进其他养殖业的快速发展和产业化开发。通过系统产业化示范、推广实施，可技术辐射与带动其他品种规模化养殖模式的数字化系统的构建。

（3）推广示范效益　系统收集水产养殖各类信息（养殖作业策略、水质气象参数、市场行情走势等），经过不断的积累和框架分析能够完善和补充水产品生长模型，形成系统化统计与分析。坚持智能水产养殖区建设可形成：建设水产物联网－收集养殖管理数据－建立水产品生长模型－扩张数据采集范围－修正模型准确性－继续扩张数据采集范围的良性循环。

公司自 2015 年起开始逐步探索和建设智能物联网养殖区，基本建设推广情况为：2015 年共计建设500 亩涉及改造塘口数量为 10 个；2017 年共计建设 1 500 亩涉及改造塘口 29 个；2020 年共推广应用12 000 亩标准化塘口，涉及塘口 90 个。该系统仍计划在 2021—2025 年继续推广 5 万亩左右标准化塘口。公司智能化改造亩成本从 2015 年 4 000 元，经过逐年的技术改良与提升降低至 2020 年的 1 600 元。

该系统以科技为先导、以产业为目标的池塘养殖水产品全程数字化管理，可以强化科技面向主战场的能力，在技术水平和生产适用两个方面为水产养殖业提供成熟的发展模式，并全面提升水产养殖的信息化管理水平。同时，该模式还可以为其他种类养殖品生产提供成功的范例，促进其他养殖业的快速发展和产业化开发，市场应用前景广阔。

撰稿：光明渔业有限公司　光明食品集团上海农场有限公司　盐城市沿海水利工程有限公司
王军　骆静　沈逸　杜京津　李海平　徐清

上海市青浦区练塘镇绿椰基地案例

‖ 需求与目标

智慧农业、生态农业是"十四五"规划中未来农业发展的主攻方向，是实现乡村振兴的关键。我国在鱼菜共生这一生态农业模式和鱼菜共生测控系统研究起步较晚，需要优化系统的控制逻辑，更好调控鱼菜共生系统的运行。

‖ 做法与技术

数字化鱼菜共生示范系统由上海绿椰农业种植专业合作社（以下简称绿椰合作社）主导和具体实施，坐落在上海市绿色农业先行区、老一辈革命家陈云的故里上海市青浦区练塘镇。绿椰围绕"新农民、新业态、新模式"的理念，以农业增效、农民增收、调整蔬菜品种结构、产业升级为目标，先后创建国家农民专业合作社示范社、上海市蔬菜标准园、上海市叶菜产加销标准化示范基地、上海市生态循环农业示范基地、上海市绿叶菜产业体系鱼菜共生示范基地、上海市科技兴农创新基地等。常年生产的蔬菜品种主要有练塘茭白、青菜、鸡毛菜、生菜、杭白菜、广东菜心、黄瓜、番茄、美洲鲥鱼、加州鲈鱼等，年总出产量约 5 000 t。基地生产管理实现 6 化，企业制度规范化、操作流程标准化、生产技术科学化、耕作过程机械化、产品营销品牌化、环境保护生态化，产品以绿色为主，绿色产品认证率达到 85% 以上。产品主要供应于各大电商平台、商超、学校、企事业单位。

(1) **软件系统建设**　2020 年，合作社投入 50 余万元，开始研发和建设数字化鱼菜共生监管平台和相关软件。目前，总监管平台已建成并接入上海市现代农业服务中心，通过电脑、手机等信息设备可随时进行监管，实现"大屏看、中屏管、小屏干"，预测预警和统计分析同步进行，对改变传统农业生产方式和发展农业信息化具有积极的意义。

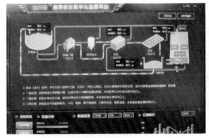
监管数据屏

监管总平台

养殖系统

监控系统

棚内气象监测感应

棚外气象监测

(2) **生产技术创新**　将物联网 + 数字化种养技术应用于鱼菜共生系统，针对鱼菜的生长环境，通过对水质数据、气象环境数据和设备运行状态数据的监测、分析和处理，利用边缘计算技术和云计算技术将上述数据和

种植系统

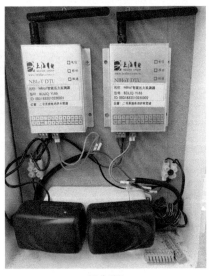
控制器

相关设备进行自动联动控制，同时利用大数据分析技术研究水质变化和营养转化的数字模型，保证水质相关参数和气候环境相关参数始终维持在合理的范围内，保障鱼菜的健康生长，充分发挥了物联网、云计算和大数据等技术在鱼菜共生模式生产中的作用，能有效地实现风险管控，进行精细化管理，提高生产效率，降低成本，增

加收益。监测组件模块化：针对鱼菜共生系统的水质、气象环境和设备状态，将监测传感器及其控制设备进行模块化设计，模块间相互独立又紧密相连。联动控制自动化：将涉及鱼菜生长关键参数的设备之间进行自动联动控制，主要包括棚内温度、湿度变化和风机、湿帘、通风口、内外遮阳联动，风力、下雨感应和外遮阳、顶天窗联动，溶解氧变化和增氧设备联动，回水池水位变化和补水联动。系统监测数据化：结合多点位实时监测数据和定期监测数据，对整个鱼菜共生系统运行中的水质变化和营养转化数据进行分析，针对不同的养殖品种和种植品种总结其生长的关键参数，并建立相应的数据模型。关键参数实时监测组件模块化及总线设计：针对不同的监测对象，监测组件的模块化设计主要包括水质参数监测模块、气象环境参数监测模块以及设备状态参数监测模块。规范和统一各传感器的通信协议，然后通过总线设计，针对特定的需求，可以只选择安装一种一个或几个监测模块。关键参数和设备自动化联动系统控制：基于对鱼菜共生系统关键参数的采集，通过其阈值的设定和分析，对相关的设备进行联动，从而实现自动化控制。基于大数据分析的系统监测数据模型：基于多点位的实时监测数据和定期监测数据，对鱼菜共生系统关键参数的历史数据进行大数据分析，得到水质变化规律和营养转化规律，并建立相应的数据模型。建立其动力学演化过程，最终可建立营养吸收的动力学方程，通过该方程来分析系统的运行状况和产出情况。

经验与成效

该系统节约人力物力成本、实现精准生产管理、提高产量和效益，通过物联网 + 的方式开展鱼菜共生数字化种养技术应用与示范，对于促进和推动鱼菜共生产业、数字农业农村建设具有很大的示范效应，对实现现代农业可持续性发展提供了重要支撑，取得了如下效益。

(1) **经济效益**　杜绝发生风险的情况，减少了养殖品种死亡带来的损失，养殖品种存活率达到 95% 以上；减少了人工干预环节，提高了单位人工的作业效率，作业效率提高 50% 以上，管理成本减少 20%；优化了相关设备的启停情况，减少了设备运行时间，节约了用电成本和设备损耗 20%；提高了养殖种植产品的品质，从而提高了其出售价格，产品价格提高 20% 以上；单位水体内养殖密度增加 5% 左右，增加 1 ~ 2 个高温条件下反季节种植的蔬菜品种；可依托该模式开展观光农业，增加收益。

(2) **社会效益**　通过数据化分析手段，优化了种植养殖品种和比例，更加保证了食品品质和安全。通过打造物联网 + 鱼菜共生数字化种养技术应用与示范，科普、学研、培训、观光等达 30 000 人次以上。

(3) **生态效益**　通过数字化技术进一步减少了对自然水资源的消耗，更加适合在水资源匮乏地区进行推广；通过数字化技术使得该循环农业模式更加完善，更加减少了对外界环境的潜在危害。系统省工、节电、节水、节肥等，对鱼菜共生模式有着较强的适应性，能够按设施设备、业主要求实现个性化定制，在投入使用过程中，实现了"低投入、高产出、零污染"的要求，且间接治理了周边的水体环境。

(4) **推广示范效益**　将数字化信息化等技术应用于鱼菜共生模式的各个环节，可以将原有鱼菜共生模式进行升级改造，从而使得其具有更强的适应能力和推广价值，监测组件模块化设计使得该模式的推广具有很强的可塑性，可根据实际条件和预算等进行选配；联动控制自动化设计使得该模式基本不受外界环境变化的影响，在农业生产条件相对恶劣的环境下也可以保证生产收益；系统监测数据化设计使得该模式具有很强的快速优化空间，通过数据化分析可优化种植养殖品种，可优化喂食总量，以及可优化设备控制。

撰稿：上海绿椰农业种植专业合作社　刘永军　徐震　陈锐

江苏省苏州市昆山市阳澄湖现代渔业园区案例

需求与目标

多年来，昆山市巴城镇大力推进智慧渔业建设，各项工作成效显著，是 2017 年第一批中国特色农产品优势区，成功入选 2018 年全国农业产业强镇和 2019 年省级现代农业产业示范园建设。2020 年，央视神州纪实发现之旅频道、央视《朝闻天下》和央视《新闻联播》均以昆山市阳澄湖生态高效渔业发展有限公司为重要载体专题报道了《智慧农业的昆山样板》和昆山《智慧农业平台助推农民增收》的成功经验，央视农业农村频道《超级新农人》专题报道园区虾蟹养殖能手"昆山蟹王常建华"。

2009—2013 年，由市、镇两级财政投资 2.2 亿元，完成现代渔业园区建设，建设规模 7800 亩，园区由巴城镇政府下属集体企业昆山市阳澄湖生态高效渔业发展有限公司集中管理。园区全力打造规划设计科学、产业特色鲜明、科技含量较高、物质装备先进、运作机制灵活、综合效益显著的现代渔业示范园，是 2012 年度农业部水产健康养殖示范场、2014 年度苏州市"智慧农业"示范基地和 2020 年度江苏省数字农业新技术应用新型农业经营主体。

做法与技术

园区全面加快物联网、人工智能、区块链等信息技术在渔业养殖方面的应用，推进新一代信息技术与渔业生产深度融合，促进渔业一二三产业融合，助力阳澄湖大闸蟹特色优势产业集群发展，园区信息化基础条件好，应用推广示范作用显著，信息化管理特色鲜明，以信息化抢占渔业现代化建设制高点，注重经济、社会、质量、生态协调发展，全力打造渔业信息化示范基地典型案例。多年来，公司加强与科研院所科技合作，是农业农村部 2017—2020 年国家虾蟹产业技术体系苏州综合实验站昆山示范点和 2020 年昆山市农业农村局与中国水产科学院淡水渔业研究中心战略合作实验点。

（1）**基础设施建设** 园区以"高起点规划、高标准建设、高水平运作"为总要求，采用"统筹规划、分步实施"方式推进园区基础设施建设和智能化生产。分期实施园区智能化建设项目，做到与基地建设工程同步设计、同步施工、同步应用，建成监控中心 1 个、展示厅 1 个、水产分院 1 所和渔药经营店 1 家，加快物联网技术在渔业

基地全景

水质在线分析设备

渔业机器人

产业园路标

管理中心

监控系统

生产领域的应用，积极引领昆山渔业智能化建设。

建设标准化池塘。实施园区建设工程，主要建设标准化池塘，严格进排水分离并配备泵站、看护房、道路、绿化、桥梁、水电等配套设施。实施池塘养殖循环水工程。应用国内先进的"石弄"技术，采用排水沟湿地、净化塘、河道湿地等多种净化处理方式，实现养殖尾水经三级净化处理后循环回用或达标排放。

智慧农业改革发展大会

园区景色

CCTV 新闻报道

《超级新农人》昆山渔业园区拍摄点

建设园区管理中心。以"政府搭台、统一管理、科技推动、渔民受益"的运作模式，配备专门的管理队伍，依托中国水产科学院淡水渔业研究中心等科技支撑，开展大闸蟹亲本提纯复壮、扣蟹培育、虾蟹混养、成蟹暂养技术集成和推广，加快水产科技成果转化落地与技术转移，精准服务大闸蟹产业，助推产学研深度融合发展。

(2) 硬件设施建设与管理 改良渔业机械装备。渔业机器人用药调水和渔业机器人投饵替代传统渔业作业方式，采用国际领先的变频自动供水技术。

配置渔业智能装备。全面应用渔业智能化生产管理平台，物联网技术推广应用面积覆盖全域。148个点实时监控园区生产环境和养殖水域环境，16个点实时监测溶氧、pH 值等 3 类参数，3 个点定时分析氨氮、总磷等 5 项参数，11 个点远程控制微孔增氧。结合水质监测 pH 参数，采用微生物制剂调控水质，确保前端水源安全，池塘水质良好，实现循环渔业。

加强系统与设备维护。加强与科研院所和科技单位合作，落实维保服务制度，建立互通联动机制，定期做好系统和设备日常维护，及时更换分析试剂，加强设备故障维护，实施园区监控中心升级改造工程，确保系统高效运行。

(3) 软件系统建设及信息管理 加强水产品质量安全信息化管理。园区 86 户虾蟹养殖户全面应用水产品质量安全管理平台，全程记录渔事活动，把苗种放养、饲料投喂等全过程纳入信息化管理中，从而实现水产品质量安全全程可溯。

加强渔业投入品信息化管理。园区全面应用渔药价格补贴系统，推广应用绿色渔药，制定渔药补贴名录，实行 IC 卡"一卡通"管理，实现渔业投入品购销信息可溯。

加强渔业病害防治信息化管理。应用水产分院远程会诊平台，开展水样检测、病害检测和线上服务，为园区养殖户提供及时的门诊服务，加强鱼病科学防治。

加强诚信经营信息化管理。园区虾蟹养殖户全面应用昆山地产阳澄湖大闸蟹信用管理平台，加强社会公德和职业道德等诚信体系建设，推进诚信经营，开展产品送检，实现虾蟹养殖户信用等级评估和积分管理。

经验与成效

(1) 经济效益 大闸蟹养殖标准化。数字赋能大闸蟹生产，河蟹产业体系不断优化，园区全力推进国家虾蟹产业技术体系苏州综合实验站昆山示范点和昆山市农业农村局和中国水产科学院淡水渔业研究中心战略合作实验点建设，依托中国水科院淡水渔业研究中心、苏大、上海海大科技团队，系统研究大闸蟹全生育期关键技术集成和推广，推动大闸蟹产业养殖标准化。

提升大闸蟹品质和价值。数字赋能品牌渔业，品牌渔业产业体系日趋完善，园区全力打造"基础好、生态好、质量好、信誉好、底蕴好"五好大闸蟹品牌渔业，实现阳澄湖大闸蟹"一品一证二码"，积极挖掘"阳澄湖"牌国家地理标志资源优势，养殖户信用评估等级与蟹扣管理相挂钩，着力打造区域公共品牌（"巴城阳澄湖"牌和"巴城"牌大闸蟹）助推产业发展，努力提高大闸蟹的附加值和市场竞争力。

(2) **社会效益** 促进三产融合。数字赋能园区建设和园区智能化，园区智能化应用体系典型引领，着力推动渔业产业由规模优势向质量效益优势转变、渔业产品由品种优势向品牌优势的转变、渔业业态由单一生产向三产融合转变，助推全镇 3 万亩渔业园区建设和园区信息化。通过产业集群、产业链延伸及科技成果孵化，加快周边渔业园区及养殖户区域发展、规模经营和节资集资，为阳澄湖大闸蟹品牌文化传承提供了强有力的产业体系及技术体系支撑。

(3) **推广示范效益** 园区特色鲜明，主打虾蟹混养，坚持"科技兴渔、数字赋能、产业向绿"，信息化管理手段先进前沿，示范辐射带动作用成效明显，渔业信息化有力地助推了昆山大闸蟹产业体系发展。园区渔业智能化应用体系可应用、可复制、可推广，实现生产管理经营闭环式应用。

撰稿：江苏省互联网农业发展中心　魏祥帅　陈可

江苏省南通市龙洋河豚养殖基地案例

‖ 需求与目标 ‖

南通属于东部沿海城市，渔业资源丰富。近年来，南通市以转变渔业发展方式，提高渔业现代化、产业化、标准化、集约化、信息化水平为目标，积极探索开展物联网技术在渔业生产中应用，大力推动渔业生产转型升级。

南通龙洋水产有限公司以水产智慧养殖为目标，强化信息技术在水产养殖中的支撑地位，有效整合利用现有资源，将珍稀水产品数字化生产及高效管理研究成果应用于生产实际，创新性编制一体化渔业系统软件，构建能自主学习、自主优化的水产精准养殖标准模型。同时，加强系统开发应用，简化现代渔业科研、生产及管理过程，实现大幅减少用工、降低劳动强度，让渔业生产迈向智能化，提升现代渔业的公共服务水平。

‖ 做法与技术 ‖

南通龙洋水产有限公司是农业产业化国家重点龙头企业、中国渔业协会副会长单位、河豚鱼分会会长单位、中国水产品流通和加工协会副会长单位、江苏省长江特色鱼类产业技术创新战略联盟理事长单位江苏中洋集团全资子公司，专业从事珍稀鱼类物种保护与综合开发。公司在产业化经营上以保障食品安全为核心，以水产品最苛刻的"零毒素、零污染、零药残"为质量标准，从种鱼、鱼苗的源头控制，到水质水源的环境控制，再到饲料营养的原料和配方控制，还有养殖全过程的工艺标准控制，规范养殖过程，借助产品数据库建立，实现产品全周期、全过程质量追溯，同时与投入品质量数据、与产品深加工数据对接，实现全产业链质量可追溯。公司一直使用先进的设施、设备、技术、管理夯实现代渔业发展根基。2017年，中洋集团南通龙洋水产有限公司成为全国第一个、也是唯一承担农业部首次推出数字农业试点建设项目计划的企业，率先将数字化在渔业领域进行大规模生产应用。

（1）**软件系统建设** 河豚养殖智能化系统。采取多层架构的设计思路，分数据采集层、数据传输层、数据存储与服务层和应用层4个层次，各层之间相对独立，以接口形式进行数据交互和通信，大大降低耦合度。系统具体包括在线监测系统、生产过程

组织架构

管理系统、综合管理保障系统、公共服务系统4个子系统。在线监测系统是项目现场数据采集与控制层，侧重直接从现场采集数据，并按生产规程对相关事件产生响应。生产过程管理系统构建在在线监测系统之上，更多地从安全、经济运行的层面对生产过程进行控制。综合管理保障系统侧重质量管理，主要包括鱼病远程诊断系统、质量安全可追溯系统等。公共服务系统作为系统运行及对外的信息支撑。各个层次的设计符合运行维护管理体系、标准规范体系以及信息安全保障体系的要求。

数据监控平台

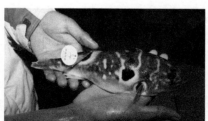

溯源标签

生态循环水微滤机

生态循环水

水质管理

渔业机器人

(2) **生产技术创新** 创新性设计开发了高度集成化的渔业生产管理软件，构建能自主学习、自主优化的水产精准养殖标准模型。项目整合水质在线监测系统、生产过程管理系统、公共服务系统，实现管控一体化。水质在线监测系统中，传感器与生产过程管理系统中的控制设备联动，实现投饵、用药、增氧、水环境整治精准控制。加强数据积累，开展水产养殖大数据分析，在 3 ~ 5 个周期养殖过程中，形成科学合理的养殖模型。

在新品种培育、高效环保饲料研制、生态养殖系统构建、病害防治等方面开展创新性研究。选育了暗纹东方鲀"中洋 1 号"新品种，研制了高效环保膨化饲料配方，构建了暗纹东方鲀生态养殖系统，建立暗纹东方鲀生态化防病治病的预案，改造了投饵设备实现投饵机根据养殖模型进行精准投喂。

‖ **经验与成效** ‖

(1) **经济效益** 简化现代渔业科研、生产及管理过程，大量减少用工、降低劳动强度。建成水产养殖物联网管理中心，汇聚展示生产过程中产生的所有数据，并进行实时分析处理，解决了生产过程中基础数据采集工作量大、实时性弱、准确性差等问题。渔业生产中所有设备均可远程自动控制，大量减少巡塘、投饵、翻池转池等日常生产管理工作量，大幅降低渔业生产中工作强度，降低人工成本。

建设新型生态工厂化循环水养殖设施 14.04 万 m^2，以公司主导产品暗纹东方鲀为例测算，年新增养殖量 400 万尾以上，养殖周期缩短 22%，较普通工厂化养殖设施年养殖存池量提升 80% 以上，产量提升 1 倍，年新增产值 8 400 万元，新增利润总额 2 150 万元。

(2) **社会效益** 提升现代渔业生产的公共服务水平。通过多年的数据累积，建立了水产养殖过程数据库和鱼病防治数据库，可向公众开放，为所有养殖主体提供高效精准的社会化服务。此外，系统还可根据区域性的气象条件，为公众开展疫病、灾情预警服务。

(3) **生态效益** 项目建设实现水循环利用率达到 93%，节约电源 35%，鱼病发生率降低 68%，有效保护水资源，节约能源。

撰稿：江苏省互联网农业发展中心　魏祥帅　陈可

安徽省滁州市全椒县稻田小龙虾养殖示范基地案例

‖ **需求与目标** ‖

稻田养殖小龙虾是绿色、生态农业成功实践，面积和产量逐年上升，产量占总产比达 80%。2016 年，全椒县创建全省"互联网 +"现代生态农业产业化示范县，建立示范点示范基地 5 处，在线实时监测虾田水质水体状况，有效改善养殖环境，极大提高养殖水平。

‖ **做法与技术** ‖

(1) **硬件设施建设** 感知设备。由稻田水质监测、田间气象数据、视频监控设备等 3 个部分组成。水质监测数据采集设备为溶解氧、pH 值、水温、水位、浊度传感器。田间气象数据采集设备为空气温度、湿度、光照强度、气压、风速、风向、降水量和土壤温度、湿度传感器。视频数据采集设备为智能球和枪机。传输设备为光电转换器、网桥、网关、测控终端、控制模块，通过有线无线传输信号。处理应用设备为服务器、电脑、硬盘或智能手机。也可租用数据中心的服务器。生产设备为水泵、增氧机、投料机等。

(2) **软件系统建设** 实时监测系统。传感器采集的数据每 5 ~ 10 min 在系统中发布 1 次，具体间隔时间由应用者在系统中设定，显示采集时刻和数值。

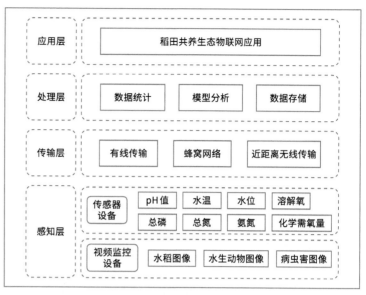

应用层	稻田共养生态物联网应用		
处理层	数据统计	模型分析	数据存储
传输层	有线传输	蜂窝网络	近距离无线传输
感知层	传感器设备	pH值　水温　水位　溶解氧 总磷　总氮　氨氮　化学需氧量	
	视频监控设备	水稻图像　水生动物图像　病虫害图像	

组织架构

预警提醒系统。应用者在系统中根据动植物生长发育要求设置监测指标的阈值，当监测的数据不在阈值范围内时，系统通过短信、微信等方式发送文字或语音的预警提醒，并记录预警的时间、内容。

视频监控系统。通过视频监控系统查看实时的视频画面，球机的视频能够调节云台方位、步长、焦距等。观察小龙虾的活动情况以及田间鸟类活动和他人等进入基地等情况，发挥监测和安防作用。摄像头每天拍摄至少 2 张固定位置的图片，长期保存；视频录像至少保存 1 个月。

远程控制系统。依据溶解氧、pH 值、水位、水温等监测数据，结合设定的阈值，通过系统自动或人工远程开关水泵、增氧机、投料机等生产设备，记录开关时间和操作人员。

统计分析系统。对系统存储的数据进行统计分析，如最大值、最小值、平均值等，温度、气压与溶解氧的关系等。并结合数据模型，进行评估。

信息溯源系统。物联网系统自动生成二维码，扫描二维码可查询产品的生产企业、质量、环境、投入品、生产过程、视频等信息。

数据查询系统。查询自定义时间段内传感器采集的相关数据及其变化曲线。

(3) **生产技术创新** 稻田小龙虾智能化养殖管理技术体系主要包括稻田水体水质信息采集、传输、处理、应用 4 层架构。具体技术路线主要包括水质水体信息传感器采集、视频图片信息智能球采集、信息有线无线传输、软件系统自动处理、终端设备信息查询、生产设备远程控制技术，形成稻田小龙虾智能化养殖管理系统。水质调节：当物联网监测水体溶解氧不在阈值（下限为 4 mg/L）范围时，系统自动报警，系统自动开启增氧机增氧，达到设定值后，自动停止增氧；或生产者根据监测报警数据，人工远程开启增氧机进行增氧，使水体溶解氧保持在阈值范围内。当物联网监测水体 pH 不在阈值（6.5 ~ 8）范围时，系统自动报警，生产者确定后，及时处置，使水体 pH 保持在阈值范围内。当物联网监测水体浊度（30 cm）不在阈值范围时，系统自动报警，生产者确定后，及时处置，使水体浊度保持在阈值范围内。水温水位调节：按照稻田小龙虾对水温水位要求，应用物联网的自动控制功能或远程控制功能，自动或人工远程开关水泵，使水温水位保持在设定范围内。投料：当小龙虾处于活动时期时，通过物联网系统对投料机设置定时投喂饲料，或人工远程开启投料机投料。巡塘：应用视频监控系统，巡查稻田和周边状况，查看小龙虾生长、采食、活动和鸟类进入等情况，发现病害等异常状况时，及时进行防治。溯源：

通过物联网系统对填写的生产主体信息、产品质量信息和生产管理记录，结合物联网信息，生成小龙虾产品二维码，用于产品溯源。

经验与成效

(1) **经济效益** 改善养殖环境。稻虾智能化养殖管理通过监测水质特别是水中溶解氧的变化，及时增氧，不仅满足小龙虾对氧气的需要，而且增氧时水体流动，底层的氨氮、亚硝酸盐等有毒有害物质进入中上层，充分氧化转化成无害物质，有效改善了小龙虾的生长发育环境。

实现优质高产。稻虾智能化养殖管理应用物联网技术使水质一直保持良好状态，环境好了，发病自然少了，有效预防了五月瘟的发生。产量从 150 kg 增加到 165 kg，增加 10%。

降低生产成本。一是自动监测、报警提醒、远程控制等功能，减少了 2 个劳动力投入，并且减小了劳动强度。二是良好的水质环境，增强了小龙虾体质，减少了病因，发病减少，降低发病率，减少药品投入。三是小龙虾一直处于良好的生长状态，饲料报酬高，降低了饲料投入。

(2) **社会效益** 提高产品信任度。溯源系统使消费者了解生产者、生产过程和产品质量信息，解决了消费"不怕买贵的、就怕买到有害的"恐惧心理，重溯农产品消费信心。赢得消费者，就是赢得了生存发展机会。

撰稿： 安徽省农业信息中心　丁作坤　丁晶晶　方文红　叶显峰　丁砥　梁苏丹
全椒县农业农村局　晋茂胜

湖南省常德市安乡县启腾水产养殖基地案例

需求与目标

建立集基地、物资、技术、销售、物流和互联网为一体的全产业链运营及一站式综合服务平台，以互联网＋物联网为技术核心，以管理、金融、交易和智慧渔业四大模块为整体框架运营，为水产上下游企业和消费终端提供全产业链服务。

做法与技术

常德启腾水产服务有限公司社拥有合作养殖户 278 户，服务社员养殖面积约 1 万亩。公司提供就业岗位 45 个，每年发放工资及劳务费 200 万元，示范带动合作社养殖户增收 600 万元/年。

公司为科技部首批国家级"星创天地"创新创业单位、农业农村部国家级合作社示范社、常德市农业产业化龙头企业、湖南省

现代农业特色产业园

省级现代农业特色产业园省级示范园、湖南省旗舰合作社、农业农村部百佳合作社、农业农村部健康养殖示范基地。公司在安乡、津市和汉寿拥有 3 000 亩产业基地，累计投资 2 800 万元，2019 年获得中国质量认证中心（CQC）有机鱼转换认证，拥有"珊珀湖"有机鱼品牌和"鲩腾"苗种品牌，制定了企业生态养殖标准。渔联网为常德启腾水产服务有限公司董事长夏腾首创，于 2016 年在常德安乡正式上线，2018 年联合北京农信互联集团和北京大北农集团出资 5 000 万元共同打造及运营。

视频监控平台

（1）**硬件设备建设**　智慧渔业智能系统主要包含智慧渔业管理系统、水质监控管理系统、可视化监控系统、智能增氧设备、智能投饵设备、智能称重结算支付系统和断电报警器。

（2）**软件系统建设**　渔联网平台系统主要包含渔管理生产管理系统、企业大数据实时运营平台、质量安全溯源管理系统、渔金融贷款平台、农富宝支付系统、渔商城网上交易平台、鱼病自主诊断系统及渔行情平台。

经验与成效

（1）**经济效益**　在运营数据上，截至目前已经完成线上交易 25 亿元，金融贷款 2.3 亿元，服务全国养殖水面 100 万亩，企业用户 2 000 家，入驻商家 350 家。在技术创新上，渔联网 + 智慧渔业现已升级为 2.0 版本，获得软件著作权 5 项，实用发明专利 3 项。渔联网的应用可有效节省人工成本 50 万元 / 年，降低用药成本 40 万元 / 年，有效避免水环境污染。

（2）**推广示范效益**　在示范基地上，现已在安乡县安康乡打造了 1 个 1 300 亩智慧渔业示范基地，总投资 1 000 万元，基地现为 2020 年工信部智慧农业应用示范基地，2019 年获得第六届全国青年创业大赛银奖，2019 年获得安乡县科技进步奖二等奖，同时联合淡水鱼类发育生物学国家重点实验室刘少军院士团队建立新品种产学研示范基地。

撰稿：常德启腾水产服务有限公司　夏腾

湖南省怀化市沅陵县五强溪辉佳水产基地案例

需求与目标

沅陵县五强溪辉佳水产养殖专业合作社最初的业务是网箱养鱼和大水面生态养鱼，而沅陵县是网箱养鱼大县，仅五强溪库区网箱养鱼从业人员达 5 万人以上，网箱养殖面积达 110 万 m^2，网箱水产品年产量达 1.5 万 t，网箱分布于五强溪库区沅水河主干道及支流，局部区域养殖密度过大，水质污染严重。

为贯彻落实党的十九大关于加快生态文明建设的要求和习近平总书记在推动长江经济带发展座谈会上的重要讲话精神，切实加强沅陵县五强溪库区生态环境保护，促进生态文明建设，结合沅陵县实际，县委、县政府决定依法取缔五强溪库区范围内养殖网箱及水上垂钓平台。县委、县政府在抓生态文明建设的同时，又要抓经济建设，为实现沅陵县渔业转型升级，县委领导多次召开专题会议，专题研究网箱上岸后，渔业如何增产及渔民如何增收问题，并多次组织县水产专家和水产养殖大户到四川、重庆和湖北等地考察学习，通过考察学习，结合沅陵县实际情况，沅陵县地广人稀，生态优良，水质良好，溪流众多，水量充沛，水流落差大，一致认为流水养鱼是以后沅陵县渔业发展的方向。

做法与技术

沅陵县五强溪辉佳水产养殖专业合作社成立于 2012 年 8 月 22 日，位于沅陵县二酉乡洪树坪村，注册资金 200 万元，工商注册社员 69 户。该社通过引进新品种，应用新技术，引导社员进行观念、知识和技术的更新，同时为社员提供优质水产苗种，统一采购饲料和药品，并进行技术指导和跟踪，最终实现产、供、销一体化。沅陵县五强溪辉佳水产养殖专业合作社作为沅陵县水产养殖企业龙头，多次被邀请外出考察，通过分析研究，山泉水流水养鱼是合作社发展的方向，这种养殖方式，将会引领沅陵县渔业转型升级，也将成为沅陵渔业特色。合作社成立至今，从事大水面生态养殖 1 200 亩，高标准鱼苗鱼种培育池 42 亩，稻田综合种养 300 亩，山泉水流水养殖 11 亩。养殖品种有加州鲈鱼、斑点叉尾鮰、四大家鱼、鲤鱼、鲫鱼和甲鱼，可年产鲜鱼 9.8 万 kg，其中成鱼 6.65 万 kg，鱼种 3.15 万 kg，年产值达到 254 万元，纯利润达到 52 万元。合作社主要业务，一是从事水产品养殖，提供水产种苗及投入品，提供水产养殖技术及信息和水产品深加工。二是提供农业生产资料，包括种子、农药、化肥，提供农业生产相关的技术及信息。三是流水养鱼＋物联网示范带动及智慧渔业技术咨询。流水养殖不同于大水面和池塘养殖，由于流水养殖水体交换量大，水中理化因子受天气影响大，实时监测非常必要，物联网的应用对于流水养鱼是不可或缺的。

(1) 硬件设施建设　沅陵县五强溪辉佳水产养殖专业合作社流水养鱼＋物联网项目于 2019 年 6 月破土动工，历经 8 个月，完成 1 期工程项目，于 2020 年 2 月第一批鱼种入池试养，边养边调试设备，同时进行 2 期工程施工，于 2021 年 4 月完成 2 期工程，两期工程总投资 268 万元，养殖场占地面积 12 亩，各类养殖池 19 个，养殖用水沉淀池 2 个，饲料房 1 间，药品房 1 间，办公及其他用房 6 间。

渔业物联网基地建设：运用物联网和云计算技术，按照鱼类生长的各项指标要求，进行定时、定量、定位云计算处理，及时精确地展现监测数据，进行自动化的控制调节水质，实现智能化、自动化、科学化的水产养殖过程。从而实现科学养殖，降低养殖成本和养殖风险，在保证质量的基础上大大提高了产量。

鱼病现场诊断

养殖场办公区

水质分析传感器

智能水质监测设备

智能备用电源

自动起吊鱼机

尾水处理区

(2) **软件系统建设**　智慧渔业智能管理系统：智慧水产物联网管理系统可以使养殖企业有效应用现代信息技术，由传统粗放型、经验型的养殖模式转变为精细化、网络化和智能化管理的现代水产养殖模式，在水质监控、精细投喂、病害防治、质量溯源等环节实现科学管理，有效增加产量，缩短养殖周期，减少养殖风险，减低生产成本，提升水产品品质的控制能力，同时可以减轻劳动强度，扩大生产规模，提高生产管理的自动化程度。

渔业病害远程诊断系统：渔业病害远程诊断包括自动诊断和专家诊断，建立人机交互的自动诊断系统，搭建专家远程诊断平台。渔业病害信息查询根据病害鱼类在特征描述的基础上构建诊断知识库，结合重大病害诊断模型筛选出病害重要的鉴别特征，最终将计算机技术、多媒体技术与专家知识结合在一起，就是按已知渔业的病害名称进行查询，可缓解专家的不足，提高重要鱼类病害的防治，加快科技成果的转化；病害网上诊断对病害诊断知识进行系统整理和较深入研究，通过渔业的种类、危害部位、疾病特征等系统的分类，可根据自己的情况，轻松获得自己需要的结果；专家咨询为快速监测和鉴定识别新发现或者通过物流传入到自然生态系统中的渔业有害生物，通过手机 App、在线咨询等方式由专家进行远程鉴定和诊断，提高有害生物的快速鉴别能力，建立渔业诊断网络体系，在重大病害的远程诊断和快速识别方面发挥重要作用。

经验与成效

(1) **经济效益**　实现通过互联网平台进行远程监测、预警处理、自动化设备调控和追溯管理。

(2) **社会效益**　安全溯源实现"流向可追踪、责任可界定、监管有依据"。水产品标识溯源数据中心包括全程追溯码、生产环节和入场环节 3 个可更新、查询和延展的数据库。其中，追溯码数据库只作为内部数据库，用于更新养殖单位相关信息、生成生产环节二维码和实现省、市、区的水产品质量安全追溯平台数据交互。通过建设数据中心完善水产品质量安全溯源机制必备的相关信息，把好产地、市场两个关口，为农业部门在监管、制订政策、溯源执法等工作中提供重要依据。

(3) **推广示范效益**　为发挥该项目的示范带动和产业引领作用，沅陵县农业农村局于 2020 年 11 月对该养殖场申报国家级水产健康养殖示范场，当年申报通过。辉佳"山泉鱼"商标品牌已在沅陵县注册登记，为拓展市场，合作社将在怀化市区建自己的形象店。据调查，目前已有 3 家企业在筹划建设流水养殖基地。

撰稿：沅陵县五强溪辉佳水产养殖专业合作社　李泽辉

新疆维吾尔自治区伊犁地区
尼勒克县喀拉苏乡天蕴水产基地案例

‖ 需求与目标 ‖

网箱养殖作为鱼类养殖的主要生产方式，在全球渔业养殖产业的发展中发挥着重要作用。多年来，我国淡水渔业主要以传统网箱养殖模式为主，利用湖泊、水库进行投饵网箱养殖，行业发展存在网箱养殖布局不合理，养殖技术不规范，废物处理不及时的风险，如不谋求技术创新，新疆水产养殖也将会走内地某些养殖大省先开发后治理的老路。传统网箱养殖亟须调整产业结构，优化产业模式，以适应新时代、新观念、新政策、新形式。

‖ 做法与技术 ‖

新疆天蕴有机农业有限公司成立于 2014 年 2 月，位于新疆伊犁尼勒克县喀拉苏乡三文鱼基地，注册资本 2.621 8 亿元，总资产 6 亿元，净资产 4.5 亿元。目前在册员工 158 人，其中当地农牧民 110 人，是农业产业化国家重点龙头企业、自治区扶贫重点龙头企业、高新技术企业、自治区专精特新"小巨人"。荣获"自治区疫情防控先进基层党组织""自治区 2020 先进基层党组织""自治区脱贫攻坚先进集体""自治区民族团结进步示范区示范单位""自治区文明单位"、自治区"工人先锋号"等称号，荣获第二届全国农村创业创新项目创意大赛总决赛二等奖，自治区科技进步奖二等奖，获全球水产养殖联盟 BAP 认证，HACCP 体系认证。在新冠肺炎疫情期间，是国家发展和改革委员会认定的 861 家菜篮子保障企业之一，自治区疫情防控重点保障企业。新疆天蕴主营业务为高品质三文鱼生态绿色养殖

多种利益联结机制助力脱贫攻坚

完整产业链

以及加工、储运、保鲜与综合利用，目前年可繁育三文鱼苗种 800 万尾，年产量 3 000 t，年销售收入上亿元。公司现已形成科技研发、苗种繁育、智慧养殖、加工、冷链物流、销售、餐饮服务于一体的完整产业链。

养殖水底废弃物无害化循环利用

(1)硬件设施建设 开创了全国首例自动化、智能化生态环保网箱养殖。养殖所采用的网箱区别于传统网箱，具有高度的抗风浪和环保特点，创新"生态环保网箱养殖技术"破解传统网箱污染难题。2019 年，此项创新荣获第二届全国农村创业创新项目创意大赛总决赛二等奖。在此基础上，利用先进的渔业装备技术和自主科技创新，2017 年便率先带领中国三文鱼行业迈入了数字化、智能化之路，成为全国首家利用数字渔业进行三文鱼养殖的企业，通过数字渔业实现养殖监控智能化，生产管理精准化，运营管理高效化，管理保障综合化。

研发了全国首个水下清污机器人。机器人在水下精准清污，收集的粪便及污泥经干化后制成有机肥用于园区绿化，实现了养殖水底废弃物无害化循环利用。

(2)软件系统建设 全国首家在生产上运用上下游水质在线监测系统实时监测水质的水产养殖企业。新疆天蕴引进全球最先进的水质在线监测设备安装在水库上下游，实时监测水质变化，同时委托专业第三方机构对水质在线监测系统进行运营和维护，监测数据联网环保部门，如有异常能够做到及时管控。

7年来，通过上下游水质实时分析比对，公司养殖区下游水环境质量未下降。

（3）**生产技术创新**　新疆天蕴高度重视科技创新，与中国海洋大学、大连海洋大学、中国水产科学研究院等建立长期合作，推进产学研深度融合，已实现20余项渔业装备专利技术，科技成果成功转化。新疆天蕴依托新疆渔业装备工程技术中心，在渔业科技领域创新"五个第一"引领产业高质量发展。

新疆天蕴大水面生态渔业

自动化、智能化生态环保网箱养殖

半封闭循环水生态养鱼系统

推进产学研深度融合

高品质三文鱼生态绿色养殖

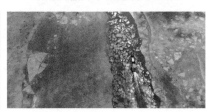
首创半封闭循环水生态养鱼系统

制定了全国首个生态环保网箱标准。新疆天蕴制定并实施了全套企业标准，在此基础上，还与新疆维吾尔自治区水产科学研究所共同编制了《绿色生态 虹鳟鱼环保网箱养殖技术规范》（DB65/T 4141—2018），系全国首个涉及生态环保网箱的地方标准，填补了标准领域的空白，对全国范围内开展生态环保网箱水产养殖都具有极大的借鉴意义和参考价值。2020年6月新疆天蕴和新疆维吾尔自治区水产科学研究所完成了绿色生态虹鳟鱼环保网箱养殖技术的科技成果登记。

首创半封闭循环水养殖系统并取得成功。冷水鱼养殖过程中普遍会遇到由于夏季水温高导致鱼的食欲下降，进而影响鱼的正常生长发育。通过这套系统的研发与应用，使商品鱼生长周期从36个月缩短至26个月，成活率提高3%，饵料转换率提高10%，综合利润率提高10%。并有效化解极端气候条件对渔业生产带来的风险，为冷水鱼生长创造出最佳环境。

▌经验与成效 ▌

（1）**社会效益**　该项目的应用成功，贯彻了五大发展新理念，科学地开发了尚未被充分利用的水资源，实现新疆冷水鱼产业协调发展，并为全国大水面生态环保网箱养殖业的高质量发展提供了重要技术支撑。按照《产业准入负面清单》管控要求2020年底包括网箱养殖在内的限制类产业需全面清退。生态环保网箱养殖技术不局限于新疆冷水鱼产业，还直接推动了国家产业政策关于网箱养殖部分的适时调整，成功且及时地保住了全国渔业网箱养殖的生存和发展空间。

（2）**生态效益**　新疆天蕴成功破解传统网箱养殖的环保难题，项目经环评验收，证明了项目开展对水质没有负面影响，真正做到了将绿水青山变成金山银山。2020年，新疆天蕴三文鱼养殖基地被农业农村部确定为大水面环保网箱养殖示范观摩点。

（3）**推广示范效益**　项目成为示范项目，国内不断有从事水产养殖的主体，例如新疆泉盛渔业养殖有限公司、青岛越洋水处理设备工程有限公司等引进了本项目，取得了很好的经济效益与环境效益，推广应用效果良好。

撰稿：新疆维吾尔自治区农业农村厅信息中心　麦热帕提·玉山江　李智勇　张文慧

四、智能农机

吉林省农业机械化管理中心案例

需求与目标

吉林省是农业大省，也是东北黑土区核心地带，黑土耕地面积9100余万亩，占全省耕地总面积的90%以上。实施黑土地保护性耕作是保护黑土地的重大技术，迫切需要集成推广应用农业机械化信息化智能化技术，加大监测监管力度。

围绕深入贯彻习近平总书记关于"大力推进农业机械化、智能化，给农业现代化插上科技的翅膀""切实保护好黑土地这一'耕地中的大熊猫'"等重要指示精神，按照吉林省委、省政府的部署和要求，省农业农村厅积极整合农机化信息化资源，由省农业机械化管理中心与中国农机院合作开发建设耕作远程电子监测系统，推进物联网、大数据、智能控制、卫星定位等信息技术在农机装备和农机作业上的应用，努力打造全国农业机械化信息化智能化的吉林特色样板。当前和今后一个时期，充分利用吉林省农业机械化智慧云平台暨黑土地保护性耕作远程电子监测系统，加快远程电子监测设施设备武装和先进实用技术推广，为保护性耕作监测监管装上"智慧天眼"。截至2020年年底，全省各地已安装保护性耕作监测设备7000多台，2021年春季各地计划安装可超过1万台，总量可达到1.8万台，力争到2022年春季突破3万台，提早实现农业农村部关于东北黑土地保护性耕作行动计划技术指引和实施指导意见提出的"基本实现保护性耕作补助作业地块信息化远程监测全覆盖"的目标，为保护好利用好黑土地这一"耕地中的大熊猫"、稳定提升粮食综合产能提供重要保障。

做法与技术

吉林省农业机械化智慧云平台升级建设项目是2019年由吉林省农业农村厅立项，具体由其所属的吉林省农业机械化管理中心负责承建。项目总投资635万元，全部由省财政投资解决。吉林省农业机械化智慧云平台，即黑土地保护性耕作远程电子监测系统。平台工作原理是综合利用北斗卫星导航定位技术、遥感地理信息技术、现代传感器技术以及移动通信技术等，面向农机管理部门、农机专业合作社、家庭农场和农机大户等构建的农机作业物联网监管与服务系统。平台业务流程是：在农机作业时，利用远程电子监测数据采集终端采集作业数据，通过无线传输技术发送到互联网，存储在农机化信息管理数据中心；农机化管理部门通过管理软件服务平台，调用数据中心数据进行农机作业数据的统计、分析和汇总；通过农机化远程调度指挥监控中心，实现对全省农机规模作业情况的有效监管。平台包括保护性耕作、深松整地、试验鉴定、购置补贴、安全监理、社会化服务、其他作业和数据分析等8个功能板块。

保护性耕作：2020年，国家启动实施《东北黑土地保护性耕作行动计划（2020—2025年）》，到2025年在东北地区实施保护性耕作1.4亿亩。2020年吉林省实施1850万亩，2021年计划实施2800万亩，力争到2025年达到4000万亩。

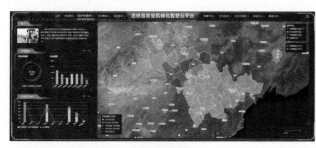

保护性耕作

总览

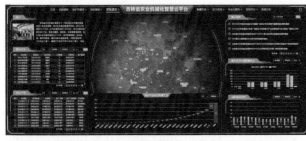

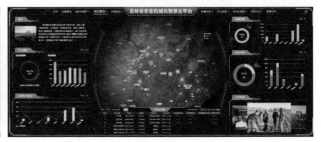

试验鉴定   购置补贴

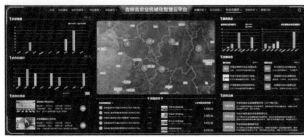

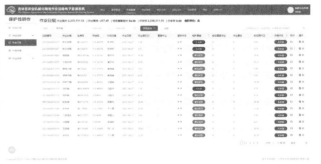

社会化服务   深松整地

日报查看   作业日报

深松整地：2008 年，吉林省率先在全国由省级财政补贴实施农机深松整地项目，截至 2020 年累计投入补助资金 18.567 亿元，其中中央 9.657 亿元，省级 8.91 亿元，累计作业 1.766 亿亩。

试验鉴定：2015 年以来，吉林省累计承担和完成国家支持推广鉴定项目 492 项，省级推广鉴定项目 500 项，省级定型鉴定项目 470 项。

购置补贴：对改善农业装备结构、发展现代农业、繁荣农村经济具有重要意义。2004 年以来，国家累计投入省农机购置补贴资金 146 亿元，省级投入 20 亿元，补贴农机具 96 万台套，受益农户 75 万户。

安全监理：以保障农机安全生产为目的，依法实施农业机械登记、检验、驾驶操作许可、农机事故处理的指导、检查和监督行为。

社会化服务：指农机服务组织、农机户为其他农业生产者提供的机耕、机播、机收、排灌、植保等各类农机作业服务，以及相关的农机维修、供应、中介、租赁等有偿服务的总称。农机社会化服务可以聚集先进的生产要素，带动其他各类农业专业合作社或服务组织的发展，促进现代农业和小农户的有机衔接。截至 2020 年，吉林省各类农机服务组织 9 291 个，农机专业合作社 6 361 个。

其他作业：近年来全省探索实施玉米籽粒机收与烘干、马铃薯机播机收、机械化高效植保、秸秆捡拾打捆离田等农机技术推广作业补助项目，分别实施 6 万亩、20 万亩、368 万亩和 218 万亩。当前和今后一个时期，可根据农业生产和农机化发展实际需要，研究谋划开发有关农机化发展项目，通过信息化智能化技术实施监管监测和推动落实。

数据分析：是大数据理念、技术和方法在农机化领域中的实践和应用，涉及耕地、播种、施肥、杀虫、收割、存储、育种等各环节，是跨行业、跨专业、跨业务的数据分析与挖掘，以及数据的可视化。加快推进农机化大数据在农机化全程全面高质高效发展中的应用，对于促进传统农业向现代农业转变具有重要意义。

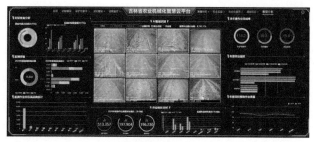

数据分析

经验与成效

（1）**经济效益**　系统监测秸秆运用和补贴资金的科学数据，秸秆还了多少，是全覆盖、是部分覆盖、还是没覆盖，一目了然，想糊弄是没门了。那么多的补助资金都发到哪儿去了的担心，有了这个系统监测到的数据作铁证，谁干了多少、谁得了多少补助，一清二楚，想套补是没戏了。现在，财政、审计、生态环保等有关部门开展保护性耕作专项检查，都来调取监测数据。

（2）**社会效益**　发生两个转变。从"肉眼"向"天眼"的转变，以往是人盯人，很难避免不出现有看走眼的时候，现在是靠智能化设备做实数据，想造假都很难，"人防人"明显干不过"机防人"。从"质量监测难、面积核查难、补助资金发放风险隐患大"的"两难一大"向"两易一小"转变，改变了"眼睛看、尺子量、人工统计层层报表"的传统方法。

（3）**推广应用效益**　实现三个统一。平台统一，将省、县、企业各自拥有的平台统一对接到省平台，消除各自林立的"平台烟囱"，重点消除生产销售终端设备企业自建平台的壁垒和垄断，构建起终端直接对云平台的闭环系统。接口统一，云平台对县接口、对生产销售企业接口都统一为1个标准，一把尺子量到底。数据统一，终端数据时时上传，留下最基础最原始数据根据，在此基础上以县为单位统一汇总，列出县份数据清单，每个县通过自己的端口获取数据，以此作为质量监测、面积核查、补助资金发放的重要依据。出现不规范作业，系统自动发出异常预警。出现重复面积，系统自动检测扣除。

撰稿：吉林省农村经济信息中心　　田海运
　　　　吉林省农业机械化管理中心　　刘玉梅　张旭

湖南省湘源金穗水稻直播装备案例

需求与目标

20世纪90年代，中国开始重视水稻生产，这导致了水稻产量的快速增长。近年来，随着我国水稻生产机械化技术的发展，水稻直播技术已经成为目前研究的热点技术。中国对水稻直播技术的研究也取得了一定的成果。目前开发的直播机主要包括上海、广西和江苏生产的直播机。例如上海的水稻直播机具有开沟和播种两种功能。广西水稻直播机采用电磁振动方式，通过直播机的各种工作性能来提高播种效率。江苏的水稻直播机非常高效，操作简单，有利于节约播种成本，张顺等研制了一种气力滚筒式水稻直播精密排种器，能满足当前杂交水稻的精量播种要求。由此可以看出，我国水稻直播技术已经处于快速发展阶段，未来将会得到有效应用。

做法与技术

湖南湘源金穗智能装备有限公司成立于 2005 年 9 月。公司占地面积 60 多亩，拥有研发大楼 2 000 m²，生产车间 28 000 m²。公司是首批经工信部认定符合联合收割机和拖拉机行业准入条件的规模以上工业企业。

（1）**合作与交流**　湖南湘源金穗智能装备有限公司作为 TIAA 农业全过程无人作业的首批骨干单位，与江苏大学刘继展博士领衔的技术小组结成团队紧密协作，率先推出了无人驾驶履带拖拉机（打浆平地机），先后参与了 2018 年江苏兴化举办的全国首轮农业全过程无人作业演示、2019 年建三江农业全过程无人作业演示等活动。受邀在北京参加了工信部车载信息服务产业应用联盟（TIAA）组织的 12 个省市 14 种作物 3 种地形的"自动驾驶 + 自动作业"试验推进会和座谈会，进一步和江苏大学携手积极筹划承担"湖南省油茶果全程无人作业示范"任务。历次展示先后被中央电视台新闻联播与新闻 30 分节目、人民日报、新华日报、黑龙江日报等数十家媒体报道，公司被 TIAA 授予无人作业展示先进单位。

（2）**生产技术创新**　水稻直播分旱直播和水直播两种。机械直播技术应付旱直播作业尚可，但用于水直播却存在下述明显缺陷。

缺陷一：草害重。这是影响直播稻高产的主要因素。叶期后杂草大量发生时，还要用药撒施。这种除草害方法叫化学除草。不仅费工费时费成本，而且这些药剂中含有对人体有害的物质，残留在田泥中，一旦被苗吸收，水稻质量不达标。本案例创新点"物理除草"的专利技术，节能环保，可靠适用。

缺陷二：鼠害、雀害。由于水直播种子没有压种，大都暴露在泥面，容易招来老鼠和麻雀为害。播种前 2 ~ 3 d 要全面统一灭鼠，用"采鼠"或"致鼠纳"拌稻谷，防治雀害，也要用 0.3% 辛酸磷拌种撒置田埂。本案例创新点"物理避鼠雀"的专利技术，节能环保。

缺陷三：难全苗。直播种子入泥深度最好不要超过 1 cm，由于泥面不免有凹凸不平、泥质有软硬不同，甚至存在水洼，而机械播种使用气动、振动方式，均是不变的功率，种子的下落重量基本恒定，所以播种的入泥深度不可控制。如果入泥超过限度，出苗时间过久，甚至有闷死泥中出现漏兜的现象。至于无人机、手动撒播机及人工撒播等方法也存在同样的缺陷。本案例的创新点"精准播种"的专利技术，不受水稀泥烂的影响，精准定位，确保全苗出土。

针对上述我国现行水稻穴播、条播、漫散等直播应用技术方面的缺陷，本案例推广一种水稻水直播应用技术的智慧农业信息。技术集成了机械、电子、软件多种技术，是一个系统工程。现简述如下：水直播种子库的建立，制作材料研发和选型，自动化制作装备的研制。水直播播种机的研发，机型结构的研发，北斗导航、无人驾驶的整合，自动作业动作控制系统。试验基地的配套投入。播后抗寒功能的发明。本系统的问世将全面将取代移扦农艺，简化了水稻生产的复杂环节，节能减排，增产节支，为无人化农场创造了条件，是实现智慧农业的关键。

本项目在 2020 年开始研发，耗资 1 000 万元。各子课题已经完成，并在双峰祥瑞农民合作社建立了试验基地，专利申请 12 个，其中发明专利 2 个正在批准中。内发论文 3 篇，本技术尚未向外公开。公司设想引进天使轮投资，从原料到设备智能制造全线上马，目标产值 10 亿元 / 年。

经验与成效

（1）**经济效益**　农业水稻生产由种、耕、收、管四大环节组成。其中，耕、收、管 3 个环节已具备机械化基础。其农机装备很快实现智能化,唯独种植环节采用的移栽方式仍停留在半手工状态。虽然有育秧装备、插秧机,但农艺复杂,工作量大,成本高。据估算,直接成本比直播高出15%。

(2)推广示范效益 随着人类进步和现代农业的科技发展,水稻生产最后一个技术瓶颈——"直播"即将突破,目前水稻直播的机械化轻简高效,已被部分农村接受,据不完全统计,全国的水稻种植面积的30%,如果本项目得以实施,克服了现有机械化直播的缺陷,对规模化生产意义重大,推广前景好。水稻水直播将很快取代流传数千年的移栽技术,具有可持续性。

撰稿:湖南湘源金穗智能装备有限公司 胡华锋 李源湘

广东省农机社会化服务与一站式托管案例

‖ 需求与目标 ‖

在我国土地流转、农业结构调整的背景下,"谁来种地""怎么种好地"成为主要问题。第三次农业普查数据显示,2016年全国2.3亿农户,2.1亿农业经营户,平均每户承包不到8亩耕地,每个地块不到1亩。在城市,父母要上班,孩子可以送去托儿所;在农村,农民要外出务工,土地可以送去"托管所"。近年来,土地托管成为广东等华南省份社会化服务的新模式,不仅解决了"谁来种地、怎么种地"的问题,还实现了农业规模化、集约化、机械化生产,让农民外出务工没有后顾之忧。

‖ 做法与技术 ‖

(1)软件系统建设 研发农机作业远程监测与管理系统。系统集成物联网、GIS、4G/5G通信技术,适应华南农机作业现代化、机械化发展需求,以"农机+互联网"应用模式,逐步将该技术应用在农机监管、农机监理、作业统计、作业监督、农机调度、农机社会化服务与农业托管领域。

(2)生产技术创新 通过SaaS模式将农业机械作业调度管理与互联网应用服务结合在一起,属于一种应用创新。目前,国内还没有专门针对农机作业管理的SaaS模式的应用平台,建设该平台具有一定的领先性。通过采用虚拟化技术实现将网络上分布的计算、存储、服务构件、网络软件等资源集中起来加以利用,为建设整合、绿色、融通的农机信息化平台提供了一套极具借鉴意义的发展模式和建设思路。研发的管理平台采用SOA架构、J2EE技术,能适应不同的操作系统、数据库系统;同时,与硬件平台无关,实现了跨软硬件平台,通用性好,实用性更强,可靠性高。

农机定位:通过装置在农机机身上的农机监测终端,利用GPS/北斗定位技术,对农机实时位置进行追踪,农机定位功能帮助实现面积测算、农机调度与防盗安全。农机状态监测:农机监测终端可以通过OBD协议连接发动机ECU,读取发动机转速、油温、里程数、水温等系列参数,能够实现机手对农机的工作状态实时掌握,极大简化农机的维修与保养。农机作业监测:通过各类传感器、摄像头、综合采集各类数据,如收割机的割台状态、滚筒转速、深松机的作业角度监测从而对作业深度实时测算、现场照片等,结合软件功能,实现农机作业的精准化在线管理,数据保存方便核查。实时监测/回放:提供实时查看农机状态,作业状态功能,方便机手和管理人员自查自纠,提升耕作质量,同时历史轨迹回放,可以有效帮助解决耕作作业面积与统计面积的争议问题。农机信息管理:包含农机名称、型号品牌批号、对应机具名称型号批号、司机名称、操作记录、作业里程、维修记录等，建立以农机为对象的数据库系统，以机查人、物、事，实现整体农机信息化管理。报表统计：各类数据可以直接通过 Excel 导出，系统还可以自动进行数据处理，生成直观的统计图形。

经验与成效

(1) **经济效益** 通过农机作业远程监测与管理关键技术，能有效地增强农机配置的合理性，为农业一站式托管服务模式提供技术支撑，从而最大限度地降低劳动力成本 200 ～ 350 元 / 亩，提高农机利用率 200% 以上，降低农户化肥农药成本 50 ～ 80 元 / 亩、提升农机手收入 200 ～ 300 元 / 亩。

(2) **推广示范效益** 韶关曲江胜意农机合作社、蕉岭伟强农机合作社、开平永晖农机专业联社等单位依托健坤公司的"农机作业远程监测与管理关键技术"，建立托管服务作业台账，真正实现有据可查、有果可依，让农户放心地选择托管服务。推广 5 年以来，累计实施水稻机插秧等社会化服务面积超过 500 万亩，有效带动小农户接受社会化服务。应用覆盖广东、四川、广西、海南 288 家农机合作社，4 500 多位农机手，让数据多跑腿、群众少跑腿，推动各地农机社会化服务工作和一站式农田托管服务形式开展。

撰稿：广州国家现代农业产业科技创新中心　　张璟楣　　毛亮
　　　广东省现代农业装备研究所　　　　　　刘海峰
　　　广州市健坤网络科技发展有限公司　　　汪洋

新疆维吾尔自治区博州农业农村机械化发展中心案例

需求与目标

习近平总书记指出"要大力推进农业机械化、智能化，为农业现代化插上科技的翅膀"。农业农村部《关于印发〈2020 年农业农村部网络安全和信息化工作要点〉的通知》也再次强调推进机械化与信息化融合。大力推行"互联网 +"农机管理服务，持续推进农机鉴定、认证、购置补贴、安全监理、统计等数据资源互联互通。

做法与技术

博州农业农村机械化发展中心是自治州农业农村局管理的全额事业单位，负责全州农业农村机械化发展工作规划、计划的拟定实施；农机化新机具、新技术引进、试验、示范、推广等技术服务工作；农机化发展项目和资金使用方案的拟定实施及农机化发展研讨、经验交流、业务培训、技术咨询等工作。

(1) **基础设施建设** 新疆博州全州共有土地可种植面积 288 万亩，种植作物主要有棉花、玉米、小麦、食葵、甜菜等。

(2) **软硬件集成系统建设** 智慧农机管理平台。由智能终端、云平台、应用程序 3 部分组成，通过安装在作业现场的智能终端、智能感知设备和控制设备，将农业生产中的各类数据实时采集并远程传输到平台，平台对各终端采集的数据进行存储和分析处理。核心部分为应用程序。能够根据实际应用需求将区域内各项农业相关数据进行综合展示，包括展示区域作业总量、农机总量、补贴金额、合作社数量等总体概况，并支持上述数据按时间轴进行分量统计，按行政区域进行分区统计，按数据类型进行分类统计，统计结果均可通过图表的形式直观呈现等。

（3）**运营模式创新**　政府部门主导，企业参与建设，经营组织和群众受益。博州在2020年开始建设博州智慧农机管理平台，用于统一监管全州农机作业数据，在项目初期大力推广给试点县市安装智能终端，远程监测农机作业质量，并根据平台采集的农机作业数据发放农机深松作业和残膜回收作业补贴。由于前期宣传培训效果明显，机手作业后已经习惯用手机作业面积查看且准确率高，并且农机局根据平台上各机手的作业数据作业质量作为发放补贴的依据。用户安装积极性很高，自费安装了智能终端的农机的作业数据能够实时上传到州平台，根据平台监测的农机面积、作业质量享受作业补贴。后期逐步分期建设，完善扩展平台功能，打造成为涵盖农业种植、畜牧业养殖、农机精准作业管理、农业社会化服务等内容的智慧农业整体性平台。

平台服务　　　　　　　　平台气象信息　　　　　　　　平台首页

导航播种作业　　　　　　棉花收获作业　　　　　　棉花植保监测

经验与成效

（1）**社会效益**　一是有利于增强农机信息化管理服务能力，增进与农机行业工作者的联系沟通，提高农机工作者的信息化工作自觉意识和能力水平。二是有利于提供切合现实农机管理服务需求、高效便捷的农机信息化管理服务工具，带动全州农机信息化使用率、覆盖率提升。三是有利于降低农机信息整合难度，实现农机质量的远程监测、监督，提高工作效率，加强和创新农机管理。四是有利于推进农机局信息化建设，构建高效快捷的在线服务体系。五是逐步健全完善农机管理服务机制，形成农机信息化管理服务新常态。

积极探索中国特色现代化智慧农业高质量发展模式。在农业现代化发展的今天，解决"谁来种""如何管""怎么销"的问题，无论哪种解决方案都离不开农业机械在农业发展中的核心作用，没有农机的现代化、信息化、数字化、智能化，农业的高质量发展就无从谈起。依托博州智慧农机服务平台，加快推进以5G、物联网和北斗导航为代表的信息化、智能化等技术在农机上的运用，以示范区（点）建设为抓手，建设集"耕-种-管-收-销"为一体的智慧农业（农机）系统，并逐步打造智慧牧场、智慧渔场等特色型智慧产业。

确保粮食安全战略的现实需要。首先是保障"量"的需要，通过设备监测汇集成农业大数据，可精确掌握主要作物的种植面积；通过信息化手段对作物生长周期的全程监测，实现最优化测土配方、水肥一体、病虫害防治等作业,确保单位产量。其次是保障"质"的需要,通过数据分析和连续监测,优化地块的种植模式,监测地块化肥、农药使用状况,在确保单位产量的同时,保障农产品质量,并为农产品追根溯源提供依据。

(2)**推广示范效益** 政府管理部门实现对农机手,农机具,农机行为进行信息化管理,保障作业季节有足够农机作业,实现对享有国家购机补贴政策的机具提供监控管理和智能验机功能,防止补贴资金被恶意套取。提供信息发布功能,实现实时农业资讯、农业指导以及紧急通知,减少因信息闭塞导致的不必要的损失。

农机合作社实现农机作业面积统计查询功能,准确掌握农机作业进度,方便对农机手进行绩效管理。提供信息发布功能,实现对农机手作业的指挥调度、农机维修、招聘农机手以及其他信息的快速定向发布。

面向农机手提供农机定位、作业位置导航和历史轨迹查询,提供作业面积查询和测亩功能,方便自我核算作业报酬。根据监控的农机状态,为农机手提供维修保养提醒服务,方便农机手对农机进行维修保养;还可以为农机手提供主动找农活窗口,为农机手增加收入。农户提供基于北斗的农田位置信息和农田附近的空闲农机基础信息,可以让农户自行联系选择农机进行作业,实现农户、农机及农机手的供需对接。

截至 4 月 22 日,博州一期项目正在实施中,智慧农机服务平台已初步建成,在两县一市建立以农机合作社为示范点 5 个,已接入智慧农机服务平台机具 635 台(套),完成春季作业监控面积 21.18 万亩。

撰稿: 新疆维吾尔自治区农业农村厅信息中心 姜佳馨 邱勇

五、智慧园区

北京市房山区国家现代农业产业园案例

需求与目标

立足北京、面向全国,构建"全要素、全周期、全视角"云服务平台,将产业园涉农数据资源、物联网监测数据及扎赉特旗国家现代农业产业园壹号基地数据汇聚整合到园区大数据中心。通过大数据分析决策服务于主导产业全产业链各环节,集中打造先进农艺技术与现代信息技术融合的国家现代农业产业园总部基地模式。同时,通过与智慧农业平台运营相结合的"良乡优品"公共品牌建设,服务于全国的现代农业建设,支撑县域数字经济实体建设。

做法与技术

北京市房山区国家现代农业产业园智慧农业应用基地由北京农业信息技术研究中心赵春江院士团队和北京市房山区政府共同打造。基地总面积3.89万亩,辐射16个行政村,服务2.1万农业人口、50家入驻企业。

(1)**硬件设施建设** 在全产业园推广部署了中心各类物联网监测控制设备200余套,构建了大数据业务集成、环境监控、远程监控、"三链合一"透明链品控、电子商务、大数据分析等10个智慧农业系统,整合了房山区及全国114个国家现代农业产业园的基础数据资源,集中打造了先进农艺技术与现代信息技术融合的国家现代农业产业园总部基地模式。

核心区

蔬艺园俯瞰图

种植基地

仓储物流基地

生产加工线

智慧农业平台

连栋温室种植基地

水肥气一体化雾培蔬菜种植基地

卓宸畜牧养殖基地

(2) **软硬件集成系统建设** 建设现代农业产业园，构建了"1+N+N"的国家现代农业产业园总部平台，实现要素集聚和辐射，充分发挥了园区的整体效应。"1"：构建1个监－控－管－营为一体的智慧农业云平台，依托房山国家现代农业产业园大数据中心基础设施，按照总部基地模式，打造先进的农艺技术与现代信息技术深度融合，构建全要素、全周期、全视角的智慧农业平台；依托智慧农业大数据和透明链品控体系，以区块链技术结合物联网技术和互联网技术，推进"良乡优品"公共品牌数字体系，支撑农商互联、农社互通、产销互促、产融互利智慧农业运营模式。"N"：研发多项产业数字化管理与数字产业化运营公共云服务。结合园区公共服务管理、物联网监测、视频监控管理以及总部平台供应链、资金链和数字链"三链合一"产销对接核心模块，为产业园导入科技、政策、资金、人才等核心资源，提供园区公共管理、标准化生产社会化服务、品质提升和农民利益连接等全方位公共服务，实现立足北京面向全国现代农业产业园的战略目标。"N"：平台可定制分地域、产业、业务的多维度"良食地图"。面向大田、设施、果园、畜禽水产等领域，主导产业全产业链各环节，提供资源管理、物联网智能管控、品牌提升与产业融合服务、三链合一透明链品控、天空地一体化遥感监测、农机智能作业与社会化监管服务、水肥一体化智能灌溉、病虫害绿色防控、农业业态与农业投入品监管、生产管理服务、电商、大数据分析和智慧农业服务等多项专业指导，为实现农业产业数字化转型提供技术支持。

针对在全国科技创新中心建设一流国家现代农业产业园面临技术选择与模式设计难等问题，运用物联网、大数据、区块链等现代信息技术，设计开展了先进农艺技术与现代信息技术相融合的智慧农业平台建设，服务于主导产业全产业链各环节；针对产业园全国示范引领和可持续运营模式支撑等问题，设计了数字孪生体总部基地模式。即在物理空间，按总部基地模式构建"全要素、全周期、全视角""监－控－管－营"智慧农业平台，实现产业数字化，面向全国进行产业示范，吸引优秀经营主体、园区入驻产业园。在数字空间，按总部经济模式充分利用并盘活智慧农业平台汇聚的大数据数字资产，为产品品质保障提供数字身份证认证，驱动并支撑运营对接，实现数字产业化，吸引更多国家现代农业产业园加盟以"良乡优品"公共品牌标准为导向的数字经济建设。

(3) **运营模式创新** 在产业园建立了"三链合一"的良乡优品总部经济数字化透明链品控与电商服务模式，以保障农户、合作社利益为核心，连接政府、企业和农户，促进可信流通、促进优质优价、对接线上线下多维渠道，以北京市房山区为数字港，通过"现代农业产业园 + 农业合作社 + 中小农户"建立农业社会化服务体系，系统性帮助全国各地农业增效农民增收。

‖ 经验与成效 ‖

(1) **社会效益** 房山区国家现代农业产业园总部平台不断注入农业现代化辐射应用活力，成为驱动国家现代农业产业的发展引擎。平台面向农业农村部等国家部委建立的大数据价值仓，可有效协助其宏观掌控全国产业园及全国现代农业建设动态。总部平台积极构建"政府引导、平台赋能、龙头引领、机构支撑、多元服务"的联合推进机制。国家现代农业产业园总部平台的建设，将为我国农业产业园实现种养规模化、加工集群化、科技集成化、营销品牌化，为一二三产业融合发展提供科学、全面的技术支持。

(2) **推广示范效益** 房山区国家现代农业产业园总部基地通过与运营相结合的"良乡优品"公共品牌建设，服务于北京市乃至全国的现代农业产业园建设，已经初步实现内蒙古扎赉特旗等基地产业园的数字化接入与主导产业品种在房山产业园的现代化种植展示，正在为湖南常德、安徽天长、山西隰县等国家现代农业产业园输出建设经验和模式，成为全国现代农业产业园建设首都窗口，为全国第一梯队获得农业农村部认定通过的国家现代农业产业园，得到了中央电视台等媒体报道，并支撑园区遴选为2020全国农民丰收节启动活动主会场，承办了2020年金秋购物节相关活动。

疫情期间，中心在保障园区智慧农业平台抗疫助生产、数字产业化提升和乡村建设等方面积极提供技术支持，支撑智能调控42栋日光温室、15 000 m² 连栋温室，绿色防控54栋日光温室，日供4.9万kg鲜菜。同时配合园区接待农业农村部、北京市、房山区等政府部门领导，为产业园提供技术咨询服务；向来自全国现代农业产业园和相关部门的来访人员开展了20余批次、600人次的产业园平台服务和建设模式培训。

撰稿：北京市数字农业农村促进中心　郭嘉

内蒙古自治区乌海市
乌兰淖尔湖智慧有机农业田园综合体案例

需求与目标

田园综合体是集现代农业、休闲旅游、田园社区为一体的特色小镇和乡村综合发展模式。乌兰淖尔湖田园综合体位于乌海市乌达区乌兰淖尔镇，规划范围南至神北一街，北至海乌快速路，东为黄河（乌海湖），西到乌海绿色生态产业园。规划面积6.4万亩，按照"一镇一园四区"进行功能分区，即蒙西风情小镇、绿色生态产业园、温泉养生度假区、生态农业体验区、户外营地服务区、滨水休闲娱乐区。通过创建自治区级、国家级田园综合体试点，将其打造成内蒙古农文旅一体化旅游目的地。以农业为依托，合理布局，以创新为动力，以增强科技服务能力为重点，发挥龙头企业的引领作用，实现区域内农业增效、农区居民增收，为全面提升区域及周边农业生产现代化水平作出贡献，实现"村庄美、产业兴、农民富、环境优"的总体目标。

做法与技术

内蒙古森泰农业有限责任公司成立于2010年，是集有机果蔬种植、农产品深加工、农资产品销售、科研开发、观光旅游于一体的企业。公司是内蒙古自治区农牧业产业化龙头企业、乌海市扶贫龙头企业，现有耕地10 883亩，配套建设冷藏冷库5 000 m³，1 000 t。公司自成立以来，积极发挥龙头企业的带动作用，每年带动低收入30~120人就业。采用"龙头企业+集体经济公司+贫困户"的模式发展本地区扶贫产业，公司有8款产品被国务院扶贫办认定为扶贫产品，注册了"乌兰湖""天天荞"等12个商标，形成了自有的品牌矩阵。

（1）**基础设施建设**　建设乌兰湖有机农业田园综合体项目。以政策为指导，以市场为导向，以企业为主体，以农业为基础，融合二三产业，形成多功能、复合型、创新型的农业综合开发项目。利用高新技术、标准化种养殖技术和可追溯体系，生产有机、健康的农产品，满足乌海市及周边居民的需求；通过延长农业产业链，增加农产品附加值，提高农民收入水平；通过一产三产融合发展，优化农业产业结构，为市民提供休闲度假场所，促进城乡互动；深度挖掘农耕文化、民俗文化与军旅文化，增强产业发展活力，传承文化。打造有机农产品生产加工基地，确保市民健康食品供给，打造城市近郊型休闲度假之地，满足市民回归田园需求。

环境感知设备 病虫害识别与治理 生产管理平台

（2）**系统平台建设** 农产品智能储运系统：智能储运功能分为智能物流和智能存储两个方面。智能物流通过应用身份识别和GPS等技术对农产品进行远程标识和跟踪，实现对农产品的非接触式物流管理，即无须手动扫描识别和搬运而借助于自动控制技术实现农产品的智能自动化分类、分拣、装卸、上架、追踪和销售结算等。由于农产品的存储需要控制温度、湿度、光照等条件来实现保鲜和防腐，智能储运一方面可以保障食品安全，另一方面也可以实现节约能源的目标。

智能畜牧管理系统：通过在养殖场部署各类传感器和摄像头，建立牲畜基本信息管理、电子履历、疾病管理、防疫管理、生长发育管理、营养管理、繁殖管理、畜牧数据报表等，建立面向养殖场的一整套智能化养殖生产系统，提高养殖场的智能化管理水平。

大数据管理系统 视频监控系统

病虫害识别与治理系统：通过机器视觉和人工智能，使部署在农作物生产现场中的摄像头、相机等农业装置具备智能的视觉识别能力，实现了对于农作物疾病、害虫、杂草的精准辨别。在物联网应用层建设标准化的农产品病虫草害数据库和远程专家诊断中心，将现场采集的数据信息与农产品病虫害数据库中的数据进行比对分析，从而识别出农作物的病虫害信息；对于一些不能通过比对数据库来识别的病虫害，则可以通过远程专家诊断中心进行诊断，精确地确定农作物的疾病并给出最合理的治理决策。此外，通过病虫害预警，利用相关途径（如手机短信息等）向农户传递即将可能发生的病虫害信息，提醒农户进行及时防治。同时，利用在智慧农业平台中实时显示农作物的相关信息，例如生长环境的状况、生长状态、可能出现的病虫害和防治方法等信息，供农户进行参考。

数据处理分析

畜牧管理系统

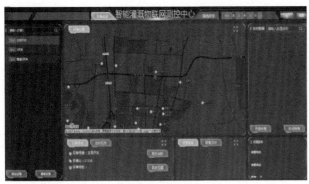
智能控制系统

电子商务系统

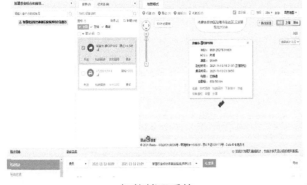
智能储运系统

产品安全追溯

　　农业大数据分析平台：为了不断推进农业经济的优化，实现可持续的产业发展和区域产业结构优化调整，进一步推动智慧农业发展进程，需要全面及时掌握农业的发展动态，这需要依托农业大数据及相关大数据分析处理技术，在智慧农业云平台下建设农业大数据分析应用平台。

　　网络营销平台：互联网时代，充分利用企业官网、电子商务平台、微信公众号等网络平台进行全网营销势在必行。有机农产品电子商务平台只需要通过简单的操作即可进行产品的发布与销售。同时，电子商务平台实现与微信公众号深度集成，消费者通过微信公众号即可进入有机农产品电子商务商城，并且可以随时查看智慧农业平台数据库中农产品种植基地的环境数据、实时视频等，有助于增强消费者对农产品的体验以及对企业的信任，促进农产品的销售。电子商务平台以保障消费安全为宗旨，以追溯到责任主体为基本要求，是区域农产品质量安全信息统一发布和查询平台。

　　溯源系统平台：采用一物一码技术，将独立的防伪溯源信息生成独一无二的二维码、条形码、标识码，用户使用手机扫描二维码、条形码或登云平台录入标识码，即可快速通过图片、文字、实时视频等方式，查看农产品从田间生产、加工检测到包装物流的全程溯源信息。一物一码技术可实现有效防伪。

（3）**生产技术创新**　公司实施的乌兰湖智慧有机农业田园综合体项目是充分依托规划区域优良的生态环境和种植产业基础，重点发展现代化、规模化、标准化的葡萄、蟠枣、甜糯玉米、红薯、白菜、芥菜、西瓜等有机果蔬种植；通过制定统一技术标准、质量标准和产品标准，输出放心产品，打造舌尖优品区域公共品牌，企业正在完善和重点打造全产业链智慧农业，打造食品果蔬安全追溯系统，以满足人们对绿色、有机蔬果的需求。

（4）**经营模式创新**　一是明确信息化的内在需求、发展规划。二是加强组织领导，明确工作职责。三是平台的建设将依托政府、企业、高校、科研人员和资金等5个方面提供的强大支撑和保障。采用"龙头企业＋集体经济公司＋贫困户"的模式发展本地区扶贫产业。

‖ 经验与成效 ‖

（1）**经济效益**　乌兰淖尔湖智慧有机农业田园综合体电子商务平台的建立，首先解决当地有机农产品因为地域分散、信息流通不畅、流通体系不完善等限制因素造成的产品销售渠道窄、环节多、交易成本高、供需链之间严重割裂的问题。通过信息的流通，重新配置农业资源，既能提高农业生产标准化、规模化、集约化，也可以将农产品统一集中进行质检、分级、配送及组织销售，提升产品的品牌价值。

森泰项目的智慧农业云平台、农业知识服务平台和电子商务平台的建设和投入运营，可使生产人工费用逐年降低，节水节能节肥效果显著，最终实现农牧业增产增收，预计在未来5年时间里可为当地增加约5亿元的综合经济效益。

优先雇用贫困村、贫困户和城市待业人员参与智能化生产、旅游服务或产品加工等活动。通过以下几个方面增加农民收入：智能化生产提升农民收入，通过创建扶贫定制生产对象，开发农产品预定系统，实现农民创收；网络化经营增加流通收入，通过建立乌兰淖尔湖智慧有机农业田园综合体电子商务平台，解决当地有机农产品销售渠道窄、环节多、交易成本高、供需链之间严重割裂等问题，对贫困村民开展电子商务培训，鼓励在家创业，销售当地特色产品，提高农民收入；便捷化服务拓展脱贫思路，以农村知识服务平台为主题，突出益农信息服务，开展公益、便民和培训等服务试点。

（2）**社会效益**　在森泰建设智慧农业物联网平台，有机农产品和牲畜养殖基地以物联网的智能控制为核心，集现代生物技术、农业工程技术、物联网技术、云计算等高新技术为一体，系统大面积覆盖项目园区生产设施，及时更新生产、质量、电子商务等方面信息，从而有效解决农业生产瓶颈，实现高度智能化种植和养殖的管理和生产，推动农牧业生产管理方式的变革。

通过传感器采集有机农作物和牲畜的生长环境、发育状态、病虫害状况、有机肥使用状况以及相应生态环境的实时信息，并通过对农产品生产过程的动态模拟和对生长环境因子的智能化科学调控，达到合理使用农业资源、降低成本，实现农产品及牲畜的产量和质量的提高。

特色旅游和特色经济从当地的旅游资源和休闲农业娱乐服务出发，拓展乌兰湖片区的产业结构，并招商引资，以旅游产业促进农业经济和其他服务产业的发展，多元化发展当地业经济，实现当地产业的商业模式的创新。

农业知识服务平台为森泰提供各类农业知识、资讯服务，通过对农业专业知识资源的搜集整理、深度加工、知识化组织和挖掘分析，并吸引农业专家服务，为当地农产业提供现场培训和技术支持，提高农民的就业能力，拉动就业水平。农业知识服务平台的构建，为当地有机农产品和畜牧业的发展和创效提供知识化服务和战略咨询，保障有机农业种植和牲畜养殖的科学化管理，强化农牧业科技水平，实现有机农产品和畜牧业的增产增效，从而促进农民增收。

以精准扶贫和农牧业发展为出发点，以森泰所建设的智慧农业物联网平台、农业知识服务平台和电子商务平台为基础，推进农村一二三产业融合创新发展，打造"产业特色鲜明、生态环境优美、多种功能叠加、示范效应明显"的智慧有机农业田园综合体，满足市民有机农产品需求，带动全市现代农业发展，推动区域旅游服务市场壮大，增加就业岗位，提高农民生活水平。

撰稿：内蒙古森泰农业有限责任公司　董芸

江苏省南京市现代农业示范园区案例

‖ 需求与目标 ‖

建设智能产业园区的需求：高度重视农业信息化和科技创新体系建设，配套建设物联网系统及智能水肥一体化系统，切实为园区实现数字化、智能化管理提供平台保障。一是调整产业结构和生产方式，发展都市型现代农业的需要。农业生产正在由传统的小农经济逐步转向现代农业的发展模式，可以实现农业产业的标准化、专业化生产，提升园区园艺生产水平，有助于调整产业结构和生产方式，发展都市型现代农业，提高产品质量，满足市场需求。二是提升设施农业科技含量的需要。园区设施规模逐年增多，设施的配套能力不能满足农业特色产业发展的需要，示范带动较弱。建设该项目能够提高温室生产的科技含量，提高资源的利用率和劳动效能，环保节能，保持农业生产良性循环和可持续发展，引领农业设施自动控制和肥水一体化的示范推广。三是助推绿色、有机农业发展，完善农产品安全体系的需要。随着人民生活水平和质量的提高，人们对生产与供给有效无害的优质安全农产品的需求越来越高。该项目可以实现绿色、有机农产品安全生产，使整个生产过程不使用激素、农药，充分保障食品安全需求，助推绿色、有机农业的发展，满足市场需求。

建设智能产业园区的目标：紧紧围绕解决"三农"问题以及建设社会主义新农村的目标，着重抓好设施农业建设，发展现代高效农业，重点打造特色产业和休闲农业与乡村旅游。依托南京浦口当地气候、土地及人文资源，在原有农、林、水复合经济生态系统的基础上，遵循中国传统的农耕理念和现代农业可持续发展原则，按照现代农业建设"产业化、规模化、标准化、精细化"的要求，着力发展"绿色生态农业、休闲观光农业、高效特色农业"，打造集现代农业生产、农业技术研发、农业观光休闲和农业生态保护等多种功能于一体的江苏一流、国内领先的现代都市农业的"航空母舰"，成为经济发达地区独具特色和魅力的都市农业样板。

‖ 做法与技术 ‖

南京绿丰源谷生态农业开发有限公司是一家从事农业新产品研发，农业科技成果推广应用，生鲜食用农产品销售，淡水养殖，蔬菜、苗木花卉、果树、大田作物、园艺作物种植和销售，茶叶种植，农产品初加工，观光果园管理的专业公司。为进一步突出产业优势、强化科技创新、坚持绿色发展及注重市场导向。2020年初，南京绿丰源谷生态农业开发有限公司针对雨发生态农业示范区建设发展，编制了 2021—2025 年 5 年发展规划，坚持质量兴农、品牌兴农、科技兴农等发展思路，重点挖掘园区农业多种功能，推进"农业 + 休闲农业、农业 + 互联网 +"等新产业新业态，有效推动园区长效发展。

（1）**基础设施建设** 建成 40 000 m² 高科技智能玻璃温室，分为 12 个种植区域，主要以种植水果西红柿、水果黄瓜、草莓及高端花卉为主。温室内已安装水肥一体化灌溉系统及荷兰 Priva 的温室自动化控制系统。

草莓果实生长速率

进口茎秆传感器

草莓区域全景

黄瓜叶面温度传感器

温室环境数据监测

数据平台展示

应用现代物联网技术温室

七要素气象监测站

智慧玻璃温室

（2）**软硬件集成系统建设** 在示范区 20 000 m² 智能玻璃温室内应用现代物联网技术，有效推进绿丰源谷农业物联网试验示范，有分析显示监测数据、监控作物生长、云平台搭建等功能，并以多种方式实时展示监测的现场数据、图像以及数据智能化报表和决策分析。结合示范区温室的 Priva 和物联网等智慧农业系统，可通过互联网设备实时、全方位掌控自己的生产区域。结合农事操作，将创建出农作物的高标准化种植模型，远程监控农田生产，有助于实现增产增效。

农业物联网设备采用目前全球最先进的 LoRaWAN 物联网技术，有效降低了农户的使用及管理成本：远程温室自动化控制系统，根据传感器监测数据自动开关风机、窗户、湿帘、卷帘、外遮阳、内遮阳等设备；通过电脑及手机 App，根据实时数据远程自动化控制所有操作；灌溉阀门通过云平台实现自动或手动开关，通过连接 2 个传感器、1 个水量计、2 个水压计测量水流量和水压，可根据水流量、土壤传感器数据实现完全自动化灌溉；智能管理云平台采用江苏物联网最新的 Web 云平台，提供种植模型，通过数据分析对作物实现精准的种植模式，并对温室控制系统和节水灌溉进行精准化的远程控制。

（3）**生产技术创新** 通过 1 ~ 3 年的数据积累，将逐步构建农作物精准化种植模型，可用于指导南京市及其他地区农作物生产,保障农作物一直处于最佳生产的环境状态,并有效降低病虫害发生概率,减少化肥及农药的使用量。

经验与成效

(1) **经济效益**　通过构建完整的设施农业高度自动化管理系统,园区种植员工由原来的 60 多人降到 40 人,有效节约人工成本 30% ~ 40%,提高农作物质量及产量 30% ~ 40%,带动经济效益提升 25% 左右,实现增产增收,减少资源消耗。

(2) **社会效益**　项目符合国家产业政策和当前农业转型升级形势的需求、科技含量高、产品市场前景好,可加快实现农业精细化、专业化、标准化生产,构建了完整的农业标准化生产管理基础,引导现代农业朝着标准化、专业化、规模化和市场化的方向发展。

(3) **推广示范效益**　结合园区产业发展,基地的运营模式从传统的运营模式向多载体的运营模式转变,从单一的观光农业模式发展到集休闲、观光、度假、科普、电子商务为一体的现代农业的新模式,充分挖掘农产品的附加值经验效果。目前,该项目已在南京市推广使用,带动江苏省农户 100 多家,还将逐渐辐射全国。项目建设提升设施农业的档次,提高单位面积产量,保证农产品质量,不仅有利于产业结构的调整、资源的利用,而且推动产业技术水平的提升,示范带动本地设施农业的发展。

撰稿:江苏省互联网农业发展中心　魏祥帅　陈可

江苏省苏州市吴江区国家现代农业产业园案例

需求与目标

苏州市吴江区按照"一核多片"集群发展思路,依托区域优势和特色产业,突出农业产业向园区集聚、向绿色转型、向融合跨越的目标导向,高质量推进现代农业园区建设。2020 年 4 月,吴江区获批创建国家现代农业产业园。截至目前,已整合各级各类资金超 16 亿元,建设各级各类农业产业园、示范园、科技园、精品园 14 家,其中,国家级 1 家、省级 3 家、市级 4 家、区级 6 家,实现了镇镇建园区、镇镇搞示范,形成了以国家级为龙头、省市级为骨干、区级为基础的园区建设格局,已发展成为产业特色鲜明、要素高度集聚、生产方式绿色、一二三产业深度融合的现代农业产业高地。

做法与技术

(1) **基础设施建设**　基础农田信息化改造,包括标准化农田建设、基础通信网络建设、基础地理信息采集、基础位置信息服务网络建设。

国家级门楼　　游客服务中心　　工厂化育秧中心

彩色水稻画

变量植保

无人机收割作业

无人收割机

同里园区

航拍收割景象

（2）**软硬件集成系统建设**　物联网系统建设：以农业生产作业中的智能农机、智能农机套件为核心，在田间网格化部署低功耗物联网传感器终端，以大数据可视化平台为面向客户的顶层交互，全面监控现代农业大田的作业情况、近地气象、土壤墒情、虫情等，提升大田区域的田块、农机、人员管理，并利用大数据分析，实现田间物联网数据监控与预警、农产品溯源。

智能化水田灌溉系统建设：利用气象站进行环境实时监测包括温度、环境湿度、光照、降水量、蒸发量等因素，同时在水田部署水位传感器和土壤湿度传感器，检测水位深度，通过节水灌溉自动控制阀门实现对每块水田给排水的精准控制。

智慧农业决策系统：农业生产过程中包含了各种信息和数据，既包含了农机作业过程中的各项基础信息，也包含了农作物的长势信息以及气候、病虫害等信息，这些综合成为农业生产环节的大数据，构建基于农业大数据分析挖掘的智慧农业决策系统，实现对农业生产的作业规划，实现对智能装备如无人驾驶装备、变量喷洒装备、测深施肥装备的规划，制定综合的无人作业方案，实现人机协同、多机协同作业，从而实现耕、种、管、收各个环节的无人化作业。

（3）**生产技术创新**　吴江区在现代农业园区内示范"无人农场"，利用5G通信技术和基于北斗卫星的农机自主导航、精准控制技术等实现水稻种植全程无人机械化作业，实现耕、种、管、收的全程全面无人机械化，提升现代农业园区的农业信息化、智能化、现代化水平。一是无人耕整地作业，包括翻地、深松、耙地、起垄、平地。二是无人插秧作业，需要对当前作业地块地形、水田边界进行识别，制定插植作业区域和转弯区域。三是无人田间管理作业，主要是追肥和植保作业，追肥使用抛肥机作业，植保利用无人机和自走式植保机械结合的方式进行作业。四是无人收割、无人卸粮、无人运粮作业，水稻收割作业涉及收割作业、卸粮作业、运粮作业等部分，需要无人收割机和无人运粮车进行密切的协同作业。

▎经验与成效 ▎

（1）**经济效益**　提高了作业效率，提升了作业精度，增强了作业质量，降低了劳动强度，减少了农资消耗，保障了农户收入，以园区为例，每亩可节约种子5%以上，增产3%～5%，燃油成本降低20%以上，人力成本降低45%以上，土地利用率提高0.5%～1%，实现了农业生产高效化和管理现代化，充分发挥了现代农业园区的示范引领作用。

(2) 社会效益 基于北斗导航的"无人农场"水稻生产智能化生产的应用终端及系统，利用信息技术快速、实用、便捷、互联的优势，形成纵向贯通、横向相连、综合性强的农业信息管理平台，推进农业自动化和现代化，将整个农场的农田、农机、农民进行信息化管理，有效解决了农业发展中存在的痛点问题。

撰稿：江苏省互联网农业发展中心　魏祥帅　陈可

浙江省现代农业产业园水果笋种植基地案例

‖ 需求与目标 ‖

本项目旨在构建临安区天目雷笋全产业链数据体系，打造天目雷笋数字种植新模式，为种植户提供精准科学的指导服务，全面提升区域以数字化、智能化引领的现代生态循环农业技术、绿色防控技术以及现代信息技术的示范、推广、辐射和扩散效应，带动产品区域化、规模化、品牌化经营，从而优化自然资源配置，促进供给侧结构性改革，增强市场竞争力。通过数字化行业监管、数字化生产管理、数字化种苗繁育、数字化生态种植，推广应用智慧农业先进实用技术，极大地促进全区农业农村产业的转型升级，提高农产品质量安全水平。同时，通过开展数字化农业技术培训，提高农民的生产技术水平和管理水平，提升临安区农业主导产业的竞争力。

通过大数据掌握生产端、流通端数据，以数据驱动促进临安区雷笋全产业链运行和结构优化，降低生产成本，降低交易成本。通过顶层宏观调控，减少农户的市场风险性，加强产业与市场的高度融合，进一步提高产业活力、市场竞争力。此外，通过雷笋溯源体系等建设，把临安特色产品通过图片和视频等形式传播出去，提升"天目雷笋"知名度和影响力，吸引更多游客前来游购。

打造天目雷笋"产业融合"集成创新示范，建立天目雷笋数字化绿色种植模型，在太湖源镇形成示范推广和复制，提高天目雷笋品牌效应，提升天目雷笋高质高效发展，形成乡村共富产业振兴发展。

‖ 做法与技术 ‖

水果笋数字基地（浙江省现代农业园）位于太湖源畈龙、横徐两村，规划面积 3 000 亩，其中一期面积 1 000 亩。园区以"高品质水果笋生态高效栽培技术研究与示范推广"数字科技成果为核心，以"农旅结合"为重点，分别由水果笋栽培、科技研发、展示区、科普教育、休闲观光、垂钓、亲子游、水果笋采挖等 8 个功能区组成。

(1) 慧种田农业管理平台建设 2020 年，太湖源天目雷笋与南京数溪科技达成战略合作，全面引入南京数溪智能科技有限公司自主研发的融合大数据及人工智能技术的创新性产品慧种田数字农业管理平台，助力雷竹产业节本增效。

(2) 软硬件集成系统建设 实现了灌溉施肥智能化，首先通过打通天目雷笋现有智能配肥系统和灌溉系统，实现了远程控制灌溉与施肥，并能在线监测实时效果和获取实时数据，提高了水肥利用效率，节约了人力成本和时间。其次，以土壤数据为基础，建立土壤和水果笋数据模型，精准配肥、提升品质、控肥控水和绿色发展。依托中国科学院南京土壤研究所科研技术，从其土壤数据库数据、土壤肥力遥感光谱测算数据、土壤观测点数据和云测土数据 4 个方面获取土壤数据，匹配海量农情数据信息，运用土壤和气象模型，通过算法推演雷笋全生育期长势变化过程，精准测算雷笋生长营养需求，控制水肥设备精准灌溉和精准施肥。

建立了病虫害预警预测机制，通过虫情测报仪数据及病虫害发生对应的气象数据，建立作物病虫害发生模型，获得雷笋生长过程中病虫害发生规律，推荐统防统治方案。

天目雷笋服务系统大屏

雷笋田块图

建立雷笋质量安全追溯体系，通过结合区块链技术和在线监测的实时数据，打造"一田一码"的全程追溯系统，以数据为决策工具，精确到水果笋物候期的每一天，把数据、任务推送和派单给农场相应人员，进行种管养收管理，同时这些数据会存入云端作为档案数据保存到对应的田块，生成数字认证码和追溯二维码，追溯每根雷笋从田间到餐桌的所有信息，为消费者提供更绿色健康安全的雷笋。

建立市场行情服务系统，通过建立水果笋价格体系，监测和分析全国主要批发市场竹笋每日价格，同时记录和监测太湖源竹笋交易市场价格。与此同时，慧种田平台可以发布求售和求购信息，解决了种植端和销售端信息不匹配问题。

（3）运营模式创新 建立三农人才培训教育系统。临安太湖源镇联合意中村学堂，旨在助力国家乡村振兴战略，秉承"美育乡村、智赋乡村、营造乡村"的发展理念，发扬"两山理论"重要思想，充分利用"村庄"教室、"大地"课堂、"村官"教师和"典型"教材的现场教学模式，将临安雷笋数字化服务系统作为新时代乡村讲习所，接待浙江本省以及江苏、河北、山东、贵州、四川、陕西、山西、云南、广东、福建、西藏等地的县（市）乡镇干部专题培训、游学考察及新型职业农民现场教学培训，定制教学方案《党建引领乡村振兴》《千万工程浙江实践》《农村改革试验区建设及乡村治理》《农村产权交易管理及农村集体经济发展》《家庭农场如何经营》《农业产业三产融合》《农产品网络营销》等形式多样，规模各异的培训班。收效甚佳，获得各地学员的一致好评。

临安区省级乡村振兴雷笋产业发展示范建设过程中，充分运用市场机制，按照"政府主导、企业主力、种植户主体、科技支撑、市场运作"要求，逐步建立"经营主体多元化、投资方式多样化"的运行机制和"政府搭台、企业（农民）唱戏"的运行模式，根据雷笋产业发展示范建设需要，积极探索和完善与科研院校、农业龙头企业、各类合作组织和种植户的良性互助机制，尤其是"公司＋基地＋农户"的运行管理机制以及建立雷笋产业生产、加工、销售一体化的现代农业经营机制。使雷笋产业发展示范建设形成以财政投入为导向，政策扶持和社会化服务为两翼，企业与种植户组织为生产和建设主体，市场体制建设为基础的运行体制机制创新模式。

经验与成效

(1) **经济效益**　雷笋数字化服务系统的应用有利于提高生产效率,提升农产品品质,帮助农户节本增效。结合天目雷笋大数据平台的建设,通过土壤大数据应用退化竹林改造,打造生态高效的水果笋示范园,在不改变竹种的情况下,培育出清脆、甘甜、不涩口的"老林牌天目水果笋",与盒马鲜生达成战略协议,创最高亩产 3 100 kg,产值 5.8 万元的经济效益。项目建成后,可实现雷笋的全产业链管控,严格控制农药和肥料等农业投入品的使用量,实时收集分析数据,指导基地生产。使用数字化管理手段,可节约人工成本 43%,增产 33%,具体如下表。

表　传统种植与数字种植比较

	传统雷笋种植	数字雷笋种植	数字平台节本（%）	增收（万元）
打药投入（人工）	100	40	60	0.9
巡园投入（人工）	365	56	84	4.63
砻糠覆盖（人工）	2 000	1 800	10	3
采挖（人工）	1 000	800	20	3
产量（t）	1 500	2 000	33	1 000
单价（元/kg）	4 ~ 8	20 ~ 80		
合计				1 011.53

(2) **社会效益**　雷笋数字化服务系统的应用具有很强的社会效益。可以赋能农户和加工企业,服务终端采购,帮助县域及周边地区雷笋种植和销售相关从业者在产业链的每个环节做出最优决策。

(3) **推广示范效益**　项目通过无人机巡田及智能灌溉配肥系统,为种植户提供动态的管理方案,结合无人机飞防的技术手段,大大节约了劳动力成本。此外,可以通过作物模型构建,为种植户提供打药和施肥方案,更加科学地指导生产,具有较好的推广示范作用。

撰稿：浙江省农业农村大数据发展中心　　任璐怡
　　　浙江省杭州市临安区农业农村局　　罗煦钦
　　　杭州市临安区太湖源镇政府　　　　毛晓瑜
　　　南京数溪智能科技有限公司　　　　王新平

福建省漳州市芗城区天宝镇现代绿色示范园区案例

需求与目标

当前全球范围内面临水资源短缺等问题,农业作为高耗水的行业之一,需要通过生产技术的创新实现农业"高产、高效、优质、生态、安全"的协调发展目标,保障农业的可持续发展。以物联网技术驱动百香果生产技术的创新,实现黄金百香果节水、绿色、高效、丰产种植是未来发展的重要趋势。

做法与技术

漳州万怡农业发展有限公司主要经营水果种植管理与销售、科技技术服务、种苗培育等。公司投资建设的现代绿色示范园区坐落于芗城区天宝镇埔里大洋，园区面积 500 亩，按照现代农业的标准，依托展示中心，建设集科技示范、生态观光、产业开发、科普教育为一体的综合型园区。目前，园区一期已种植百香果及种苗培育 350 亩，采用智能大棚、滴灌水肥一体化、农产品质量安全在线追溯系统、环境监测系统、绿色虫控系统、可视化管理平台以及建设智能采后加工系统等，利用物联网应用系统，对农业种植各环节、各要素实施数字化设计、智能化控制，推动园区从种植、采后加工、销售全程实现智能化管理。

(1) **硬件设施建设**　建设基地物联网监测设备。在园区安装农业气象监测设备，实现果园生长环境的实时监测，观察植物根系的营养状况、水分吸收、土壤温湿度等，为实现科学化种植、精细化管理提供数据依据，指导果园的生活和生产，同时还可展现果园优良的生长环境以及水果的优良品质，例如选择园区内的一棵黄金百香果作为参考监测对象，对其本体生理指标进行 24 小时不间断监测，主要包括作物的茎秆微变化情况、果实增大情况、叶绿素含量、氮含量，叶面温度、叶面湿度。通过对植物本体的生理指标监测，管理人员可更直接、准确地知道作物生长的健康状态以及对水肥的需求；安装自动虫情测报灯，自动分析果园虫情现状，有针对性灭虫，精准科学，利用物联网太阳能物理杀虫灯，根据昆虫具有趋光性的特点，利用昆虫敏感的特定光谱范围的诱虫光源，诱集昆虫并能有效杀灭昆虫，降低病虫指数，再结合防虫网、粘虫板的使用，减少农药的使用，既防治虫害，又实现了绿色防控无污染，保证食品安全；利用计算机视觉技术和称重传感技术，同时完成水果分级标准所要求的重量、大小、形状、颜色、果面缺陷等外观品质指标的检测，根据检测到的信息实时自动化分级，实现水果分级的精准，提高水果销售的附加值，同时为实现百香果采后标准化生产起到良好的示范和带动作用。

智能育苗棚

植物气象站

土壤智墒仪

智能滴灌系统

采后智能分选设备

远程温湿度采集仪

(2) **软硬件集成系统建设**　建设智慧农业物联网综合管理云平台。应用物联网技术，统合蜂窝物联全部传感设备，自动采集生产地空气温湿度、光照度、CO_2 浓度、土壤水分、土壤 EC 值等环境信息，所有数据自动上传至云服务器，自动形成趋势分析并可查看历史记录；提供包括多日、多时、多点等不同类型的趋势分析图，技术人员可以全方位地对作物生长环境状况进行了解，所有数据均可保存在云端，可用于查看历史记录和作为溯源系统的数据来源；系统会向用户智能推送包括当前监测信息、系统通知、监控报警、技术提醒等消息，管理者对于生产区域内出现的异常情况可以及时了解，并采取相应的措施；通过在园区部署高清智能枪机、智能球机等，对园区进行 360° 监控，方便管理员进行远程管理，提高工作效率，果园全程可视化同时又能起到宣传作用；通过在园区部署智能直播摄像机，对接不同类型客户的直播平台，可以实现将果园环境及种植过程同步给客户，客户可以一边看水果生产，一边互动评论，一边下单购买，同时也可以借助可视化溯源平台，看得见的好品质，提高客户信任度，树立品牌形象，促进农产品销售。

电商订单管理系统　　　　　　　　　　　追溯平台管理系统

‖ 经验与成效 ‖

（1）**经济效益**　智能化采后加工系统通过分选、整理，提高产品档次，达到优质优价；同时在销售、储藏及加工前对水果进行分选，既能避免分选过程中的损伤，增加水果的储藏时间，提高水果的加工质量和出口等级，减少损失，又能提高储藏质量，免受细菌感染。通过大数据、云计算、物联网等现代信息技术成功实现了劳动力用工成本减少 10%，节水 10%，减少肥料施用 8%，单产提高 2%。

（2）**推广示范效益**　形成了一套可复制的产业应用模式，对芗城区规模化生产种植技术的推广有重要意义，随着万怡绿色高效种植项目的应用，巨大的经济效益将促使着园区内配套的现代化设备与技术得到更多的推广。

撰稿：漳州市农业农村局　漳州市芗城区农业农村局　冯跃章　许荣秀　郑建忠

江西省赣州市定南县岭北镇鑫泽数字农业产业园案例

‖ 需求与目标 ‖

　　传统农业主要依靠过去积累的经验或手艺来进行判断决策和执行，导致了整体生产环节效率低、波动性大、农作物或农产品质量无法控制等问题。数字农业是我国现代重点推广的农业模式，这种农业模式采用大量现代的农业设备并应用现代物联网技术和大数据分析技术服务进行农业生产管理、仓储物流甚至是市场销售，通过大数据分析指导农民进行高效的生产工作，解决农产品供需不平衡带来的农产品滞销问题，提升农民的经济效益。通过数据库形成科学的农业规划系统、农业专家系统和农业模拟优化决策系统，为农业决策提供支持，并利用数字化设备，以实时"数据"为核心帮助生产决策的管控和精准实施是未来发展的主要趋势。

‖ 做法与技术 ‖

赣州鑫泽农业科技发展有限公司的鑫泽数字农业产业园，位于江西省赣州市定南县岭北镇杨眉村、迳脑村，规划建设 1 580 亩，其中，设施农业蔬菜种植 1 080 亩，脐橙种植 500 亩，总投资 8 400 万元。该产业园由深圳市鑫之泽生态环境有限公司投资建设，建设有设施农业、大数据平台、检测监控中心、环境监控系统、水肥一体化智慧灌溉系统、溯源管理系统、冷链物流中心等。园区依托中国农业大学，前美国国家环境与技术服务中心主任、联合国环境和平大使罗怀涛教授，赣南脐橙第一人袁守根主任和台湾农业示范所王铭镛教授等强有力的科技支撑。采用现代信息技术、生态温室和智能化灌溉技术、数字化工具、自然农法 + 农业酵素种植，推动果蔬产业迈入以数字化、标准化、精细化、功效化、品牌化、规模化、国际化为主要特征的"科学果蔬"新高地。产业基地以数字农业技术和现代农机设备为依托，实现农机装备代替人力，数字农业技术赋能农机作业，构建农机与农艺、机械化与信息化相融合的一整套智慧菜园种植生产体系，助推果蔬种植产业全面升级，打造数字化有机蔬菜"食药同源"产品种植基地和脐橙全产业链数字化生产基地。园区基地已被认定为粤港澳大湾区"菜篮子"生产基地，以"鑫泽农业"为品牌，源源不断地向市场提供蔬菜、水果等有机农产品。

(1) **硬件设施建设**　建设设施：采用现代信息技术、生态温室和智能灌溉技术、数字化工具，自然农法 + 农业酵素种植。

智慧蔬菜种植系统	智慧温室	监控平台
实验室	手机管理平台	种植基地
基地管理处	品质分选程序	生产基地

环境监测系统：配置自动气象站、环境传感器、视频监控等设备，构建数据传输及存储系统，配置温度、湿度、光照等环境控制设施设备，采用传感器和摄像头对果蔬实施全面监测。一旦数据出现异常，如摄像头捕捉到病虫害蔓延，就会启动施药系统，按照智能、精准、定位喷洒无公害杀虫剂。

建立水肥一体化智能灌溉系统：按监测指令启动灌溉、施肥设施，通过水肥一体智能雾化微喷和智能精准控制滴灌施肥，实现化肥、农药双减。

(2) **软件系统建设** 建设溯源管理系统：果蔬生产全过程的可视化。为保证产品的完整性，对采购、生产与销售进行溯源管理，建立对播种、施肥、栽培、采摘、销售全过程跟踪系统，能追溯从生产到销售全过程的详细记录。采收后的果蔬直接上架平台，消费者用手机下单前，既能通过直播看到销售信息，也能回看作物成长过程中的视频片段。产品到手后扫描二维码，品种、产地、检测报告等一目了然。

构建大数据平台：实时采集、治理、存储、查询、展示数据，助力园区构建扎实的数据根基，实现数字化经营。

(3) **其他配套建设** 检测监控中心：定期对园区土质、水质实施检测，对出园的果蔬产品按批次抽检化学品残留。

建设冷链物流中心：采用智能物流、多样化风险管理手段进行数据和技术支持，进而大幅提升农业产业链运营效率并优化资源配置效率等。

(4) **生产技术创新** 通过数字化技术的应用实现对土地、设施、劳动力等生产要素的优化配置，构建农贸一体化、产销一条龙的农业产业链条，有步骤地推进以连栋钢结构日光温室高效设施农业示范基地为主导的农业园区数字化建设。通过基地的农业数据库，形成科学的农业规划系统、农业专家系统和农业模拟优化决策系统，为农业决策提供支持。通过搭建物联网＋智慧农业服务和科技创新平台，实现专家咨询、智能装备、田间预警、电商销售和农产品质量安全追溯等多种信息化服务功能。通过基地环境监控系统，实现对果蔬基地"四情"即苗情、墒情、病虫情、灾情的实时监控。通过环境监控系统、传感器、摄像头和溯源管理系统，实时观看果蔬基地实景和蔬菜大棚内的 CO_2 浓度、温度、湿度、光照等指数，实现对基地生产全程监控，搭建连接粤港澳大湾区"菜篮子"农产品质量安全溯源平台，农产品溯源码全程溯源防伪。此外，通过构建大数据平台，帮助企业构建数据根基平台，数据驱动全场景的业务分析与决策，结合全渠道精准营销的行动与反馈，实现数字化营销。

‖ 经验与成效 ‖

鑫泽数字农业产业园在建设和运营中取得了可观的效果，为数字农业模式的发展提供了有价值的经验，通过产业园监控系统、视频等传感器及摄像头全方位、多维度采集果蔬基地的各类信息和实时视频图像，实现了对果蔬基地苗情、墒情、病虫情、灾情的实时监控。运用现代信息技术对基地生产全过程进行可视化表达、数字化设计、信息化管理，采用生态温室、智能灌溉等先进生产技术，打造精准数字平台。构建大数据平台，帮助企业构建数据驱动全场景的业务分析与决策，结合全渠道精准营销的行动与反馈，实现数字化营销。

(1) **经济效益** 通过借助 3S 技术体系，提高园区农业的稳定性和可控程度，有效降低农业生产成本。带动二三产业发展，延伸特色产业链条，推动贮藏、包装业的发展，解决二三产业就业。通过流转土地，园区带动 189 户农户（杨眉村 154 户，迳脑村 35 户）增加收入，同时将辐射带动岭北及周边乡镇群众在家门口实现"产业＋就业"的脱贫致富。基地 10% 的蔬菜大棚将归村集体管理使用，通过"党组织＋合作社＋农户"模式，发展壮大村集体经济，带动村民及周边农户通过劳动增收致富。

(2) **社会效益** 产业基地以数字农业技术和现代农机设备为依托，实现农机装备代替人力，数字农业技术赋能农机作业，构建了农机与农艺、机械化与信息化相融合的一整套智慧菜园种植生产体系，通过生产过程管理系统、精细管理及公共服务系统、农机调度管理系统和生产数据管理系统，提升农机作业服务能力和效率，助推果蔬种植产业全面升级。

(3) **生态效益** 园区坚持生产与生态共赢，在延伸完善贮藏、包装、运输、销售等现代化产业体系的同时，依托园区区位优势和优美的生态环境，倾力打造集"经济增收与农游合一"为一体的现代农业产业新模式，推动农业"接二连三"发展，激发"乡村振兴"活力，培育乡村经济新增长点。突出定南"生态"特色，以生产高效优质土特农产品，助力项目区"乡村振兴"和果蔬产业高质量发展。

撰稿：江西省农业技术推广中心　占阳

山东省青岛市绿色硅谷现代农业产业园案例

‖需求与目标‖

2020 年，青岛市政府把打造农业"国际客厅"作为扩大国际合作、提升开放水平的一项重要举措。以开放思维、平台思维、创新思维，按照"政府引导、市场运作、企业主体、国际参与"的市场化投资运营思路，引进社会资本，在全国率先建设了集展示、推介、路演、交易等功能于一体的农业"国际客厅"，也是目前全市唯一一家以民营企业为主投资建设运营的"国际客厅"。青岛绿色硅谷现代农业产业园位于西海岸省级农业高新技术产业开发区，规划占地面积 1 230 亩，总投资 19.05 亿元，主要建设包括占地 700 亩的蔬菜、花卉种植智能温室，进行工厂化、标准化、智能化、高效化生产，配套建设青岛农业国际客厅、种质资源库、食品加工基地、蔬菜育种中心、农业新技术新成果转化中心等子项目。项目重点打造集种业研发、种质资源保护、工厂化育苗、工厂化种植、鲜切精深加工及高端品牌营销于一体的蔬菜花卉全产业链产业基地。

‖做法与技术‖

青岛绿色硅谷科技有限公司积极参与到青岛新一轮高水平对外开放的建设中来，助力打造青岛农业"国际客厅"，已完成投资 6.95 亿元，其中，建设 5.6 万 m² 超级植物工厂 5.5 亿元，1 万 m² 国际会展交易中心 1.45 亿元。

(1) **软硬件集成系统建设** 建设温室蔬菜生长环境物联网系统：针对温室环境因子监测困难，蔬菜作物生长状态难以精确测量，研究适用于我国北方地区高密度蔬菜种植的日光温室物联网系统。在已有日光温室物联网系统、日光温室卷帘机和通风装置的基础上，研究日光温室配套设施的精准自动化控制，通过信息监测控制平台实现整体的日光温室蔬菜生长环境物联网系统。

建设大数据的温室蔬菜生长精准控制系统：针对番茄、黄瓜、辣椒等常见温室蔬菜品种生长调控环境因子不明确，环境变量控制模型缺乏导致病害发生率高、蔬菜种植差异大等问题，研究基于回归分析、神经网络，建立日光温室蔬菜不同季节、不同品种、不同生长阶段的精准调控模型，采用 SVM 等分析方法，得到精准控制模型，实现对日光温室环境的精准调控。

建设温室水肥精准控制系统：针对目前日光温室种植水、肥施用主要依靠人工经验，浪费问题突出的现象，研究日光温室水肥精准控制技术与装备。借助传感器技术对温室内种植土壤的水分及养分信息进行监测获取，建立蔬菜给水供肥模型。研究水肥一体化自动灌溉装备，实现基于模型驱动的自动浇水与施肥，最终达到精确浇水与施肥的目的。

| 采摘车 | 玻璃智能温室 | 控制设备 |

(2) 运营模式创新　打造乡村振兴交流平台：积极筹备技术论坛、乡村振兴论坛和都市现代农业论坛等活动，广泛推进农业行业国际国内交流与合作，打造具有齐鲁样板代表性的乡村振兴推介平台，研究推广乡村振兴新模式、新机制、新路径。立足新区、全市和全省，计划每月召开 1 次研讨会、论坛或推介会，聚集国际客厅人流。

打造"线上、线下"农产品展销平台：依托国际会展交易中心实体，设立拍卖交易中心，搭建国际顶级名优特色农产品双向展示交易平台，定期举行拍卖或商品发布，定期开展产品展评或比武，定期举办展销直购活动，其中将根据气候条件择机组织花卉展，争取建成区域大宗商品交易中心。探索"基地＋中央厨房＋学校食堂"模式，向学校供应优质农产品，目前正对新区学校食堂等进行考察和调研。同时，打造青岛农业"国际客厅"网红直播平台，每月 2 ~ 3 次直播带货，推介并辐射新区、青岛乃至全省优质特色农产品。

打造农业双创孵化培训平台：依托乡村振兴学院、新农人协会等，立足"新农人"的培育，积极对接工委组织部、党校等，举办企业家沙龙、学术交流、村级党组织培训和农业、金融等人才培训，计划每季度组织 1 次沙龙或培训。

打造双招双引推介平台：充分发挥国际客厅招商洽谈作用，通过数字客厅建设，建立国内外资源信息库，包括全球农业企业、商协会、科研院所机构等招商资源信息并为入驻企业、机构提供法律、会计、审计、签证、生活等全方位服务，提高投资、贸易便利化服务水平，打造一流的营商环境，加快引进有影响力的产业项目落地。

打造研学互动示范和文旅平台：将"国际客厅"及超级植物工厂纳入全市中小学生学农实践研学基地，每月承办 2 ~ 3 次活动，通过参观超级植物工厂、体验 CAVE 沉浸式场景体验等模式，让广大学生体验农耕文化、现代农业科技成果和田园风光，促进农业与教育、文化产业的融合发展。依托青岛青西文化旅游发展有限公司，与旅行社合作，整合达尼画家村及油画交易市场、油画长廊、田园青岛田园综合体和幸福村生态文化科技园等资源优势，开发特色旅游礼品，配套建设绿色硅谷商务酒店，打造特色鲜明的青岛旅游打卡地，吸引国内外游客旅游观光和农事体验，争取保证日均一个旅游团队。

打造现代农业生产示范基地平台：国际客厅核心区内设绿色硅谷现代农业产业园、中荷智慧农业产业园，年产番茄、彩椒等茄果类蔬菜 1 500 万 kg、高端花卉 100 万盆，基本实现装备智能化、技术标准化、运营专业化。可列为集团消费、阳光采购定点单位，形成集蔬菜花卉新品种研发、工厂化育苗种植、农产品深加工、销售及农业休闲观光等于一体的现代农业全产业链产业示范基地。

紧抓青岛农业"国际客厅"核心区建设的重大机遇，大力推进农业智慧化、标准化生产。项目园区产出的高品质品牌蔬菜和花卉全部达到 AA 级标准，主要面向京津冀、长三角、粤港澳及俄罗斯、日韩、东南亚等国内国际高端消费市场，实现了优质优价和品牌效应的最大化。依托与荷兰安祖花卉、丰收联盟等机构建立的紧密合作关系，使得荷兰智慧农业的先进运营理念、技术、装备和国际市场优势在项目实施过程中得以充分体现。

经验与成效

（1）**经济效益**　项目全部建成达产后，可年产番茄、彩椒等茄果类蔬菜 1 500 万 kg，年产值 2 亿元；年产高端花卉 100 万盆，鲜切花约 500 万枝，年产值约 1 亿元；年加工鲜切蔬菜 500 万 kg，年产值约 2.5 亿元，成为亚洲最大的"超级植物工厂"。

（2）**社会效益**　公司将充分发挥龙头企业的带动作用，通过引进新品种，建立示范基地，提供配套技术资金服务等措施，引导园区合作社、农民根据市场和订单要求，采用先进种植方式提高农产品产量和产品质量。引导新型经营主体参与农产品生产、加工、流通等新模式，发展休闲农业、电子商务、智慧农业等新业态，以此带动和示范当地农民调整和优化农业产业结构，促进农业可持续发展，最终实现农业产业链延伸、产业范围扩展，达到了农民增收、企业增效、产业转型的发展目标，打造农业产业化升级版。促进设施蔬菜安全生产的发展，提高企业的知名度，创立品牌和有实力的名牌产品，进一步形成产业规模，带动相关产业的发展，形成新的经济增长点，又能增加新的就业机会，加快智慧农业和农村经济的发展步伐，保护环境，节约资源。

（3）**推广示范效益**　采用"公司＋基地＋农户"的产业化发展模式带动农民发展生产，通过技术引领与示范，按照专业化、技术化、标准化、科学化原则，推广高效节能栽培技术，预期可发展高效农田 5 万多亩、新品种 10 万多亩。

以青岛西海岸新区现代农业产业协会为纽带，带动协会内 70 多家入会单位，进一步发展和吸收现代农业示范区内农业企业、合作社、农户入会，借助示范园电子商务、物流系统等推广平台，为现代农业产业协会成员搭建推广销售的平台。

撰稿：青岛市智慧乡村发展服务中心　江科　张超峰

山东省淄博市思远农业开发园区案例

需求与目标

我国现行的以家庭承包为基础、统分结合的双层经营体制，面临"一家一户办不了、办不好、办起来不合算"的情况，特别是随着农村青壮年劳动力大量转移就业，这方面的问题更加突出。思远农业通过推行农业标准化，全面提高农产品质量，实现农业数量型向质量型的转换。围绕农产品生产的各个环节所需，打造了以"种""学""管""销"四大业务为核心的覆盖全产业链的农业社会化服务标准体系，帮助广大种植者实现农业自主品牌的建设。通过建立新型农业社会化服务体系，强化双层经营中"统"的功能，为农民生产经营提供便捷高效的服务，破解"未来谁来种地、怎样种好地"难题，把千家万户的分散生产经营变为千家万户相互联结、共同行动的合作生产、联合经营，实现小规模经营与大市场的有效对接，大幅度降低市场风险和自然风险，促进农业稳定发展、农民持续增收。

做法与技术

思远农业以承建临淄省级现代农业产业园为依托，以标准化为基础，通过数字技术与农业生产、经营、管理、服务的深度融合，建立大数据管理平台，推动"数字新动能"向农业全产业链延展，助推乡村产业振兴，取得了初步成效。

（1）**基础设施建设**　强强联合构建科研服务平台。加强与国家农业信息化工程技术研究中心、山东理工大学、山东省农业科学院等科研院所合作，加强科研数据采集和一线实践研究，产学研相结合，开展农业智能物联网数字农业科研平台建设。2017年成立国家农业信息化工程技术研究中心思远工作站，建设博士创新实践基地；2019年，依托北京农业信息技术研究中心成立"淄博市标准化智慧农业工程技术研究中心"；2020年成立山东齐稷物联科技有限公司，主要研发智慧农业物联网设备及软件应用。

建设智慧农业产学研基地。与山东理工大学农业工程学院兰玉彬院士团队合作，成立了现代智慧农业研究院，聘请山东理工大学韩鑫教授为公司技术副总，组建智慧农业研发团队，双方在智慧农业方面进行深入合作，投资300多万元建设了标准化智能温室实验示范基地、苹果标准化种植基地、土壤处理与农产品检测实验室、设施蔬菜秸秆资源化利用站、标准化种植技术培训中心等设施。

（2）**软硬件集成系统建设**　建设产业园数字化公共综合服务平台，项目总投资4 140万元，政府补助资金1 380万元，企业自筹2 760万元；打造了农业大数据汇集分析、设施物联网测控、智能化精准作业、全链条质量信

"齐稷通" App　　　　"齐稷汇" App　　　　"农保姆" App

大数据公共服务平台

息追溯的产业园数字化公共服务平台。研发了"小稷星"空气、光照、土壤等系列农情传感器，通过传感器、作物生境、气象站、虫情检测器、摄像头等物智能化设备获取农业环境等基础数据，已完成对临淄区16 000余个设施蔬菜大棚信息的精准采集、精准定位，完成173家固定蔬菜交易市场，97个流动交易市场的详细数据采集、定位，为临淄区2 000个蔬菜大棚进行了土壤样品采集和化验。

研发了智能生产管理的"齐稷通"App、智能化服务管理"齐稷汇"App以及标准化智能推广的"农保姆"三大系列手机App软件，实现了智能化生产管理、标准化技术培训推广、网上商城农投品配送

的物联网服务功能，推广应用智能放风机、智能打药降温一体机、水肥一体化等物联网智能化农业设备，并根据农户生产需求对相关系统、设备进行了升级、改造。目前已安装 1 500 余座设施大棚，推广面积 5 000 余亩，大大提升了设施蔬菜生产效率。

(3) **生产技术创新**　公司利用科技创新"点亮"智慧农业，调整发展思路用科技创新促进企业向服务科技型企业转型。目前科研技术获得市级以上奖项 8 项，"保护地蔬菜土壤生态修复技术推广"获淄博市农牧渔业丰收奖一等奖，"百万亩设施蔬菜 7F 标准化生产管理技术集成与应用"获山东省农牧渔业丰收奖三等奖，"中国农技推广信息服务农保姆云平台"项目获全国农牧渔业丰收奖一等奖。各类智慧农业物联网技术方面专利 10 项，2 项专利已获得授权，"农保姆""齐稷智控"软件著作权 3 项。

建立了"六化三标准"智慧农业服务新模式。一是组织化建设，健全服务网络。通过合作社建设"总社 – 分社 – 村服务站 – 社员"的 4 级服务网络。二是职业化培训，提高农民技能。每年开展各种形式的线下技能培训达 26 万余人次，线上技术指导 320 万余人次。三是标准化生产，推动绿色发展。通过对生产技术进行标准化集成，不断开展农业标准化技术研究。四是专业化服务，保障生产无忧。推行"7+12"标准服务工作法，做到服务有计划、过程有记录，确保服务落地、有效。五是信息化平台，提高服务效率。与中国工程院院士共同研发的标准化智慧农业服务管理系统"农保姆"，汇聚了 20 余种果蔬作物 35 个茬口全覆盖的标准化技术成果，包括 2 100 余部教学片，总资源量超 100 TB。六是品牌化运营，提升产业价值。通过"思远庄园"蔬菜品牌建设，将标准化生产的绿色农产品统一包装、统一形象、统一加工、全程追溯进行销售。七是构建三大智慧农业标准体系。农业生产技术标准体系、农业服务标准体系、农业服务管控标准体系，整个体系标准共包含 307 项，其中通用基础标准 42 项，服务保障标准 119 项，服务提供标准 103 项，岗位工作标准 43 项，2019 年主导、参与编写社会化服务山东省地方标准 4 项，申报国家标准 1 项。已推广应用了番茄、黄瓜等 20 余种作物的标准生产规程。

经验与成效

利用物联网技术实现智能灌溉、智能施肥、智能喷药、智能放风等自动控制方式，让农业生产经营者更加准确判断、满足农作物生长需求，实现了生产环节全程可追溯，标准化服务模式可复制已推广，为农户节约了成本，增加了收益。

(1) **经济效益**　改变传统种植模式，农民种啥有了"算盘子"。思远农业通过对种植全流程的数字化转换，可以实现根据不同地区的土壤、气候等情况以及市场行情，导入适合本地的品种、技术标准。在思远农业的服务下，临淄区种植结构不断优化调整，大棚育苗、栽培、打杈、疏花等环节流程化，施肥、施水、施药精准化，实现了农业生产的"工业化"操作。

提高农业生产效益，鼓足了农户"钱袋子"。发展数字农业 3.0，最终目的就是通过农业科技发展，极大提高农业生产效率，实现富农增收。综合思远农业全国标准化社员数据，农药、化肥、用工等支出减少 15% ~ 30%，每亩可节省 1 300 余元；产量增加 20% ~ 50%，亩均增收 10 000 余元。例如甘肃民勤地区通过实施数字农业进行人参果、甜瓜种植，利用农保姆进行全程追溯，人参果销售比未开展追溯的每千克售价高 0.4 ~ 1 元，年销售额 1 200 余万元，大大提升了种植收益，提升了农民积极性。

(2) **社会效益**　培育了新型农民，打通了致富的"新路子"。思远农业每年通过线上线下培训山东、山西等 13 个省市农户达 350 余万人次，提升了农民的文化素养和技术水平。特别是"农保姆"App 的推广，现场比对教学，简便易学易懂，农民都成了种植的行家里手，为农业产业振兴提供了人才支撑。以临淄区为例，该区现有设施蔬菜种植 2.3 万户，其中皇城镇 1.5 万余户在思远接受培训，占全镇总人口数的 80% 以上。

(3) **生态效益** 改善了土壤生态，建设了一批"好园子"。思远农业通过适用先进技术服务实现了数字化、标准化导入，带动实现了化肥农药减量、土壤生态修复，清除了根腐病、线虫等顽疾，提升了耕地质量。近年来累计实施耕地质量提升工程 22 000 余亩，降低了面源污染，实现了环境友好，以实际行动诠释出"绿水青山就是金山银山"。

撰稿： 山东思远农业开发有限公司 白京波 于长军 边明文 赵玉静

山东省滕州市丰谷云农科技园区案例

‖ 需求与目标 ‖

滕州市丰谷云农科技园是滕州市委市政府确定的农业农村重点项目，是滕州市农业农村局落实党的十九大精神，实施乡村振兴战略的重点工程。丰谷云农科技园项目整体规划占地 3 000 亩，规划设计产业园 540 亩，总投资 1.2 亿元，由滕州市华彩农业发展有限公司投资兴建。丰谷云农科技园项目针对传统农业生产中人力、物力浪费严重且容易污染环境的各种问题，利用实时、动态的农业物联网信息采集系统，实现快速、多维、多尺度的农田信息实时监测，并在信息与种植专家知识系统基础上实现农田的智能灌溉、智能施肥与智能喷药等自动控制，突破农田信息获取困难与人工智能化程度低等技术发展瓶颈，打造滕州智慧农业产业园样板工程，示范带动滕州市智慧农业发展，夯实农业大数据发展基础。"以科技为依托"，重点运用智能物联网系统、智能气象站、智能水肥一体化系统和病虫害智能化监测预警系统的综合协调配置来满足现代高效农业和智慧农业的要求，达到设施农业的智能化。

‖ 做法与技术 ‖

(1) **基础设施建设** 一期工程 12 000 m² 的高档智能温室、20 000 m² 的马铃薯标准设施栽培园和 6 000 m² 的智慧果蔬育苗温室已建成并投产使用，引进高档果蔬品种 8 个和 35 个马铃薯品种进行栽培试验，园区建成后将成为集中打造集品牌培育、产业发展、技术指导、科技研发和成果转化于一体，一二三产业融合发展的高科技产业园。

| 病虫害智能化监测预警系统 | 智能水肥一体化设备 | 智能温室数字智慧化控制 |

(2) **软硬件集成系统建设** 运用园区内先进的仪器设备收集、分析农业大数据，根据大环境各类有关数据和作物栽培小环境的相关数据，归纳总结园区内所栽培作物的标准化生产管理规程。应用智慧农业平台，通过"互联网 + 智慧农业"建立智能操作指令，远程实时查看园区作物生长情况和栽培环境指标，远程操作启动并下达任务指令，进行相关农事操作，进而实现园区栽培作物的农业生产标准化。

运用智能物联网系统、智能气象站和智能水肥一体化系统的综合协调配置来达到智慧农业的要求。园区利用农业生产中使用的各种智能传感器，包括空气温度、空气湿度、土壤温度、土壤湿度、土壤pH值、土壤EC值、光照（强度、时间）、风力、CO_2浓度（也可测其他气体浓度）等农业传感器，采集物联网大数据，根据栽培作物的不同以及不同作物的栽培生长期，通过智能水肥一体化系统进行精准灌溉和施肥，达到节水50%、节肥40%、人工减少80%、增产35%～60%的效果。

利用农作物病虫害智能化监测预警系统，结合益虫卵卡的投孵等病虫草害绿色防控技术的使用，有效提高病虫防控组织化程度和科学化水平，实现病虫综合治理和农药减量控害，显著提高农产品质量。

病虫害智能化监测管理系统

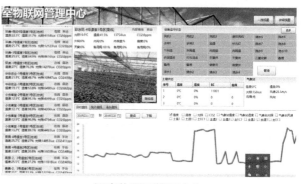
温室物联网管理中心

经验与成效

（1）**经济效益**　项目通过农产品加工集群建设，提高滕州优势农产品附加值，拉长产业链条，增加农民收入。项目在产业融合上积极探索创新，加快建设农产品购销、智慧农业、休闲观光农业等各类新型产业，实现产业融合和产城互动，全力打造乡村振兴的样板工程。

项目建设和精准扶贫相结合，通过积极吸纳贫困户参与高效蔬菜生产，增加务工收入；在生产过程中培训贫困农户农业生产技术，提升发家致富意识和科技水平，为精准扶贫提供智力支撑；积极发挥新型经营主体的龙头带动作用，帮扶贫困户发展高效蔬菜种植，实现产业扶贫和永久脱贫。

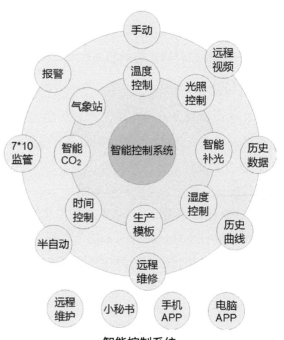
智能控制系统

园区内高标准栽种的草莓，亩产可达到4 000～5 000 kg，较普通农户的2 500～3 000 kg显著提高。园区用工标准为0.2人/亩，较普通农户1人/亩降低80%，人工费用大幅减少。

（2）**社会效益**　产生的各类生产数据尤其是马铃薯生产数据将为中国（滕州）马铃薯大数据平台提供数据基础及数据支撑，推动滕州市马铃薯产业数字化发展。

（3）**生态效益**　立足滕州市可持续发展示范区的建设定位，在带来良好的经济效益和社会效益的同时，平衡了产业结构，保护了生态环境，保障了食品安全。推行农业绿色生产，化肥、农药和农业用水实现减量化、规范化使用。减少病虫害的大量发生和农药使用量，减少化肥用量，减轻农业投入品对农田和周边环境的污染，节约生产成本，促进生态循环农业的持续发展。预计有机肥用量提高20%以上，畜禽粪污综合利用率提高 10% 以上，土壤有机质含量平均提高 6% 以上。项目区在土壤改良、土壤康复、土壤富营养化治理、地下水资源保护等方面探索路子、积累经验，实现农业绿色可持续发展。

（4）**推广示范效益**　项目集成推广应用先进实用农业技术等一系列措施，可显著增强项目区设施蔬菜综合生产能力，加快形成现代农业产业体系，打造智慧农业产业园区样板，进而辐射带动周边地区设施蔬菜生产发展和现代农业产业体系的建设，对于周边地区高效特色农业发展起到良好的示范带动作用，推动智能化设施利用水平和智慧农业发展水平。

撰稿：山东省农业技术推广中心　蔡柯鸣　毛向明
　　　山东省滕州市农业农村局　李慧芝

山东省金乡县蛋种鸡标准化示范园区案例

‖ 需求与目标 ‖

中国家禽养殖行业，历年来由于投资力度不足，长期面临着管理粗放、效率低下、成本偏高、对环保不够重视、养殖过程数据采集困难、养殖智能化和信息化程度低下等问题。当下，我国畜牧业正在经历新一轮转型升级，物联网等先进技术也得到了较为迅速的发展与推广。

‖ 做法与技术 ‖

山东峪口禽业有限公司，始建于 2010 年 4 月，隶属于农业产业化国家重点龙头企业、亚洲最大的蛋种鸡企业——北京市华都峪口禽业有限责任公司，是借助"京鲁"合作项目在金乡县投资 3 亿元建设的"50 万套集约化蛋种鸡标准化示范园区"项目。该项目成为金乡县的现代化畜牧业亮点工程，是农业农村部认定的十大良种扩繁基地。

（1）**软件系统建设**　产业数据信息化管理系统：峪口禽业在业内率先引入并在全公司范围内应用和高度集成推行全球最先进的 ERP 管理平台 SAP 系统平台，覆盖了客户、库存和采购、供应、生产等管理工作，通过优化企业资源达到资源效益最大化。平台包括建设 ERP 核心应用系统 SAP、生产数据采集系统 Apps 和智能分析系统 BO，实现从育种到种鸡生产、雏鸡孵化等全过程的基础数据记录翔实、功能数据智能分析。

表　企业产业数据信息化管理系统

序号	系统名称	系统类型	业务范围
1	峪口禽业 OA 协同办公系统	静态网址	线上报票业务
2	峪口禽业生产数据采集系统	静态网址	生产场区生产数据采集
3	峪口禽业人力资源系统	静态网址	人力资源及薪资管理
4	峪口禽业 SAP 系统	电脑办公软件	采/销业务、财务核算
5	智慧蛋鸡 App	手机 App	面向社会提供九大功能

粪污处理发酵设备

计重料塔

舍内参数感知探头

（2）软硬件集成系统建设

物联网控制系统：在平台开发基础上，应用先进的互联网、物联网、云计算、大数据技术，研发物联网控制系统、大数据分析系统，不仅构建企业以"鸡"为核心的全业务信息化系统，实现企业从育种研发、种鸡生产、物料采购到销售、运输物流和财务管

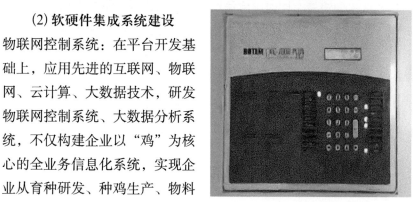

舍内环境控制系统

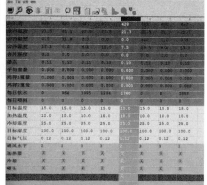

计算机后台参数控制

理的一体化运作，提高企业运行效率和管理水平，而且打通产业链各环节的数据流，实现数据互联互通，开启全产业链数据智能分析、有效利用的新局面，提升产业链管理数据化和智能化水平。

（3）生产技术创新 自动化精准饲养技术：通过设计运用数字化饲喂管理系统、饮水量测量设备、清粪系统以及污水处理系统，设置现场送料、送水、清粪设备定时自动化运行，实现生产过程中喂料管理、饮水管理和粪污处理的自动化、精准化、无害化。

（4）运营模式创新 建立以实现客户增值为核心的育、繁、推一体化产业链运作模式，创新产权式农业经营模式，在金乡建立标准化示范园区，通过专业化的生产布局，科学的全进全出饲养模式，标准化的鸡舍建设，先进的设施设备，规范化的生产管理，打造了峪口蛋鸡第一品牌和峪口蛋鸡专业饲料等知名品牌，创建了标准化蛋种鸡发展模式，实施全国产业布局。

在销售过程中，引进代理制、预算目标合同管理等手段，实现将自主培育的蛋鸡品种在华东地区的全面覆盖；在服务模式上，实施"三全"服务模式，通过产品结构上的全方位，售前、售中和售后形式上的全过程，群体上的全员性，推广健康养殖技术，实现蛋鸡产业的高产出、高效率、高效益和供求基本平衡。

经验与成效

山东峪口禽业信息化技术主要依托于北京市华都峪口禽业有限责任公司信息化建设团队，在自动化、精准化饲喂和环控系统的基础上，探索蛋（种）鸡数字养殖技术集成应用解决方案，实现企业节本增效，经济和社会效益显著，发挥了产业示范带动作用。

（1）经济效益 企业信息化实现了管理数据化、经营智慧化，企业节本增效 1 192 万元。减少人工成本，公司劳动力用工由 2017 年年底的 505 人减少至 426 人，减少 15.6%，按照人均年工资 4 万元计算，年减少人工成本 316 万元。增加企业收入，母畜繁殖效率（合格种蛋产蛋率）由 2017 年的 70.1% 提高到 76.1%，按照公司蛋种鸡存栏 50 万套计算，年生产合格种蛋增加 1 095 万枚，按照每枚合格种蛋 0.8 元计算，可增加种鸡场收益 876 万元。

通过对产业大数据的智能分析，建立精准服务模式，为养殖场（户）提供精准的行情信息服务、在线技术服务，高效解决客户养殖过程中的痛点，不仅让养殖户足不出户就能养好鸡，实现鸡群"产得多、产得好"。按照大数据精准服务 1 万养殖场（户），户均饲养 5 000 只蛋鸡，每只鸡产蛋增加 1 kg，每千克鸡蛋多卖 0.2 元，鸡蛋出厂价格达到 7.2 元计算，户均增收 36 000 元，累计增加养殖场（户）收益 3.6 亿元。

(2) **社会效益** 数字化精准饲喂管理系统、饮水量精准测量设备的使用，实现生产过程中喂料管理、饮水管理的自动化、精准化，减少饲料和饮水的浪费。同时，实施沉淀的蛋鸡产业数据，分析种鸡与商品鸡供需平衡关系，指导蛋（种）鸡企业有计划生产，实现雏鸡生产与市场需求匹配，促进资源利用最大化。

(3) **推广示范效益** 信息化养殖模式复制，示范带动家禽产业协同发展。通过企业的示范效应，将物联网应用效果和产业大数据分析成果逐步在华东 6 省 1 市蛋鸡养殖大省逐步推广，促进智慧蛋鸡模式在蛋鸡甚至家禽行业复制，加快推进家禽业生产智能化、经营信息化、管理数据化、服务在线化，全面提高家禽业现代化水平。

撰稿：金乡县农业农村局 李岩 李雪芳 牛召珊

山东省兰陵县垦源农业产业园案例

▎需求与目标▏

工业发展和科技进步是设施农业可持续发展的基础，传统的农业生产方式正在被逐步取代，大数据、人工智能、区块链等新一代数字技术在其中大行其道。农业大数据不仅有助于深化农业产业融合，推动农业向智能化发展，而且还对我国加快建设数字乡村、实现乡村振兴战略有重要意义。在智慧农业快速发展背景下，山东省垦源农业产业园（以下简称山东垦源）积极进行转型升级，打造齐鲁样板。

▎做法与技术▏

山东垦源主营业务分果蔬生产销售、种苗生产销售、X 园区开发运营三大板块。核心园区占地约 800 亩，采用 1+X "公司 + 合作社（农户）+ 政府金融 + 保险"的合作模式，"1"为核心园区，"X"为辐射小园区，大力发展推广和辐射带动周边园区、合作社、种植户等，帮助周边村民脱贫致富，实现合作社和农户增收创收。辐射带动当地生产基地 1 万余亩。主要功能区划分为智能化玻璃温室生产区 141 678 m²、工厂化育苗区 71 380 m²、自动化分拣物流包装冷藏区 7 296 m²、观光旅游展示区 20 988 m²、1+X 模式展示区 20 615 m²、办公培训区 2 002 m²、总设施面积 280 000 m²。果蔬年产量近 10 000 t，产值可达 7 000 万元。种苗繁育能力达 1 亿株，可满足 3 万～5 万亩设施蔬菜的种苗需求，年产值达 5 000 万元。拥有蔬菜种植、种子研发、种苗培育、肥料研发、水肥一体化研究及高科技种植等技术，计划在全国适宜区域与政府合作建设规模化蔬菜示范基地，为广大消费者提供安全、可靠、稳定、无污染、绿色的可追溯的放心蔬菜，同时为现代农业提供模板，起到产业引领和示范作用。

（1）**基础设施建设**　建设自动化、智能化的各类温室，实现蔬菜瓜果的周年生产，满足人民群众对瓜果蔬菜的全年需求。发展蔬菜自动化分拣、包装、冷藏冷链加工物流。实现就地生产，就地加工，就地配送。

| 自动分拣包装线 | 智能化标准化生产玻璃温室 | 温室内景 |

| 水肥一体化设施设备 | 水肥一体化储液罐、回液罐 | 物联网监控设备 |

（2）**运营模式创新**　公司运营模式属于带动社会投入型。江苏绿港推出的 1+X 现代农业科技示范园，在农业产业园区规划、建设、运营、管理等方面具有显著实力。在新品种、新技术示范展示和都市园艺观赏区，引进和展示各种世界上最先进的栽培技术和优良品种。

▌经验与成效

（1）**经济效益**　利用江苏绿港开发的新型设施农业栽培技术，节省劳动力 40%，劳动生产率大幅度提高。全年可连茬种植，产量较露天种植提高 3 ~ 5 倍，经济效益显著提高。

（2）**社会效益**　1+X 现代农业科技示范园在蔬菜种植、种子研发、种苗培育、肥料研发、水肥一体化研究及高科技种植等方面绝对的技术优势，计划在全国事宜区域与政府合作建设规模化蔬菜示范基地，彻底解决菜篮子的安全供给，为广大消费者提供安全，可靠，稳定，无污染，无公害的可追溯的放心蔬菜，同时为现代农业提供一个模板，起到产业引领和示范作用。

（3）**推广示范效益**　江苏绿港推出的"1+X"项目可以节水、节肥、节农药、省钱、省力、省成本。依托江苏绿港在全国适宜区域与政府合作建设规模化设施蔬菜示范基地，力争在现代农业高速发展的大趋势下成为行业的领头羊。2020 年初，项目分别在山东省兰陵县桥头村推广种植面积 153 亩、大成子村 161 亩、柏庄村 104 亩；2021 年初，安徽凤台现代农业科技示范基地项目，推广种植面积 1 045 亩。

撰稿：临沂市农业农村局　王烨深
　　　兰陵县农业农村局　魏超

湖南省麻阳县兰里镇泰丰农业产业园案例

需求与目标

　　麻阳冰糖橙有品牌、有规格、有产量，但由于技术管理落后，重产量、轻质量，在市场要求越来越严格的情况，传统管理效益较低，正受着冲击，麻阳冰糖遇到销售瓶颈。推广应用质量追溯、水肥一体化绿色种植技术是有力推动麻阳种植业良性发展的必然之路。

做法与技术

　　麻阳泰丰农业产业园是现代精品冰糖橙示范基地，位于湖南省麻阳县兰里镇花园村和平溪村，专门从事绿色食品冰糖橙开发、种植。该示范基地核心区规划建设面积 1 260 亩，拓展区 5 000 亩，辐射区 10 000 亩。该基地是怀化市在麻阳县打造的一个集实验、示范、展示、培训、农科体验和休闲观光"六位一体"的现代农业示范区。

　　(1) **硬件设施建设**　园区采用的先进农业滴灌设施，全园实现节水灌溉、精准施肥，实时监控果园，智能设备自动补水施肥，节水灌溉、水肥一体化、水肥处理技术，提高了水肥利用率。均匀、定时、定量，从而达到了省肥节水、省工省力、减轻病虫害、增产高效等目的。

　　(2) **软硬件集成系统建设**　利用农业传感、农业遥感、农业物联网、地理信息等技术，实现园区管控智能化。配套精准施肥、视频监控等系统依靠电力和网络，可在任意区域进行精准的控制管理、灌水、施肥、查看作物长势甚至叶片颜色。

 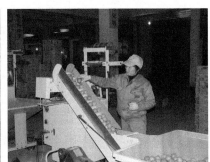 

柑橘单果包装机　　　　　　　　洗果分选机　　　　　　　果园视频监测系统 1

果园视频监测系统 2　　　　　　　质检室 1　　　　　　　　质检室 2

　　(3) **生产技术创新**　为保证柑橘品质，麻阳泰丰农业坚持"绿色、生态、有机"的发展理念，选育新品种、推广新技术，全面推行"畜－沼－果"等种养结合生态循环模式，除了有优质的冰糖橙品种、先进的种植技术、严格的绿色食品操作规程外，泰丰农业产业园还有智慧农业物联网及灌溉控制系统作为支撑。应用生草覆盖、种植绿肥等措施，提高土壤有机质含量。绿色种植技术以科技为依托，重培管，使产品遗传性状稳定，优良品种加优质果，皮薄、纯甜多汁、含糖量高、口感好、抗旱力强并能安全越冬，深受消费群体欢迎。

经验与成效

（1）**经济效益**　在泰丰农业冰糖橙柑橘产业园示范基地建设中，2020 年节约人工生产成本 30 多万元，2020 年每亩产量按 1.75 t 计，每亩比现有产量 1.5 t，增加 0.25 t，增长幅度为 16.7%，冰糖橙等柑橘产品，每千克产品价格由 2.2 元增加到 4 元，即每千克增加 1.8 元，每年直接为公司增加了千万元的收入。

（2）**社会效益**　示范带动了 3 000 农户，所实施的培训和示范带动有很多的为冰糖橙种植大户，平均计算每户按 12 亩计，总计带动 36 000 亩，智慧农业传感、物联网技术都在其上使用，年可为农民产生上亿元的收入。公司力争用 2 年时间，带动发展优质柑橘产业 10 万亩，形成产加销、农工贸一体化的柑橘全产业链，实现一二三产业融合发展。

撰稿：麻阳苗族自治县农业农村局　罗祖礼　张丽萍

重庆市现代农业高科技园区案例

背景与目标

叶菜是重要农产品，关乎民众生活。当前重庆市叶菜产业面临劳动力消耗大、农药化肥过度施用等问题。特别是近年来，随着农村劳动力大量流向城市，叶菜生产受劳动力的制约"用工贵、用工难"的问题益发明显。同时，设施叶菜生产存在机械化率低、生产水平低等问题，工厂化、装备化、智能化作业生产是提升设施农业生产综合生产效益和竞争力不可缺少的手段。本案例针对工厂化生产智能装备需求，研发相关智能装备实现叶菜工厂化生产"无人化"，极大提高了经济效益、生态效益和社会效益。

做法与技术

重庆市农业科学院农业工程研究所是西南地区开展现代农业工程技术研究与成套设备研制的专业性机构，主要涵盖农业智能装备开发与研究、现代农业园区规划研究、城乡统筹试验示范区规划研究、新农村与休闲农业规划研究、农业土地开发利用设计技术研究、农田水利与设施农业技术研究、农村清洁能源与低碳技术研究、能源设备与现代农业设施开发、鱼菜共生智能装备研究等。先后承担集中型沼气多原料发酵工艺、设备集成研究与示范、车厢式干发酵关键技术与成套设备联合研发、重庆市工厂化农业研发中心建设项目等国家级、省部级科研项目 20 余项，研制了水稻工厂化育秧、叶菜工厂化栽培、工厂化循环水养鱼等智能装备。

（1）**硬件设施建设**　设施农业的不断发展也伴随着设施农业劳动成本的不断增加，机械化智能化的叶菜工厂生产工具、技术需求也将越来越迫切，本案例建立起播种、育苗、移栽、运输、栽培、采收、栽培盘清洗和消毒全程叶菜高效工厂化生产技术装备系统并已在重庆市农业科学院重庆现代农业高科技园区内建成叶菜工厂示范点 1 个，占地 15 亩，主要建筑包括智能玻璃温室 4 000 m²，生产辅助用房 1 200 m²，水肥间 300 m²。

示范基地照片

潮汐式物流苗床

温室智能物流系统

温室作业机器人

叶菜智能收割系统

移栽定植作业机器人

水肥一体化灌溉系统

钵苗播种线

旋转立体栽培系统

（2）生产技术创新　针对目前重庆设施叶菜机械化率低、生产水平低，亟需设施蔬菜智能装备的市场需求，围绕叶菜高效工厂化生产，以信息技术、自动化技术为依托，创新研究种苗柔性夹持与移植、伺服控制栽培盘抓取、多传感器融合定位导航、路径智能规划和控制、蔬菜智能收割等关键技术；研制低能耗水力驱动蔬菜立体栽培、移栽定植作业、智能物流运输、栽培盘智能取放、蔬菜智能收割等智能化设备；建立移栽、运输、栽培、采收、栽培盘清洗和消毒全程蔬菜高效工厂化生产技术装备系统；有效提升温室空间利用率约 522%，开展了叶菜工厂化周年种植试验，叶菜平均年产最高达 81.94 kg/m^2。实现育苗、移栽、定植、运输、立体栽培、收割等叶菜生产全程环节的无人化作业和智能化管控，节约劳动力投入 80% 以上。

‖ 经验与成效 ‖

（1）经济效益　从增产增效（提升温室空间利用率、扩展单位产出率等环节形成的新增效益）、节本增效（节省用工、节约用种量、节肥、节药、节水的投入与全程设备动力消耗）、科研费用、推广费用等方面体现。2019—2020 年，在"重庆市工厂化农业研发中心"累计推广生产叶菜 10 茬，产出达到 163.89 t，实现产出效益 75.39 万元。

(2) **社会效益** 传统的栽培方式主要靠人工操作，机械化程度较低，劳动强度大、集约化程度低。且露地栽培一般情况下年产 4 茬生菜，种植密度和茬数少，容易受到自然气候的影响，严重时甚至绝收。蔬菜工厂智能装备的研制和投产，为温室设施条件下的叶菜（生菜为主）周年生产提供了菜苗移栽定植作业设备、低功耗水力驱动蔬菜立体栽培设备、栽培盘智能取放机器人、智能化物流输送系统、蔬菜智能收割系统等 5 种关键智能设备，大大提升了机械化水平，最大程度实现了叶菜工厂化水培生产的高效利用温室空间和"机器换人"。同时，建成了示范基地，蔬菜工厂智能装备的研制与应用完善了科研与应用平台建设，产学研联合攻关也促进了工厂化农业产业发展，体现了叶菜工厂化生产领域的产业技术协同创新成果水平以及相关机械设备制造的产业发展，培育了相关生产企业，社会效益显著。

(3) **推广示范效益** 相关实践对智慧农业建设的参考借鉴意义：一是根据生产实际需求创新研发设备，案例根据叶菜工厂生产需求研发播种、育苗、移栽、运输、栽培、采收、栽培盘清洗和消毒全程叶菜高效工厂化生产技术装备系统，有效提升温室空间利用率约 522%，节省劳动力投入 80% 以上。二是应用现代科技手段解决农业生产问题，案例借用机器人技术、物联网技术、传感器技术、5G 技术实际完成叶菜、移栽、运输、栽培、采收等环节无人化操作，大大降低人工成本。三是培养专业的智慧农业人员对生产基地进行生产管理，案例示范基地均采用智能化程度较高的生产设备，需要管理人员专业性较强，并能根据实际的生产情况进行及时处理。

撰稿：重庆市农业科学院 郑吉澍

四川省广元市昭化区双凤现代农业园区案例

‖ 需求与目标 ‖

四川省广元市是传统的农业大市，多以典型的山区农业，大力发展特色现代农业、智慧农业，集中打造出具有明显地域特色和绿色生态品质的农产品是革命老区农业的战略方向。双凤园区智慧农业，运用现代科学技术成果、管理手段、信息技术，构建起信息共享、产销一体的经营模式。

‖ 做法与技术 ‖

双凤园区地处国家 4A 级旅游景区昭化古城、5A 级旅游景区剑门关和广元港红岩作业区"三区"腹心地带，园区建设总面积 1.2 万亩，总投资 3.2 亿元，其中，智能化投资 0.12 亿元。园区建成了以"猕猴桃 + 脆桃"为主、生态养殖为辅的优势特色产业，高、中、低海拔梯次集群发展，成片打造不同规模、种类的产业集聚园 15 个，连片发展猕猴桃、脆桃主导产业 0.9 万亩，带动户办产业园 545 个。行政村光纤宽带、5G 网络和益农信息社实现全覆盖，安装智能喷滴灌 6 850 亩，园区配套各类机械设备 539 台（套），建成初加工基地 3 个，冷链物流集配中心 1 个，冷藏保鲜库 3 个，培育有省级农业产业化精深加工龙头企业 1 家，建成主导产业良种示范、科技推广、物联网应用于一体的示范运用基地 5 个。搭建了农产品质量安全、追溯管理、市场信息等 12 个平台，主导产业猕猴桃、脆桃信息技术在农业生产过程中实现了全覆盖，形成了产业特色鲜明、加工链条完整、设施装备先进、生产方式绿色、一二三产业融合、要素高度聚集、机制模式先进、综合效益突出的智慧农业园区。

依托于 GIS 地理信息系统、云计算、5G+物联网、大数据、人工智能等核心技术打造整个农业生态链，包括从原材料、土地规划、品种、生产、溯源、营销一体化的软件即服务（SAAS）平台。

(1) 软硬件集成系统建设　数字一张图。汇聚生产经营、环境监测、农事作业的各类数据，全景、全流程展现当前概况，实现对农业生产的实时掌控与监管，对从业人员的实时调度和管理，为产销分析、日常管理等方面提供数据支撑，提高技术服务和管理效能。

数字化信息管理中心：实现规范化、科学化和现代化管理，提升整体管理水平及管理效率。

农情监测预警中心：通过物联网基础设施建设，采集农作物生产各维度数据，实现环境、土壤、作物长势实时监测，肥料、农药投入品源头追溯，虫害、疾病监控预警，以可视化载体予以展示。

标准化生产管理系统：通过系统制定生产计划（农事操作），以任务形式下发，操作人员通过移动端接收任务并执行，提交作业记录。实现猕猴桃、脆桃种植的标准化生产作业管理。

专家远程咨询服务：整合科研院所、农业专家和种养殖乡土人才，建立农业专业知识库、专家库，为种植户提供投入品、植保、农机操作、作物生长等不同维度精准化远程指导。

农产品质量追溯：构建规范追溯流程，明确产品关键环节控制点，通过"定点、定岗、定人、定制度"，采用"互联网+"思维，通过"人员入场、设备入地、信息入网"，构建全方位质量控制体系。达到园区农产品"源头可追溯、流向可跟踪、信息可查询、责任可追究"的目的。

大数据应用一张图：将园区农产品实际生产与产业情况深度融合，构建数据资源体系和数据展示体系，综合展示特色农产品产业生产、加工、仓储、物流、品牌营销等维度的数据，为决策者在特色农产品产业发展规划方面提供数据支撑，帮助决策者更加科学合理地制定特色产业发展策略。

猕猴桃产业园灌溉管网

猕猴桃智能喷灌设施

农田小气候监测设备

农业机械设施

农业综合信息化设施

数字农业云平台

智能水肥一体化系统

园区水利基础设施

植保防控无人机设施

数字农业移动端服务：面向企业生产及管理人员，将复杂的农业管理和生产问题简单化，为农户提供从产前、产中到产后的一体化服务，有效解决农户在实际生产过程中遇到的各种问题。

(2) **运营模式创新**　就地加工：建设集清洗分选、冷藏保鲜、包装贴牌等于一体的产地初加工设施，园区主导产品产地初加工率达 85% 以上。建设果酒、饮料、果片等精深加工生产线 6 条，与双凤园区经营业主建立稳定的产销关系，年消纳猕猴桃、脆桃鲜果 300 t 以上，年精深加工产值突破 3 000 万元。

休闲观光：桃博园成功创建为国家 3A 级景区，年累计接待乡村旅游 60 余万人次，农旅经济已成为园区产业融合发展、农户稳定增收的重要支撑。

农村电商助销：按照园区内"一村、一站点、一主体"的要求，建成农村电商服务站点 9 个，培育农村电商经营主体 14 家，猕猴桃、脆桃线上销售额近亿元，占销售总产值 30% 以上。

种养循环：以种定养、以养促种，推行"生态养殖＋绿色种植"的循环发展模式，建成适度规模、低碳循环的种植基地 0.9 万亩和标准化畜禽养殖小区 8 个，畜禽粪污综合利用率达 95% 以上。

经验与成效

(1) **经济效益**　通过数据采集汇总、关联分析和综合运用，为园区农业生产管理、指挥调度提供数据支撑依据。通过配套水肥一体化、精量播种、高效植保器械等提高农业生产效率，达到规模生产集约增效目标。实现生产、消费和管理三者之间信息互通互联，实现主管部门与主体之间、生产者与消费者之间的信息互动，构建起信息共享、产销一体的格局。

(2) **社会效益**　为政府及企业相关管理部门提供有效的监管手段，从整体上掌握农产品质量安全状况，全过程监督并降低农产品质量安全事故的发生，增强核心竞争力及消费者对农产品的质量安全意识，提高对区域特色农产品的认知认可度。

(3) **生态效益**　通过信息化数字化手段有利于减少农业投入品使用，劳动力用工成本减少 10%，节水 10%，减少施用肥料 8%、农药 5% 以上，为保持广元"大山大水大森林、好土好水好空气"不可复制的生态优势，为将广元建成生态康养旅游名市、特色优质农产品产区打下了坚实基础。

撰稿： 四川省农业农村厅信息中心　四川省广元市昭化区农业农村局　冷奕光　郑小平

贵州省毕节市七星关区盛丰农业科技示范园案例

背景与目标

近年来，贵州省毕节市积极培植主导产业，发展特色农业，使农业产业化步伐越来越快，品牌化优势日趋凸现。根据不同地区的生态类型确定适合地方特色的发展思路。目前，毕节市在长期的生产实践基础上，虽然也积累了一定的农业经验，但未形成完整的产业体系，现有技术体系的基本特点是人工操作下的相对粗放化的露天种植，受天气的影响巨大。传统种植模式风险大，效率低，质量差，技术烦琐，能耗较大，从技术角度看，有不少环节及技术操作不完全符合甚至不适应当今蔬菜标准化生产的发展要求，不仅不能满足规模化生产、产业化生产的要求，且不能满足老百姓对优质蔬菜的需求。因此建立农业高科技的温室来引导地区种植非常有必要。

做法与技术

毕节时空旅游文化发展有限公司作为毕节市重要的旅游发展企业、旅游发展机构,在现有公司实体化运作的同时,兼有丰富的企业品牌运作、产品营销及发展战略咨询诸方面能力,将为毕节旅游文化产业发展注入活力。公司将致力于全面推进"鸡鸣三省旅游景区""七星渡长征文化公园红色旅游景区""毕节国家森林公园拱拢坪景区""毕节盛丰农业科技示范园"等项目的投资建设。

(1)**基础设施建设** 项目位于七星关区碧海街道柏杨林社区,占地 61 亩,2017 年 12 月 1 日开工建设,2018 年 6 月 6 日建成,规划分 5 个智能温室大棚,温室建设面积共 26 879 m^2,每个温室大棚之间设计绿色旅游观光、避雨无障碍通道 4 904 m^2,共计 31 783 m^2。

一号智能温室为农业景观展示厅,占地面积 8 832 m^2;二号智能温室为蔬菜多种模式种植展示厅,占地面积 4 928 m^2;三号智能温室为蔬菜新品种推广展示厅,占地面积 3 790 m^2;四号智能温室为花卉展示厅,占地面积 4 800 m^2;五号智能温室为立体栽培展示厅,占地面积 4 529 m^2。并配套购置大棚相关设备,主要包括温控系统、光控系统、物联网系统、水处理系统、蔬菜种植设备、科研设备、办公设备和水电等设备器材,项目设备均遵循节能环保的原则,从国内外先进生产厂家购置。

(2)**生产技术创新** 通过建设智能化温室,运用环境综合自控系统、水肥一体化自控系统、自动补光系统等国际先进技术,智能调节温度、湿度、光照、CO_2 浓度,使智能温室对气候环境敏感度低,不受季节限制和地域限制,实现全天候、全季节生产,水肥利用率提高 60% ~ 90%,作物产量为露地种植的 15 ~ 20 倍;生产环境全程封闭,水肥可循环利用,采用生物防治与物理防治相结合的病虫防控措施,实现全程绿色无污染生产,可有效加快七星关区蔬菜生产规模化、产业化、标准化,加速七星关区农业现代化进程。

盛丰农业科技示范园

蔬菜农业景观

岩棉栽培模式

A 字架基质栽培

墙体栽培模式展示区

花卉

园区景观

滚动式水培

链式栽培

| 垂直水培 | 垂吊式气雾培 | 立式管道，多层水培 |

| 多层管道复合式水培 | 水培 | 水果番茄 |

蔬菜多种模式种植展示厅展示了国内外具有广泛推广价值及推广潜力的实用化基质栽培模式种植技术，包括管道栽培、墙体栽培、卡盆培、立柱栽培等多种形式。

采用最前沿的农业种植技术，将单层、多层、水培、雾培融为一体，厅内"A"字架、"X"字架、"H"字架、SL管道等多种立体栽培模式，还有新引进的链式栽培、螺旋式栽培、滚动式栽培模式等科技含量高、技术前沿的蔬菜种植模式。

(3) **运营模式创新**　旅游观光：综合省内近年来旅游、农业发展的大趋势，毕节盛丰农业科技示范园不断优化基础设备实施，强化内部管理，通过吸引游客参观，带动休闲观光旅游产业的发展。

研学旅行：以中小学生为主体对象，通过集体旅行，提供系统性、知识性、科学性和趣味性的课程和体验，实现开拓视野、丰富知识、了解社会、亲近自然、参与体验的目的。

▎经验与成效 ▎

(1) **经济效益**　截至 2021 年，盛丰农业科技示范园接待游客量约为 2.5 万人次，游客观赏在其中，学习在其中，寓教于乐，园区对提高当地知名度，带动区域经济发展，提高当地群众收入，助力乡村振兴具有重要意义。为周边农民创造了创造就业岗位 30 余个，就业村民月平均工资 3 000 元，同时吸引周边乡村更多富余劳动力到在周边开办特色餐饮、酒店等，直接、间接带动相关产业就业。

(2) **社会效益**　改变当地种植模式，起到科技引领、示范带动的作用，引领传统农业向高效、高科技农业转变。在现代农业种植推广上，盛丰农业科技示范园发挥作为农业产业培训指导的功能，自 2018 年运营以来，顺利接待相关考察团队共计 200 余次。

撰稿：毕节市七星关区农业信息中心　陈桂兰

贵州省黔南布依族苗族自治州
长顺县中以国际农业创新示范园案例

需求与目标

为深入贯彻落实党的十九大乡村振兴战略，实施长顺县融入"两贵"（贵阳、贵安）发展战略，加快长顺县"4+N"特色农业主导产业发展，平抑菜价，确保贵阳市"菜篮子工程"安全供应，贵阳市农业投资发展（集团）有限公司按照贵阳市委、市政府关于帮扶省级贫乡（镇）及长顺县脱贫攻坚的决策部署，扎实做好脱贫攻坚项目推进工作，加快长顺县脱贫攻坚步伐，建设长顺县—贵阳市农副产品蔬菜保供基地，整体引进以色列育苗温室及育苗装备系统、蔬菜温室及种植装备系统，配套建设科研创新中心，构建蔬菜育苗、种植、加工、物流配送、休闲农业等蔬菜全产业链，建立从田间到餐桌的全程质量安全体系，促进一二三产业融合，保障贵阳市"菜篮子工程"安全供应，带动贫困农户增收，实现产业精准扶贫，推动乡村振兴。

做法与技术

贵阳市扶贫开发投资有限公司长顺县分公司中以国际农业创新示范园坐落于贵州省黔南布依族苗族自治州长顺县广顺镇。

（1）**基础设施和硬件设施建设** 园区引进以色列智能育苗温室 10 071.03 m^2 和智能蔬菜温室 10 186.43 m^2，并配套建设总建筑面积 2 405.86 m^2 的科研创新管理中心 1 座。园区内所有设备均采用自动化控制，能够根据不同的天气和作物生长时期自动化控制温度、湿度、光照、水、肥等要素，控制其为作物生长的最佳范围。采用水肥一体化灌溉技术，蔬菜不同时期所需水肥进行精准施肥。育苗温室和智能蔬菜温室全程采用以色列现代智能化控制，实现了现代农业智能化以科研创新管理中心展示农业科技成果，进行农业科学研究。

智能育苗温室：育苗温室由自动化播种服务区、育苗区、营养液水培种植（简称 NFT 水培）3 部分组成。自动化播种服务区采用自动苗盘清洗机、自动播种机、基质混合机、发芽机等引进的先进设备，实现高质量、高效率的自动化播种、发芽功能。育苗区利用先进的以色列智能温室控制系统，实现温室气候的自

园区温室全景

园区远景

智能育苗温室

园区

温室内景

智能蔬菜温室内景

动化控制，把温度、湿度、光照、水、肥等要素控制在最佳范围；此外，该系统还根据作物的种类及生长阶段，提供最适宜作物生长的光谱，加快作物生长速度，约 5 周产出一批高质量种苗。可以一部分提供给智能蔬菜大棚进行种植，一部分提供给周边区域种植。NFT 水培是新型的无土栽培技术，采用水培种植技术，与传统的无土栽培技术相比具有设备简易、便于生产、易于推广应用等优点。利用该技术，1 年可以产出 9 茬以上绿色、环保、高品质的生菜，达到高产高收益的效果。

智能蔬菜温室：智能蔬菜温室主要种植不同的新品种进行试验。温室内设备实现智能化，实现温室气候的自动化控制，根据不同作物生育期要求把温度、湿度、光照、水、肥等要素控制在最佳范围；植物根部采用先进的加热系统，根据不同时期控制植物根部温度达到气候调节、病虫害隔离、缩短生长周期、提升产品品质的效果。保证种植的农产品绿色、环保、无污染，提升附加值。相比传统种植方式，作物产量可以提升 30% ~ 40%，实现经济效益的大幅提升。

(2) **生产技术创新**　蔬菜新品种和新技术的研究：促进以色列及国内科研成果和创新技术在贵州实现技术转移及成果转化的需要。以色列农业技术发达，节水灌溉技术、温室技术等现代农业技术均领先世界发展，以 2 座温室为载体，引进中方著名高校、研究所等与以色列优秀现代农业领军企业在贵州开展科研合作，进行作物新品种培育，共同在现代温室、设施农业等领域开展新技术研究，实现以色列高新技术在贵州转化，提升贵州长顺现代农业科技影响力。

蔬菜新品种、新技术的应用：促进以色列先进农业技术在贵州推广应用的需要，依托在项目内部设置的现代农业科技展示区，展示温室大棚引进的以色列先进技术、设备及工艺，培育出的绿色、环保、健康、安全、高品质的农产品；推广在本基地研究、推广的新技术、新品种，并定期与不定期地组织展会，提高本基地声誉、品牌竞争力，实现基地产品附加值的提升，创造更多经济效益。

开展现代农业技术专业培训及实践：通过与农业技术培训院校合作，依托育苗及蔬菜温室及大田种植、农产品加工等方面的设施基础及专业人才，培养现代化农业技术人才，为贵州省输送现代农业技术人才，提升贵州省、长顺县现代农业技术水平。

提升蔬菜品质，打造国际蔬菜标准：通过成套引进以色列智能温室，学习以色列先进的蔬菜种植技术，提升现代高标准蔬菜种植工艺控制水平，充分结合贵州省土壤、气候等要素培育兼具贵州特色及以色列蔬菜标准的高品质蔬菜。增加贵州蔬菜在粤港澳等地区的市场占有率，提升经济效益，依托基地引进的以色列蔬菜技术标准，提升基地蔬菜的出口销量，提升贵州蔬菜的竞争力，增加出口机会，实现贵州蔬菜品牌影响力的大幅提升。

‖ 经济效果 ‖

(1) **经济效益**　为集中展示现代农业科技成果，促进以色列及国内科研成果和创新技术在贵州实现技术转移及成果转化，智能育苗温室和智能种植温室全套引进以色列现代智能温室技术装备。整体引进以色列智能温室具有如下优势：引进先进的以色列智能温室和技术，研发和培育新品种以及研究不同作物的种植技术；促进农业发展，整体集成引进以色列智能温室，学习和研究先进的农业种植技术并培养高水平的农业技术人员。成套整体引进以色列智能温室，增大海外市场机会，增加本地和出口市场的盈利水平。

(2) **社会效益**　中以国际农业创新示范园实施后，温室智能化种植在农业生产上起到了很大控制，促进了当地经济和社会的发展，促进农业产业转型升级。提升蔬菜产业工人科学素质。项目与农业技术培训院校合作，依托育苗及蔬菜温室及大田种植、农产品加工等方面的设施基础及专业人才，对蔬菜产业工人进行技术培训,对于提高长顺县菜农科学素养和种植水平意义深远。促进产业增效、农民增收。项目引进优质蔬菜新品种进行展示示范,增加农民就地就业,提升农民的种植技术,因地制宜组织相关生产人员进行培训,在当地起到了示范带动作用,让当地百姓不仅学习到蔬菜种植技术,还增强了产业调整的信心。从思想上提高了老百姓对农业产业发展的认识,从操作上丰富了老百姓种植技能,从根本上转变了老百姓传统的认知,将传统种植人员转变为新时代的产业工人,还提升对每项生产作业规范的熟练度,学习更多种植技能,提升老百姓的经济收入。

(3) **生态效益** 项目推广蔬菜标准化生产技术,选择多抗新品种,推广绿色防控技术,可大大减少农药、化肥的使用量;推广蔬菜废弃物资源化利用技术,可变废为宝,不仅可减少环境污染,还可增加蔬菜种植收入。

撰稿: 贵阳市扶贫开发投资有限公司长顺县分公司　周伟

甘肃省张掖市海升生态农业示范园区案例

‖ 背景与目标 ‖

　　海升集团响应甘肃政府提出的"戈壁农业"发展思路,准确把握张掖招商引资商机,利用张掖地区丰富、良好的光照资源、水资源、生态环境和投资环境,聚焦生态农业示范园区建设,加快投资步伐。

‖ 做法与技术 ‖

　　2017 年 8 月正式注册张掖海升现代农业有限公司,总投资 4.8 亿元,占地 466 亩,建成 20 万 m^2 现代智能玻璃温室 1 座,2019 年建成并顺利投产运营,主要生产品种为串番茄、彩椒和小乳瓜等,主要销往沿海城市和省会一线城市的高端市场,年产量达到 5 000 t,总产值达到 1.6 亿元。2018 年年底注册张掖超越发展农业有限公司,占地 500 亩,投资 6.8 亿元,建成 23 万 m^2 现代智能玻璃温室 1 座。海升集团将张掖海升现代智能温室工业化栽培生态示范项目确立为海升集团在设施农业板块和"戈壁农业"板块新建的又一重点项目,在海升集团现有成熟产业模式和先进技术的基础上,在设施园艺数字化试点方面进行了更加积极和有益的探索。该项目集成番茄和彩椒育苗中心、生产中心、分拣包装中心、冷链物流配送中心,积极打造育苗、生产、加工和销售全产业链,形成产业化、规模化的现代智慧农业模式。主要做法如下。

　　(1) **软硬件集成系统建设** 桁架文洛型散射结构:该结构稳定性强,内部种植面积能够得到最优化分配,温室内通风均匀,透光、排雨水率效果比较突出。

　　精准水肥循环系统:该系统采用以色列先进滴灌设备和荷兰智能水处理系统,能够精确控制不同区域给排水量、给排水酸碱度及营养元素浓度;通过对回水杀菌处理再利用,提高水肥资源利用率,节省灌溉成本。

　　智能升降温管理系统:该系统利用荷兰 Priva 公司的智能温室管理大脑,对温室的温、湿、气、光能够做出合理修正,保证作物始终处在一个适宜的生长环境中。智能系统与温室内各设备联动,1 人便可精确管理所有环境控制设备,节省人力成本。还可以通过优化环境策略来实现传统温室所达不到的作物管理水平，例如精确控制作物果重大小、作物叶面积、果实糖度、丰产期等。

基质吊架立体栽培系统：通过吊架栽培的模式，将作物悬空，相比传统农业模式可以使农艺操作更加便捷，提高工作效率；土传病害防治始终是设施农业的短板，通过吊架模式，有效隔绝了来自土壤有害微生物的威胁；吊架模式中，可以更加便捷地布局垂直空气风筒，更准确地调控温室内温湿度。

物联网中控系统：从生产到采收到包装到成品运输，智能物联网中控系统让各个部门各个环节紧密地联系在一起，有条不紊，同时精确地将运营数据输出到管理者手机端，从而达到高效地总控、分控合理分配，保证正常的生产活动。

分拣中心　　　　　　　　　　流水线

（2）生产技术创新　温室小生态系统利用熊蜂授粉取代传统农业中的激素授粉和人工授粉，不仅提高授粉率，减少运维成本，更能帮助温室内的小生态环境构建；同时，利用丽蚜小蜂等生物天敌来进行白粉虱、烟粉虱等主要番茄害虫的防治，可以有效减少作物病虫害，降低农化药剂投放量。

包装发货　　　　　　　　　　流水线

经验与成效

项目通过引进全球先进种植技术、苗木、品种等将上游种

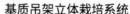

基质吊架立体栽培系统　　　　智能温室技术

植与下游销售流通能力有效结合，通过全产业链的系统打造，构建自身竞争优势，引领蔬菜产业由劳动密集型向集约型经营转变，从而通过布局整个果蔬产业链，致力打造海升成为中国高端果蔬第一品牌。

立足企业自身经济效益抓创收：公司着眼于串番茄、优质彩椒生长周期长、抗病力强、产量大、经济效益好的特点，建设串番茄生产区、彩椒生产区、育苗区、功能区等四大生产区域和游客接待中心，并配套建设有种苗室、原料库、辅料库、技术室、灌溉室、分选包装车间、冷库等附属设施，专业生产串番茄、优质彩椒及其他优质果蔬种苗的繁育工作。

带动当地农民增收抓引领：项目正常运行后，可为当地农户提供优质蔬菜种苗近 6 000 万株，带动种植基地 1 万亩，带动 3 300 户农户从事蔬菜种植，带动农户增收 1.497 6 亿元，户均纯收入达 4.53 万元，将在当地起到科技引领示范作用。同时，公司将采取统一提供技术服务，统一回收产品，统一分选包装，统一销售，解决农户后顾之忧。该项目智能化玻璃温室建成后，一直积极响应政府号召，主动为建档立卡贫困户提供就业岗位和技能培训。据统计，截至目前公司为本地 400 户 1 200 余位祁连山建档立卡贫困搬迁户提供了就业岗位，帮助和培养他们成为农业产业技术工人，使其脱贫迈入小康生活。

兼顾农旅经济发展抓融合：该项目计划在 2021 年建成专观光采摘与科普教育区，将先进的现代设施农业与科普教育相结合，对促进当地的农业产业结构调整起到积极推动作用。项目投入运营后，在承担科普教育基地的同时，预计年接待游客 10 万人次，可创造绿色旅游利税 550 万元，大大提高园区品牌影响力，带动园区旅游产业快速发展。

撰稿：甘肃省农业信息中心　高兴明　张昕　高虹
　　　民乐县农业农村局　　任玺川

甘肃省酒泉市肃州区总寨戈壁生态农业产业园案例

‖ 需求与目标 ‖

抢抓甘肃大力发展戈壁生态农业的有利机遇，在酒泉市肃州区总寨戈壁生态农业产业园投资建设"敦煌种业戈壁生态农业产业园"是发展甘肃戈壁生态农业的重要途径。

‖ 做法与技术 ‖

甘肃省敦煌种业集团股份有限公司主要从事粮食、瓜类、蔬菜等农作物种子的引进、选育、繁殖、加工、储藏、销售，农科产品的开发和推广，农业技术的引进、示范、推广、应用和咨询服务等业务。2020 年 8 月，为进一步提升公司发展质量，公司将戈壁园区相关业务整体转让给甘肃省寒旱经济投资集团有限公司管理，实现了资源劣势向产业优势的创新转化，进一步夯实了园区发展基础。

（1）基础设施和硬件设施建设　项目分东、西两个园区，西区占地 1 000 亩，目前已完成固定资产投资 1.5 亿元，建成高标准戈壁日光温室大棚 193 座，8 400 m² 连栋温室 2 栋，配套建设科研综合大楼、3 800 m² 技术服务中心、年育苗 1 500 万株育苗中心、3 000 m² 交易中心和 3 万 t 保鲜库以及物流仓储等附属设施。东区占地 600 亩，计划投资 3.7 亿元，分 3 期建设 20 万 m² 智能化玻璃连栋温室、配套建设水肥环境控制中心及分拣包装等辅助配套设施 1.1 万 m²，项目建成后主要生产富硒番茄等高档功能性农产品，供应京津冀、长三角、粤港澳大湾区等高端消费市场，项目达产后年可实现销售收入 14 706 万元，实现利润 6 597 万元，吸纳安置 500 人就业。

一期单栋 8 万 m² 智能连栋温室项目自 2019 年 6 月开工建设以来，已完成投资 1.3 亿元，建成玻璃智能连栋温室 7.78 万 m²，其中，配套建设水肥环境控制中心及分拣包装等辅助配套设施 1.1 万 m²。为解决玻璃温室冬季取暖问题，肃州区政府又投资 3 750 万元实施了"东洞－总寨镇戈壁农业产业园110kV 输变电 EPC 项目"，敦煌种业同步投资 2 000 万元实施"玻璃温室电蓄热供暖项目"，目前已全面完工，有效解决了智能连栋温室冬季生产运行问题。一期项目于 2020 年 5 月建成投运，7 月移苗定植，预计单茬产量将达到 1 500 t，实现经济效益 1 000 多万元，吸收安置周边农户 80 人实现就近劳动就业。

（2）软硬件集成系统建设　园区主要应用以色列、荷兰的建造、栽培、温室控制、水肥一体化等先进技术，以敦煌种业自有种子产

连栋玻璃温室

业平台，研发和引进以色列、日本等国内外优势番茄果蔬品种，并配套建设物联网综合管理系统、远程可视化系统、农产品质量安全追溯系统、智能化育苗系统、全程冷链智能化电子物流配送系统和法国迈夫全自动选拣生产线，通过温、光、水、气、肥五大因素的全自动智能控制将温室内作物生长环境节到最适宜状态，实现全程精准化、智能化周年生产运营。目前已取得粤港澳大湾区"菜篮子"生产基地认证和绿色食品认证书，GAP证书正在认定当中，公司生产基地被评为中国蔬菜流通协会食品安全委员会示范基地。

营养液增氧消毒系统　　　　　　环控设备　　　　　　水肥一体化运营设备

(3) **运营模式创新**　园区采取"公司＋专业合作社＋农户"产业化经营模式，通过统一农资种苗、技术装备、技术服务、产品收购、加工销售，实现种植规模化、技术标准化、品种订单化、市场品牌化的运营目标；通过瞄准北上广深等高端市场生产高品质果蔬，建立线上线下、合作联营等营销体系，打造了具有较强影响力的"敦煌飞天番茄""天汲果"等果蔬品牌；通过加强与科研院所建立合作关系，提供全方位技术研发和培训，实现了现代设施农业高新技术成果转化与展示；通过吸纳安置周边农户就业，促进农户学技术学管理，形成了农户与企业之间紧密的利益连接机制。

▎ 经验与成效 ▎

(1) **经济效益**　高效推动产业创新发展。智能温室通过采用无土栽培、水肥一体化、环境控制等先进技术，产量可达到 35 kg/m^2，而传统种植产量最高为 15 kg/m^2，智能农业温室的产量将是传统种植的2倍多，充分发挥设施蔬菜反季节、错茬、错峰生产经营优势，采取"两大茬"或"一大茬、两小茬"的周年化生产模式，1座 10 m×80 m 的标准日光温室，年棚均产量可达到 11.2 t，棚均纯收入可达 3 万～5万元，是大田效益的 10 倍。通过智能农业温室技术的推广与示范应用，在农户、企业之间形成紧密的利益链接机构，促进农户学技术、学管理，带动周边乡镇 1 000 栋温室大棚围绕项目共同发展；同时，智能农业温室项目的实施还可解决周边近 300 名农户的就业问题，按工资 120 元/d 计算，每位农户每年可增加收入 3 万～3.6 万元，真正做到提高居民收入，改善群众生活水平，带动地方经济发展，发挥良好的社会效益。

(2) **社会效益**　技术促进产业创新发展。智能温室是集农业科技上的高、精、尖技术和计算机自动控制技术于一体的先进的农业生产设施，注重发挥信息技术与科技创新的"助推器"作用，创新解决戈壁生态农业发展中的水土光热等关键问题。为进一步提升戈壁生态农业发展质量，专门由中国农业科学院、甘肃农业大学、肃州区蔬菜技术服务中心等科研院所专家成立戈壁农业研究院，制定标准化生产规程 62 项，全面普及了基质栽培、雄蜂授粉、病虫害绿色防控、轻简化设备、水肥一体化、智能化环境管控等新型实用技术 40 余项，通过技术控制，在冬季或其他不宜露地植物生长的季节栽培植物，通过收集到的信息，对数据信息进行建立模型综合分析，将信息最终转化为决策服务、空气温湿度告警服务、病虫害诊断告警服务、农作物生长状况及成熟度服务，探索出 1 套适合西北寒旱地区可复制推广的戈壁农业生产技术体系。

敦煌种业戈壁生态农业产业园将以戈壁生态农业提质增效为核心，努力将园区打造成现代农业生产创新的样板区，科技成果和装备运用的展示区，农业功能拓展的先行区和农民接受新知识新技术的培训基地，力争用 2 ~ 3 年时间实现 20 万 m^2 智能玻璃温室的生产运营，辐射带动 3 000 栋温室大棚，安置 8 000 名新农民就业，年实现营业收入 5 亿元，实现利润 1.2 亿元，为乡村振兴和现代农业发展作出积极贡献。

（3）生态效益　绿色保障产业循环发展。智能温室项目在戈壁滩上建设实施，不占用耕地，缓解了粮菜争地矛盾。全面推广有机生态无土栽培技术，利用生物发酵技术，将秸秆、尾菜、畜禽粪便等废弃物转化为基质代替土壤，研发 8 个不同作物的基质比例配方，生产基质枕、基质压块、有机肥和水溶肥，每座标准温室（10 m × 80 m）可转化利用农废资源 85 m^3，促使全区年消纳农废资源量达到 5 万 m^3 以上，既实现变废为宝、循环利用，又产出高品质的戈壁绿色果蔬，促进全区年消纳农业废弃资源 5 万 m^3 以上。采用膜下滴灌、微喷灌、水肥一体化等节水节肥技术，每亩日光温室比较大田种植可减少化肥用量 40%，节约用水量 40% 以上，单位体积水经济效益是大田耕作的 12 倍，对肃州区戈壁农业整体发展水平起到提升作用。

（4）推广示范效益　规划引导产业聚集发展，全区戈壁日光温室面积达到 3 万亩，智能连栋温室面积 11 万 m^2，种植蔬菜、食用菌、林果三大类 120 余个种植品种，年产各类果蔬 24 万 t，产值达到 3 亿元以上。围绕戈壁农业产业链条，初步形成集育苗、种植、生产、分拣、包装、仓储、冷链、物流、销售为一体的戈壁农业全产业链布局。

撰稿：甘肃省农业信息中心　　秦来寿　张昕　高虹
　　　肃州区农业农村局　　　张建波

新疆维吾尔自治区和田地区
和田县万亩设施农业产业园区案例

背景与目标

和田地区光热资源丰富、日照时间长，特别是冬季阳光充足、连阴天少、低温时间短，但土壤沙化较为严重。近年来，地区设施农业产业发展迅速，但在沙漠设施农业产业发展中面临主要的问题是漏水漏肥严重，昼夜温差大，农户技能知识缺乏等。盛世华强公司通过长期与各大院校合作，获得了多项科技成果，采用先进的远程水肥滴灌技术、远程卷帘 – 风口控制系统、水幕地暖等技术有效地解决漏水漏肥、温湿度变化大等问题，而且操作方便，成本低，效率高，全部使用手机或电脑远程操作控制即可。公司将扩大种植规模，在和田县经济新区建设 1 座蔬菜小镇，包含综合办公区、种植采摘区、休闲观光区、生态餐饮区、高新科技展示区以及远程水肥一体化控制中心，为和田地区设施农业的现代化增添新的活力，实现产业兴旺、乡村振兴。

做法与技术

新疆盛世华强农业科技有限公司采取"企业 + 基地 + 合作社 + 农户"的模式，打造和田县万亩设施农业基地，位于和田县万亩设施农业产业园区，是新疆和田一家集设施果蔬的育苗、种植、销售、日光温室（拱棚）和智能连栋温室的设计与建造、设施农业技术与设备研发推广为一体的综合型现代农业企业。公司主要以种植西红柿、黄瓜、辣椒为主，年产蔬菜可达 60 000 t。

水肥一体化设施：实现灌溉和施肥同步进行，并且远程滴灌灌溉作物，省时省力，省水省肥。

大棚卷帘智能监测控制系统：基于现阶段智慧农业生产发展水平以及面对的实际问题而设计的一款能提高生产效率和改善作物生长条件的新型农业装置，可通过温度、湿度、光照来实现智能监测控制管理，从而大大降低人力劳动。该系统可通过 App 远程或现场控制电机能够自动使

喷灌设施

传感器

棚掌柜控制系统

农业操作管理系统

棉被、风口卷帘灵活地收放，突破了现有大棚卷帘只能靠人工卷放的难题。通过角度走势控制电机走向，减少人力劳动。通过监测系统使农作物能够及时接受光照进行光合作用，提高作物产量，缩短农作物生长周期，提高生产效率。

经验与成效

(1) **经济效益**　第一，运行状况良好，1 000 座温室全部使用水肥一体化远程滴灌系统，每座温室 2 套水肥控制开关，2 000 套水肥控制开关运行良好，未出现任何损坏问题。第二，用工成本低，整个基地水肥班成员 50 人，负责整个基地（千棚万亩基地）的水肥灌溉以及日常水肥设备维护工作。第三，操作简单，手机操控，普通农户通过手机也可以对作物进行水肥灌溉真正实现科学技术的普及性。

(2) **社会效益**　大棚卷帘智能检测系统中的远程卷帘 – 风口控制系统减轻了农户的劳动强度，减少了农户的劳动时间，让农户省时省力安全地进行农事操作管理。温湿光检测系统也让农户更直观地了解土壤、温室内环境的情况，更准确地对温室内的作物"对症下药"，保证农作物丰收。

农业大数据平台，在建立主要粮食作物苗情物联网远程监控系统的同时，还可以跟进数据获取、数据资源管理、数据存储、数据挖掘、数据计算、数据可视化等情况。不仅为技术人员提供了及时的作物生长需求信息，还为农户总结历年历茬作物的生长记录，总结作物生理生态的变化规律，探索出作物整个生命历程中的动态和静态。

(3) **推广示范效益**　水肥一体化远程滴灌技术不仅可以应用于设施农业温室大棚中，露地种植作物也可应用，家庭、工厂等用水场所也都可使用，通过手机来启动或关闭用水达到省时省力的效果。目前，水肥一体化远程滴灌系统已推广运用于和田地区、阿克苏地区、喀什地区等南疆三地州，总推广使用面积达到 20 000 余亩。自 2019 年推广应用以来，设备运营良好，农户使用方便、快捷、有效，是农业产业化公司、合作社必备特别适合南疆地区的水肥灌溉设备。

撰稿：新疆维吾尔自治区农业农村厅信息中心　吕真　李杰鹏　马进刚

六、智慧果园

山东省青岛市胶州市上合国际农业示范区案例

需求与目标

中国是世界上最大樱桃生产和消费国，国内樱桃种植达 300 余万亩，但传统的樱桃种植模式受极端天气影响大、种植生产成本高、粗放生产品控难，导致我国樱桃产业大而不强，依赖进口，进口量世界第一，高端市场牢牢被国外进口大樱桃（车厘子）占据。为此，立足智慧农业做大做强，投资 23.7 亿元，打造占地约 2.8 万亩的上合国际农业示范区项目。

做法与技术

青岛金禾天润农业科技有限公司致力于打造以农业产业为支撑，绿色健康发展为理念的现代农业型企业，项目由现代数字农业示范区、智慧农业产业集群、乡村文化农旅康养区三大功能区组成。

（1）基础设施建设 一期已建设大棚 149 座，占地面积约 105 万 m^2，已完成种植新品大樱桃 60 余万株，齐鲁金苹果 6 余万棵及由美国华盛顿州立大学提供技术支持的世界级无毒组培中心，打造世界最大规模设施樱桃种植基地。

（2）软硬件集成系统建设 环境监控系统：通过设施设备监控生产过程中的各类指标（由棚内、棚外、土壤、水源、水肥共计 55 种传感器进行数据采集），实现产品全程精细监控和预警机制。

土壤墒情

激光补光灯

远程智慧农业监测仪

综合显示及控制台

水源综合检测系统

一体化水肥系统及营养液罐

标准化种植系统：通过时间驱动和条件驱动的任务管理，实现农业生产高度规模化、集约化，提高农产品产量和质量。全程精细化管理，使整体资源消耗显著降低，为管理者提供全局平台对全体员工进行动态的调配，实现现代化农业的人力资源综合管理。

区块链溯源系统：充分利用云计算、大数据、物联网、区块链等先进信息化技术，整合环境监测数据、精准种植系统数据及其他数据，形成生产溯源主题数据库，建设樱桃产品溯源系统，服务于樱桃质量安全工作，达到追根溯源、智能监管、远程可视等目标。

农业大数据系统：智能补水、补肥、补光、补 CO_2，补充大、中、微量元素，空气湿度小自动喷淋、湿度大除湿机自动除湿、温度 PID 自动调节风口与水帘，同时远程信息化虫情自动测报、二维码追踪溯源、物流冷链管理、销售库存管理、销售客户信息管理、臭氧杀菌水（汽）消毒、无线太阳能传感器采集、无线太阳能阀门控制、无线太阳能网桥摄像头、无线 AP 网络覆盖等子系统助力实现生产全程自动化、系统化。

| 远程昆虫性诱测报仪 | 太阳能远程高空测报灯 | 气体及降水量检测器 |

（3）生产技术创新　利用 5G 网络高带宽、低延时、高并发、低功耗等特点，针对樱桃生产活动定制开发的智能终端，掌握生产过程中各环节的指标信息，实现物与物、物与人的泛在连接，在设备、系统网络、个人或者群体之间分享，达到对该农业活动推动智能协作、智能分析和智能决策建议，规范生产、加工、流通和消费等 4 个环节的目标。采用自主研发的智能数控温室大棚种植系统，通过大数据监控、分析、自动化操作及质量管控，形成一套创新性的智能化种植模式。

通过建设先进精准水肥一体化滴灌系统、智能数控温室大棚技术、农产品质量安全溯源管理系统等现代化先进种植管理系统以及一系列的容器限根栽培、促成栽培技术、越冬栽培技术、激光补光技术、地面反光膜技术、大树移栽技术、整形修剪技术、环境调控技术、生物防治技术、肥水管理技术、樱桃新奇特品种等智慧设施樱桃生产领域科技发展先进成果，最终形成大樱桃育种、栽培、种植、采摘等环节标准化技术流程规范，助力产业园智慧农业发展建设。

经验与成效

（1）经济效益　在洋河打造万亩数字樱桃种植基地（洋河数字农业示范区项目）已完成 5 000 余亩设施建设，种植 56 余万株新品大樱桃苗木和 3 万棵 5 年树龄樱桃，达产后优质大樱桃年产值约 5 亿元，生产特色水果齐鲁金苹果、雪桃等约 2 亿元，创造直接经济效益约 7 亿元。

项目采用智能数控温室大棚，实现樱桃跨季节上市的经济效益，国产大樱桃可全年产果，坐果率和产量大幅提高，成熟期适中，综合来看，较传统露天种植该种植模式整体节水量 50% 以上，节约肥料 30% ~ 50%，减少农药用量 30% 以上，增产 10% ~ 20%，同时，节省人工，整体效益提升 60% 以上，亩收益显著提升。打造覆盖研发、生产、宣传、营销等领域的全产业链式联盟平台，达到将洋河数字农业示范区项目模式向全国整个行业进行推广、覆盖的目标。

(2) **推广示范效益**　依托 5G 物联网，为中国大樱桃种植提供了科学化、标准化的技术指导及大数据分析支持，提升和改善国产大樱桃行业在品控、检疫、采后保鲜等方面不足，整体提高国产大樱桃的市场竞争力，具有一定的推广应用价值。

撰稿：青岛市智慧乡村发展服务中心　江科　张超峰

山东省诸城市贾悦镇梅香园基地案例

‖ 需求与目标 ‖

　　智慧农业的发展目标是建设新型智慧农业，采用智能手段监测农业生产现场的气象条件、土壤水分、作物生长发育等，实现智能精量水肥一体化，温室温湿控制自动化。建立数字化种植管理平台，通过智慧农业，利用互联网＋区块链技术，实现农产品的追溯。同时，利用平台提供农业信息咨询服务、技术指导等增值服务，培育高素质农民及农业技术员，摸索出更多农民创富渠道。

‖ 做法与技术 ‖

　　诸城梅香园农业发展有限公司位于诸城市贾悦镇丁家庄开发区，企业注册资本 3 000 万元，流转土地 2 000 亩，现已发展成为集优良果树种苗繁育、果树标准化种植、微生物菌肥有机肥生产、线上线下销售、水果初加工、观光旅游于一体的农业产业体。公司致力于生产绿色优质果品，已经完成农业绿色产品认证。园区集约化生产，企业化管理，同时注重农业技术研发，通过标准化种植技术、控产提质、精准施肥等先进种植理论，配合智能水肥一体化设备，实现节水提质高效现代农业生产模式。

　　(1) **团队建设**　公司成立智能水肥一体化研究中心，聘请高校科研院所研究人员组建智能水肥一体化研究团队。特聘请农业水土工程专家康绍忠院士、以色列现代农业技术专家 Luca Blayer、全国设施葡萄首席专家上海交通大学王世平教授组成专家团队，联合山东省农业科学院、南京信息工程大学和潍坊学院等相关专业技术人员共 14 名组成研究团队，在已有工作基础上组建果蔬精量水肥一体化联合研发中心。中心主要开展水肥对果蔬品质的精确影响评价研究，制定精量灌溉施肥策略，提供节水调质增效的技术方案；研发智能、精量水肥一体化系统、设备及配套肥料；推动水肥一体化技术的集成示范与推广。最终将果蔬灌溉水利用系数提高到 0.85，约节水 60%、省肥 50%。该研究中心目前正在积极申报市级重点实验室，园区与山东省农业科学院、南京信息工程大学、潍坊学院等院校合作组建国家级智慧农业专业技术团队，聘请全国葡萄国家科技进步奖二等奖获得者上海交通大学王世平教授为技术顾问。

　　(2) **软硬件集成系统建设**　建立了田间水分监测系统、大棚自动温控系统，可实现远程监控植株水分养分状况、棚内温湿度，实现智能科学精准灌溉施肥及温室管理。

　　(3) **生产技术创新**　与山东省农业科学院、南京信息工程大学及潍坊学院合作开展果树精准水肥药施用及精准栽培技术研究，提出了阳光玫瑰精准栽培技术规程 1 套，阳光玫瑰节水提质灌溉施肥制度 1 套，樱桃矮化密植栽培技术 1 套，樱桃节水提质灌溉施肥制度 1 套，为田间智能精准灌溉施肥提供科学的理论依据。

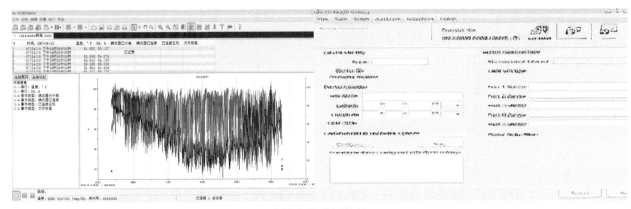

土壤水分监测软件

土壤水分监测系统

气象站

大棚自动放风系统

智能水肥一体化机

公司拥有国家级的专家提供技术支持，建有科研所、农产品生产基地及育苗扩繁基地，并拥有自主研发的农业科学技术。主要包括车厘子矮砧密植集约栽培技术、阳光玫瑰绿色优质标准化栽培技术、果树调亏提质灌溉施肥技术、微生物改良土壤、微生物肥发酵等。

以科技研发、示范、辐射和推广为主要任务，以葡萄、甜樱桃、草莓等农作物为主栽品种，将农业科学研究、标准化示范、展览观光、体验式农业、现代化农业等各种形式集成示范，形成农业产业化，向社会输出一流的农业产业技术，培养大批新型和高素质农业技术人员，创新农业种植模式，促进农业种植业转型升级，推动社会经济发展。

叶面积仪

（4）运营模式创新　公司学习荷兰农业模式，开拓市场－品牌农业新路径，以优质果品打开高端果品市场，目前已注册"心养谷"牌水果。同时，积极发展农业电子商务平台，实现线上线下销售，实现优质优价。

公司通过组建研究中心，引入专业技术人员、专业运营团队及相关企业，打造智慧农业产学研深度融合平台，依靠专业团队完成技术推广和农民培训；利用自有品牌及销售平台，以优质优价吸引更多企业加入中心；结合项目资金补贴中心内企业完成智慧农业硬件和软件转型升级。

公司采用打造示范点，辐射带动周边形式推广。以梅香园为试

智能水肥一体化机

验基地，建设标准化示范基地 800 亩。其中，避雨栽培葡萄 240 亩、温室樱桃 300 亩，辐射贾悦镇 1 000 亩；打造潍坊地区潍坊昇君庄园有限公司、高密地区高密市春华秋实农业有限公司、安丘地区长生源家庭农场及寿光地区尚沃农业等示范点，示范面积达 4 000 亩，辐射带动潍坊各县市区，实现推广面积 2 万 ~ 3 万亩。举行樱桃品鉴会，在诸城市电视台、潍坊市电视台及山东省农科频道均有报道。

经验与成效

通过项目实施，基于樱桃葡萄的需水需肥规律，利用水肥一体化配套装备及栽培技术集成，形成了成本低、操作性强、节水调质增效与环境友好的综合技术方案，显著提高了水肥的利用效率。可有效缓解山东省水资源紧缺的矛盾，提高水肥资源利用率和减少农业污染，为实现葡萄樱桃节水调质高效生产提供可行的技术方案，在经济、社会和生态诸多方面取得了较高的效益。

(1) **经济效益** 项目完成后可实现精品果葡萄平均亩产 1 000 kg，预计提升葡萄售价 5 ~ 10 元 /kg，实现产值增收 0.5 万 ~ 1 万元 / 亩，减少水肥药剂人工投入 1 000 元 / 亩，提高效益 0.6 万 ~ 1.1 万元 / 亩，示范园区 260 亩，可增加收益 156 万 ~ 286 万元。可实现精品果樱桃平均亩产 1 500 kg，预计提升樱桃售价 10 ~ 15 元 /kg，实现产值增收 1.5 万 ~ 2.3 万元 / 亩，减少水肥药剂人工投入 1 000 元 / 亩，提高效益 1.6 万 ~ 2.4 万元 / 亩，示范园区 300 亩，可增加收益 480 万 ~ 720 万元。

(2) **社会效益** 项目完成后，全园产品达到国家绿色食品标准，果实商品化率达 95% 以上，优质果产量增加 10%。减少过量肥水对环境的污染，改良土壤生态环境；降低产品的农药残留量，提高果品的安全水平，带动辐射周边 2 万 ~ 3 万亩，创造就业岗位 1 000 人次，为山东省葡萄樱桃产业科学化、标准化及可持续发展提供示范。

(3) **生态效益** 建立标准化生产、先进栽培模式及病虫害统防统治制度；示范应用 1 000 亩以上；示范区水减量施用 30%，化肥、农药用量减少 30% 以上，减轻环境污染，改良土壤生态环境，降低产品农药残留量，提高农产品质量安全水平，保障城乡居民的身体健康。

撰稿：山东省农业技术推广中心　王统敏　王钧
　　　潍坊市农业技术推广中心　李学涛　李炳辉
　　　诸城市农业农村局　　　　何召阳

山东省微山县夏镇街道泽丰农业基地案例

需求与目标

智慧果园的建设目标是以农业智慧大棚园区为建设单位，建设包含智慧园区视频监控系统、设施农业监测系统、智能水肥一体化系统、视频监控中心，集合物联网技术、云计算、互联网技术、大数据技术，实现园区的智能化、信息化管理，打造具有代表性的现代化高科技智慧农业示范园区。

做法与技术

微山县泽丰农业科技有限公司拥有生态农业示范基地面积 1 100 亩，其中核心区（项目示范区）占地 300 亩，位于微山县夏镇街道，主要种植大樱桃、苹果、葡萄、草莓、桃等各种水果。年产各类鲜果

400万t。园区从2017年起建设农产品追溯系统，将园区所有水果从种植－生产－采收－包装－终端销售全部信息自动录入，形成1个完善的安全信息追溯闭环。2018年经市农业局批准"天泽果缘"牌草莓、番茄入选"济宁礼飨"产品目录名单。

（1）**基础设施建设**　2018年3月建成山东省高标准避雨葡萄设施栽培示范园，利用设施避雨改变传统种植模式从而达到提高葡萄品质与科技示范的作用。

2018年8月全园实现"水肥一体化"，项目选用了TAP温室大棚整天解决方案和户外GALCON（佳控）智能灌溉控制系统，自动反冲洗过滤器、砂石过滤器、碟片过滤器等设备均采购于以色列，设计定位及投资建设均领先于国内同行业，为今后的园区节水灌溉、配方施肥提供了技术和设备保障，园区"水肥一体化"项目在全市具有龙头带动作用。

2018年底前建成高标准智能玻璃温室1处，温室分设A、B两区，A区以观光农业为主，向游客展示高科技的种植模式和稀有的种植品种；B区以集约式立体种植为主，利用有限的土地达到最佳的种植密度，展示科技农业的最新成果。

灌溉设备

智能渔菜玻璃温室

智能渔菜玻璃温室

视频监控平台

智能水肥一体化设备

温度湿度传感器

智能樱桃大棚

视频监控设备

水肥一体化控制中心

2019年年底开始建设60亩智能樱桃大棚，大棚内可全面实现物联网技术，计算机监测棚内温度、湿度、CO_2浓度等各项指标，运用手机终端控制农事工作，从而达到增产、改善品质、调节生长周期、提高经济效益等目的。2020年年底园区共有300多亩实现了智慧生产。

(2)**软硬件集成系统建设**　信息化综合管理平台。园区内部通过实时、动态的农业物联网信息技术、云计算、大数据和决策模型，实现园区的远程监控管理。并在信息技术和种植专家知识系统的基础上实现园区生产过程中的环境监测、生产管理、远程控制、决策预警4大部分，根据各种农业种养殖类型，精确监测空气温湿度、土壤温湿度、光照度、CO_2浓度、风速风向、降水量、PM2.5、PM10等环境信息。稳定、快速控制风机、卷帘、遮阳、天窗、补光灯、水肥一体化灌溉、水泵等生产管理设备，实现对园区设施农业有机蔬果种植、苗木培育、大田苗木种植监测的精细化种植、智能化控制、智慧化管理。打造园区农产品品牌、农产品溯源系统和电子商务营销系统，为园区农业主体提供产销一体的信息化综合管理平台。

(3)**生产技术创新**　集成集约育苗、环境监控、水肥一体化、生物防治、智能作业等新技术、新品种、新模式，建立优质特色高效绿色生产技术体系，开展良种良法配套试验示范。

投资60万元建成40亩葡萄高标准避雨栽培设施，提升葡萄品质和科技示范作用。投资80万元全园实现水肥一体化，引进以色列TAP温室大棚整天解决方案和户外GALCON智能灌溉控制系统，项目设计定位及投资规模均处于国内领先，节水灌溉、配方施肥技术和设备保障具有龙头带动作用。

开创"渔菜立体共生"模式。建设11 000 m²高标准智能玻璃温室1处，创造性融合加拿大EVT立体吊架蔬菜栽培技术和微山湖区鱼蟹养殖技术，为破解南四湖自然保护区环保整改清理网箱鱼池的困扰，实现微山湖区渔业可持续发展、高标准规模化养殖提供可推广的解决方案，打造生态循环型农渔业的示范样板。

投资600万元建设60亩智能樱桃大棚1处，运用物联网技术以计算机监测、手机终端控制棚内温度、湿度、CO_2浓度等各项指标，达到增产、改善品质、调节生长周期、提高经济效益等目的。投资50万元建成200 t高标准农产品冷库1处，为果品保鲜保质、错峰上市、全季销售提供保障。到2022年，全园综合运用需水、需肥动态特征和实时精准检测技术，环境要素和主要病虫害发生关系及信息化预测预报技术等精准化管控关键共性技术，智能化作业装备率提高30%，节水60%以上，水肥利用效率提高30%，优质商品果率提高10%。

(4)**运营模式创新**　公司与山东省果树研究所、山东农业大学建立了长期战略合作关系，持续得到了高、精、尖的权威技术支撑。聚焦改善品质提高档次，持续加大与省果科所和山农大的产学研合作，加快农业科技成果在园区落地转化，推动泽丰农业成为具有全省影响力的农业科技示范园区。

‖ 经验与成效 ‖

泽丰公司始终秉承"用心做农业，良心做产品"的发展理念，推动从传统果蔬种植向种苗繁育、专业设施装备运用、病害生物防控、精深加工、电子商务、冷链物流、品质管控及品牌化、标准化方向转型，推动设施果蔬产业高质量发展，争创全省设施果蔬产业发展高地。一是提升品牌价值。借助"济宁礼飨"农产品区域公用品牌的营销推广，精选园区"名优特新"果品，重点建设和完善生产、加工、包装及仓储物流和质量控制、诚信保障体系，进军省外国内果品专营店、大型商超、星级酒店等高端消费市场，提升"天泽果缘"品牌的美誉度、市场占有率和品牌价值。二是突出高端商品。实施"南品北繁"科技创新计划，引进阳光玫瑰、桑提娜、布鲁克斯等抗逆性好、价值高、适宜园区栽培的南方新品种，开展适应性试种、驯化与扩繁，加快园区果品良种升级换代。推动农产品从低端原料、初级产品等向终端产品、功能产品等高附加值转变。三是实施提档升级。围绕市场需求科学灵活调整产业比重，以提高园区亩均效益为杠杆，倒逼园区突出创新驱动发展，推进园区板块布局的腾笼换鸟，产业升级换代。到2022年，引进优良种质资源10个以上，突破精细繁育与高效种养殖技术20项以上。

撰稿：微山县泽丰农业科技有限公司　蔡蕾

湖北省荆州市公安县金秋农业科技示范园案例

‖ 需求与目标 ‖

近年来，农业物联网技术广泛应用于农业生产、流通、消费以及农村、社会、经济、管理等环节，产业巨大的社会、经济与生态效益。将农业物联网技术应用于葡萄产业，可实现产品生产从粗放型、经验型、传统型管理到精细化、标准化、科学化管理的快速转换，是提高产品品质、降低投入成本、保护生态环境、加快推进现代农业建设进程的必然选择。

‖ 做法与技术 ‖

湖北省金秋农业高新技术有限公司是湖北省第一家以葡萄生产为主导产业，集科学研究、试验示范、标准生产、产品销售、精深加工、教育培训、技术推广于一体的湖北省农业产业化重点龙头企业、国家高新技术企业、国家现代农业科技示范展示基地和国家级金秋农业"星创天地"。公司年生产经营葡萄4 500 t，年加工能力300 t，建有农业科技示范园3 000亩、湖北省葡萄工程技术研究中心、金秋农民科技培训星火学校、万吨葡萄交易市场、葡萄精深加工厂等，先后承担完成国家、省、市、县葡萄科研项目30多项，1项获湖北省重大科技成果。示范推广葡萄新技术、新成果、新模式20多项，筛选扩繁优良品种20多个，获实用新型技术专利16项。2017年以来，湖北省金秋农业高新技术有限公司在各级党委、政府的高度重视和支持下，公司在自有生产基地搭建物联网智能管理平台，推动葡萄生产加工领域数字化转型升级，形成公安葡萄高质高效可持续发展的运作模式，成为物联网助力葡萄产业绿色高质量发展的示范样板。

(1)**硬件设施建设**　水肥一体自动化调控设备：是将灌溉与施肥融为一体的人工智能技术，采用压力滴灌和微喷与施肥结合形式，由综合控制中心、水肥一体自动化控制系统、视频监控系统、配肥压力罐、输配水管、灌水器、蓄水池等7部分组成，人工触屏操作和管理。

配置大棚电动卷膜设备：电动卷膜器是新一代大棚通风降温设备，只需人为设置，其开启和关闭可以由设备自身控制，并依据获得的数值自动启动和关闭电动卷膜器，确保棚内温度控制在变量值的范畴内，完成精准化管理。

(2)**软件系统建设**　建成物联网智能管理平台：通过配置无线智能网关、智能控制器、无线采集器、数据采集器、摄像头等设施设备，在3 000亩生产基地实行大数据采集分析应用，为公安葡萄提供示范样板。

建立农产品质量全程追溯系统：包括葡萄生产全程监控、农业投入品进出使用台账、产品包装和标志管理、信息交流互动管理平台、提供产品生产查询统计资料和图片等，将生产的全过程纳入监管体系中，实现生产记录可查询、种植过程可存储、产品检测可公示、产品流向可追踪、购买产品可扫码、产品问题可召回的产销区一体化的农产品质量安全全程追溯信息网络，逐步形成常态化、规范化、制度化、信息化、现代化、源头化、全程化追溯体系。

(3) **生产技术创新** 设施园艺栽培技术：3 000 亩生产基地全部实行新型钢构大棚保温促成设施园艺栽培，充分应用"双向调控""双禁栽培"和"温差管理"创新技术，使其定向休眠和打破休眠，达到早发芽、早开花、早结果、早成熟、早上市。

化肥农药减施增效技术：从土壤养分测定、施用化肥过多、病虫害诊断不清、重治不重防、栽培管理不当、治标不治本等方面入手开展系列技术攻关，科学确定葡萄不同生育期养分吸收规律和分配比例，充分应用栽培模式与树势调节技术来解决栽培管理不当的问题，真正实现药肥"双减"的目标。

创新葡萄枝条还田技术：为解决葡农的后顾之忧，2020 年冬组织机械人员进行研究，从旋耕锄草设备的原理中创新，采用新东方6048 拖拉机对配置的粉碎、旋耕设备反复调试、改进、试验到应用，成功将锄草变粉碎。将剪下的枝条均匀铺垫于行间，来回粉碎后再通过旋耕机深埋，不仅让修剪枝条有了去向，又培养了地力、增加了土壤有机质含量、彻底解决了困扰多年的难题。

(4) **运营模式创新** 构建"政府主导 + 公司 + 合作 + 农户"的共同参与、共同合作、企农互惠、双方共赢的产业可持续发展机制，采取土地租金 + 劳务薪金 + 分红股金"三金一体"运作模式，以合同的形式巩固与失地农民的利益联结。"三金一体"运作模式从根本上解决了企业与农户共同致富、利益紧密相连的合作焦点，充分体现了农业企业的责任和担当。

经验与成效

(1) **经济效益** 建成物联网智能管理平台：产品质量每年提升 1 ~ 2 个百分点，优质果品率每年提升 3% ~ 5%，种植效益每年递增 10% 以上。

水肥一体自动化调控：全年亩平可节约劳动力 4 个，按男工每日 120 元计算，每亩减少劳动力投入成本 480 元；每亩节省 50% 的肥料用量，节省肥料投入成本 400 元；每亩使用药减少 4 次，用药量减少 40%，节省农药投入成本 300 元；每亩降低用水量 2 t 以上，节省用水投入成本 10 元以上。全年亩平节本增效 1 190 元。公司3 000 亩生产基地自应用水肥一体自动化调控以来，每年节本增效

酿造车间

水肥一体控制中心

田间管道

自动卷膜器

罐装车间

在 300 万元以上。2020 年公安县葡萄水肥一体推广应用面积 6 万亩，节本增效达到 7 000 万元。

配置大棚电动卷膜系统：对应用效果进行了测算，500 亩葡萄园，1 000 座大棚，早开晚关，需 8 名男劳力工作 4 小时，不仅费时费工，而且效果差。使用电动卷膜器，不仅精确，还能节约 20% 以上的劳力投入成本。从长远的发展趋势，应用效益更甚。

设施园艺栽培技术：使公安葡萄提早上市 1 个多月，销售时段由过去的 30 多天延长到 100 多天，避免了集中上市、葡贱伤农的种植风险，种植效益亩平连年在 2 万元以上，增强了产业可持续发展能力。

(2) 社会效益　建立农产品质量全程追溯系统：对葡萄园生产过程网上实时直播，消费者可索取权限随时随地登录水滴直播云系统，观看葡萄园生产过程和回看历史画面，实现与消费者文字、语音、图片、视频全方位交流与互动，用科技手段展示了每一颗葡萄品质可追溯，真正实现了"一码"保健康。

(3) 生态效益　化肥农药减施增效技术：2020 年集成技术效果比较，示范园亩平施肥总量 26.5 ~ 32 kg，对照园亩平施肥量为 40.5 ~ 52.3 kg，示范园亩平施肥总量对比照园减少 14 ~ 20.3 kg，减幅为 34.6% ~ 38.9%。示范园亩平施药总量为 0.55 ~ 0.73 kg，对照园亩平施药总量 0.86 ~ 1.25 kg，示范园亩平施药总量比对照园减少 0.31 ~ 0.52 kg，减幅为 36.1% ~ 41.6%。示范园优质果品率为 93% ~ 95%，对照园优质果品率为 80% ~ 85%，示范园优质果品率高于对照园 10% ~ 13%，提升 11.8% ~ 16.2%。

创新葡萄枝条还田技术：共完成示范面积 2 000 亩，还田枝条 100 万 kg（每亩枝条约 500 kg），成为公安葡萄生态优先、绿色发展的新模式。

撰稿：湖北省金秋农业高新技术有限公司　刘静　刘军　罗雨红

湖南省衡阳市衡南县花桥镇标准化柑橘生产基地案例

‖ 需求与目标 ‖

开展柑橘果园精准施肥、水肥一体化和省力化机械等相关设施和技术的研究与应用是未来智慧果园发展的重要目标。

‖ 做法与技术 ‖

衡阳市源氏农林发展有限公司地处衡南县花桥镇按官亭村，以农林牧渔立体综合种养、旅游观光和农业技术开发为主。公司现有标准化柑橘生产基地 2 000 亩，其中有 500 亩丰脐橙精准施肥与轻简化水肥一体示范基地和 1 200 亩高标准脐橙园基地，在湖南农业大学和湖南省园艺研究所的指导下，大力开展柑橘果园精准施肥、水肥一体化和省力化机械等相关设施和技术的研究与应用。

硬件设施建设　水肥一体化设备由水池、肥水池、首部系统、管网组成。肥料主要为全水溶性的尿素、硝酸钾、磷酸二氢钾，配比为高氮型（30：10：10），平衡型（20：20：20），施肥时间为 10 d 喷 1 次，2 次高氮、1 次平衡交互进行。

平衡型第一年树每次施肥量为 20 g，1 年 20 次，高氮型第 1 年树常规施肥为 1 梢 3 肥，1 年 12 次，一次施 50 g，1 年总化肥施量为 600 g。增效 20% 以上，因为损耗减少，利用率增加 20% 以上，减量 33% 以上。

| 1 200亩高标准脐橙园基地 | 水池 | 柑橘种植近景 |

开沟机由新航机械有限公司生产，价格为6 800元，由轮式拖拉机提供动力，利用刀片转动开沟，每小时可工作100 m左右，开沟深度30~40 cm，宽度30 cm，操作简便，维护成本低，可充分利用现有轮式拖拉机。开沟机1 d开沟800 m，人工费用100元/d，油费100元，刀片损耗30元，机械折旧20元，一天总费用250元，平均开沟花费0.31元/m。人工开沟：可开沟150 m，按100元/d人工计算，平均开沟花费0.66元/m。可以节省人工53%。

经验与成效

(1) **经济效益** 集成应用省力化开沟机1项，减少开沟施肥劳动力成本53%；水肥一体化应用增效20%以上，因为损耗减少，利用率增加20%以上，减量33%以上；通过推广应用上述创新技术，常规果园可以节省用工70%，节省药水70%，节省肥料60%，节本增效，利于绿色优质农产品的生产，为湖南山地果园提供了很好的生产模式样本。

进入盛果期后，按亩产3 000 kg，市场批发价4元/kg计，总收入可达1.2亿元/年，利润可达6 000万元/年。辐射带动周边农户1 028余户，土地2 000余亩，辐射区亩平增收5 000元以上，辐射区农民年人均收入达到50 000元，辐射区农民人均收入比全镇平均值高出30%，园区对农业产业结构调整、农民增收、高效农业发展具有很好的示范带动促进作用。花桥镇接官亭村柑橘种植村民目前户平均年收入近4万元左右。3年来，公司通过柑橘产业的发展已带动600多户贫困农民增收。

(2) **社会效益** 园区特色水果、苗木种植面积迅速扩大，配套休闲餐饮娱乐，有效解决了农村剩余劳动就业问题，并促进带动了农产品物流产业、生产资料供给等相关产业的发展，新增就业机会1 000人以上，有力地促进农村经济的迅速发展。

(3) **生态效益** 园区实施无公害标准化栽培，有效减少农药化肥的使用，降低农业的面源污染程度。衡阳市地处湖南南部，项目建成后，既绿化、美化了衡州大地，增加了森林覆盖率，又对保护长株潭等城市环境起到一定作用。

撰稿：衡阳市源氏农林发展有限公司　陶坚

湖南省邵阳市新宁县崀山镇标准化脐橙生产基地案例

需求与目标

我国农业存在生产成本过高，农业生产、农业资源利用率低、农业从业人员素质较低、农业信息通信设施缺乏严重、现代农业信息推广应用不足、新技术推广不力等现象。针对上述情况，新宁县崀山农业生态园智慧果园,为深入贯彻党中央、国务院关于智慧农业建设的决策、部署和推广,全面实施智慧农业建设,提升数字治理能力,引入现代计算机技术用于农业生产,加快农业信息化建设,以满足农业标准化生产对资源的需求,以及科研工作对农业信息进行全面、广泛的需求。

‖ 做法与技术 ‖

新宁县崀山镇农业生态园有限责任公司,位于新宁县崀山镇窑市村,占地面积 1 005 亩。属湖南省新宁县崀山果业有限责任公司标准化脐橙生产及技术培训基地、中国柑橘研究所新宁县柑橘试验站科技示范基地、脐橙无公害标准化种植技术研究与推广中心、湖南省水果产业技术体系邵阳示范基地等,是新宁县首家集创新、旅游观光、脐橙生态种植研究与推广等一体化的现代农业种植基地。目前,全园实现网络全覆盖,建立智慧果园管理系统、农产品追溯体系。到目前为止,果园基本实现了数字化、精准化、科学化的智慧管理。

(1)**硬件设施建设** 建立农产品生产参数数据采集系统:通过土壤水分、温湿度等传感器进行采集,并根据农产品(脐橙)生长中所需要的参数,适时指导农业生产,做到水肥的科学化管理。来提高农作物的生产力和盈利能力。

建立病虫害物理防控体系:2019 年,公司在园区建立太阳能频波杀虫灯、投放粘虫板、糖醋液等物理病虫害防控措施,通过诱杀虫害,减少农药使用次数。

基地近景

气象站、杀虫灯

基地鸟瞰

传感器

视频监控

水肥一体化

建立水肥一体化新型现代化生态种植管理系统:2019 年,公司与耐特菲姆(广州)农业科技有限公司签订服务合同,引进以色列水肥一体化农用生态种植设施设备。目前全园实现自动化水肥滴灌生产模式,全面实现纯有机肥、水肥一体化的全自动精细化的水肥灌溉模式。智慧果园农田管理系统可以在环境参数不在范围内时,可远程、可自动、也可手动开启管理设备进行调控。

(2)**软件系统建设** 园内安装电子监控设备将果园果树施肥、病虫害防治等果园管理情况及果实开花、结果到成熟、采摘全程记录,实现网络直播呈现,实现真正看得到的消费新模式。视频全园巡查。光纤入园,全园实现视频全覆盖,24 小时实时传送园区各个区域的情况,无须把时间浪费在巡查园区中,管理者只需要坐在值班室中便可对园区内脐橙长势了如指掌,利于及时发现问题,及时解决问题。

‖ 经验与成效 ‖

（1）经济效益　节水、节肥、省工、保持土壤结构、改善产品质量、增产增收。比喷灌节水35%～75%，一般传统果园灌溉除草都是人工操作，由于株间未供应充足的水分，杂草不易生长，因而作物与杂草争夺养分的干扰大为减轻，减少了除草用工；应用滴灌减少了水肥和农药的使用量，通过计算机按照作物各个生长期所需，提供精准灌溉，可明显改善产品的品质，所以设施园艺滴灌技术适应了高产、高效、优质的现代农业要求。

（2）推广示范效益　水肥一体化示范项目是新宁县第一个有机肥代替化肥、水肥一体化示范带动项目。项目于2019年验收完工投入使用后，一直在持续更新和推广应用。

撰稿：湖南省新宁县崀山果业有限责任公司　王文标

广东省广州市从化县荔枝文化博览园案例

‖ 需求与目标 ‖

长期以来，广州从化荔枝种植面积多达30万亩，是名副其实的"荔枝之乡"。但从化荔枝产业发展存在一些问题：基础设施落后；从业人口老龄化严重，果园从业人员大多为20世纪60年代高龄果农；从业人员科学文化素养普遍较低，果园管理粗放。为贯彻习近平新时代中国特色社会主义思想和习近平总书记对广东工作的批示精神，牢固树立"创新、协调、绿色、开放、共享"的发展理念，实施乡村振兴战略，坚持农业农村优先发展，深入推进农业供给侧结构性改革，从化荔枝产业园加强基础设施、产业支撑和环境风貌建设，积极探索推进农村经济社会全面发展的新模式、新业态、新路径，聚力建设规模化标准化种植基地为依托、现代生产要素聚集的现代农业产业集群，最终实现农业增效、农民增收、农村增绿。

‖ 做法与技术 ‖

（1）软硬件集成系统建设　智能化无人生态荔枝果园分阶段持续建设。目前已建成以荔枝园区物联网体系，逐步通过自动的环境感知、种植经验，训练形成荔枝生长模型，驱动设备自动进行策略作业，实现机械代替大部分人工生产的目标；搭建产区数据标准体系，综合服务产区农民、农机、果园，监管产区生产、运营数据，综合指挥，提升产业整体的数字化管理水平。将持续投入研究荔枝农业航空精准管理应用技术、荔枝天空地立体监测技术、荔枝大数据模块数据库与人工智能应用技术、荔枝园智能化无人作业技术与装备、荔枝病虫害智能监测与绿色防控技术体系、荔枝智能化无人生态果园中央控制模块与展示系统等内容。

智能化无人生态荔枝果园集成天空地立体监测技术、农业物联网应用系统、精准施药无人机、智能化无人作业技术与装备、智能水肥一体化灌溉设施、智能病虫害绿色防控技术、荔枝大数据模块数据库、可视化品质溯源、智慧生产管理系统等装备和技术，以高度的机械化信息化有效融合，实现环境感知、无人化自主作业、精准灌溉施肥、产业链融合，推动荔枝产业向科技化方向转型升级，依据果园系统的算力和数据，加速新一代果园人工智能化应用，全面提升荔枝产业数字化、现代化水平。

（2）**运营模式创新** 在政府的大力支持下，依托华南农业大学国家精准农业航空施药技术国际联合研究中心技术优势，积极创建从化荔枝现代农业产业园，深入探索智慧荔枝生产模式，建设智能化生态无人荔枝果园，积极推行荔枝标准化生产，提升荔枝生产的高效化、智能化水平。智能化无人生态荔枝果园主要由农业龙头企业主导实施建设运营，华南农业大学、广东省农业科学院、广东省现代农机装备研究所等研究机构提供技术研发支持，海睿科技等数字农业企业提供科研成果转化和产品开发支撑，项目建成中采取了"产学研用"的合作模式。

气象站　　　　　　　　　　控制柜　　　　　　　　　病虫害监测

施肥机　　　　　　　　　　碎枝机　　　　　　　　　无人机巡视

全维度监测　　　　　　　　　　　　　从化荔枝产业大数据平台

具体的合作过程中，广州市从化华隆果菜保鲜有限公司联合华南农业大学国家精准农业航空施药技术国际联合研究中心、广东省农机装备所、仲恺农业工程学院等科研院所以及大疆、海睿科技、健坤等企业，在从化荔博园共同建设了智能化生态无人荔枝果园以华南农业大学国家精准农业航空施药技术国际联合中心主任兰玉彬院士为首席科学家牵头组建科研团队，结合精准农业航空技术、物联网技术、5G 技术、大数据和人工智能技术、绿色生态技术，打造高标准生态无人荔枝园，完成荔枝果园种植无人化、大数据管理、精准管控模型等技术的标准化研究。围绕"标准化、机械化、信息化、智慧化"的建设标准，以"空天地－无人化"数字农业装备技术和应用模式为依托，运用智能机械化装备代替传统人力、新一代信息技术赋能荔枝种管全环节，建设荔枝果园"全程机械化、全程信息化、生产智能化"的融合示范应用，实现"知天而作""降本提效"的荔枝果园发展新模式。

‖ **经验与成效** ‖

（1）**经济效益** 本项目相关技术及产品，已面向珠三角及粤西地区荔枝产业大范围推广应用。目前相关荔枝物联网监测系统、智能化农机装备及智慧农业平台产品销售已累计产生 3 500 万元经济收入。通过智能化荔枝生产技术及产品的应用，提升了荔枝种植生产效率，减少了人力成本，减少了化肥农药的使用并提升了荔枝产量及产品质量，由此创造了巨大的经济效益。

(2) **社会效益** 智能化无人生态荔枝果园建设成果的应用改善了广东荔枝产品品质，提高了农产品安全水平，保障了人民身体健康，提高人民的幸福指数，促进了三产融合发展，带来了直接或间接的社会效益。

(3) **推广示范效益** 智能化无人荔枝生态果园建设项目的探索和实践，通过"生产＋加工＋科技＋品牌"聚集现代生产各要素，创新体制机制，创建了水平领先的现代数字农业发展平台。项目建设中充分发挥科技和产业集聚高的优势，加快改善当地农业生产条件，加速智慧农业科技推广应用，推进专业化、集约化、标准化生产，探索土地集约利用、资源高效利用的新模式，促进产区农业智慧、绿色转型升级，示范带动广东省现代农业产业发展走向全国前列。

撰稿：广州国家现代农业产业科技创新中心　　　　　　　　　张兴龙
　　　华南农业大学国家精准农业航空施药技术国际联合研究中心　兰玉彬　　龙拥兵　赵静　邓小玲
　　　广州市从化华隆果菜保鲜有限公司　　　　　　　　　　　欧阳建忠　刘锐波

广东省茂名市茂南区羊角镇禄段村水果试验场案例

‖ 需求与目标 ‖

茂名市是全国最大的荔枝产区，2016 年全市荔枝种植面积 139.12 万亩，约占全国 24.9%，产量 48.85 万 t，产值 42.35 亿元。茂名荔枝产业基础深厚，但面临农业种植的共性问题：优质农业劳动力缺乏、农业劳动力成本大幅提升、农村劳动力老龄化严重；水分、肥料、农药等资源利用率低；农产品市场价格波动大；机械化、自动化、信息化、智能化水平低等，整体而言种植模式还停留在传统种植模式阶段。2020 年中国荔枝产业大会上，首个"空天地一体化"智慧果园正式亮相，引起广东、海南、重庆、四川、广西、江西众多农业管理部门领导和华南地区 1 000 多位种植大户的重点关注。

‖ 做法与技术 ‖

由茂名市农业农村局、茂名市农业科技推广中心、广东省现代农业装备研究所、广州市健坤网络科技发展有限公司联合打造的 250 亩空天地一体化智慧果园，是全国首个智慧荔枝果园机械化信息化融合示范应用。果园应用北斗导航、无人机、地面机具、环境监测、智能灌溉、绿色防控、农机大数据等装备与技术共同构成"天空地一体化"智慧果园物联网，突破传统气象站、摄像头等设备定点监测的局限性，实现多点、动态、非规律性监测，极大地丰富数据米源渠道，提高数据价值密度，触发农业 AI 人工智能应用落地。

(1) **硬件设施建设** 种植全程机械化，解决"谁来种地"问题。通过机器换人，降低劳动强度，发展规模化种植。配套农机包括整形修剪、除草作业、土壤改良、收获作业、搬运作业备、病虫害防治、无人机植保等全生产过程装备。

(2) **软件系统建设** 智慧果园系统，远比想象中更强大。智慧果园系统还实现对太阳能自动蓄水系统的流量、水位、太阳辐射总量、光照度等信息进行在线监测，实现远程自动化控制。通过一个完整的智慧果园机械化、信息化融合体系建设，集丘陵山地农机、精准作业、状态监测、监控调度、大数据可视化、智能灌溉、产业链融合等功能于一体，构建"建设标准化、全程机械化、管理信息化、生产智能化"的四化智慧果园。

(3) **生产技术创新** 全程信息化，赋能农机智慧作业。基于卫星导航定位、物联网传感、GIS 和无线通信技术，实现土壤、农机、气象、虫情、灌溉等全种植过程信息感知。让农机不仅具有更好的易用性、可靠性，实现了人与机、机与果园之间的交互，农机作业运行更高、更快、更好。

专业的数字农业，高效的种植管理。果园管理人员可以根据智慧果园平台获取果园 AI 人工智能分析、农事提醒、估产测产、病虫害预警、机具分布、农机调度、作业轨迹与智能灌溉等信息。根据精确数据信息，可以合理分配荔枝种植的人、财、物资源，完善果园管理机制和现代化种植水平。

山地果园农机装备

手扶履带式自走碎草机 1

手扶履带式自走碎草机 2

监控设备

天空地一体化大数据系统

智能灌溉控制室

空天地一体化智慧果园

荔枝精准作业大数据平台

果园大数据可视化分析技术，实现果园环境、总产量、机具设备、灌溉信息、作业面积总量，管预警状况分析展示等一体化大数据可视化分析。基于 AI+ 边缘计算的测产技术，以果实数量、树高、树宽、果实大小、树龄和大小年 6 个参数作为网络的输入，果树的产量值作为输出，来训练产量预测模型，完成从参数到产量值的最终映射。农机远程监测与管理关键技术，实时精准定位，实现大果园农机高效调度；作业轨迹随时回放，支持农机社会化服务应用，为除草、土壤改良、运输、植保、碎枝等农机作业，提供数据采集、任务发放、机手调度、统计分析、绩效管理。荔枝果园绿色防控装备技术，物理防治为主，结合绿色生态调控，达到有效控制农作物病虫害，促进标准化生产，技术应用太阳能杀虫灯、黄板诱杀、自动虫情测报灯等。多旋翼无人机植保作业技术，由多旋翼无人机携带化学防治药物通过远程手动操控或自主控制完成植保作业的技术。无人机倾斜摄影与建模技术，基于详尽的航测数据，进行影像预处理、区域联合平差、多视影响匹配等一系列操作，批量建立高质量、高精度的三维 GIS 模型。果园"一树一码"管理技术，给予每棵果树创建 1 张数字化"身份证"，建立唯一身份 ID 认证，将果树全生命周期数据统一存档记录。区块链 + 食品安全追溯技术，根据荔枝档案和区块链相应规则生成唯一产品追溯标签，实现"安全可预警、源头可追溯、流向可跟踪、信息可查询、责任可认定、产品可召回"。水肥一体化智能节水灌溉技术，将灌溉与施肥融为一体的农业新技术，提高肥料利用率，减少 30% 肥料用量，省工省时节省人力，显著提高作业效率。果园种植全程机械化装备技术，包括除草作业、土壤改良作业、植保农药喷施作业、修剪作业、荔枝收摘作业、搬运作业等农事作业装备技术。GIS 地理信息与农机调度技术，实时获取农机现场作业信息，以及工况数据，为管理者提供农机地图定位、调度依据和作业数据分析统计。病虫害图像 AI 识别技术，基于深度学习型算法技术为前提，建立荔枝病虫害千万级图像信息数据库，将病虫害图像特征进行算法提取，获得特征值后，根据特征值进行病虫害识别建模；建立模型后再进行深度学习识别训练形成稳定可靠的识别技术体系。虫情物联网在线监测技术，集害虫诱捕和杀灭、虫体分离、信息采集、数据分析、预警防控于一体。多层土壤墒情在线监测技术，依据传感器发射一定频率的电磁波，电磁波沿探针传输，到达底部后返回，检测探头输出的电压，由于土壤介电常数的变化通常取决于土壤的含水量，由输出电压和水分的关系则可计算出土壤的含水量。精准气象监测预警技术，通过自动气象站科学部署，配备气象传感器、微电脑气象数据采集仪、电源系统、轻型百叶箱、野外防护箱和不锈钢支架等模块，精准获取果园气象参数。5G+ 太阳能视频实时监测技术，网络延迟大大降低，最高不超过 4 ms，最低仅为 1 ms，远远低于 4G 网络的 20 ms，有效解决监控视频数据的"大和快"瓶颈。

(4)运营模式创新　果园隶属于茂名市农业科技推广中心，运营模式为：行政指导 + 市场化销售导向。该单位是公益一类事业单位，从事水果技术研究与推广 30 多年，是国家荔枝龙眼产业技术体系茂名综合试验站建设依托单位，也是国家重点农技推广服务试点项目荔枝课题茂名站点的区域示范基地。

经验与成效

(1)经济效益　据该果园 2020 年生产数据统计显示，该荔枝果园平均荔枝亩产约 1 000 kg，平均亩产值超过 10 000 元 / 亩，农事作业效率提高 100%，减少农药化肥施用量 43%，减少用水量 39%，节约劳动成本 300 元 / 亩，荔枝售价比周边竞品高出 33%，带动休闲乡旅和科技培训到访人次增幅 500%。

(2)社会效益　荔枝是岭南特色水果，是茂名市农业产业的支柱产业之一，创建荔枝种植现代化果园，对引领全市荔枝产业提质增效、转型升级以及新农村建设将产生重大的社会效益。荔枝种植现代化果园的示范与推广应用，既可大幅提升生产管理效率和资源利用率，解决农业生产请工难、请工贵的问题，又可以提高农产品产量和质量，对当地农地的开发利用和农业产业的发展都有积极促进作用。

(3)生态效益　通过太阳能杀虫灯、生物防治等病虫害绿色防控综合技术减少化学农药的使用，从源头上杜绝高毒高残留农药的使用。通过田间管理装备精准作业，实现改良土壤环境，具有显著的生态效益。

(4)推广示范效益　以项目建设地点茂南区羊角镇禄段村茂名市水果试验场为中心，辐射带动周边根子镇、分界镇、霞洞镇、山阁镇、泗水镇、谢鸡镇、林头镇、旦场镇等多个荔枝种植大镇近 20 万亩种植面积，并将该模式推广应用于茂名、徐闻、惠阳、惠东、郁南等 9 个荔枝主产区 2 700 亩智慧种植，带动 100 户以上种植户因地制宜开展适合荔枝生产机械化、信息化的标准化技术应用，逐步提升荔枝产业的机械化、信息化应用水平。

撰稿：广州国家现代农业产业科技创新中心　杨润娜　胡韬
　　　广东省现代农业装备研究所　　　　　刘海峰
　　　广州市健坤网络科技发展有限公司　　汪洋

贵州省六盘水市猕猴桃生产案例

需求与目标

为全面贯彻习近平总书记关于加快科技创新重要讲话精神，落实贵州省委省政府关于加快大数据产业化应用、加强大扶贫科技支撑、加速大生态项目落地的战略部署，六盘水市人民政府以猕猴桃产业为突破口，以传统农业发展为基础，以成熟现代农业科技为支撑，逐步形成"产、供、销"智慧农业体系，促进六盘水新型山地高效农业与大数据、大扶贫、大生态、大旅游等方面科技创新成果融合、应用并实现成功转化。

做法与技术

(1) **基础设施建设**　在六枝建成标准化猕猴桃基地 3 万亩，带动合作社、种植大户、农户种植猕猴桃基地 8 万余亩。建成万吨冷链物流中心，可实现猕猴桃长达 9 个月的保鲜存储；建成省内最先进的果品智能分选线，有效提高了分选效率，降低了人工成本；建成猕猴桃专用生物有机肥厂 2 个，从源头上保证农产品品质。

基地全景

(2) **硬件设施建设**　通过引进以色列最先进的猕猴桃智能分选设备，从猕猴桃大小、外观、色泽、疤痕、糖度、硬度、干物质、有机质等方面对产品进行智能分析处理，结合市场需要分装为特级果、一级果、二级果和加工果，提高猕猴桃鲜果利用率，有效提高了分选效率，降低了人工成本，提高了产业附加值。

物流中心

生产车间

喷码车间

(3) **软硬件集成系统建设**　猕猴桃基地通过建设喷滴灌系统，解决了六盘水山地特色农业产业季节性缺水问题,实现了猕猴桃基地精准水肥管理,提高了猕猴桃产量和质量。建立猕猴桃储藏系统。在六盘水市贵州西部农产品物流园万吨冷库,系统通过采集每间库空气中的温度、湿度和气分参数,经过工业控制计算机处理后,控制冷风机、二氧化碳脱除机、加湿器及相应管道阀门,实现冷库温度、湿度和气分参数的可控可调,实现猕猴桃长达9个月的保鲜存储,延长猕猴桃货架期。

气象站

土壤水监测

(4) **生产技术创新** 以贵州省分析测试研究院、贵州省流通环节食品安全检验中心专业检测技术资源为支撑,建立从生产基地土壤、水文、空气、农药到种植、管理、采摘、仓储、运输、流通等各个环节的检验检测大数据信息库,开展红心猕猴桃高效优质栽培技术及品种选育的研究,从整形、授粉、林下杂草控制方面,节省人力物力。品质方面,重点从精准施肥、病虫害绿色防控、果实套袋展开研究。通过示范带动作用,在六盘水市六枝特区龙河镇、郎岱镇、大用镇,六盘水市水城县米箩乡建成智慧化农业基地1万亩。

(5) **运营模式创新** 紧紧围绕"统一品种、统一标准、统一品牌、统一包装、统一价格、统一销售"的"六统一"发展模式,整合六盘水市猕猴桃销售体系,通过线上线下"双轮驱动"模式,建立市场销售数据库,以区域、渠道、受众人群等为目标,通过对数据化信息进行处理,制定猕猴桃包装、宣传、品牌、价格策略,更好地结合市场需要服务猕猴桃系列产品销售。建成弥你红生态食品加工园,购置猕猴桃果酒、饮料示范生产线设备,保证猕猴桃鲜果采前预处理、采后处理、贮藏管理、物流方面技术。通过新产品、新工艺、新技术的研究、解决生产过程中技术难题,弥你红果酒荣获美国"FDA"认证。通过测试院、食检中心合作,利用食品质量分析检测方面的硬件及技术优势,开展原料及加工产品成分分析检测,保证猕猴桃品质。目前,猕猴桃产品销售网络已覆盖贵州省东部、西部、华北、华东、华中、川渝、云南、台湾等区域,线上线下销售渠道超过2 000家,产品已远销加拿大、迪拜、俄罗斯、泰国、等国家。

▎ 经验与成效 ▎

(1) **经济效益** 通过不断完善猕猴桃基地现代农业技术设备,收集猕猴桃产业高质量发展种植管护生产要素信息,分析存在问题,反馈专家及时提出解决问题措施。通过安装大气环境监测设备,及时收集气象环境参数,针对极端恶劣天气预测,做好倒春寒、冰雹、旱涝等应对措施,增强产业抵抗自然灾害的能力;通过对产业水环境监测,针对不同时间猕猴桃所需水量、矿物资含量等不同,通过"水肥一体化"设备及时调整相关投入品配比,"定时定量"提供猕猴桃生长需要,避免猕猴桃投入品的不足和浪费。

通过"三变"带动,取得了"三零"成效,猕猴桃产业基地在农户家门口,每年每亩需要33个工,给当地农户提供了就业岗位,实现农户"零距离就业"。全市猕猴桃种植基地采取与农户签订"三变"协议,流转费用600~1 300元/亩,以5年为周期进行递增,实现农户土地"零风险投入"。"三变"合同中约定,在产业产生效益后,将利润的12%用于收益分红,采取"822模式",8%分给土地流转农户，2%分给村集体，2%分红当地贫困户，实现"零投入获益"。目前，市农投公司与农户签订"三变"合同6 704份，涉及农户27 800人，贫困户2 299户，贫困人口8 410人。

(2) **社会效益** 与19家民营企业及合作社共同合股组建了六盘水凉都猕猴桃产业股份有限公司，一手通过政府引导、市场运作、企业投入、项目扶持、农民参与发展猕猴桃产业联手闯市场，一手推动科学生产。聚合国有企业、民营企业、合作社力量撬动金融资本、社会资金，打造成为六盘水市猕猴桃产业全链条发展的"领头羊"。与中国农业科学院、贵州科学院、贵阳学院等科研院所多角度、全方位开展技术合作，引进"土专家"和"洋博士"，技术服务全覆盖，涵盖猕猴桃种植育苗、栽培、水肥管理、病虫害防治、采摘、储存、包装等环节。

撰稿： 六盘水市农业投资开发有限责任公司　龙伟杰

贵州省册亨县华实农业科技示范园案例

‖ 需求与目标

册亨县平均海拔800 m，年均气温20.9℃，年均降水量1 450 mm，无霜期345 d，自然条件优越。按照"上规模、强龙头、创品牌、带农户"的发展思路，依托南北盘江低河谷地区自然条件优势，采取"公司＋基地＋合作社＋农户"的模式，大力发展糯米蕉产业，探索走出一条绿色生态的产业发展新路。

‖ 做法与技术

贵州华实农业科技开发有限公司（以下简称华实公司）2019年投资3 000余万元在册亨县岩架镇洛凡村建设集水肥一体化、溯源体系、初级包装等为一体的示范基地；投资5 000余万元在册亨县岩架镇板弄村建设集自动包装线、冷链物流、品牌展示、电子商务等为一体的糯米蕉产业分拣中心，年分级包装糯米蕉60 000余t，提供长期就业岗位100余人，人均年增加收入20 000余元；投资500余万元在册亨县双江镇打棚村建设育苗基地30亩，年育苗200万株以上，提高长期就业岗位20余人，人均年增加收入20 000余元。

(1) **硬件设施建设** 通过物联网设备在基地安装气象监测仪、土壤监测仪及水肥一体化设备通过物联网设备及精细化种植模型，实现糯米蕉智慧种植。

(2) **软件系统建设** 应用糯米蕉智慧种植App，通过气象数据、土壤数据、农事操作数据，结合精细种植模型，实现病虫害预警及精准化种植，提高糯米蕉品质。

华实科技应用糯米蕉产业一体化交易平台，将糯米蕉种植标准的农事记录信息化、结构化，内置到生产管理App中，使得所有操作人员都能参照农事记录进行标准化种植。华实科技实现的糯米蕉种植档案全程记录，为全程追溯提供了良好基础。

通过糯米蕉检测、品质数字化，积累企业数字资产。华实科技通过农残速测设备测试每个批次的产品、记录每批产品安全检测数据。建立糯米蕉的果径大小、长度、外观颜色、甜度、口感度等品质评价模型，每批次记录安全及品质数据。通过持续积累数据，累积企业数字资产，利用数字资产优化种植技术，持续提高糯米蕉品质。

多要素气象监测仪

土壤监测仪

水肥一体化设备

水塘

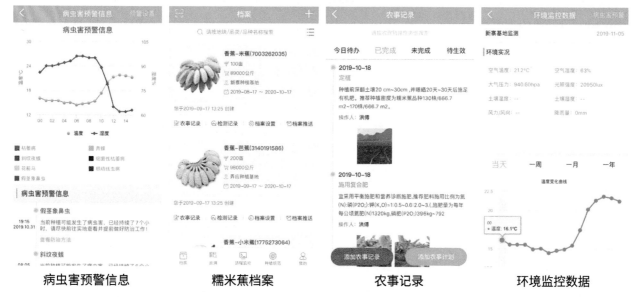

病虫害预警信息　　　糯米蕉档案　　　农事记录　　　环境监控数据

全流程溯源，数字化品牌营销。华实科技通过标准实施、生产数字化等方式积累全过程信息，在产品上市前汇总数据打印溯源标签，将企业品牌、价值传递给消费者。

（3）生产技术创新　糯米蕉种植标准制定。华实总结企业多年的香蕉种植经验，联合册亨县农业农村局、糯米蕉产业一体化交易平台运营公司，共同制定册亨糯米蕉生产技术规程，打造糯米蕉标准化种植基础。

（4）运营模式创新　互联互通，打通销售渠道。华实科技除了构建自有的线上交易平台，与县域内电商体验店、电商中心、大数据中心、合作社签订合作协议，充分利用合作社一头连市场、一头连农户的优势，相继在黔邮乡情、京东、到村里、那家网等平台销售产品，解决群众销售难的问题。

扩大销售规模，增加产品附加值。线上通过黔邮乡情、京东、邮政、快递等平台将糯米蕉产品销售到北京、宁波、重庆等大中城市。线下通过农超、农校等方式将农产品销售到超市和学校。公司通过产业强镇、农银企试点、产业化联合体等项目的实施，基础设施和平台建设不断完善，媒体宣传不断增强，入库大湾区申报成功，提高了册亨县糯米蕉产品的知名度和美誉度。

增强运营能力，确保及时供应。公司通过产业化联合体项目，购置冷链物流车，来增强糯米蕉产品互联网＋糯米蕉产品出村进城的运营能力；电商中心充分利用脱贫攻坚的支农政策、联通集团和东西部帮扶等机遇，配套设施建设不断完善，宽带网络和快递物流实现了村村通。为糯米蕉产品的网络销售打下了坚实的基础。

溯源系统

经验与成效

（1）**经济效益**　由于原基地基础设施薄弱，自然生长条件下均亩产 1 000 kg；公司入驻册亨后，充分利用先进的数字化生产、数字化管理技术，均亩产达 2 500 kg。

电商体验店、电商中心、大数据中心等销售平台的建设和不断完善，将糯米蕉产品远销到北京、宁波、重庆等大中城市，网络销售额量占当地糯米蕉产品的 60% 以上。供不应求的情况时有发生，解决了产品以前滞销难题，让种蕉群众吃上了"定心丸"，产品销售价从最初的均价 1.6 元 /kg，提高到均价 4 元 /kg，大幅度提高群众的销售收入，巩固了脱贫成果，助力乡村振兴。

（2）**社会效益**　华实公司与农户签订合约，利用数字化平台，形成契约纽带，以合同的形式把农户生产和农产品流通与企业连接起来。与每一家农户签订保底购销合同，彻底解决农户的后顾之忧。

华实公司按照聚焦富民导向，不断创新联农带农机制，大力发挥企业和合作社的带动作用，进一步助农增收致富，大力推行"公司＋基地＋合作社＋农户"一体化产业经营模式，辐射带动 2 000 多户农户通过种蕉致富，巩固了脱贫成果。通过多方考察、对比、试种，确定独具特色的糯米蕉（粉蕉），在册亨县区域内推广标准化种植，精细化管理，既确保糯米蕉产量和品质，又紧密了企群关系，增加了群众的收入。

（3）**推广示范效益**　华实公司的经验和做法，通过中央、省、州、县等媒体报道后，在其他产业发展中推广应用。到华实公司考察学习的团队和个人络绎不绝。国务院副总理胡春华，贵州省委、省政府领导孙志刚、谌贻琴、李再勇、吴强等领导先后到华实公司产业基地督导和指导，为产业发展指明方向。华实公司的经验和做法，为册亨县数字乡村建设提供了宝贵经验。

撰稿：贵州华实农业科技开发有限公司　韩建

云南省大理白族自治州
弥渡县春沐源数字农业示范园案例

‖ 背景与目标 ‖

云南省大理州弥渡县，拥有得天独厚的区位优势和丰富独特的自然资源，在大理弥渡生产蔬菜有着巨大的自然优势，冬无严寒，夏无酷暑，四季温和，年日照时间长，光照充足，昼夜温差大，热量丰富，海拔高，零污染，优越的自然气候条件，奠定了蔬菜的品质基础。2018 年，云南省政府提出全力打造世界一流的"绿色能源""绿色食品""健康生活目的地"这 3 张牌，形成几个新的千亿元产业。着力培植蔬菜、水果等特色优势产业，推动农业产业转型升级，培育新型农业经营主体，推进农民创新就业增收，加强绿色食品牌营销，增强农业农村发展新动能，促进一二三产业深度融合。

‖ 做法与技术 ‖

大理春沐源农业科技有限公司位于云南省大理白族自治州弥渡县。聚焦樱桃番茄，实行产、供、销、服全产业链一体化，是国内樱桃番茄的头部品牌，也是销售覆盖面最广的樱桃番茄品牌之一，拥有国内最大的专业化樱桃番茄种植面积。大理春沐源是 2017 年弥渡县政府、县招商局招商引资重点项目，该项目属大理州重点农业项目。公司建设了大理春沐源数字农业示范园，已完成土地流转面积 1 100 亩，预计总投资 5 亿元，分 3 期建设完成。2018 年 7 月，大理春沐源建设完成一期工程建设，建成科技温室大棚 200 亩，投资总额达 8 000 万元。2020 年 12 月，二期项目开始建设，已率先启动第一阶段的黄金产区领先型越冬玻璃温室 K1 建设，建设面积为 50 000 m²，投资金额为 4 500 万元。大理春沐源数字农业示范园预计在 2023 年将全部建设完成。大理春沐源是数字农业、科技农业的坚定践行者，建设了春沐源科技农业系统，即"春沐源云控制中心"，主要使用包括物联网、云计算、大数据等技术，由实时气候监控、自动灌溉控制、植物生长数据采集、果品品质管理、植保管理、产销管理等几大系统构成，从而拥有了翔实全面的关于樱桃番茄监控、植株、果品、病害、销售、用户群的数据库。目前，春沐源科技农业已经累积了 1 000 多 G 的实验数据、报表、记录、市场数据，实现数字农业的全产业管理体系。

(1) **硬件设施建设**　建立植株生长管理技术体系。公司通过引入荷兰无土栽培全套种植技术，借助专业设施设备，抓住作物生长发育的规律，通过主动改变环境参数、营养液配方及农事操作，干预作物的生长，从而使生产顺利达到预期产出。

建立高品质樱桃番茄种植技术体系。公司使用进口椰糠基质作为栽培基质，一茬一换，杜绝了重金属残留，减少了病虫害发生概率；使用了先进的荷兰 Hortimax 水肥自动灌溉系统，实行水肥一体化，节肥节水率达 40% 以上；在环控技术上采用了智能温室控制系统及设备，可在远程实施操作，大大节省了人工成本，是物联网技术重要组成部分；引进荷兰先进的工艺，实现植株高品质生长，根、茎、叶、花、果实实现了标准化生产、科学化管理。公司通过技术和管理改进，种植效益是传统种植的 7 倍以上，并带动地方农户发展，成为地方现在数字农业标杆。

(2) **软件系统建设**　建立春沐源科技农业智能温室"高品质稳定丰产"提示系统。对农事作业与点检、设施点检、熊蜂投放、采收、安全生产、植保与防护、责任归属进行了明确规定，让职员可以按照提示系统要求标准作业。

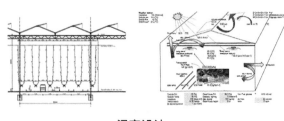

温室设计　　　　　　　　　　　　　　数字管理系统

环境监测系统　　　　　　　　　　　　育苗系统

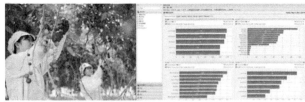

植株生长监测系统　　　　　　　　　　水肥灌溉一体化系统

采收与品质管理系统　　　　　　　　　农事及植保管理系统

大理春沐源接入云南省数字农业系统　　RO 反渗透水　　　　　云控制中心

（3）**生产技术创新**　建立生产管理标准化农业生产管理体系。建立了新品种研发、育苗、环境控制、水肥灌溉、植物保护、农事操作、采收、包装全生产过程的管理规范和技术操作规程。

建立专业的植保运营管理制度。每周进行植保各项指标管理监控，包括株高、茎粗、叶片数、叶片长度、花穗、果穗数等，数字化对植保工作进行管理，以保障植株健康生长，保障持续稳定生产供应，形成大理春沐源独有的、专业的植保管理核心竞争力。

建立病虫害防控体系。从品种、环境、设施、人员管理、种植管理、虫蝶传播等各个环节进行防控，对番茄病虫害进行预测，在病虫害发生前做好预防，过程中做好监控，真正做到预防为主，防控结合。实行了绿色防控技术，大量使用生物防治技术、物理防治技术，大大减少了农药的使用量。

申请并获得了多项专利技术。在春沐源集团的平台上，截至 2020 年 12 月，春沐源科技农业已经递交中国专利申请 648 件（其中发明专利 592 件，占专利申请总量的 91%），设施农业专利 433 件，占比 67%；获得专利授权 126 件，设施农业专利 67 件，占比 53%；PCT 国际申请 160 余件，成为现代科技农业的新名片。其中，大理春沐源已经申请获得了 5 项专利技术。

（4）**运营模式创新**　大理春沐源采取公司 + 基地 + 专业合作社的运营模式，实行产、供、销、服全产业链一体化的运营，基地建设、育苗种植、植保采摘、分拣加工、推广销售全流程把控，以保证出品的稳定性、连续性、一致性。

经验与成效

对智慧农业建设的参考借鉴意义。农业是社会的根本，保障国民粮食安全、提高农业生产效率是我国的基本诉求，为消费者提供高品质的蔬果产品，也是消费升级的需求。大理春沐源依托大理得天独厚的气候优势，通过将现代科学技术应用到农业生产中去，"用科技搬运阳光"，生产出了高品质、真味道的樱桃番茄产品，满足了消费者对番茄本味的基本需求，同时还提升了产量，并努力将大理打造成为世界级高品质樱桃番茄黄金产区，提升了社会效益、经济效益以及地方特色，在数字农业方面探索出了一条可行性道路。

（1）**经济效益**　大理春沐源成立以来，通过合作种植、委托育苗、吸收就业，直接为当地创造了良好的经济和社会价值。2018 年，公司与当地 10 个种植合作社签订种植收购协议，完成本地樱桃番茄收购量 248 t，实现番茄收购产值 220 万元。2019 年，大理春沐源支付地租 570 万元（2017—2019 年），委托育苗金额达 150 万元，聘请当地工人和贫困户参与作业，年度发放工资达到 400 万元。至 2020 年年底，已带动农户总数 512 户，4 个农民合作社，带动建档立卡户 33 户年，直接或间接带动农户收入 1 000 万 / 年。2018—2020 年，大理春沐源公司实现高速增长，2019 年，公司年生产樱桃番茄产值 1 500 t，实现销售收入 4 192 万元，利润 549 万元，净利润相较 2018 年实现了 8 倍增长，是行业内增长最快的企业。2020 年，实现销售收入超 6 000 万元，实现了近 50% 的年增长。

（2）**社会效益**　对农业信息化数字化产生的促进作用。大理春沐源通过专注于樱桃番茄，将数据化贯穿产销全流程，将数据作为重要的农业生产力，充分发挥物联网、互联网、大数据在农业生产中的作用，使农业生产更加有章可循，发展出了可积累、可复制、可推广的模式，为农业规模化、生产工业化、流程标准化的发展奠定了充分的、有说服力的数字基础，为推动我国农业从传统手作农业向现代智慧农业迈进起到了积极的促进作用。

大理春沐源的发展，紧紧与"乡村振兴""一二三产业融合"的总体战略紧密相连，将自身嵌入大产业之中。按照规划，将以大理春沐源数字农业产业园为中心，形成"100 公顷核心产业园区 + 带动 20 000 亩相关产业"的 1+N 模式，以大理春沐源的数字技术、管理经验为基础，联动番茄、蔬菜、花卉等相关产业，带动大理特色果蔬产业，打造地标产品，形成产业链，开拓 200 亩番茄及果蔬的深加工产业，引入深加工企业共同发展，建设蔬果冷链存储、运输的相关配套。另一方面，基于产业引进知名企业、科研中心的育苗育种的研发中心，还可以发展基于农业的观光、旅游、科普等文旅项目。从而实现技术输出、数字能力赋能、品种升级、农业领军人才及技术人才的培养的目标。

（3）**推广示范效益**　按照规划，大理春沐源将在"十四五"规划内，完成现有流转土地 1 100 亩的建设，总种植面积将达到 43.56 万 m²，在 2025 之前年产量超过 1 万 t，并在 2025 年当年实现超过 3.6 亿销售额，"十四五"期间累计实现 10.37 亿产值，投资 1 700 万元建立自动化分拣中心，争取带动建设 10 万 m² 合作社农户种植区，初步形成"智能温室核心区 + 合作社联合种植带动村集体与农户共同富裕"的发展模式。同时，大理春沐源将要打造成为国家级数字农业产业园，成为国家级农业龙头企业，初步实现樱桃大理黄金产区初步目标。

大理春沐源已经将云南一期 D3、D4 智能温室的合作模式进一步优化，积极探索和创新"智能温室核心区＋合作社"联合种植的方式。目前，依托大理春沐源的种植和管理技术，已经和弥渡群益蔬菜种植、弥渡龙佳蔬菜种植、弥渡高营壮大种植、弥渡寅丰源种植 4 个农民专业合作社进行了合作，在大理春沐源数字农业示范园开辟专区，进行合作种植和经营，由大理春沐源负责提供技术、设备、管理、渠道，实现数字技术赋能，提高单位产量和产品品质，帮助农民合作社掌握樱桃番茄种植技术，实现经济价值。在"十四五"期间，大理春沐源将这种模式继续扩展，将村集体农户也纳入经营中，形成"智能温室核心区＋合作社联合种植＋带动村集体农户"的可复制发展模式，实现共同富裕。

撰稿：大理春沐源农业科技有限公司　王小波　曲健

七、综合服务

北京市天创金农农业智能化综合服务案例

需求与目标

贯彻落实《乡村振兴战略规划（2018—2022年）》《数字农业农村发展规划（2019—2025年）》《北京市促进数字经济创新发展行动纲要（2020—2022年）》等政策文件，加快推动农业生产经营精准化和管理服务智能化，助推农业数字化转型，发挥数字化推动产业振兴的支撑引领作用。

做法与技术

北京天创金农科技有限公司成立于2012年，是全国领先的数字农业智能化解决方案提供商，自2012年成立以来，一直致力于信息技术与农业产业的融合和应用，为政府部门、农业生产企业、农业园区等提供智慧农业综合服务。公司总部位于北京，在苏州和西安设立了研发中心，在深圳设立了工业设计中心和生产中心，生产中心具备年生产10万套智能设备的能力，公司渠道网络和服务能力覆盖全国。公司是国家级高新技术企业、AAA级信用企业、阿里云数字农业生态合作伙伴，通过ISO9001、ISO14001等国际标准认定，已经申请并获得近百项自主知识产权，荣获全国农林牧渔丰收奖和"中国最佳创新公司50强"。公司一直引领着农业智能化技术与应用的前沿发展，以环境智能监测和图像视频采集为基础，以环境综合智能调控（温、光、水、气、肥等控制）为核心，通过AIoT服务平台面向农业生产企业和行业合作伙伴提供高效、便捷、安全的解决方案，实现农业的智能化闭环管理及产业链服务。公司旗下日光温室智能环境控制技术、日光温室新一代智能传感器技术、温室智能控制终端产品等荣获农业农村部"数字农业农村新技术新产品新模式推介优秀名单"。目前已建立了中国北方地区完整的设施农业智能化应用网络，智能化服务覆盖设施温室超过5万栋。

（1）**硬件设施建设** 在智能化装备集成方面，自主研发了设施农业智能化控制中枢和设施农业智能化控制设备，通过嵌入式操作系统、多路通信接口和标准的通信协议、指令集，实现了作物生长环境信息智能化采集、科学计算、系统决策、数据存储与智能化控制。智能装备已覆盖北京1.5万栋设施温室，实现了设施农业生产的提产增效、节约投入、省时省力。

水肥一体化

图像采集设备

温室机器人

（2）**软件系统建设** 在智慧农业服务方面，天创金农建立了设施农业智能化管理平台、北京市智慧农业政府决策监管平台、北京市设施蔬菜产业集群数据平台和物联网平台、北京市设施蔬菜园区种植规范智能化管控系统、北京市生态标准园区"七统一"管理系统等一系列数字农业综合服务平台，为农业产业链上下游提供数字

农产品供求信息发布

化管理、智能化监测、标准化生产、质量追溯、产销对接、决策分析等为一体的多元化服务，为育苗场、蔬菜生产、加工仓储、企业管理、物流配送、市场营销提供一体化的解决方案，已在北京11个涉农区

近 300 家农业园区开展了信息化服务。

(3) **生产技术创新** "数字菜田"信息化服务：整合农业产业资源，汇集农业生产园区经营主体运营的数据，实现精准、高效的集中监管、远程指挥和决策支持，解决"谁在种、在哪种、种什么、如何种、怎么奖"的问题，建立农业信息监测预警和服务体系，以"数字菜田信息化服务"带动农业产业振兴、乡村振兴。

"互联网＋生产管理"服务：将物联网、云计算、大数据、人工智能等先进的现代信息技术与农业生产管理环节深度融合，在园区配置了一系列环境信息采集类、负载控制类物联网智能装备，应用设施农业智能化管理平台，运用 5G 通信＋AI 技术、图像识别技术等打造高效能智能园区。

"互联网＋休闲农业"服务：综合应用移动互联网、云计算、物联网等信息技术，将智能化技术融入休闲农业园区的服务流程和服务场景中，从休闲农业预约接待、现场服务体验、客户营销等方面着手，全面提升智能园区休闲农业的服务品质，打造智能化、品质化、个性化的休闲农业新模式和新业态。

"互联网＋产销服务"服务：开发及运营"北京市农产品供应信息发布平台""北京市优农佳品小程序""北京市产销综合服务管理平台"等农产品产销服务平台，及时获取农产品供应信息，对接农产品需求信息，打通农产品销售渠道。

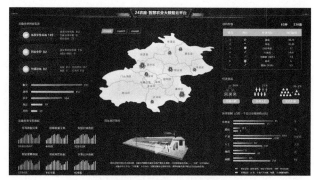

"互联网＋农技推广"服务：根据政府部门、企事业单位、科研院所等产学研技术推广的需求，天创金农持续开展线上线下农技培训服务。定期举办线上微课堂，为农业现代化建设提供坚实的人力基础和保障。

设施农业监控一张图

设施农业智能化管理平台

设施农业监测云平台

(4) **运营模式创新** 天创金农联合中国农业大学、北京市农林科学院、北京农业智能技术装备研究中心、北京农业信息技术研究中心、北京市数字农业农村促进中心、北京市农业技术推广站等机构，在集约化育苗、科学生产、病虫害防控、质量追溯、产销对接、农技培训等方面建立了密切的合作机制，并在卫星遥感、GIS、区块链、人工智能、大数据等方面进行技术研发和服务升级，将先进技术应用于农业的生产、加工、仓储、物流、销售及品牌营销等方面。

经验与成效

(1) **经济效益** 在北京 300 家设施农业园区开展设施温室智能化应用服务，覆盖 1.5 万亩设施，每年可创造直接经济价值 1.93 亿元，每亩设施温室每年可增加直接经济效益 1.28 万元。借助农业园区智能化综合服务在北京市成功应用和示范带动，将在全国范围进行推广应用，目前，已在山东、陕西、贵州、甘肃、内蒙古、福建、湖南、黑龙江、河北等省份得到应用，覆盖基地 9 516 个，其中，设施面积达到 10.83 万亩，信息化服务在全国其他地区得到应用后，预计每年可产生经济价值约 8 亿元。

（2）**社会效益**　推动了物联网、大数据、云计算等技术在北京市农业领域的应用，对北京市蔬菜产业、林果产业均有较大推动作用，对于北京市大力发展的数字农业、数字乡村建设意义重大。信息化服务在生产基地的推广应用，对于农业生产向工业化、农民向产业工人方向上发展有积极的促进作用。产销对接服务大大降低了生鲜电商寻找稳定优质货源的投入成本，为农产品电子商务发展提供了有效支撑。

（3）**生态效益**　为农业园区提供生产管理、资源计划管理、精准营销、质量追溯等服务支持，通过病虫害预警分析，帮助园区减少农药的使用量，通过作物生产标准化服务，减少化肥的投入，并通过水肥一体化、微喷等技术，提高农资投入品的使用效率。

（4）**推广示范效益**　构建了线上线下的农业全产业链综合服务模式，面向生产者、渠道商、消费者、各级政府，开展全方位的农业生产、经营和管理，线上＋线下的渠道拓展，多样化的农业产业化服务。"数字菜田"信息化服务涵盖通州区 69 家园区、昌平区 65 家园区、大兴区 152 家园区。智能装备已覆盖北京 1.5 万栋设施温室，大大节省了人力成本，降低了劳动强度，提高了工作效率。在海淀区百旺种植园建成了北京市首个 5G 高架无土栽培草莓智能温室，棚室草莓较普通种植增产 35.3%，头茬单果增重 28.6% ~ 50%，甜度值可达到 11% ~ 12%，病虫害发病率下降，节药节肥约 50%，节省人工 33%。"互联网＋休闲农业"服务在试点园区增加园区 30% 的销售，节约 20% 的人工成本，降低 15% 的损耗，游客量每年增加 10% 以上。"互联网＋产销服务"在疫情期间，平台共发布 427 个生产主体的 823 余条供应信息，其中，230 家生产主体形成订单，滞销问题解决率达 67%。线上微课堂开课 150 余场，培训 19200 余人次。在 10 个涉农区组织开展线下培训，培训达 2 000 余人次。

撰稿：北京市数字农业农村促进中心　芦天罡

内蒙古自治区海芯华夏农业物联网应用案例

‖ 需求与目标 ‖

我国正处于农业新旧动能转换的关键时期，农业的主要矛盾由总量不足转变为结构性矛盾，突出表现为阶段性供过于求和供给不足并存，消费者对农产品的需求正在向品质化、安全化转变。阶段性和结构性供给过剩、农产品质量持续下降是我国农业发展面临的两大现状，只有大力发展农业新模式、新业态，构建农业大数据平台，才能实现农业新旧动能的转换，全面促进现代农业转型升级。

‖ 做法与技术 ‖

海芯华夏是基于农业物联网的大数据运营企业，业务覆盖全国近 35 个省（区、市），是国内最早一批农业物联网公司。截至 2022 年 2 月 15 日，海芯华夏的物联网终端 9.3 万台，服务 7.7 万栋大棚，平台累计用户数 25 万户，用户规模为我国设施农业物联网行业第一。海芯华夏是中国农业信息网物联网频道的运营方，第一版设施农业物联网频道于 2011 年在中国农业信息网上线运行，占据了行业最高阵地。凭借强大的资源整合能力，技术研发能力及服务运营经验，运用物联网、大数据等新一代信息技术服务于我国的农业，特别是设施农业的生产和经营全过程。

(1) **硬件设施建设**　小喇叭是安装在大棚内的空气温湿度监测设备，帮助大棚农户 24 小时监测大棚温湿度。

(2) **软件系统建设**　围绕种植户以及与种植户存在上下游供需关系的农资店和消费者，形成农业供应链端的服务闭环。依托小喇叭采集的棚内温湿度数据，为农户提供实时温湿度查看、温度异常告警服务，避免因温度异常而带来的损失，提高农户的劳动体验。在线咨询病虫害等问题，本地专家实时在线答疑。赋能农资经销商，为农资经销商提

小喇叭感知设备

供会员管理服务，以电子优惠券的形式拉动农资店用户流量，提高农资店复购率。农贸市场价格随查随看，产地收购价可报可看。为市场经纪人定价提供数据依据。

(3) **运营模式创新**　全部农资店免费入驻，入驻后根据地理位置精准匹配农户。通过对种植户的精准定位，为种植户准确推送附近农产品市场价格、附近农资团购、二手交易、劳务信息等，增加种植户信息获取渠道；利用历史温湿度数据查询、果树需冷量计算、监工宝、记账本、溯源码签下载等小工具，提高种植户信息化生产、管理效率，目前，平台有全国 218 个农贸市场报价、400 多家农资店在平台注册销售农资。

周边认证农技专家在线指导服务、同村种植户的种植动态等服务，增加种植户在生产过程中的互动性和趣味性。目前平台共有 200 余名农机专家，为农户提供线上指导。

(4) **生产技术创新**　综合运用物联网、大数据等新一代信息技术感知设施种植生长环境，为种植户提供生产管理服务；形成各品种种植空间分布、产出的时间空间分布；结合市场数据指导合理流通；为消费者提供权威的品质溯源服务，提升产品价值，打造地域品牌；为产业链上各环节提供信息服务，合理配置产业链上下游资源，实现设施农业产业高质量发展。

基于小喇叭、尚坡以及海芯华夏数十年的行业经验积累，形成了九大核心数据知识库，以支撑平台的运营。包括注册用户的基础信息库、棚内实时温湿度环境数据库、农事操作记录数据库、气象信息数据库、市场行情数据库、农作物基础知识库、基于生长期顺序环境参数知识库、基于生长期顺序农业技术知识库、气象农情信息库等。

茬口规划工具、积温计算工具、大棚环境控制评价工具、大棚环境预测工具、技术服务需求的时空分布、农产品产出的时空分布、指导种植计划的大数据服务、单品流通路线的大数据服务、基于信用评价体系的全产业链的金融服务。

经验与成效

（1）**经济效益**　据民政部文件《灾害损失情况统计制度》统计，平均每年每个大棚因温湿度管理不当造成的轻度影响将损失约 2 000 元，而轻度影响发生的概率在 95% 以上。根据种植作物的不同、影响程度的不同，损失最高可达万元以上（如下表）。使用小喇叭后，最大限度地避免了损失，促进农民增收。

（2）**社会效益**　在设施农业供应链端不同业务种类支持下，记录产业链各环节所产生的数据，经过数据的不断累积和校准，产业链各环节资源配置越来越合理。

结合物联网的数据采集、大数据的处理和人工智能的建模分析，实现对当前设施农业产业状态的评估、对过去发生问题的诊断以及对未来趋势的预测，并给予分析的结果，模拟各种可能性，提供更全面的决策支持。

（3）**推广示范效益**　设施农业产业互联网平台的建设重点在于物联网终端的规模应用，其次是打通上下游交易关系，养成农户线上购买投入品的消费习惯。物联网终端小喇叭的推广，主要利用运营商的成熟销售渠道，快速在设施农业较为发达的区域进行推广，小喇叭已入围三大运营商的产品库，可在全国范围内通过三大运营商体系深入到县级以下的营业网点，由近 200 万销售人员进行推广销售。目前已在山东寿光、陕西渭南形成小喇叭高密度覆盖。在内蒙古、山东等地区开展农资团购、农资拼单等，将农资店搬到线上，农户不用到处比价就能买到合适的农资，并提供送货上门服务，为农资店提供会员管理系统，方便客户管理，提高客户复购率。

撰稿：海芯华夏（北京）科技股份有限公司　钟晶晶

内蒙古自治区通辽市现代农牧业调度信息中心案例

需求与目标

以《内蒙古农牧业信息进村入户工作实施意见（试行）》为基础，按照全面推进信息进村入户的部署要求，整体规划紧密围绕信息进村入户与乡村振兴战略，以推进农业现代化发展为目标，强化现代农业 4.0 顶层设计，运用开放式设计思维，聚合涉农信息资源，以促进农业产业线上线下融合发展为主线，搭建多层级服务架构，构建新型完备的现代农业信息服务体系。

做法与技术

通辽市绿云信息有限公司是专注农业信息化服务及现代农业产业生态系统建设的国家级高新技术企业。公司现有员工 30 人，下设项目部、市场部、财务部、人事部、组织部、软件研发中心、智慧农业运营中心、用户支撑中心 5 个部门 3 个中心，拥有精干的管理团队和专业的技术人员队伍。目前，已拥有 27 项自主知识产权的农业信息化产品。公司自 2013 年成立起，坚持以农业、农村、农民的需求为核心，以服务亿万农民为使命，致力于构建中国特色智慧农业生态圈。主要业务涉及信息进村入户及乡村振兴战略、美丽乡村、乡村治理、精准扶贫、农技推广、农产品上行、农产品质量安全、新型农牧民培育、农资监管、预警预报、调度指挥、涉农服务、农业物联网、农业金融等，通过应用物联网、云计算、大数据、移动互联等创新技术，不断为农牧民、涉农企业及农业部门提供更为便捷、高效、接地气的农业信息化产品与个性化定制服务，为现代农业发展提供强大动力，逐步推动全国智慧农业落地，助力实现农业强、农村美、农民富。

（1）硬件设施建设 根据项目总体规划设计及项目实现需求，硬件工程包括各系统有关的硬件部分及网络设备、办公设备等平台运行所需的附属设备。包括现代农牧业调度指挥（信息）中心、农畜产品精品展厅、市级室内农牧业科技直播（录播）室、通辽市特色农产品旗舰店、村级信息服务站、村级田间学校及应用终端。

（2）软件系统建设 软件工程信息平台建设包括1个总平台即通辽市智慧农牧业信息服务平台，8个子平台即农牧业大数据与宏观决策支持平台、基层农牧业科技服务推广平台、新型农牧民培育平台、农村公共信息服务平台、农业监测与重大灾害预警平台、农畜产品质量安全服务平台、农牧业资源配置与市场信息服务平台、物联网综合管理云平台等平台、配套 N 个模块应用及手机客户端应用。

农产品溯源　　　　　　　　　　　　　　　　　电商平台

通辽农牧业 APP　　　　　　　　　　　益农服务站 APP

（3）运营模式创新 基础平台建设方面，依托通辽市现代农牧业调度指挥（信息）中心，结合智慧农牧业信息服务总平台和8个子平台配套 N 个模块应用及手机客户端应用。统一管理与接入信息进村入户、农技推广服务、区域农产品上行、农畜产品追溯、农业信息监测与预警、新型农民经营主体培育与就业、农资安全监管、农业物联网管理、农业大数据等重点涉农服务内容，为农牧民提供现代农业"一站式"服务统一通道。

信息进村入户，为农牧民提供一站式服务。应用"互联网+"、云服务、物联网和智能手机应用等信息化手段，以聚合为基础、平台建设为核心、服务站建设为抓手、信息员队伍建设为重点，多措并举做到信息进村入户工程对全市快速、高效地整体覆盖。

发掘本地特色农产品资源，推动农产品上行。深挖区域优质农畜产品产业资源，打造"电商+展会＋展厅＋直播＋门店"的农畜产品上行"5+"集约化销售模式。运用新媒体思维开展各类直播活动与市场营销，加大本地特色农畜产品的宣传与推广；推进农畜产品质量安全与数字农业建设，做强放心农畜产品品牌；加大各类农畜产品展会交流合作，持续扩大通辽市特色农畜产品品牌竞争力与影响力，拓宽农牧民销售渠道，增加农牧民收入，提高农牧民幸福指数，加快农畜产品上行进程。

农视直播远程科技培训

开展在线教育课堂，培育新型职业农民。通过农视直播与在线教育子系统，并以敖力布皋镇为试点开展"镇村两级线上直播培训"，将农牧技术、贷款政策信息、保险知识信息、劳务输出信息等惠农、利农信息通过直播方式传递给每个农牧民，全面提升高素质农牧民培育信息化服务能力。

‖ 经验与成效 ‖

（1）**经济效益** 整个项目建设盈利主要以后向变现的方式，通过将流量、数据等产品无形资产通过广告、电商产品交易、增值业务等形式变现，实现服务与盈利共存，确保项目长期顺利发展所需资金保障。

（2）**社会效益** 整体项目建设的社会效益分析，主要从地区经济增长及社会进步角度，全面考察项目建设对地区、对社会的影响。通辽市智慧农业建设不仅对提高全市现代农业发展水平，促进农业产业化、信息化，推广农业技术及信息服务，促进全市农业经济增长和新农村建设、新农民培育等方面具有重要作用，而且在形成全国性示范引导效应，促进全国现代农业、农村建设规模化、高效化、科学化发展等方面，均会带来显著社会效益。

（3）**推广示范效益** 目前在开鲁县、科左中旗、科区建立信息服务站 138 家，聘请信息员 338 名。完成市、县、乡、村 4 级网络建设，覆盖 382 个行政村、平台服务 9.26 万用户，已收集各类农技知识 3 999 条，累计访问量达 5 434 万人次，单篇最高阅读量已突破 40 万。累计在线为农牧民解答问题农牧业技术类 1487 个，惠农政策类 854 个，价格信息类 576 个。

截至目前通过农产品线上电商与线下实体店及绿色农畜产品展厅一体化的销售模式，线上累计销售 12 余万单，线下旗舰店累计销售额达 800 余万元，共参与包括上海、呼市、广州、成都举办的 4 次农产品展会，累计代展企业 30 余家，代展品种 90 余种，与美菜网、广州公交公司等多家企业确认合作意向。

目前平台已收录数百位农牧业专家，共录制包括种植、养殖、植保、种子肥料、节水灌溉等类别视频课程 288 期，并在敖力布皋镇建设完成 22 所田间学校，开展远程科技培训 10 余次，服务 1 万人次线上线下相结合的培训。

撰稿：通辽市绿云信息有限公司 张立金

辽宁省本溪市桓仁县东北参茸城案例

需求与目标

东北参茸城将在未来两年内建成以"参易"系命名打造 8 大核心技术平台,打破传统市场交易模式,打造智慧交易市场。同时,将"参易"衍生特色农产品的多类平台,促进孵化基地的发展。

做法与技术

(1) **硬件设施建设** "参易仓"智能仓储管理系统。充分运用高位仓架、电子标签、RFID、智能视频、烟雾感应、温湿度监测、红外感应等现代技术,为商户提供现代仓储服务。系统支持多货主与多仓库集成管理、可实现库存管理智能条码化、实时库存查询可视化、出入库与盘点操作无线化,有效提高仓储的操作效率和库存准确度。该项目正在准备中。

中国东北参茸城

参茸管理区

品牌展示

(2) **软件系统建设** "参易淘"第三方电子商务交易云服务平台。

"参易进"商户进销存云管理系统。市场为入场交易的商户免费提供统一的商户进销存云管理系统,各类商品进货、销售、库存清晰可见、一目了然,并运用大数据挖掘分析技术,为其他相关业务平台提供有力的数据支撑,为商户、市场、客户等在经营、管理、贸易等过程决策提供多层次、全方位参考。该项目正在准备中。

四个建设模式

"参易游"旅游体验 O2O 综合服务平台。现代人讲究玩得开心、买得放心、吃得安心,"参易游"就是市场为商户(农户)量身定制的,融餐饮、住宿、农家乐、采购一体的线上线下综合服务平台。由平台统一引进客源、统一定价,商户(农户)在销售农产品的同时,又获得了餐饮、住宿等多方面的额外收益,同时又充分带动了整个桓仁县的旅游资源。该项目正在准备中。

"参易展"线上线下中国参茸博览会。结合东北参茸城每年 1 次的参茸博览会,同步推出线上博览会,以满足因各种原因无法现场亲自感受盛况的客户需求。精美的展位画面、逼真的动态效果、实时的互动交流,同时又不受时间与空间的局限,若要交易又可与电子商务交易平台无缝对接,该项目进展顺利。

"参易贷"互联网金融综合服务平台。交易各方可以通过该平台多途径获取银行贷款。通过与电商平台无缝对接,基于真实贸易数据,无须抵押担保向合作金融机构发起融资申请;通过引入第三方动产质押监管系统,与智能仓储管理系统无缝对接,获取融资方质押监管仓实时库存信息和供应链信息,对接金融机构系统，以满足融资方短期资金需求；对于小额、短期的资金需求，通过市场方统一组织办理的信用卡业务，实时在线支付，享受最长 56 d 的免息服务。该项目已全面实施。

"参易溯"基于二维码的全过程可追溯云服务平台。基于二维码的全过程可追溯云服务平台通过给种植的每片人参甚至每支人参贴上二维条码电子标签，给予农户、加工厂、国家参茸检验中心、销售商、物流机构等信息追加与维护功能，客户只需用手机扫一扫，即可获知种植、加工、检测、销售、物流、配送等各环节的关键信息，实现来源可追溯，去向可查询。客户甚至可以事先向农户购买某特定二维码，就相当于购买了还在生长过程中的人参，实现足不出户监控人参生长情况。待到成熟时，只需鼠标点点，自己的人参就会送货上门。该项目正在准备中。

"参易指"基于大数据的参茸行情指数发布系统。充分挖掘各业务系统的数据，通过大数据分析，形成东北参茸城特有的参茸行情指数发布系统，交易数据、价格指数可同步投放到市场 LED 电子显示屏，有利于市场各方的公平交易，引导整个行业的种植、采挖、加工、销售等各环节，促进行业长期平稳健康发展。该项目已全面实施。公司全力塑造中国东北参茸城品牌，现已注册东北参茸城、参易淘、参易进、参易仓、参易游、参易展、参易贷、参易溯、参易指等 9 个商标，吸引国内外客商、知名企业高度关注。随着桓仁野山参产业的发展，"中国野山参之乡"的影响力不断向全国和世界各地扩展。辽宁省人参协会和东北参茸城愿与有关方面共同努力，以服务为先，以诚信为本，全力搭建信息、市场、合作服务平台，开展务实的交流合作，进一步增强人参产业的整体实力和市场竞争力，弘扬山参文化。为桓仁大生态、大健康、大旅游产业发展做出新的更大的贡献。公司将以打造最具东北特色的农产品集贸中心为目标，逐步完善服务功能，不断增强集聚能力，力争引进和培育中医药中小微企业 300 户，年交易额达到 50 亿元，辐射、带动本地区及东北地区广大中医药客商发展相关产业，促进经营业户转型升级。东北参茸城将为桓仁经济发展、社会进步起到不可替代的作用。

经验与成效

孵化基地已建立了"智慧乡村""元宝"、阿里巴巴绿色桓仁商城等系列电商综合服务平台。目前正在与网库集团共同搭建的冰酒产业互联网平台，将成为冰酒产业的网上交易中心、全国信用认证中心、大数据中心和金融结算中心，有力促进当地县域经济升级转型，助力桓仁县大健康、大养生产业发展，进而打造出享誉国内的"世界冰酒之都"。桓仁东北参茸农产品城创业孵化基地"参易"互联网平台也将给桓仁的人参产业带来巨大的经济效益。

撰稿：辽宁省农业发展服务中心　本溪市农业农村局　贾国强　赵坤　潘京　于佳　宋坤

吉林省黑土地（耕地）质量大数据平台案例

需求与目标

加强耕地质量建设与保护是国家实施"藏粮于地、藏粮于技"战略的重要体现。2015 年，农业农村部提出了"在全国范围内建设耕地质量大数据平台"的构想。2020 年，习近平总书记来吉林考察时指出"一定要采取有效措施，保护好黑土地这一耕地中的大熊猫"。吉林省黑土地面积大，分布广，保护好、利用好黑土地，是农技工作者的历史责任。吉林省耕地质量大数据平台采用云服务、大数据、物联网等多种信息技术手段，为吉林省黑土地保护利用工作提供数字化服务，成为保护黑土地的一项有效措施。

做法与技术

吉林省黑土地（耕地）质量大数据平台由吉林省土壤肥料总站研发。以网络为基础，将黑土地（耕地）质量建设与管理相关的各类项目所形成的各类数据进行集中存储、统一管理，应用大数据技术深入挖掘，在对信息进行分析、加工的基础上，通过多种智能显示技术为各级农业行政管理、科研、技术推广机构及社会大众提供各类信息服务。该平台包括大数据集成管理、大数据共享服务管理和元数据管理，实现了吉林省黑土地数据资源的统一集成、统一管理、统一共享和统一服务，为吉林省黑土地保护服务及其各类应用提供了数据基础。

主要内容包括各级多套网络体系，支持了开放的共享平台。对农业农村部组织实施的，与耕地质量建设和管理相关的各类项目所形成的数据，包括耕地地力调查与评价项目、测土配方施肥项目、耕地地力监测项目等数据，以及耕地地力提升、肥料门市信息、肥料登记信息等数据有效收集起来，进行了集中存储和统一管理。对黑土耕地质量建设与管理相关数据进行了必要的分析和处理加工，加强预警功能和数据成果转化功能。系统开发终端显示方式多样化包括 PC、App。

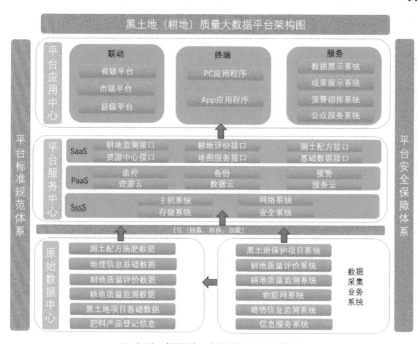

黑土地（耕地）大数据平台架构图

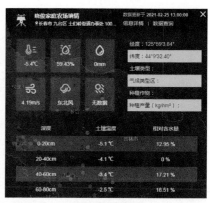

墒情数据界面

监测数据界面

平台数据库基础。数据库构建涵盖了基础地理、气象、土地利用、耕地质量等级、基本农田、高标准农田、农田土壤基础测土配方施肥采样点、土壤墒情监测点、土壤理化指标、土壤类型数据、施肥分区数据、测土数据、参数数据等。

平台界面。黑土地保护界面包括黑土地分布、类型、面积及技术等数据信息，并汇总了 10 余套黑土地保护技术模式。耕地质量评价界面以调查评价点为基础，采集包括土壤有机质、耕层、pH 值、养分等 16 项指标数据，依据土壤类型、有效土层、pH 值、土壤肥力等调查和监测信息，自动生成耕地质量等级结果，进行图示化反映，提出有针对保护措施和科学施肥指导等。监测数据界面主要依托具备"三区四情"功能的长期定位监测点，包括全省已建设的 198 个耕地质量监测点的耕地土壤有机质、pH 值、养分等相关指标的变化趋势，同时配套物联网监测系统，设立自动监测功能区、耕地质量监测功能区、配肥改良试验监测功能区，开展墒情、地情、肥情、环情监测，构建耕地质量监测网络，进行作物长势与耕地质量相关性分析，形成监测耕地质量变化趋势，自动生成各级耕地质量监测报告，为耕地质量保护提供依据，科学指导农业生产。墒情数据界面主要依托自动墒情监测站数据，分析土壤墒情状况和发展趋势，指导适墒播种和抗旱防涝等，包括已建设的 370 个土壤墒情监测点的不同深度土层的温度、含水量信息以及气象信息，根据监测结果，自动生成墒情简报，及时发布墒情预警，指导农业生产活动。信息服务模块包括信息查询、专家服务、软件服务等相关服务功能。

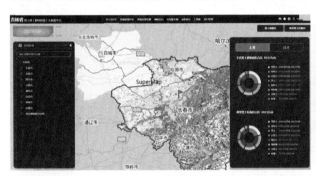

黑土地保护界面　　　　　　　　　　　　耕地质量评价界面

物联网监测系统应用界面　　　　　　　　软件服务应用界面

‖ 经验与成效 ‖

　　黑土地（耕地）质量大数据平台是加强耕地质量保护以及农事服务管理与建设的重要技术支撑。建立大数据平台打破多元数据库系统之间的壁垒，实现数据的有效共享和利用，是支持农业现代化发展的必由之路。

　　（1）**经济效益**　耕地质量大数据平台的建立实现了农业技术推广方式的一次变革，极大地提高了科技成果转化率。加强了土肥工作信息交流，强化土肥技术向信息化转化，通过技术创新与集成、推广方法与机制转变、保障农业增产增效、农民增收，促进农业现代化实现。

　　（2）**社会效益**　大数据平台针对不同耕地质量保护项目，形成相应的专题分析；根据数据采集统计分析，展现不同耕保项目的建设情况、土壤状况、科学评价项目实施效果和耕地质量保护提升工作成果。联动全省各级市、县，通过对耕地质量保护工作整体情况进行宏观展示，为各级领导精准掌握耕地质量保护政策措施的落实情况提供数据支撑，及时掌握耕地质量状况，为农业行政管理、政策制定、规划编制、区划调整和生产提供决策依据。

大数据平台体现了"智慧土肥"的理念,通过运用数字化、信息化、智能化等手段,打破了多元数据库系统之间的壁垒,实现了数据的有效共享和利用。

大数据平台充分利用3S技术等现代化手段,将测土配方施肥、耕地地力调查与评价、耕地质量监测及有关黑土耕地质量建设项目形成的海量数据,统一纳入数据库,进行全面汇总、整理和分析,实现黑土耕地质量监测保护工作的信息化管理、数字化运行和图像化展示,为领导决策和农业生产提供基础支撑,并提出为进一步管理和应用现有数据资源以及整合土壤墒情、主要作物、环境等后续数据资源的优化对策,提升黑土耕地质量建设与管理工作的标准化、数字化程度,促进耕地质量管理工作的技术水平。

(3)**推广示范效益** 吉林省黑土地(耕地)质量大数据平台已上线使用,省内部分黑土地保护利用试点项目也依照地方特色分别建立了大数据平台。

撰稿:吉林省农村经济信息中心　李明达
　　　吉林省土壤肥料总站　　　陈怡兵

吉林省农村经济信息中心案例

需求与目标

近年来,吉林省农村经济信息中心紧紧围绕乡村振兴战略,启动数字农业创新工程建设,实施农业物联网应用示范建设和农业卫星数据云平台建设,以信息化、智能化为引领,深入推进"互联网+农业"应用建设,以"互联网+"为基础,遥感等信息技术为工具,提升农业生产、经营、管理和服务水平。2015年,"吉林一号"卫星成功发射,这是我国第一颗商用对地观测卫星,在农业、林业、国土、水利等方面应用前景广阔,对打造吉林现代农业,让农业更加智能、高效、精准有重要的意义,吉林省农业卫星数据云平台成为首批应用"吉林一号"的综合性农业遥感分析监测平台。

做法与技术

近年来,吉林省农村经济信息中心紧紧围绕率先实现农业现代化和实施乡村振兴战略,以加快农业产业、生产、经营三大体系数字化提升为目标,按照"面向三农、引领三农、服务三农、宣传三农"的功能定位,重点围绕互联网、物联网等信息技术在农业生产、经营、管理和服务等方面的应用,在"互联网+农业"方面进行理论探索和实践创新,取得了扎实的阶段性成果。

(1)**软件系统建设** 2016年起,吉林省农村经济信息中心先后分4期组织实施了吉林省农业卫星数据云平台建设,项目以卫星遥感技术为核心,以地块规划管理为基础,以作物全生命周期监管为目标,以农事作业过程为主线,利用互联网、云计算、大数据等技术,智能获取每个地块的卫星影像数据,综合历史与实时采集的数据信息,利用气象、长势、病虫害预报等大数据分析模型,为农业生产与服务提供决策信息和服务。目前,吉林省农业卫星数据云平台已实现对吉林省玉米、水稻、大豆等特色农作物长势及相关环境因素进行分析,提供预测、预警、预报等服务。平台规划开发了田块测算、耕地历史、产量预估、灾害预报、苗情评估、长势监控等16个应用模块,每天可对吉林全省作物成熟度指数、作物需水指数、干旱指数、高低温指数按1km网格进行日分析1次;对全省作物识别分析、长势情况7

天形成 1 次计算结果，为决策支持和咨询服务平台提供了有力的计算能力和数据保障。在农业基础生产资源数据建设的同时，平台非常重视横向部门涉农业务数据的贯通应用，通过强化与各部门的数据合作，提升多源涉农数据的聚合管理能力。目前已与吉林省水利厅、吉林省气象局合作实现了双方的数据共享交换，与吉林省农业科学院、吉林农业大学等合作实现数据资源的共建共用；纵向深入市县、合作社的实际应用需求，尤其是利用已有的数据基础和遥感技术能力，在伊通县打造农业"两区"平台和农业遥感数据应用平台，实现省、县两级数据互联互通。

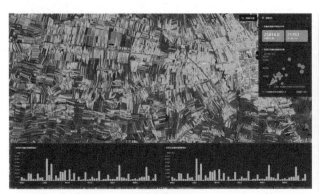

AI 棚膜识别

春播备耕决策信息平台

秋收大屏

春播大屏

夏季大屏

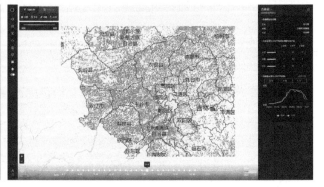

长势监测

　　项目的建设内容从系统整体架构上包括 3 个部分，分别是云计算中心平台、大数据分析云平台、决策应用及服务推广云平台。云计算中心平台采用面向服务的软件工程方法，解决了地理信息共享中的数据更新、数据安全等问题。决策应用及服务推广平台依据土地管理以及作物全生命周期管理的业务流程，建设土地规划、农事作业、长势监测、收获管理、服务推广等 16 项功能。在应用推广建设上支持县级数据接入，服务市县级应用落地，同时选取 10 个示范合作社，形成应用示范点。

项目在 2019 年的三期建设中，重点关注了棚膜经济发展专题，建设了设施农业数据上报系统和设施农业遥感监测系统，提供上报数据和通过遥感 AI 模型监测得到的设施农业数据，按照不同设施农业种类（日光温室、大中拱棚、小拱棚、玻璃温室等）和行政区域统计数量、面积、空间分布、作物种类、设施农业产值，并进行汇总分析和可视化展示。同时，对上报数据和遥感数据比对，对差别率超过阈值的区域进行预警提醒，监测各县、市上报数据的准确性、实时性。

伊通县农业资源监管一张图　　　　　　　　　　　　　　领导驾驶舱

(2) **运营模式创新**　该项目由吉林省农村经济信息中心组织建设，由北京佳格天地团队负责平台的维护及服务，持续性为吉林省各级农业主管部门提供农业遥感分析资源、种植结构等数据，用于辅助产业监管、决策，同时为试点合作社农业生产者提供农情服务，精准化服务，助力农业种植生产应用。

(3) **数据分析与技术创新**　吉林省农业卫星数据云平台的技术路线是基于人工智能、大数据、云计算、可视化 4 项核心技术，整合不同卫星和气象数据源的数据，实现天地数据的一体化分析，实现农业大数据服务农业生产与决策的综合性平台。

项目在人工智能（AI）技术利用方面，将深度学习技术应用到卫星采集图像数据的识别分析中，对全省历年遥感数据进行耕地、种植作物、棚膜分布和面积等识别。通过大数据技术中空间数据集成技术，快速处理获取到的全省卫星遥感数据，实现长势监测、气象监测、产量预估、灾害预报数据的实时更新。项目中使用云计算技术，提供 SaaS 模式的服务，解决了地理信息共享中的数据更新、数据安全等问题。数据可视化技术的使用，实现将复杂的遥感数据和通过 AI 识别出的地块、作物分布等数据转化成可操作、可交互的信息，进行实时渲染、动态展示和实时在线可视分析，确保农业资源和农业生产数据更为直观、明确地展现。

‖ 经验与成效 ‖

(1) **经济效益**　向生产者提供实时的农情数据和服务，精准辅助生产决策、预警生产风险，达到节本增效的目标。项目正式运行 1 年后，对重点水稻生产监测区域当年的生产数据和历史数据进行测算得出，平均每亩水稻生产物资成本降低 110 元、劳动力人力资源成本降低 240 元。通过对伊通智慧黄牛养殖基地生产成本进行评估，平均每头牛生产物资成本物降低 350 元、劳动力人力资源成本降低 850 元。

(2) **社会效益**　提高农业管理部门的决策能力。通过大数据埋念和技术，提高吉林省的农村经济运行监测的能力和效率，更好地服务各级农业主管部门决策和市场主体生产经营决策。

(3) **推广应用效益**　平台部署及上线应用后，通过更新气象、苗情、长势等作物全生命周期生产数据，获取农业资源、农业生产监测、投入品监测等数据，根据需求产出数据及报告，形成"天上看、网上算、地上用"的一体化管理模式，从而达到长期、持续、稳定的项目应用状态。

在省本级应用的同时，逐步实现全省推广使用。以四平市伊通县为例，伊通县在农业卫星云平台的基础上，向数字农业深入拓展。伊通县在原有种植业服务和监管的基础上，依托吉林省七星农业生产资料有限公司进行了数字水稻田园建设，推动智能感知、智能分析、智能技术与装备在大田种植和设施园艺上的集成应用。同时，依托伊通满族自治县云群牧业有限公司、西苇镇红光村德泽牧业小区两个典型畜牧养殖企业，利用物联网技术和智能监测设备进行智慧黄牛养殖基地建设。

撰稿：吉林省农村经济信息中心　于海珠

吉林省土肥管家 App 信息指导平台案例

‖ 需求与目标 ‖

近年来，党中央和各级政府十分重视农业信息化工作，提高农业技术推广效率，必须运用好"互联网+"手段，通过 10 年来土肥科技人员的共同努力，逐步实现"土肥管家"从"触摸屏指导"到"手机信息语音指导"再到如今"土肥管家 App 信息平台"的不断跨越。"土肥管家" App 信息指导平台由吉林省土壤肥总站研发并推广，该技术依托"测土配方施肥手机信息技术推广应用"项目，以"专家咨询触摸屏""测土配方施肥手机语音信息服务平台"技术为基础，智能手机为载体，集成了测土配方施肥指导、墒情测报、肥政管理、农业技术指导等多功能应用。

‖ 做法与技术 ‖

(1) 基础设施建设　监测站(点)已从粮食主产区扩大到吉林省所有行政区域，真正实现了县域监测站(点)全覆盖。全省共建有墒情人工监测点 136 个，可持续开展基础性监测服务，落成自动监测站 234 座，其中"三区四情"综合监测站 124 个。

App 首页　　　　　测土配方　　　　　肥料查询　　　　　技术指导界面

(2) **软件系统建设** 以智能手机为载体，利用各地测土化验数据、耕地基础信息，建立覆盖全省耕地的测土信息数据库，结合手机信息通信技术和 GPS 精准定位技术、远程数据交换中心，大力开发手机终端使用功能，实现了通过一部手机下载"土肥管家"App 即可掌上一键知晓测土配方施肥指导信息、墒情测报信息、肥政管理信息以及相关农业技术等，实现农民耕种需求信息与技术指导信息互通。系统实现模块显示测土配方、墒情、肥料查询、统计分析、配套技术推广、相关农业资讯、技术指导等，并与吉林省土壤肥料信息网互联互通，及时采集农业农村部公布的登记产品和备案产品。

(3) **田间试验** 结合地区实际情况，对采集的土壤样品进行检测分析，重点检测土壤中的碱解氮、速效磷、速效钾、硫和 pH 值等项目。测试过程中，为保证质量，采取重复检测和参比样对比检查，提高检测的准确性。田间试验示范是获得区域平均最佳施肥量的根本途径，为施肥配方提供依据的基础。以 3～5 年为周期，对地块进行采样，通过试验示范取得的基础数据，及时调整以参数，同时通过试验示范田展示了测土配方施肥技术模式的增产增收效果，有效引导农民应用该项技术。

(4) **生产技术创新** 配方制定与校正：根据测土配方施肥工作基础，建立数据模型，通过计算机运算输出，制定出适合本区域肥料配方，作为信息系统推荐配方肥养分，并且每年根据土壤测试结果对肥料配方做校正试验，根据试验结果，对配方养分比例调整，进一步完善系统推荐的肥料配方。

建立科学施肥指标体系：通过对不同施肥区域、不同土壤类型、不同产量水平的试验分析和调查，针对不同区域内种植水平，调整了氮磷钾科学施肥比例，建立吉林省不同区域玉米科学施肥指标体系。

墒情数据矢量图：依托自动墒情监测站数据，形成矢量图，直观明了，分析土壤墒情状况和发展趋势，形成墒情简报，指导适墒播种和抗旱防涝等。

(5) **运营模式创新** 建立健全技术推广体系，工作开展以来，以吉林省土壤肥料总站、全省各县（市）为推广应用单位，平台信息技术依托浙江托普云农有限公司，免费服务运营。以县乡两级农业科技人员为技术骨干，以村社示范户为技术带头人，建立了从上至下技术推广网络体系，实现了技术攻关、技术指导、技术培训以及示范引领全面服务。

经验与成效

对农业信息化生产和智慧农业建设的作用和借鉴意义。一是技术发展与时俱进，抓住移动通信飞速发展的现状。智能手机使用基数大，传播途径广，运用信息化手段加传统测土配方施肥技术推广，是随时代发展应运而生的产物，实现测土配方信息直观化、查询一键化、上手快、易使用、无费用，为技术推广落地提供了引擎。二是技术服务操作简便，手机 App 功能更加便捷，只需一键即可了解地块的施肥状况，与此同时，App 还集成了墒情信息、肥料登记备案信息、农业技术等农业生产资讯，实现一键搜索更多信息的需求。三是获取信息迅速，以往农业部门应用计算机版本的测土配方施肥建议卡发放到农民手中至少要 1 个多月时间，而采用测土配方施肥手机信息技术即时可完成。

(1) **经济效益** 实现了农业技术推广方式的变革，极大提高了科技成果转化率，在吉林省内农业生产实践中大面积应用，取得了巨大的经济效益，仅按支持测土配方施肥技术推广来看，测土配方施肥技术平均每年推广面积超过 1 000 万亩，平均每年增收 4 亿元。随着信息技术的不断发展，农业信息化技术推广也越来越便捷。

在农业生产不断实现现代化的进程中，农业信息化技术是推动传统农业技术与现代信息技术有机结合的重要创新技术。"土肥管家"App 土肥信息指导平台让农民和技术人员享受快速、便捷的信息化服务的同时，更大程度地实现粮食生产节本增效。该项技术将为实现农业综合生产能力的提升、农业增效、农民增收的目标作出更大的贡献。

(2) 推广示范效益　第一阶段（2010—2012 年）：随着测土配方施肥工作的深入开展，吉林省大力支持研发触摸屏式测土配方施肥专家系统，并在全省推广应用，是信息化与土肥技术的第一次融合，极大地方便了农民。第二阶段（2013—2019 年）：2013 年吉林省进一步加强信息化与土肥技术融合，研发了测土配方施肥手机信息语音服务指导技术；同年 9 月，农业部在吉林省召开专门会议，向全国各省推广应用该项技术；2014 年 12 月，农业部在吉林省组织召开"东北区域测土配方施肥手机信息服务平台开通仪式"；2013 年 9 月至 2016 年 3 月，吉林省 60 个市县（区）陆续应用该项技术，实现了全省测土配方施肥手机信息服务全省覆盖，并辐射辽宁、黑龙江、黑龙江农垦、内蒙古 4 省（区）。截至 2019 年年末，语音服务量超过 30 万次。第三阶段（2020 年至今）：对原有手机测土配肥施肥指导技术进行全方位升级，大力开发手机终端使用功能，实现了通过手机下载 App 掌上一键查询。升级后信息定位更准确，将用户使用范围从移动手机用户扩大到全网手机用户，且不收取任何费用。同时增加了墒情测报、肥管理、农业技术指导多个功能应用，并对数据和算法进行了更新和改进，对全省 52 个县 6 年数据进行汇总分析、修正。

实现主要农作物测土成果转化配肥信息 100% 自动化，实现测土配方施肥项目区域配肥信息指导服务信息化、自动化、全覆盖、无死角；实现土壤墒情一键式查看，有效指导适墒播种和抗旱防涝。实现肥料管理信息手机查询，为用户提供便捷服务；实现随时随地打开手机了解农业技术和相关农业资讯。

测土配方施肥手机信息服务技术向省部级领导进行了汇报和演示，并得到了高度评价和重视。吉林日报、经济日报等省内外 10 余种报刊以及中央电视台、吉林电视台等媒体分别对该项目进行了报道。目前，App 平台已向全省提供服务次数近 30 万次。

撰稿：吉林省农村经济信息中心　周千晟
　　　吉林省土壤肥料总站　　焦晓辉

上海市华维集团科技集团股份有限公司案例

需求与目标

集约化、机械化、规模化、标准化发展是我国农业转型发展的必经之路，农业数字经济发展潜力巨大。智慧农业（数字农业）已经成为推动乡村振兴、建设数字中国的重要组成部分。

做法与技术

华维集团科技集团股份有限公司（以下简称华维）是集智慧灌溉（高效节水灌溉、智慧水肥一体化）、可控农业（设施农业 + 数字农业）、"1+X"产业集群、农业废弃物资源化利用于一体的股份制国家高新技术企业、国家专精特新小巨人企业。华维躬耕于现代农业一域，坚持以兴农为己任、以市场为导向、以科创为导航、以实业为支撑，致力打造世界领先的智慧灌溉和可控农业品牌，成为世界领先的以设施装备和数字技术为基础的现代农业产业化服务商。

(1) 硬件设施建设　华维 ACA 可控农业模式（Agrist Controllable Agriculture, ACA），主要在项目园

区建设温室，配套智能环控系统、智能水肥一体化系统、农抬头物联网软硬件系统（农抬头数字化生产管理平台、智能灌溉控制系统、智慧温室控制系统、智慧种植系统、样样好溯源系统、大数据分析决策平台等）、无土栽培系统等，为项目园区配套技术服务等，形成 ACA 可控农业产品线（数字化区域农业、数字化农业园区、数字化作物工厂、数字化无土栽培系统等），并将该模式在全国推广应用。

数字化草莓工厂

数字化作物工厂基于作物种植模型，将智能感知、智能分析、智能控制技术的集成应用，通过数字化手段调控风机、湿帘、保温遮阳、补光、CO_2 补偿等设施设备为作物提供适宜的生长环境。同时依据动态监测土壤墒情、作物长势、灾情、虫情等信息，智能对农业生产过程进行干预，实现水肥药精准施用、精准种植、水肥一体化智能作业，提升生产管理信息化，推进生产经营智能管理。

南浔谷数字化番茄工厂

(2) **软件系统建设** 通过建设 ACA 可控农业样板，建设标准化的数字化作物工厂，推动农业生产实现智能化、信息化、标准化。通过物联网建设，提升项目信息化水平，为园区和品牌的展示提供窗口。一个屏幕、一张图即可展示和管理整个园区，形成标准的数字化农业种植模式，打通各类涉农管理数据平台，集田块、品种、气象、植保、土肥、生产、品质、销售等农业多维信息采集、存储、处理、分析、发布等功能于一体，推进数字农业信息聚合融通，开通产业发展线上会商渠道，为决策者提供数字支撑、掌握对称信息等。可实现全程智能化生产，提高劳动生产率；精准生产，保障农产品品质；环境可控，提供良好的环境供作物生产；增产增收，提高单位面积经济收益；水肥一体化，节约资源改善生态环境；数据平台，资源共享及历史查询；远程监控，可视化管理；产品溯源，提供安全放心食品。

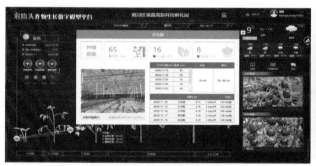

农抬头作物生长模型平台

作物生长环境监控系统

(3) **运营模式创新** ACA 可控农业是将设施农业与数字农业完美融合的全球农业产业发展新模式，是智慧农业的核心诉求。以核心的农业产业化龙头企业为主体，聚合"政产学研金服用创"八方资源，基于系统性、产业化思维的规划，以落地性、经营性思维的设计，充分利用大数据、5G、物联网等技术，将农业设施温室与智能水肥一体化系统、智能环控系统、数字化大数据云平台、设施栽培系统等有机集成应用，建立基于"不同作物品类、不同生长阶段"的科学植物生长模型，改变传统"农业种植靠经验、经验传播靠口传"的低效生产方式，实现科学种植技术的标准化推广。

经验与成效

(1) **经济效益** 华维集团积极响应国家大数据战略和数字乡村振兴战略，推动可控农业模式落地，覆盖面积达 345 万余亩，服务全国 25 个省 200 多个县（市）567 个基地，涉及 56 种蔬菜、水果，安装农业设施设备 100 000 余台，信息化系统 360 余个，年服务人数超过 2 万人。通过物联网云平台系统，数据库汇聚数据总量 4.23 亿条，每日新增 9.2 万条有效数据，治理数据业务表 200 余个，数据资源共享 50 多个数据专题库，大大推进了数字技术在农业农村广泛应用。

（2）**社会效益**　通过 ACA 可控农业模式的推广应用，农产品全产业链的监测预警，农业园区实现了环境可控，实现了标准化、规模化、可溯化的周年生产，帮助农民解决生产瓶颈问题，大大提高了生产效率和效益。

（3）**生态效益**　ACA 可控农业通过设施环境调控、智能水肥一体化系统、农抬头数字农业云平台系统、设施栽培系统等的应用，提供适配作物的生长环境、合理使用生产资料，实现节水 35% 以上，节肥 30% 左右，省工 1/3，病虫害显著降低，节药 30% 左右，通过标准化生产作物产量和品质提升进一步加强了食品安全。

（4）**推广示范效益**　以数字农业服务体系，建设农业创新中心，以点带面，以示范园为载体，开展相关系统展示、技术培训、科普讲解、实训等，通过项目展示和新技术示范推广，带动周边发展高效农业，促进农业提质增效，增加农民收入。

撰稿：华维节水科技集团股份有限公司　吕名礼　夏鸽飞　朱登平

浙江省庆渔堂科技服务平台案例

‖ 需求与目标 ‖

针对目前水产养殖现状，构建数字渔村服务体系，以村为基础节点，构建数字化渔业服务网络。数字渔村目标是数字渔业全域覆盖，农村集体创收增收，共享专家服务资源，完善金融信用体系，水产品供应链增值，养殖尾水长效治理引领未来渔业养殖发展的重要趋势。

‖ 做法与技术 ‖

浙江庆渔堂农业科技有限公司通过特有的产品技术及服务模式优势有效推动养殖户降本增效、水产品安全优质以及市场端的产销融合。公司已申请 52 项自主发明和实用新型专利、11 项软件著作权、58 类注册商标，"物联网 + 生态渔业"项目荣获全球物联网与智慧服务最佳典范金龙奖、全国农村创业创新项目创意大赛初创组银奖等多项荣誉。

（1）**服务体系建设**　监控服务体系：按照重点水产养殖区域鱼塘的分布特点，建立网格化智慧养殖服务标准，实现线下养殖管家和线上人工智能管理相结合的立体化、数字化监控服务体系，全天候、进行精准、高效、标准化的水质监控（溶氧、温度、pH 值等）。

数字生态渔仓服务体系：可实现定点定时高效物流配送、溯源、线上订单模式销售，多品种、小批量、稳定供应，养殖全过程质量跟踪、溯源管理，暂养精准化、低损耗养殖管理，生态渔仓标准化改造及托管服务。"产地生态渔仓 + 智慧养殖服务鱼塘"实现高品质、高效益和零排放。

（2）**软件系统建设**　建立全域的水产养殖资讯和大数据分析平台，由庆渔堂公司为养殖户免费安装"庆渔"App 并提供相关信息资讯和技术指导，实现全域养殖鱼塘大数据服务全覆盖，建立大数据统计信息。一方面大幅度提高农户养殖能力水平，另一方面提升政府对于农业的精准和高效管理。同时，按照生态健康养殖标准管理，从水产品市场需求出发，建立专属化的可追溯销售网络体系，逐步实现区域内生态特色水产品的订单式销售，从而为扩大区域水产品品牌影响力，最终实现生态水产品活鲜供应链体系的转型升级。

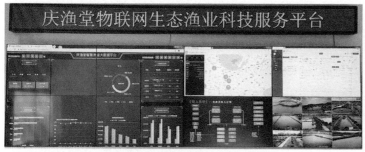

物联网生态渔业科技服务平台

商业模式

数字渔村总体架构图

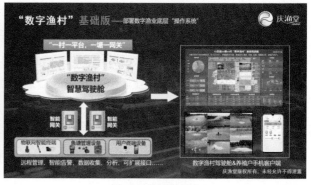

数字渔村基础版

"数字渔村"智能驾驶舱

监控工作台

（3）生产技术创新　基于跨区域养殖服务规模和库存数字化优势，将物联网和智能蜂窝池养殖技术相结合，在高位圆形池中进行高密度养殖，引入先进的物联网水质监测系统、智能增氧系统、智能化管理系统，实现智能化、精细化养殖。按照产地直采（Sourcing）、安全品控（Security）、规格标准（Standard）、供应稳定（Stable）、快捷配送（Sending）5S 标准打造数字生态渔仓活鲜供应链服务，缩短供应链环节，提升全程品控和损耗管理能力，做到高效、安全、品规、品质、透明。

（4）金融模式创新　本服务重点利用技术风控＋数据征信解决农业贷款无抵押、征信难以及解决渔业保险风控难、定损难的问题。目前已经在湖州区域起步，合作机构已包括浙江农担、农业银行、湖州银行、农商行、中国人保等，合作模式逐步向长三角和珠三角地区推进。其中与中国人保合作在全国率先推出了两款渔业物联网＋区块链科技保险：一是浮头死亡险，平台养殖户的保险费率为 1.6%。二是基于渔业价格大数据的价格指数险。

经验与成效

（1）**经济效益**　目前，平台注册鱼塘 50 000 余户，付费用户 12 000 余户，覆盖 10 万余亩养殖面积。未来将逐步覆盖全国主要渔业区域，并不断增加大增值服务。在活鲜供应链方面，已打通下游活鲜交易链条，与叮咚买菜、盒马鲜生、永辉超市等展开正式合作，日供 5 000 kg 以上。正在全面推进长三角、珠三角、京津冀等重要区域的产地仓和销地仓供应链网络体系布局。通过供应链效率的提升，可以为养殖户端销售毛利提升 0.2 ~ 0.5 元。按户均 10 亩鱼塘计算，仅水质监控单项可保障每户提升收益 6 000 元以上（含成本节约）。从运行成效来看，养殖户复购率达到 95% 以上，浮头死亡率降低到 1‰ 以下。

（2）**社会效益**　完善"数字渔村"服务体系，构建渔业全域数字化服务网络，建立村集体、养殖户、产业链企业、金融、政府部门等协同创新、合作共赢的可持续发展模式，打造国际智慧渔业产业新标杆，实现了智慧渔业全域覆盖、农村集体创收增收、共享专家服务资源、完善金融信用体系、水产品供应链增值、养殖尾水治理等。

（3）**推广示范效益**　第一阶段传统鱼塘水质健康管理服务已全面落地，目前以长三角为主，并已初步进入广东等地区。平台注册鱼塘 50 000 余户，付费用户近 10 000 户，覆盖养殖面积 100 000 余亩。未来将逐步覆盖全国主要渔业区域，并不断增加大增值服务。

撰稿：浙江省农业农村大数据发展中心　　任璐怡
　　　德清县农业农村信息数据中心　　　张东升
　　　浙江庆渔堂农业科技有限公司　　　俞晶晶

江西省农信通案例

需求与目标

2021 年是实施乡村振兴战略的开局年，我国正处在社会转型期，也是社会矛盾多发期。2021 年 3 月江西农业农村厅宣传会议指出，2021 年是建党 100 周年，也是"十四五"开局之年，做好全厅农业农村新闻宣传工作意义重大，要注重突发事件引导，坚持把做好涉农突发性事件的舆论引导作为自己的应尽责任，及时发声、正确引导，避免造成负面影响。

做法与技术

江西农信通是农信通集团在华东区域设立的运营总部，是国内领先的农业信息化建设全面解决方案提供商和综合服务运营商，是全国农业农村信息化示范基地、国家高新技术企业、江西省服务业龙头企业，2017 年 10 月中标江西省政府的"江西智慧农业"PPP 项目，在全国开创了"互联网 + 农业"领域 PPP 合作模式先河。

（1）**团队建设**　为维护和管理好江西农业舆情监测系统，搭建了 3 个团队，提高系统的智能化和预警准确性，实现及时预警、全面覆盖、实时更新、提高效率的建设目标。一是成立了 3 ~ 5 人的系统技术维护团队，对系统的日常运行和接口问题进行维护。二是成立了专业的数据清洗处理团队，包括数据清洗和系统基础资源设定。三是建立便捷的采集信息人工清洗系统，信息采集后，数据量巨大，系统无法进行自动过滤，需要人工对无效信息、数据进行清洗。

（2）软件系统建设　通过江西农业网络舆情监测系统的建设，实现对来自网络的舆情信息进行实时监测管理，通过大数据等现代技术，经过运算、研判，去除无效信息，

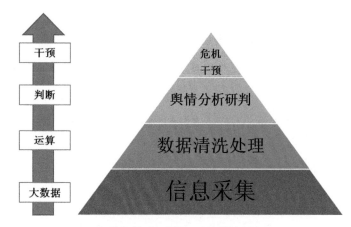

网络舆情监测管理系统基本构架

凸显有效信息，实现对社会舆论的危机干预，做到正面的舆论引导，最大限度、最短时间内对负面舆论做出反应，并采取有效措施保证社会和谐发展。

利用目标分类提高监测时效性。系统针对监测系统的监测时效性做出了一些界定，优先保证重点监测媒体、重点关键词、重点微博回帖监测效率、分析速度和研判效果，建立了系统的划分等级性、类别的划分标准，能够进一步明确不同优先级的关注网站的数据反馈时间。符合3个基本原则，即重点监测原则、操作简便原则、人机合一原则。作为部委级别的监测管理系统，能够全面对多样媒体进行监测，获取大量信息，进行高速分析，作出准确研判。

实现图表的可定制化。能够对系统生成的简报和统计报表做清晰的界定，由于系统建设初期对各部委系统目前的做法进行了调研和充分挖掘自身需求，实现了图表的可定制化，即可选择不同的信息要素进行组合，生成不同表现形式的简报或者报表。

江西省三农舆情平台

三农舆情监测管理平台

站点信息维护和系统数据采集监控

预警关键词的维护

利用人工干预解决分析压力，提高准确性。在数据研判环节中，系统加入了人工干预功能。通过专业的系统技术搭建团队、数据清洗处理团队和舆情分析研判团队的努力，实现舆情监测预警及分析研判的高度人机合一工作，减轻了由于海量数据对系统造成的分析压力，解决了数据的智能化处理，更加有效地对网络舆情进行监测管理。

实现最大范围数据监测。江西舆情监测系统的建设契合了大数据的"4V"特点——大量（Volume）、高速（Velocity）、多样（Variety）、价值（Value），实现了对最大范围数据的监测，用最短的时间将有效信息筛选出来，并对政府的决策提供帮助，减少副作用，成为各级农业部门加强网络舆情工作的重要抓手。

(3) 管理模式创新　在系统基础资源设定方面，定期向各级农业相关部门征集时下关键词，建立关键词库，及时进行调整、更新，对检索性较高的关键词做加强关注；对媒体设定级别，突出重点媒体的监测力度；对数据规则进行设定，开发系统在线初步编辑功能；对采集并筛选的信息进行打标签、做备注等数据再加工操作，方便后期对信息进行分析研判。

专业且经验丰富的系统信息管理人员可根据时下热点农业问题设置专题，对网站的浏览量和回复量进行监测，要有即时更新的功能，确保不漏掉、不误判重要信息。

数据的导出既方便又科学。目前采集系统的图表由于技术原因普遍很简单。绝大部分需要人工制作才可以使用。所以需要大量地导出数据，并对导出数据进行人工处理，这就要求系统导出数据要便捷，数据的格式尽可能满足日常需求。

舆情预警信息研判和推送。系统通过预警关键词对预警信息进行红、橙、黄由高到低 3 个等级划分。除了本省的预警信息，还可以查看全国的预警信息。除了首页预警信息展示，系统维护人员会在微信群里对每日的预警新闻实时推送（微信和短信）。确保用户在第一时间看到最新的舆情预警信息。预警关键词的维护，所有预警信息通过预警关键词采集分类。

站点信息维护和系统数据采集监控。目前系统共维护江西省新闻站点 561 个，其中站点模块链接 2038 条。编辑人员会定时增加新的新闻站点，对异常的新闻站点进行维护。舆情新闻信息采集通过采集监控系统 24 小时对采集情况进行系统监测，一旦发现采集终止的情况，系统会在第一时间以邮件和短信方式通知后台管理人员，管理人员在修复系统的同时，还会对遗漏的数据进行补采确保数据采集的完整性。

"江西舆情监测管理系统"月报、年报整理。舆情月报，系统运营人员通过系统查询将新闻的标题、链接、转发媒体（信息来源）和转载量整理汇总，为农业部门提供月报素材。舆情年报，运营人员对每月舆情的重点和走势进行统计分析，初步整理，由农业部门进行调整修改形成月报，再通过月报的信息筛选和汇总整理成年报。

‖ 经验与成效 ‖

主要体现在社会效益上。江西农业舆情监测系统通过系统管理功能实现利用设置不同的权限、划分监测目标等级和关键词库的实时更新，完成 24 小时不间断地对网络信息进行筛选、抓取和分析；帮助政府部门的工作人员顺利通过用户登录进入门户系统，使用舆情专题、舆情专栏、舆情统计表和信息检索功能，正确把握舆情信息并作出相应的正确引导工作。该系统全面分析了网络舆情传播规律，及时、准确、全面地监测国内新闻网站、网络社区、论坛和知名博客，并在此基础上进行数据的抽取、挖掘、聚类和分析等数据整合，及时梳理网络热点事件、言论和观点防止少数不法分子借助互联网开放自由的特点，传播负面信息，有效组建了正面的舆论场，有利于舆论监控和舆论引导。通过切实的信息服务、资源优势、渠道优势逐步打造系统的影响力，由"被动解释""扑火"，转变为主动"发声"，有组织、有策划、有规模的"建设正面舆论场"，将那些原本看不见摸不着的"事件"变为看得见、看得清、看得透的定量实时分析效果。既有了"根据地"，又有了"扩音器"。正面舆论引导将能够有效规避不良信息对国家社会的损害，为全省乡村振兴事业创造良好的网络环境。

农业网络舆情监测系统的建立，有效保证了大数据时代的核心竞争力和领导力。搭建交互系统、促生有价值的大数据，用大数据的成果为广大公民服务，提升了公民对政府的信任度，同时，也为农业部门决策提供了依据。

以2019年关于正邦科技的舆情事件为例。6月24日，华夏时报网发表《正邦科技屡遭环保罚单环保部督查组曾点名批评其旗下子公司》的文章，指出正邦科技安福猪场、涅田猪场存在环保问题。之后，7月8日正邦科技及时反馈信息，此事最终于2020年1月15日国家新闻出版署处罚相关不实新闻报道人员结束。

在正邦事件中江西农业舆情监测系统及时抓取相关信息，在正确引导舆论、保障涉农企业利益、营造良好营商环境等方面发挥了重要作用。

江西农业网络舆情监测系统上线运行以来，监测范围不断扩大，抓取信息精准度不断提高。截至目前，系统监测各类站点超过8万余个，其中，新闻网站17 600个，客户端、论坛博客4 205个、涉农微信公众号62 341万余个，常热话题1个，突发事件3个，热点专题15个；每日抓取舆情数据13万多条，经清洗后形成有效数据近6.5万条。江西农业舆情监测系统将继续主动监测，加大宣传工作力度，为全省乡村振兴事业发展营造良好网络氛围。

撰稿：江西省农业技术推广中心　陈亮

江西省农村人居环境治理长效管护平台案例

需求与目标

坚决贯彻落实党中央重大决策部署，主动融入全省信息化建设和数字经济发展大局，建设包括智慧城市、数字政府、智慧医疗、智慧教育、数字乡村、工业互联网等众多领域的工程。

做法与技术

江西电信信息产业有限公司成立于2005年，是中国电信股份有限公司的全资子公司，与中国电信系统集成公司江西分公司、江西电信行业应用研发中心"3块牌子，1套人马"运作。公司是中国电信旗下专注科技创新、产品研发、平台运营的企业，是江西省高新技术企业、软件企业。公司在全省设有8个分公司，全省员工500余人，依托江西电信遍布全省各个区县的客户经理、解决方案经理、交付经理、装维工程师，集团－省－市－县4级联动，对云、网、端、用和数字化平台，不但着力建设好，更加注重运营好、维护好、使用好，及时响应客户需求，提供面对面的属地化服务。公司本部研发人员占比超过50%，专注于科技创新和产品研发。产品研发采用中国电信沉淀多年的比翼研发平台和不断丰富的 5G、AI、大数据、物联网、视频、通信等原子能力，遵循 CMMI-L5 研发管理体系与 ISO9001:2015 质量管理体系，按产品设计敏捷开发、迭代开发、持续运营，不断满足客户新需求。近年来，公司荣获"江西省电子信息系统行业信息化首选服务商""江西省抗击新冠肺炎疫情先进集体"等荣誉称号。

省平台

县平台

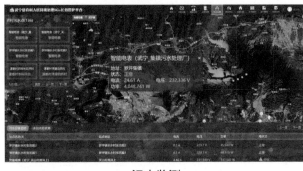

污水监测

垃圾监测

厕所革命

车辆轨迹

事件管理

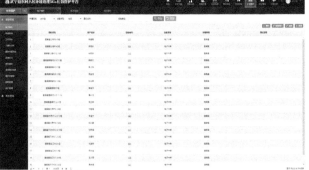

长效管护

(1)**合作与创新**　公司与业界领先企业共建生态圈,内设生态合作部专注于合作伙伴的引入和服务,开展产品、平台和项目的深度合作,联合举办行业生态大会和数字化转型论坛。公司持续建立和运营5G 联合创新实验室、工业互联网研究院、数字乡村研究院等合作平台,通过投资、入股、成立合资公司等多种方式广泛开展合作。

(2)**软硬件综合平台建设**　自 2019 年,江西省就开始注重运用数字化手段推进乡村人居环境治理。2020 年 9 月,江西省农业农村厅联合中国电信江西分公司搭建了江西省农村人居环境治理"万村码上通"5G+ 长效管护平台。该平台充分运用物联网、云计算、大数据、5G、AI 等技术手段,整合接入公安部门的"天网"工程、"雪亮"工程等现有平台资源,实现了投诉、整改、反馈、监督的全过程闭环式管理。平台主要由环境信息化感知应用、长效管护信息化应用、大数据决策分析应用、公众服务应用四大要素模块构成,采用主流的 SSM 开放 J2EE 开发框架,采用产品迭代开发模式,小版本增量迭代,统一部署,统一维护。平台的建成启用,标志着江西省农村人居环境治理工作步入了标准化、规范化、智慧化的新阶段,构建了"共建、共治、共享"的新格局,形成了可复制、可推广的农村人居环境治理典型经验。据统计,截至 2021 年 4 月 23 日,平台已与全省 18 个县(市、区)完成对接,累计上传12 843 个一类村庄管护信息,设立了省 – 市 – 县 3 级管护人员,其中,万村"码上通"县级注册管理员150 人,全省村庄信息管护人员 1 575 人,受理农村人居环境整治类投诉 5 785 例。

‖ 经验与成效 ‖

(1)**经济效益**　提高资源的利用率,减少重复投资。本项目汇聚现有资源和数据,形成较完善的大数据管理和应用平台,同时提高资源利用率,为政府节约信息化建设成本。提高应急反应能力,降低治理成本。本项目建设的应用系统能够给政府有关部门提供大量的基础数据和实时信息,可作为环境问题快速反应决策依据,全面提高应急反应能力。项目建设有效防止和控制环境问题发生,减少因环境问题带来的经济损失。

(2)**社会效益**　本项目在数字化农村人居环境治理领域具有一定的领先性,结合农业农村部门出台的"五定包干""多员合一"等创新机制,进行技术融合创新。该项目对于发展我国农村经济、改善农村生活居住条件、解决农村各领域实际问题,实现全省农村人居环境科学治理和农村人居环境基础设施有效管护,实现全省数字乡村建设向智能化和智慧化提升,实现农村乡村治理现代化治理体系和治理能力提升具有重要意义。

提高决策精准性和有效性。针对环境要素和污染源的大数据应用平台建设,使环境管理中需要的各类污染源信息、环境信息、生态信息实时采集更加高效。同时,建立相关模型进行数据挖掘分析,实现对农村人居环境数据的汇集和管理,为政府部门执法和决策提供有力的数据支撑。

全面提升村容村貌。利用物联网、AI、大视频、大数据分析、云计算等先进技术手段深入推进农村生活垃圾治理、农村厕所革命和农村生活污水治理,全面提升村容村貌。

提高农民群众幸福感和获得感。平台打通江西省农村人居环境万村码上通微信公众号平台,提供了有效的群众监督及反馈渠道。

(3)**推广示范效益**　江西电信全力打造农村人居环境治理 5G+ 长效管护品牌工程,2020 年计划重点对 19 个示范县进行平台建设,2022 年计划完成 50 个县平台建设,2022 计划年完成剩余 30 个县平台建设以及实现最终接入全省 15.8 万余村庄,承载 16 万余网格的目标。按照江西省农业农村厅 3 年规划,3 年内完成 94 个涉农县、15.8 万个村庄、涉及农村人口 2 437 万的项目落地。项目覆盖范围涉及移动物联网设备连接数可达 10 万余个。

平台开创了新的农村云网融合信息化建设及运营模式，具有全国示范作用。帮助政府部门解决农村人居环境治理过程中"农民群众反馈问题渠道不通畅，问题处理不及时""缺乏有效治理手段""政府主管部门缺乏可量化考核数据""管护责任无法压实，无法长效推进"等问题，提升了农村现代化治理体系和治理能力，逐步构建共建、共管、共享美丽乡村的工作新格局，推动乡村由"一时美"向"持久美"转变。

截至 2021 年 4 月 23 日，该平台与全省 25 个市县农业农村部门签订了平台框架使用协议，并正式签约落地 18 个市县，目前已接入 1.2 万余个村庄，管理 1 600 余个网格。

2020 年，初步建成省级平台，具备数据分析能力。同时打造九江市和武宁县平台样板，为农村人居环境治理数字化开创江西模式，并向全国提供先进经验。国家农业农村部也根据武宁平台经验总结向全国其他省份发布学习案例。

撰稿：江西省农业技术推广中心　杨眉

江西省中新云农赣南脐橙产业云服务案例

‖ 需求与目标 ‖

中国是柑橘的重要原产地之一，柑橘资源丰富，优良品种繁多，有 4 000 多年的栽培历史。赣南脐橙果品品质世界一流，种植面积居世界第一，年产量世界第三，2020 年脐橙种植面积 170 万亩、产量 138 万 t。农业产业发展的需求涵盖生产、流通、管理、服务、营销等各个环节。我国柑橘产业发展至今，依然存在信息化、数字化水平低的产业痛点。

因此，通过对柑橘大数据技术、模型研发及应用，将"卫星遥感、互联网、移动互联网、物联网、云计算、大数据"等新一代信息技术加快与农业生产、经营、管理、服务的全面融合，深入柑橘产业与智慧果园融合，基于柑橘全产业链的信息化、数字化建设，推动全国柑橘产业发展转型升级，着力在生产标准化、加工智能化、经营电商化、营销品牌化、管理高效化和服务网络化等方面寻求突破，全面构建柑橘数字化生产体系、经营体系和产业体系，实现了柑橘全产业链数字化、信息化、智能化。

‖ 做法与技术 ‖

江西中新云农科技有限公司是 2020 年度中国农业新锐企业十强，2019 中国新经济领航人物候选企业、江西省数字化农业龙头企业、江西省电子商务示范企业、江西省大数据示范企业、江西省农业物联网示范企业。公司成立于 2016 年，是一家国内领先的聚焦农业农村大数据、农业产业互联网、农业农村数字化建设与运营的集团化公司、国家高新技术企业。公司在北京设立了研发中心、在上海设立投融资中心，在江西、重庆、福建、广西、湖南成立了分公司、子公司，并在江西赣州拥有万亩数字化农业示范基地。公司与中国农业科学院、农业农村部信息中心、农业农村部规划设计院、中国空间技术研究院、国家农业信息化工程技术中心、北京大学大数据分析与应用技术国家工程实验室、浙江大学 CARD 农业品牌研究中心等形成了"产学研用"的全面合作。公司以"国学文化""健康文化"为核心企业文化，秉承对"三农"的敬畏与感恩，先后投资亿元致力于农业农村数字化建设和运营，构建全国乡村振兴典范的农业产业互联网平台，通过产业、金融、科技的结合，促进农业高质高效、乡村宜居宜业、农民富裕富足，建设高产优质脐橙智慧果园与构建全产业生态链脐橙综合性信息服务云平台两部分。

（1）**软硬件集成系统建设**　基于北斗+5G和近景摄影测量遥感的智能设备与系统集成，利用遥感、地理信息系统、物联网、大数据与人工智能技术研究支持脐橙精准种植的关键技术，建设高标准智橙种植园，包括果树生态系统、脐橙树果智能感知系统、脐橙生态因子智能感知系统和病虫害防控技术系统。

（2）**大数据平台与溯源系统建设**　采用大数据、云技术、区块链、智能撮合等技术研发全产业生态链脐橙大数据云平台、脐橙智慧生产服务平台、脐橙智慧交易服务平台、脐橙科技与咨询服务平台，构建脐橙大数据云平台。脐橙智能质量溯源系统。基于区块链技术的脐橙追溯系统打通了整个脐橙种植到销售产业链，数据区块记录到区块链中实现溯源，使整个脐橙产业链信息更加透明化。

中新云农脐橙大数据

数字农业试点县项目

中新云农智能质量溯源系统

智慧农业园区

（3）**生产技术创新**　脐橙智能监测与预警技术：针对脐橙生产应用需求，以实现脐橙种植高效和精准化管理为目标，在"北斗+5G"的脐橙智能设备和物联网的基础上，基于"天空地一体化"技术实现全方位采集果园信息，实时监测脐橙整个生命周期的全过程数据，提升脐橙生产集约化、网络化和智能化管理水平，促进脐橙生产提质增效。

脐橙产量智能预估技术：利用无人机搭载高清相机，对脐橙园进行拍摄作业，获得图像数据；以高光谱图像为输入，利用深度神经网络方法研究脐橙密植测量；在用数字图像处理技术对图像数据预处理后，以遥感数据、脐橙生长环境数据和气候数据为输入，利用机器学习方法预估脐橙园产量。

基于大数据的智能推荐技术：果园评级模型，构建果园评定模型，根据果园的种植环境、种植标准度、果树树龄、生产管理、产品的质量等因素制定果园的评级模型，平台根据模型结果进行脐橙的定价等，推动农场主进行脐橙标准化建设。采购商特征矩阵，根据撮合需求，构建采购商画像，形成采购商的特征矩阵，包括采购金额、性价比、服务关注度、品牌关注度等。智能推荐，大宗撮合交易采用基于模型的协同过滤方法，将商品属性、供应商属性一起构建监督样例，构建智能推荐模型。

果园评级模型

基于大数据的脐橙种植标准化技术。针对优质果园过程管理进行大数据建模，结合生产过程、经营管理、信息化程度、基础环境、地域分布、果树生理特性进行机器学习的模拟训练，构建脐橙种植生态标准，形成脐橙种植标准知识库并提供在线学习。

‖ 经验与成效 ‖

(1) **经济效益** 基于"天空地一体化"技术实现了全方位采集果园信息，对果树面积普查、果树生长周期实时监测，结合大数据、AI技术实现了产量预估、定价与溢价，提升总产值。通过物联网、大数据、5G技术实现了果园从生产、种植、管理、服务的数字标准化，打造数字化的精准果园。通过果园全产业链大数据分析，实现了果园评级、产品品质认定、撮合交易服务等，并基于大数据对果园提供授信金融服务。通过AI与区块链的技术应用，建立了安全追溯系统，实现了一物一码，来源可监管，去向可追踪，为果园品牌质量提供技术保障。建立脐橙种植的数字标准化，提升脐橙商品果率20%以上，实现亩产量增加10%以上，亩产值提升25%以上。提升品牌知名度、品牌效益，为农户开拓销路、增加收益。

(2) **社会效益** 通过平台的推广应用，优化了脐橙的生产结构，节约了生产成本，实现果农增产增收，对推动乡村振兴发挥重要作用。同时，脐橙产业整体品质的提升带来的溢出效应，吸引更多农户发展脐橙产业种植，有效增加了就业岗位。加上新型数字化脐橙种植方式，新增了物联网、自动化设备操作等就业机会，项目带来了明显的社会效益。

(3) **推广示范效益** 项目实现了将卫星遥感、互联网、移动互联网、物联网、云计算、大数据等新一代信息技术加快与农业生产、经营、管理、服务的全面融合，促进了柑橘全产业链的信息化、数字化建设，全面构建了柑橘数字化生产体系、经营体系和产业体系，实现了柑橘全产业链数字化、信息化、智能化，推动了全国柑橘产业发展转型升级。

项目平台已在江西省赣县、信丰县国家现代农业产业园大数据平台，江西省抚州市临川区数字农业试点县建设项目中进行了推广应用。目前，已采集数据13万多条，并且自定义配置50条数据算法模型，终端用户查询次数超5 000次，打造一个个具有可示范推广的智慧农业成功案例。根据平台的运行情况，目前正在为浙江、福建、湖南、四川、广西、湖北、广东、江西、重庆等主要柑橘产业省份的客户进行全面推广与应用，劳动进而带动江西乃至全国柑橘产业智慧农业的发展，带动江西乃至全国柑橘产业智慧农业的发展。

撰稿： 江西省农业技术推广中心　陈勋洪

山东省青岛九天后土云系统案例

需求与目标

　　智慧农业是农业现代化发展的新模式，是我国当前大力推动发展数字经济的一个重要领域。为我国破解农业数字化基础设施薄弱，核心技术匮乏，技术服务脱节等现实问题，青岛九天智慧农业集团有限公司依托"华为－九天智慧农业全球联合创新中心"、城阳上马智慧农业示范基地大数据中心和华为ICT技术底座和"沃土云"计划，开发了"后土云"智慧农业物联网平台（简称后土云平台），着力解决大田农业数字化设施基础薄弱、粮食作物精准种植技术水平低以及缺乏技术成熟的物联网应用平台等问题。该技术现已通过青岛市科技成果鉴定，填补了我国在大田农业和粮食作物领域智慧农业物联网平台领域的空白。

做法与技术

　　青岛九天智慧农业集团有限公司是以土地改良＋智慧农业＋人工智能为核心的高科技企业，以智慧农业拓荒人为使命，致力于成为全球领先的智慧农业系统服务商，公司以袁隆平院士为首席科学家、联合华为研发"九天芯"等农业物联网硬件和"后土云"农业操作系统，着力培育智慧农业新技术、新产业、新业态、新模式。

　　(1) **软件系统建设**　　"后土云"是1套集传感器、物联网、云计算、大数据为一体的智能化农业服务平台，累计投入5 000万元。已经完成智慧农业物联网系统、GIS 1张图系统、大数据分析服务、智慧农业视频云服务、融合通信服务等基础服务设施的建设，开发出物联网应用系统、智慧农业环境监测系统、精准种植管理系统、水肥一体机控制系统、病虫害监测系统、农产品溯源系统、智慧农机作业管理等应用。

　　"后土云"平台集大数据、物联网、云计算、人工智能等信息技术于一体，是智慧农业的"神经系统"。"后土云"平台基于现代种植农业技术和物联网技术的应用管理平台，其底层架构采用华为ICT基础设施，云平台包含农田物联网、GIS一张图、农田与作物大数据分析应用、AI智能视频分析应用、数字农品溯源以及融合指挥、专家服务等内容。

　　"后土云"智慧农业物联网平台主要用于大田农业精准种植、生产链管理和物联网平台服务。该平台集物联网、大数据、作物生长模型与算法等技术于一体，并与企业自主开发的农田信息AI基站、农田信息感知终端等专有产品共同构建了"端－边－云"智慧农业操作系统。

　　(2) **模型和算法创新**　　完成了虫害种群动态变化及防治的神经网络算法研究。利用多种监测方式研究虫害种群动态变化，实现了大田作物病虫害统防统治，通过智能虫情测报灯对害虫诱捕拍照，并与大田高清图像识别、无人机红外遥感识别相结合，实现多途径信息收集传输上报，结合作物品种、长势、气象以及害虫知识库进行对比识别、诊断及算法分析，提高虫害的识别效率及预报的准确性，中长期准确率提高到95%以上。

　　完成了基于卫星遥感＋无人机遥感＋高清摄像图像识别算法的作物长势自动分析方法研究。采用卫星遥感图像（区域）分析＋无人机图像（田块）分析＋高清视频图形（植株）分析，构建起1套空－天－地一体化三结合的长势监测分析体系，以点面结合的方式，为大田粮食作物长势分析提供了科学的方法，作物长势识别精度提高了20%。

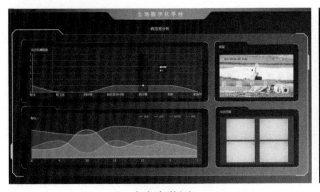

病虫害监测

经济效益分析

农机作业管理 1

视频分析

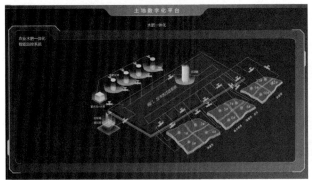

水肥一体化管控

土壤墒情监测

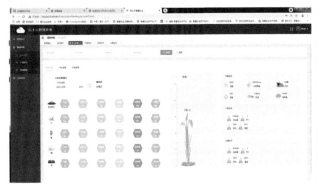

作物长势监测

总览

完成了基于 ORYZA2000 水稻生长模型开展灾损评估及作物产量动态评估方法。利用 ORYZA2000 水稻生长模型和算法，通过"云平台"提供的气象、土壤、水质以及作物农艺性状数据，可以进行理论产量预估和灾损评估，估产精度提高到 95% 以上。

完成了"后土云"区块链溯源系统研究。将区块链技术与农产品质量溯源相结合，开发基于区块链技术的农业专用分布式数据库服务系统，将农产品的种植、采收、加工、深加工以及物流环节打通，实现数据的可视化、可追踪，为消费者提供信息可靠的区块链溯源系统，提高了生产、交易和评价的安全性和透明度。

(3) **运营模式创新** 后土云系统上线后已为城阳、潍坊、杭锦旗、格尔木、温州、淅川等项目提供数字化土地的运营支持，在智能决策和自动化作业方面进行了大量的数据积累和测试，初步形成了适合不同地区的水稻农业生产工艺。2018年11月，"后土云"平台在城阳区万亩国家级滨海盐碱地稻作改良示范基地上线应用。通过该平台，可及时获取示范区的气象、水质等农业环境数据，以及耐盐碱水稻长势、病虫害情况等农事生产数据以及土壤温湿度、pH值、含盐量等数据，通过对10余项数据信息的综合分析，可有效监管项目示范区土地改良和作物生产种植进展，实现对农业生产经营管理的科学指导与决策。该平台的应用，也为政府部门更加全面地、详细地了解示范区农业生产经营提供了技术支持，为进一步构建新型农业业态，推进农业生产要素高效组合，建设新农村提供了强有力的支撑。

‖ 经验与成效 ‖

(1) **经济效益** "后土云"智慧农业物联网平台以开发模式，向地方政府或大型农业企业提供专业化、定制化的平台开发服务，在盐碱地改良、土地改良等项目上，同步实现数字化转型升级，可以实现一揽子"土地改良＋水稻种植＋数字农田＋数字农品"EPC合同签订，形成"土地产品＋粮食产品＋数字产品"一举多得的现代农业项目建设模式。2019年九天集团完成智慧农业生态圈操作系统"后土云"平台的研发并推广应用，在山东、浙江、河南以及新疆等地开展了数字化农田建设和智慧农业场景服务，截至2020年，"后土云"智慧农业物联网平台实现收益达到2600万元。

以辐射带动面积100万亩计算，通过土地数字化改造和农业信息化增值服务，预计全行业产值1000亿元，可实现直接经济效益达50亿元。

(2) **社会效益** 推动农业数字化转型升级："后土云"平台的应用，实现了农业生产管理自动化，对于人类突破改造自然活动的实体"在场"限制具有重要意义，有助于加快农业数字化转型升级。

助力乡村振兴战略的实施：2019年城阳区全面发起"抢占智慧农业引领乡村振兴产业高地"攻势，青岛九天作为主要依托单位，积极开展"土地改良＋智慧农业"相关技术研发与示范项目建设，其中"后土云"智慧农业物联网平台作为关键核心技术，其建设与应用对于促进全区智慧农业发展，推动全区智慧农业产业规划，助力高地攻势具有重要作用。

"后土云"智慧农业物联网平台的建设与应用，可有效覆盖农林畜牧渔多个农业领域，在有效提高生产效率，提高作业成本的同时，也将进一步带动加工制造、农机装备制造、仪器仪表、物流电商等关联产业的发展。同时，该平台的应用可有效打造"智能＋"模式，促进智慧农业与科教、文化、旅游等有机结合，助力田园综合体的打造，孕育繁荣农村、富裕农民的三产融合新业态。

(3) **生态效益** 从能源和资源保护的视角看，"后土云"平台的应用改变了过去基于感性经验的农业生产管理方式，避免滥用药物、过度施肥和灌溉，对保护生态环境、推动可持续发展具有重要意义。"后土云"智慧农业物联网平台对农业管理更加精细化，对化肥、农药等投入可以进行有效的控制，减少危害健康的物质残留。当农产品进入市场，可使用农产品溯源系统监控食品安全。

撰稿：青岛市智慧乡村发展服务中心　江科　张超峰

山东省青岛市智慧乡村发展服务中心案例

需求与目标

农业作为老牌传统产业在大数据、云计算、物联网、空间信息、移动互联网等信息技术成果的应用起步晚、理解浅、普及率低，严重制约了我国农业的快速发展。农业农村部《关于推进农业农村大数据发展的实施意见》中明确指出农业农村大数据已成为现代农业新型资源要素，发展农业农村大数据是破解农业发展难题的迫切需要，发展农业农村大数据迎来重大机遇。青岛市发布的《实施乡村振兴战略加快推进农业农村现代化行动计划（2018—2022 年）》，明确指出青岛市要推进农业大数据建设，建设农业大数据平台，建立农业数据智能化采集、处理、应用、服务、共享体系，打造智慧农业技术应用示范样板。《数字青岛发展规划（2019—2022 年）》明确提出要"加快建设青岛市农业农村大数据平台，打造全市智慧农业大脑。"

青岛市智慧农业大数据平台立足于农业农村数据的"聚、通、用"，围绕"人、土地、设备、资金、农产品、投入品"六大主线，集数据共享、业务协同、应用集成、智能分析与展示于一体，实现全市涉农数据资源的共享交换、数据融合、分析应用。通过智慧农业信息资源全面、高效和集约管理，形成全市智慧农业信息资源"一张图"服务，通过数字化应用场景打造，推进农业大数据在精准生产、质量监管、态势感知、综合分析、预警预测、辅助决策等领域的智慧应用，打造青岛市"智慧农业大脑"。

做法与技术

青岛市智慧乡村发展服务中心是青岛市农业农村局下属公益一类事业单位、青岛市文明标兵单位，主要职能为承担智慧乡村发展服务相关工作，为智慧乡村发展建设提供决策建议。承担市农业农村大数据平台的规划建设、运行管理、安全保障等工作，对农业生产经营、农村管理服务开展数字化改造。承担农业农村相关信息采集、分析、报告工作，负责局机关信息系统建设、运行、维护、网络安全等保障服务工作。2019 年 11 月，提报的"市畜牧业安全监管信息平台"入选"2019 数字农业农村新技术新模式新产品优秀项目"；青岛市智慧农业大数据平台荣获"2020 青岛市信息化百佳典型案例"。

(1) **软件系统建设** 青岛市智慧农业大数据平台是青岛市农业农村局为推进青岛市农业农村现代化建设，加快物联网、大数据等现代信息技术在农业农村领域的应用，由青岛市智慧乡村发展服务中心具体实施建设的综合性农业农村大数据平台。青岛市智慧乡村发展服务中心以青岛市智慧农业大数据平台项目为主线，以畜牧业安全监管信息平台、农产品质量安全监管平台、产地农产品市场分析平台、农药监管信息化平台、青岛市绿色高产高效创建信息服务平台、耕地地力保护补贴小麦种植面积核定平台、青岛市农村人居环境整治网上调度系统等业务系统为依托，全力推进农业农村信息化建设。青岛市智慧农业大数据平台数据主要来源于市农业农村局现有业务系统数据、对接数据、互联网爬取数据、物联网数据、卫星遥感数据等，形成共享数据 4 361 万条，数据总量 130 GB 以上。

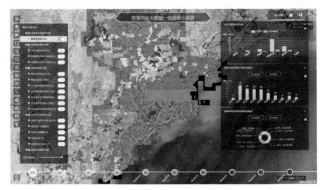

智慧农业大数据显示系统

(2) 管理技术创新 平台实行"1+1+N"布局（1 个数字农业农村大数据平台，1 个数字农业监管服务平台，N 个数字农业应用场景），平台数据主要来源于农业农村局现有业务系统数据、横向到边纵向到底的对接数据、互联网爬取数据、物联网数据、卫星遥感数据等。通过青岛市农业农村系统数据目录梳理，规范制定，汇聚农业农村系统相关数据，形成农业农村大数据中心。实现了多种数据融合共享，基本摸清了全市农业农村工作的数据资源家底。在全省首创利用人工智能技术识别主要农作物卫星遥感影像应用场景，小麦种植面积识别率可达 98%。依托大数据汇聚治理系统、资源管理系统、资源服务系统加强了智慧农业信息资源全面、高效和集约管理。整合全市农业农村数据资源，建设了智慧农业大数据一张图，将高标准农田、现代农业产业园等 40 余类农业农村数据在图上以空间、时间等多维度进行动态展示和决策规划，实现"一图知家底，一网管全市"。

摸清数据家底，制定标准规范，夯实了大数据平台建设基础。根据农业农村各项业务职能，建立了 30 个一级目录，129 个二级目录，597 个三级目录，6 450 个信息项的数据资源目录，基本摸清了全市农业农村工作的数据资源家底。制定了青岛市智慧农业信息资源目录与编码规范体系地方标准，统一了数据标准和规范，为开展信息化工作奠定了坚实的基础。

数据中心

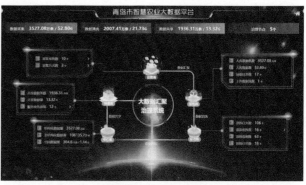
大数据汇聚治理系统

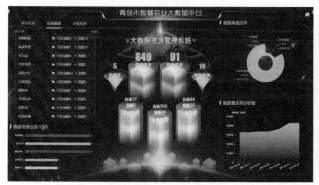
大数据资源管理系统

大数据资源服务系统

加强数据整合共享，破除数据"烟囱"和数据"壁垒"。加强部门间的数据整合共享，有效破除数据"烟囱"和数据"壁垒"。依托大数据平台的三个系统（大数据汇聚治理系统、大数据资源管理系统、大数据资源服务系统）加强智慧农业信息资源全面、高效和集约管理，推进农业人数据在精准生产、质量监管、态势感知、综合分析、预警预测、辅助决策等领域的智慧应用。通过智慧农业大数据平台界面配置的方式发布共享服务，解决了数据对接专人专办、特意开发，费时费力的问题。

卫星遥感技术应用，精准指导农业生产。利用人工智能技术对高分辨率卫星遥感影像进行图像解译，实现对全市主要农作物（小麦、玉米）的精确识别，并计算和统计作物的实际种植面积及分布情况，种植面积识别率可达 98%。利用每 8 d 获取一次的空间分辨率为 30 m 的 NDVI（卫星遥感反演）数据，实现作物生命周期内长势持续监测和关键生长阶段的生长状态监测，为农业管理者提供作物生长期的健康状况和相关指数信息，指导农户进行施肥、灌溉等农事生产，为产量预估提供基础数据。基于关键生育期内作物长势数据以及气象数据，利用产量分析模型算法，对小麦、玉米等作物产量进行预估，保障粮食安全，进行前瞻预警提示，作物产量预估准确率超过 87%。

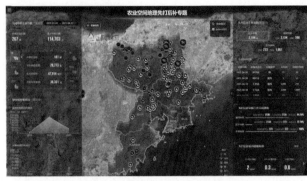
农业空间地理先打后补专题

农业土地利用

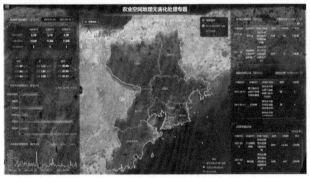
农业空间地理无害化处理

智慧农业大数据一张图

智慧农业大数据一张图，实现"一图知家底、一网管全市"。通过整合全市农业农村数据资源，建设了智慧农业大数据一张图。利用 3S 技术（遥感、GPS、地理信息），高清二维地图和 0.2 m 航飞影像地图，自然村和乡镇等基础坐标图层数据，通过"横向到边、纵向到底"的共享交换体系，将高标准农田、现代农业产业园、田园综合体数据、美丽乡村等 40 余类农业农村数据，以空间、时间等多维度进行动态展示和决策规划，实现"一图知家底，一网管全市"。

‖ 经验与成效 ‖

（1）**经济效益**　青岛市智慧农业大数据平台的建设将有效降低管理成本，提高工作效率。各职能部门可以通过网络接口、前置机交换等方式实现数据共享，运用信息化手段，减少繁杂的人工劳动的同时提高了工作效率，从而大大节省人力和行政经费支出。在充分利用现有网络资源和信息资源的基础上，通过统一规划、共同开发、互联互通，既可以盘活存量资源，又可以减少重复建设，节省投资。

（2）**社会效益**　建设智慧农业大数据平台有助于开展大数据分析，帮助政府全面把握农业试验区的建设成效；精准掌控、高效预测农业生产环境的动态变化和发展趋势；以大数据平台为依托，围绕大田种植、设施农业、畜禽养殖、农特产品生产等重点领域，科学制定数字技术解决方案规模部署，以提升农业生产实时监控、精准管理、远程控制和智能决策水平。推进农产品生产、加工、贮藏、包装、运销各环节数字化改造提升，促进农产品精深加工业发展。

*撰稿：*青岛市智慧乡村发展服务中心　江科　张超峰

山东省青岛市胶州市农业农村局案例

需求与目标

通过网络实现信息化管理，在各行各业已经非常普遍，但是，农村经管部门在承担着大量政策信息传递、数据统计分析情况下，依旧采用传统的单机版电脑记账，仅个别镇街通过自主研发小程序或微信平台等，实现村级票据网上审批。造成每次报表报数工作，基本都要求村报账员到镇街相关部门现场填报。村庄重大事项审批、支出票据报销等，往往要往返多次，才能完成镇街相关领导审批程序。涉及调查村庄信息，时常需要查阅大量档案资料。村级财务定时张贴公开，受风吹雨淋及人为破坏等因素影响，公开榜内容经常短时间就无法辨识，严重影响工作效率和质量，建立全市统一的农经信息综合管理平台已成迫切和必要。

"数字农经"信息化平台将"农村'三资'管理系统""农村'三资'监管查询系统""农村财务网络公开系统""农村集体资产地理标识系统""银农直联""农村产权制度改革""农村产权交易""农业经营主体培育"等系统进行数据整合，对外形成综合管理展示平台。该平台通过"电脑＋互联网＋移动客户端"推进农村财务收支审批、财务公开、合同管理、资产地图等工作网络实现，提高村级收支非现金结算比重。该"平台系统"力争最大限度实现监督管理全方位、无死角、及时、公开、透明，既保障"三资"安全，又促进社会稳定、经济发展。

做法与技术

(1) **软件系统建设** 胶州市"数字农经"信息化平台。由胶州市农业农村局、青岛农村商业银行股份有限公司胶州支行、青岛中翔汇智网络科技有限公司于2020年10月联合完成，作为农村农经各系统的主要入口和对外展示的主要平台，平台内容可以通过手机或者IPad进行访问与查询，便于用户的便捷访问和业务主管部门的对外展示。该平台通过"电脑＋互联网＋移动客户端"，推进农村财务收支审批、财务公开、合同管理、资产地图等工作网络实现，提高村级收支非现金结算比重。

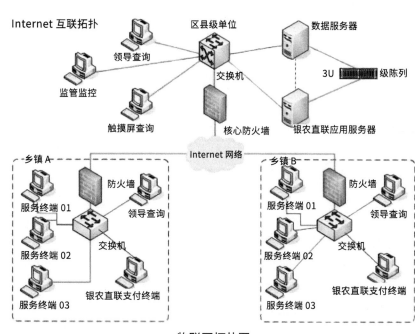

物联网拓扑图

(2) **管理技术创新** 该平台依托胶州市政府大数据中心，集中托管服务器硬件和网络安全；银行前置机与银行后台之间交互由银行方提供的软硬件设备进行验证，在具体业务管理环节，再进行多重软硬安全认证，防止突破单一软件环境密码破解。

平台内容可以通过电脑、手机或者IPad进行访问与查询，便于用户的便捷访问和业务主管部门的监督监管。主要面向业务主管部门、纪检监察、审计部门等涉及农村集体"三资"监管的部门和单位。通过添加用户并授予权限,市镇两级相关监管部门和领导即可进行资金、资产、资源等相关信息的查询和监管,包括收支明细表、债权债务明细表、现金银行明细表、科目余额表、明细分类账及资产、合同等信息,可大幅提高相关部门监管时效性和调取数据便捷性。根据《农村集体经济组织会计制度》,统一全市农村会计科目,严格规范科目使用和财务管理,严格统一财务收支线下审接、线上审批流程,既实现农村"三资"管理水平规范提升,又极大提高镇村工作效率,减少村干部在镇村间往返次数和费用。

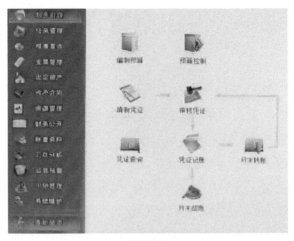

系统界面

公开信息包括近期财务核算、收支明细、重大事项、重大项目等。此系统为开放式公开系统,用户无须注册,登录平台网站即可查看,真正实现全面公开、全网公开、全时公开。

镇级农经部门及村庄资产情况表与管理系统进行连接,根据资产列表内容,在卫星地图中进行资产地理位置标注,被标注的资产同步显示账套编码、资产编码、类别、名称、资产原值、地理坐标、现场实物照片等相关属性信息。

与财务软件系统实现连接,可以直接生成凭证。历史交易明细记录永久保存且随时可以查询,确保村级资金管理清晰安全;通过批量转账,快速将资金支付多个账户,工作效率及准确度显著提高;跨行转账不产生手续费,有利于节省村级支出。

平台网站

经验与成效

(1) **经济效益** 通过启用"数字农经"平台,大幅提高了审批效率、结算质量、公开时效;居民百姓可以通过互联网随时查看村庄财务收支情况,市级相关部门通过授权可以随时查看村级财务收支明细表、债权债务明细表、现金银行明细表、科目余额表等。2021年1月通过平台共办理支付业务42 382笔,共支付约2亿元,其中同行转账1.38亿元。累计减少村级财会人员往返镇村次数约5 000人次,降低费用约15万元。在促进农村集体节本增效的同时,有力提高乡村治理体系和治理能力现代化水平。

(2) **推广示范效益** 目前,胶州市12镇街全部启用农村"三资"管理系统进行财务结算、银农直联,全部启用农村财务网上公开系统,逐笔公开财务收支信息、逐项公开资产资源经营状况、及时公开重大项目进展情况。截至目前,有816个村居建立账套,录入标识资产数共计22 229笔,录入资源合同3 706份,811个村庄集体实现银农直联。

撰稿:青岛市智慧乡村发展服务中心 江科 张超峰

山东省滨州市邹平市明集镇案例

需求与目标

明集镇耕地面积 6.1 万亩，辖区内地势平坦、土壤肥沃，农田配套设施齐全，基本实现主要农作物生产全程机械化。明集镇辖 36 个行政村，人口 3.6 万人，耕地 6.1 万亩。近年来，明集镇抓住三权分置改革机遇，因势利导，积极推动土地适度规模经营，2017 年，全镇 6.1 万亩耕地整建制流转给 298 名种粮大户，带动了农业增产、村集体增收和农民增收"三赢"。土地流转带动了农业社会化服务组织快速发展，全镇发展家庭农场 138 家、农业专业合作社 101 家，为种粮大户提供耕、种、收、病虫害统防统治、农资采购、农情信息等农业生产全过程服务。坚持科技强农，应用智慧农业线上辅导农民专业生产，投资建设了明集智慧农业服务平台，实现管理技术、专业人才、种植结构"三个升级"。平台集成 298 名种植大户基本信息，涵盖庄稼长势、土壤状况、病虫草害、积温积雨、施肥方案等七大功能模块和 18 项服务内容，为农户提供一对一、点对点、田块级精准服务。农户在手机 App 上可以随时查看庄稼长势，及时跟进农田管理，实现了农田管理"天上看、云里算、掌上管"。

目前，全镇有农业企业 15 家、农民合作社 101 家、家庭农场 138 家、农机户 290 家。政府引导的土地流转，集中流转给 298 个大户，全部用于粮食生产。实现了镇域内土地经营规模化、社会服务全程化、农技服务智慧化。

做法与技术

(1) 软件系统建设　明集镇智慧农业服务平台公益性服务农户，结合农业社会化服务组织为农户提供耕、种、管、收全过程服务。主要内容有大数据平台、田块管理、大户管理系统、农事资源、自定义消息推送、一田一码、土地流转等七大功能模块和 18 项服务内容，平台集成 298 名种植大户基本信息，涵盖庄稼长势监测、土壤状况、病虫草害、积温积雨、施肥方案、农事记录等，为农户提供一对一、点对点、田块级精准服务。

展示中心

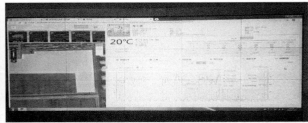

智慧农业数据分析界面

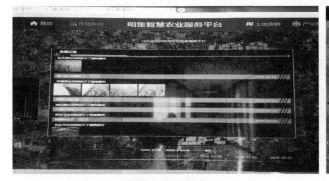

智慧农业可视化

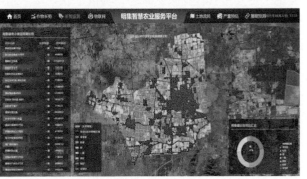

智慧农业服务平台

（2）**生产技术创新**　明集镇智慧农业服务平台通过将 AI、3S 技术（GPS、GIS、RS）、移动互联网等科技与农学等基础学科的融合，自动化地对多源、多维度、多分辨率关键性农业数据进行实时获取、处理、分析、建模。同时接入针对无人机、农机设备的数据接口，从而实现田间农事操作的自动监测，并实现田块级别数据的智能管理和可视化。利用深度学习算法优化水、肥、药、

无人作业

种的投入量和投入时机，使作物达到最佳生长量，提高作物的生产潜力，并可减少化学物质的使用。大数据平台通过人工智能算法，深度挖掘农业场景中"作物－环境－管理"之间的耦合关系，从而为农业生产经营提供处方型解决方案。大数据平台核心模块包括田块级气象服务、土壤数据服务、作物长势监控、产量分析、种植计划制定、植保方案、水肥管理等 10 多项由数据和模型驱动的农业服务模块，实现了一对一、点对点、田块级精准服务。农业生产实现了"天上看、云里算、掌上管"。通过对物联网和大数据技术的综合运用，实现"人－地－机互联"，做到在线监测农机的工作状态与其作业轨迹、作业效率、作业效果等实时数据，从而实现农机智能管理与调度，大大节省了人力和时间成本，也让农机作业变得更加精确，达到效率最大化。

通过智慧农业服务平台，为农民提供技术培训、科技咨询、学习交流、业务考察、农产品加工销售咨询服务、品牌策划推广等服务，重点培育了一批有文化、懂技术、善经营、会管理的新型职业农民，为推动新形势下现代农业的转型升级和跨越发展筑牢了人才基础。农户通过手机端"慧种田"App，利用卫星遥感、无人机巡田、大数据、云计算等技术，深度挖掘"基因－环境－管理"的耦合关系，实现"空－天－地"一体，足不出户即可实现在线查看作物长势情况，了解土壤肥力、墒情、温度、积温、积雨等农业生产关键决策数据，给出农田的全程解决方案，用于指导农业生产；结合无人机"一键巡田"功能，可提供厘米级作物生长整体视图和农田处方，精准分析作物长势，并给出农事补救措施，最终实现农业生产精准管理，大大降低作业成本。

‖ 经验与成效 ‖

明集镇辖区内小麦应用 5.8 万亩，玉米应用 5.7 万亩，通过精准的数字化管理，提供作物农事全生命周期的管理建议以及地块气象、土壤、灾害预警等信息，帮助农民提升了精细化管理水平，实现了真正意义上的科学种田，完成了从"看天吃饭"到"知天而作"生产模式的转变。提升了粮食作物品质和产能，巩固了农业产业结构调整的成果，实现了良种良法良机有机结合，水肥一体和统防统治相结合，实现了主要粮食作物减肥减药，促进了农户增产增收增效。

（1）**经济效益**　以明集镇为例，自 2020 年以来，累计推广应用面积 11.5 万亩，亩均增产 100 kg，亩增产率 17%，累计增产增收 2 760 万元。通过技术实施和应用，在稳产增产的同时，不合理的施肥明显减少，亩均节氮（N）2.62 kg、节磷（P_2O_5）0.93 kg，累计节氮（N）、节磷（P_2O_5）分别为 30.13 万 kg、10.7 万 kg，氮（N）、磷（P_2O_5）价格按 4 元 /kg、5 元 /kg 计算，累计节本 174.02 万元。整体技术节本增收 2 702 万元。通过在科技增产上挖掘新潜力，激发种植大户形成"比学赶帮超"的良好氛围，连续 3 年创新组织实施小麦粮王大赛，使新良种、新技术、新机械、新农药、新化肥率先在全镇种植大户中推广应用，进一步提高了粮食产量和品质。近年来，明集镇粮食种植面积稳定在 5.8 万亩；2020 年小麦

亩产 650 kg，比 2014 年提高 150 kg；玉米亩产 700 kg，比 2014 年提高 200 kg。农民可支配收入 20 113 元，比 2014 年增加 5 912 元。

(2) **社会效益**　指导缺少耕种经验的新农人科学种田，填补因代际更替引发的农业知识断层；培养有文化、懂技术、善经营、会管理的新型职业农民，提高农业生产效率，真正做到通过信息化支撑乡村振兴。

(3) **生态效益**　通过智慧农业服务平台项目的实施，有效减少了化肥的使用量，促进资源综合利用，保护了生态环境，特别是氮肥施用量的减少，极大减少了碳排放量，保护农业生态环境，对实现农业可持续发展具有重要意义。

撰稿：邹平市农业农村服务中心　　　梁胜江　张芳
　　　邹平市明集镇农业综合服务中心　牛方鹏　孙红叶

山东省邹平市长山镇"慧种田"手机 App 案例

需求与目标

春种春灌时期，面对成百上千亩的麦田，即时掌握麦苗长势和农田土壤墒情等信息，决定各地块浇水、施肥和除草的时机，对种粮户来说都是耗时又费力的事情。对此，山东省邹平市派驻邹平乡村振兴服务一队通过大量的实地调研认识到，数字农业是未来农业发展的趋势，而长山镇是过去"齐鲁上九县"之首原长山县的县城所在地，这里土壤、气候条件优越，土地流转成规模，适宜搞现代农业试点。服务队在了解到这里的农业种植状况和农户需求之后，与长山镇党委、政府一起，经过充分考察、论证，决定引进"慧种田"数字农业服务平台，在邹平市长山镇小井责任区万亩农田开展试点工作。

做法与技术

(1) **软件系统建设**　"慧种田"是集自动化采集、融合、建模及分析田块级数据的一站式数字农业服务平台，是款为农业生产经营提供信息化解决方案的手机/PC 客户端软件。该平台包括田块气象服务、土壤数据服务、作物长势监控、产量分析、种植计划制定、水肥管理等 10 多项由数据和模型驱动的农业服务模块。这种利用数字农业服务平台进行"数字化托管"农业生产、助力疫情期间春耕春种和田间管理的"新型种田方式"，通过卫星遥感图像以及农业大数据汇总传输，种粮大户们通过手机安装的App 就能即时收到自家农田的墒情、作物长势、气象服务、土壤有机质成分以及病虫害防治等信息；专家服务由全国各领域的种植专家开展在线服务咨询；进入田块管理还可实现长势监测、土壤状况、施肥方案、积温积雨、智能测产等方面的服务；平台会根据目标产量、土壤肥力、土质等，对全年农事进行规划，同时将示范基地的管理细节信息在 App 中向所有种植同类型作物的种植户开放，实现 24 小时在线。用上智慧平台后，只需把地块分给无人机机手，机手就可以根据导航指引进行作业。不仅如此，通过在手机页面设置无人机的飞行速度和飞行高度，千亩农田巡视的工作在它的帮助下只需短短十几分钟就能完成，通过无人机巡田，可以测算出苗率、农作物倒伏、热害、虫害、洪涝等受损程度、土壤水分状况等，帮助农户更好更快地做出目的性补救措施。

智慧平台运行以来，通过线上示范田建设和线下农艺师巡田指导，已为近 200 农户解决了种植过程中遇到的病虫草害、用肥、用种等农艺问题。种植户通过手机 App 可随时与平台上的 21 名农艺师取得联系，真正实现了线上线下一体化的种植技术服务。

（2）运营模式创新　为了更好地帮助农户降本增效，滨州市派驻邹平乡村振兴服务一队组织长山镇 100 多户种粮大户加入该平台，并进行科学管理和平台操作的技术讲解和培训，让长山镇新型职业农民在土地管理中尝到"甜头"。长山镇农业综合服务中心与山东农业大学、青岛农业大学、山东省农业科学院建立了合作关系，结合"互联网+"、线上线下培训、走进大学课堂等多种形式，把长山镇的种粮大户培育成一支有文化、懂技术、会经营的农村实用人才，下一步，他们将继续加大对种粮大户的培训力度，为乡村振兴提供人才和智力支撑。

App

无人机巡田

‖ 经验与成效 ‖

（1）**经济效益**　"慧种田"数字服务平台的引进，有效实现了整合数据，使农业服务更精准，更高效。让长山镇农业实现了从"指望经验"到"依靠数据"从"看天吃饭"到"科技助力"的巨大转变。利用"慧种田"数字农业服务平台在长山镇小井责任区张旺、大齐、小祁、小位、小井等 5 个村万亩农田开展试点工作取得的显著成效，平台监测土地面积已经达到 20 000 余亩，对种粮大户们来说，现在只需要 1 部手机，就能实现在家监控自己的农田何时灌溉、科学配方地施肥，实现了对麦田的精准高效管理，大大节省了时间和农资成本，提高了春耕效率，促进了农业的发展。

通过"慧种田"数字化服务平台，种植技术上更科学合理，玉米喜获丰收。通过培训，种植大户不仅掌握了种植技术、技能，还树立了全新的农业经营理念，在实际种植中积累经验，形成了适合推广的种植技术。

（2）**社会效益**　通过"慧种田"项目的实施，可以实现一举三得：对于农民来说，通过精准投入，降低成本、提高农产品产量和质量、增加农民收益，同时通过大数据库应对自然风险；对于市民来说，通过农产品可追溯平台，可以享受到更加健康、营养、放心的绿色食品；对于社会整体来说，提高了农业的竞争力，减少了社会成本的支出，优化了社会资源的配置，同时通过平台积累的大数据信息还可以为政府决策提供参考依据。市派驻邹平乡村振兴服务一队和长山镇党委政府将会充分发挥平台的作用，全力为振兴乡村服务，力争打造充满长山特色的乡村振兴"齐鲁样板"。

撰稿：邹平市农业农村服务中心　　　　梁胜红　张芳
　　　邹平市长山镇农业综合服务中心　李猛

河南省在线物联网追溯监测大数据系统案例

需求与目标

深入贯彻执行河南省人民政府办公厅《关于加快推进农业信息化和数字乡村建设的实施意见》重点任务，加快新一代信息基础设施建设，推进新型数字资源基础设施建设，构建"天空地"一体化数据采集和监测预警系统，运用地理信息技术开展农业农村管理数据、空间数据等数据上图入库，实现可视化管理，加强农业农村信息化服务平台建设，加快现代信息技术与产业发展融合，加快现代信息技术与经营服务融合。

做法与技术

公司成立于2012年，注册资金1亿元，是专业从事电子商务、质量安全追溯、数据可视化、智慧农业、智能农业软硬件产品设计、研发、生产、销售和管理于一体的国家科技型企业。公司成立以来以"创业、创新、创优"作为发展策略，力争做到创业为社会，目前公司与浙江东日股份有限公司、河南云政数据管理有限公司深度合作，专精特新全面发展、整体提升公司效益、再上新台阶。公司经过多年的积累和沉淀，在产品质量安全追溯、可视化大数据挖掘和分析、农业物联网等方面掌握了系列先进核心技术，拥有自主产权产品20个，国内市场占有率15%左右，河南项目占有率达到60%左右。

系统平台

电商平台

应用案例

河南好想你控股集团水肥一体化工程

（1）**基础设施建设**　与解放军信息工程大学、华北水利水电大学等科研院所建立了长期的产学研技术合作，先后承担了国家星火计划、国家创新基金课题等国际及省市级项目，建立了"河南省智慧农业大数据工程技术研究中心"等多项省、市级研发平台和荣誉。2019 年入围中国物联网系统集成商 50 强前 10 名，2020 年主要起草国家标准《农林拖拉机和机械串行控制和通信数据网络》第 12 部分诊断服务，2 个省级国际联合实验室"河南省数字农业生产系统智能监测与预警国际联合实验室""河南省农业智能物联网溯源国际联合实验室"。

（2）**硬件设施建设**　溯源平台对农业生产的消费品能够实现全程的无缝隙质量监控。为了有效整合溯源平台的软、硬件及技术资源，在设备层有采集器、视频、传感器、环境监测仪、农药残留监测仪、采集信息数据仪器，记录农药用药记录、肥料使用记录、水质情况等，实现粮食质量的监测与追溯。

（3）**软件系统建设**　基于在线物联网追溯监测大数据平台。对农产品从种植到生产及销售的管理和监测，溯源信息数据系统分为 3 个子系统：种植业原料生产质量标准基础数据子系统，包括农场管理、生产管理、农业化肥管理；加工产品质量检测管理信息数据子系统，包括产品管理、检测管理、包装管理；农产品流通追溯信息数据子系统，包括库存管理、硬件设备管理等。实现了农产品从育种、种植、采收、包装、物流、销售到消费者过程的全流程三维无缝隙监测。

（4）**生产技术创新**　通过遥感、农业大数据、气象信息的融合，建立作物生长模型，在种植过程中指导农户在最适宜的阶段采取浇灌、施肥、喷洒农药等措施。通过物联网环境采集与设备的自动 / 手动控制、视频监控、植保、生长模型、数据平台软件等对农产品生长全流程的管理及分析市场供求，为农户提供种植农产品依据，从而达到为消费者提供真正安全的农产品。消费者可通过扫码查看农作物的产前、产中、产后的所有过程，吃上放心的农产品。

（5）**运营模式创新**　从农产品育种、种植、采收、包装、物流、销售到消费者过程的全流程三维无缝隙监测，种植的可追溯农产品直接利用电商平台进行销售。这一模式基于平台提供的技术、数据和流量支持，通过品牌进行增信和赋能落地来实现高效、品质运营，进而为客户提供服务。

‖ 经验与成效 ‖

（1）**经济效益**　在线物联网追溯监测大数据平台可实现在线环境监测 + 大数据分析 + 可视化监控 + 自动化控制，实时掌控农作物的"心跳""脉搏""体温""温饱状态""病虫害"等特征，实现农业设施智能化远程控制。相比传统农业管理，通过农业物联网装备体系的推广应用，可为农作物的生产管理节省人力成本 35% 以上，可节水 60% 左右，节约肥料 30% ~ 60%，节省农药 50%。同时，精细化、智能化的生产可使作物的质量和产量得以明显提升，增加经济收入 30% 以上。总体上，通过物联网农业装备的推广应用可使经济效益增加 40% 以上。

（2）**社会效益**　在线物联网追溯监测大数据平台建设，农业物联网技术的推进，有利于调整农业和乡村产业结构，增加农民收入，推进现代智慧农业完成农业机械化、信息化和乡村水利现代化。另外，有利于促进农业种养从传统模式向智慧农业种养模式的转变，带动相关产业的发展，提升相关产品的质量和品牌推广。

（3）**推广示范效益**　建设的质量安全追溯系统示范区功能完善，运行可靠，能明显减少用户的工作量，同时提高管理工作效率，达到增产增效目的。示范区配套服务体系完善，可以很好地开展宣传和示范引领作用，使农户对质量安全追溯系统有较为深入的认识。培训体系科学合理，满足用户和技术人员的培训要求，从而提高行业人员基本素质，为更好地推广应用本系统提供人员保障，培训技术 2 000 人 / 次。

自建设本项目以来，公司积极推广项目成果，为智慧农业起到宣传示范作用，从而引领河南农业生产方式的转变和现代农业发展，促进农业增效，农民增收，惠及广大人民群众。

在线物联网追溯监测大数据平台的建设，通过对区域内分布的各种农业现象和过程的快速分析，提炼出精确的数据意见资料，协助农业部门进行规划、决策和管理。使重大疫情、紧急情况、市场变化等农业相关问题可以得到迅速、准确的处理，辅助农业协调、快速、有效发展。

撰稿：河南兵峰电子科技有限公司　刘立峰

河南腾跃农业综合应用云系统案例

需求与目标

数字农业农村是采用顶层设计，统一规划，建设统一资源数据系统，统一平台，分部门实施，分系统建设，提供统一集成服务，统一运营维护，达到高效低碳，安全绿色，环保宜居，可持续。

做法与技术

河南腾跃科技有限公司创建于 2006 年，以现代农业信息化为基础的综合性国家高新技术企业，是国内领先的农业信息化整体解决方案服务商。公司致力于乡村振兴，以物联网为支撑，以质量追溯、农业大数据为技术导向，建立具有中国特色的农业行业生态体系，先后获得国家高新技术企业、全国农业农村信息化示范基地、农业部农产品电商出村工程试点参与企业、河南省中小企业数字化服务商、郑州市现代农业科技创新型龙头企业、河南省优秀软件企业、河南省制造业大数据应用产业技术创新平台、郑州市"专精特新"中小企业、郑州市大数据企业等资质荣誉。

(1)**基础设施建设**　公司先后建立河南省农业生产过程精准化控制工程研究中心、农产品质量追溯大数据平台技术河南省工程实验室两个省级研发平台，郑州市农作物精准生产物联网工程技术研究中心、郑州市农业物联网工程研究中心两个市级研发平台。

(2)**软硬件集成系统建设**　物联网体系实现标准化种植、规模化生产、产业化经营：产前，通过测土配方实施施肥决策。产中，通过"四情"传感器，做"四情"监测分析预警；通过无人机飞防作业，结合 5G 摄像机，运用 AI 技术自动识别虫、病情，监测分析预警，同时指挥无人机对虫、病情区域精准施药。

农产品与食品溯源实现品牌提升：以质量安全为基础，采用区块链技术，通过 AI 人工智能实施全自动采集，从田间地头到产品终端，实现全产业链追溯，对农产品和食品实施追溯。

(3)**生产技术创新**　应用三维 GIS 地图可视化展示技术实现以图管地、以图管农、以图智农、以图防灾、以图决策的农业资源数字管理"一张图"，进行地块数字化网格化管理。采用语音交互技术实现农业智能作业，操作简单，让不识字的人都可以通过语音操作进行智能化种植，大数据场景下的消费者画像实现精准营销。运用 AI 人工智能技术、大数据技术，通过天空地一体化观测网络对耕地、作物长势、农机、农作物虫、病情况进行智能监测预警分析，实现精准智慧种植。采用区块链、AI 人工智能及智联网技术实施全自动采集，从田间地头到产品终端，实现全产业链追溯。

"一张图"实现数字化资源管理：借助三维 GIS 地图及信息化为农、林、水、机、设备、投入品及用工等建立档案，进行唯一标识和跟踪管理，构建集数据共享、分析、应用为一体的三维可视化资源管理 1 张图，实现以图管地、以图管农、以图智农、以图防灾、以图决策等。

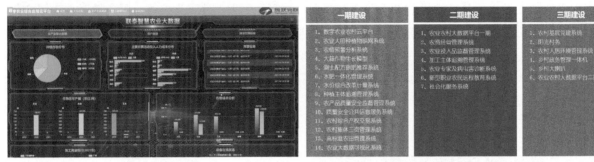

大数据应用场景　　　　　　　　　　智慧农业数据统计分析界面

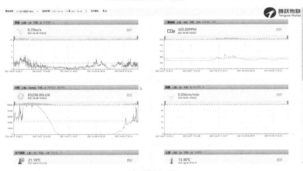

环境信息　　　　　　　　　　　三维时空"一张图"

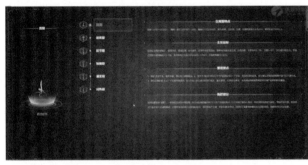
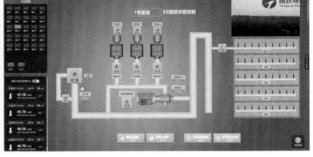

小麦生长预测模型　　　　　　　　　　语音交互

为了便于操作，又推出了语音交互系统，不识字的人都可以通过语音操作施肥浇水。

根据全产业链大数据，可以分析出用户对产品喜好、区域热度、购买频次、购买数量等信息，用以创建用户画像，实现精准营销。

(4) **运营模式创新**　三维时空"一张图"做农业资源管理，物联网体系做标准化种植、规模化生产及产业化经营，追溯塑造品牌促进销售，通过大数据分析，利产利销，促进农产品出村进城。

通过"投资－建设－运营－服务"的新模式提供全流程数字化服务，签订托管服务合约，同时与农户签单转化销售一部分农作物，并开展人才交流合作，提高人才专业化水平。

‖ **经验与成效** ‖

(1) **经济效益**　数字农业农村建设项目的实施，促使乡村数字化建设不断完善，提高三农工作的运行效率和引领效益。提高业务效率，通过数字农业农村项目的建设，区域的农业业务应用效率将有显著提升。通过内部硬件资源整合优化，充分利用现有资源，针对业务需求实现弹性扩展。通过数据架构升级，显著提高分析研判类业务效率，实现分布式计算技术，为实战应用创造良好环境，实现高可靠、高稳定性、高性能的超大计算能力，为各部门信息资源共享、系统办公提供良好的支撑。降低业务成本，业务服务质量的提高不仅表现在效率的提高，而且还表现在成本的降低。从农业信息化建设成本来说，数字农业农村项目的目标旨在统一基础资源，弹性资源分配，业务资源整合，数据深度挖掘，业务体验改善，降低运行维护人员负担，实现农业业务的集中处理，减少资金和人员投入。投入产出效果良好，数字农业农村项目是一个技术密集的行业信息系统，遵循业务改造与信息系统建设同步的建设思路，采取一体化设计、集中式处理等有效、可行、节约投资的技术设计方案，可以极大地降低建设成本。预计项目全面运行后，辅以其他管理措施的逐步到位，将极大地强化农业农村业务资源的管理，业务使用效率显著提高。从投入产出角度看，该项目是一个节约投资、收益巨大的建设项目。盘活资源，提高投资效益：目前农业信息化偏重于业务处理，对各系统产生信息的综合处理还不够，网络资源和信息资源的使用效率大有潜力。项目建设充分利用现有资源，进行基础资源整合，既可以盘活资源，又可以减少重复建设，提高投资效益。

(2) **社会效益**　维护国家粮食安全能力进一步提高。通过资源的优化配置，现代信息技术的应用，从而使农业信息基础环境更加安全，使业务运转更加高效，有效引导农作物种植品类，使产销更加平衡，避免农产品价格波动过大。有利于为农业管理部门的正确决策提供科学依据，提高农业部门运行质量和效率。快速反应，避免灾害加剧，及时统防统治，最大限度挽回经济损失。云计算、大数据技术在本项目实施中应用，使数据运转更加高效，从而能够使农业维保在第一时间获取作物灾害信息，实现快速反应，快速出击，避免灾害范围进一步扩大，最大限度地挽回经济损失。

此外，数字农业农村以建设现代农业、统筹城乡发展、促进农民增收为核心，以数字化驱动农业结构调整为抓手，突出高效农业规模化、农业生产标准化、农业经营产业化、农产品品牌化四大目标，加快提升和完善现代农业产业体系，积极推进农业生产设施现代化、农业技术现代化、组织管理现代化，数字技术与农业产业体系、生产体系、经营体系加快融合，不断提升农业核心竞争力。数字农业农村建设致力于提高农业产业的能级和效率、加强农业产业资源的统筹和应急能力、缩小城乡间的"数字鸿沟"、有力化解农村金融短板、深度构建乡村治理体系、为乡村产业振兴提供新型的电子商务模式和社会化服务，对农业信息化数字化产生的积极的促进作用。

(3) **推广示范效益**　正阳县国家现代农业产业园以花生为主导产业，立足实际，整合资源，通过智慧农业建设有力地促进正阳花生现代农业产业园建成"世界一流、全国领先、全省样板"的国家级现代农业产业园。通过智慧农业促进及完善花生产业体系、生产体系、经营体系，在花生产业生产环境、方式和成果上实现8个提升：花生产量与经济效益明显提升、花生加工能力明显提升、农业科技与物质装备水平明显提升、花生产量质量与品牌影响力明显提升、生产经营组织程度明显提升、产业融合层次明显提升、绿色可持续发展能力明显提升、农民收入明显提升。

临颍县大田种植数字农业建设试点项目，以数字农业为核心，以农业物联网建设为载体，通过数字信息自动收集、分析处理，实现智能化精准控制、数字化精准种植。系统采用物联网、5G通信、大数据、传感器和人工智能(AI)等技术，由智慧农业物联网云平台、全过程追溯系统、可视化展示中心、"四情"采集传感器、智能化施肥机、精准联动控制系统、田间管网及新一代的伸缩式喷头等组成，通过一张图实现精准管理，实时监测农业"四情"状况、做预警分析；结合专家智慧，根据作物生长规律，建立小麦生长模型，通过水肥药一体化系统，在电脑或手机上轻轻一点，实现农作物智能化自动化种植；通过大数据分析，使农业生产不断优化，农产品营销日益精准，同时辅助政府及企业快速准确决策。

撰稿：河南腾跃科技有限公司

河南元丰现代农业产业园信息服务系统案例

需求与目标

2017 年起,国家农业和财政部门组织创建现代农业产业园,将先进信息技术与产业园创建和农业产业发展深度融合,可以显著提升产业、强化产业链、促进农产品产销和品牌宣传推广,实现区域农业高质量发展和乡村振兴。

做法与技术

河南元丰科技网络股份有限公司成立于 2009 年 3 月,2015 年 5 月挂牌新三板,是一家从事软件研发、信息化服务的高新技术企业。公司以技术创新、产业融合、信息服务为使命,在智慧城市、智慧农业、工业互联网三大领域为客户提供系统解决方案及建设、运营服务,公司与国内多所高校、科研机构建立了长期合作关系,是众多知名企业的战略合作伙伴。公司在智慧农业建设方面起步较早,先后开发有农业信息化云平台系统、农业物联网智能温室、农产品电商、智能化养殖终端等系统平台,2016 年入选河南省物联网示范平台,2018 年入选国家物联网集成创新推荐项目,2018 年入选河南制造解决方案供应商。近年来,公司承担国家现代农业产业园、数字农业示范县、数字乡村示范县、智慧农业大数据平台等项目的规划、设计、建设和运营,成为中国数字农业和数字乡村建设发展的主力军。

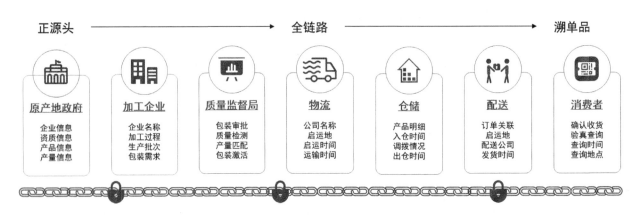

农产品溯源管理系统业务流程

(1) **基础设施建设** 现代农业产业园指挥调度中心以远程视频、应急指挥、电话会议、大数据分析平台为主要内容,通过实时视频、各应用子系统数据汇集分析,实现产业园地理信息定位、农作物长势实时监测与会诊、重大自然灾害应急处理、园区生产过程管理、农产品质量安全事件应急处置、职业农民培训等功能。

产业园数据中心。集数据存储、处理、共享于一体,通过人工录入、物联网设备采集、卫星遥感、音 / 视频终端和网络爬虫等多种采集方式,实现对现代农业产业园内农业生产资料、土地资源、种质资源等各维度信息的综合管理,为农业高效、安全、可持续发展规划与管理提供可靠、完整、直观、动态的决策支持。

(2) **软件系统建设** 现代农业产业园信息服务平台以产业园数据中心为基础,依托物联网、区块链、大数据、云计算等技术优势,建设涵盖农业生产、经营、管理和服务的产业园综合应用信息平台,构建数字链,做精技术链,促进农民增产增收,实现产业融合和乡村振兴。

农业生产信息系统：通过搭建作物监测（作物遥感监测系统）、资源监测（水肥智能决策系统、智能灌溉系统、环境智能调控系统）、灾害监测（病虫害预警防治系统、气象信息监测系统）三大应用体系，在农业生产环节上集成智能农业技术体系与农业信息服务体系，实现农业生产过程的信息感知、智能决策、自动控制和精准管理，为农业现代化发展提供新动力，最终达到降本增效的目的。

农业管理信息系统：农事生产管理系统：系统从全局上规划园区生产，从生产计划到农事记录、采收管理、仓储管理整个动植物生长全过程进行信息记录和管理控制，保障农产品的产量和质量，实现园区业务的高效运转；农产品溯源管理系统：系统结合物联网、大数据、人工智能技术，打造通畅、可信、透明的农产品流通链，实现农产品从地块、环境、品种、田间、采集、加工、包装、检测、流通、追溯码生成的数字化管理，实现农产品主体有备案、生产有记录、产品有标识、流向可追踪、质量可追溯、责任可界定、信息可共享的全程化追溯；现代产业园管理信息系统：供农业主管部门使用，涵盖农业生产、经营、管理、服务四大维度数据，通过全方面的数据管理，生成各类应用报表，以图表化形式直观生动展现现代产业园基本情况，为政府工作提供数据支持。

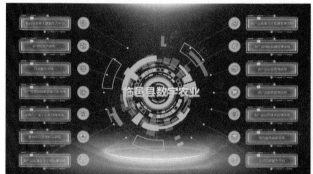

临邑县数字农业平台

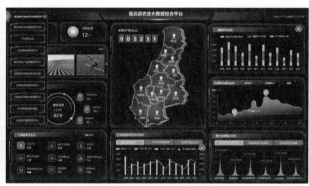

临邑县农业大数据平台

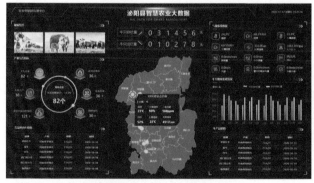

泌阳县智慧农业大数据平台

App 界面

农技服务信息系统：主要为农业生产主体提供全程专业的技术指导与服务，可以通过知识库查询、远程专家诊断和在线专家咨询 3 种方式进行农技知识学习与疑问解决。系统基于高水平的农业知识，生产主体可以不受时间、空间限制，及时获得农业生产指导。同时，也可以将农业专家从常见问题的反复解答中解脱出来，扩大服务面，实现精准指导。

农业社会服务信息系统：通过社会化服务强化政府公共服务机构的支撑与引导作用，提供"一站式"社会化综合配套服务，保障党和政府的方针政策可以准确传播给生产主体，生产主体也可以根据便民服务指引，实现业务远程办理。

(3)运营模式创新　平台根据项目的实际情况,采用不同建设和运营模式。一般以政府为用户的系统,以政府投资建设为主。面向农业服务的,以政府投资、购买服务、奖补等多种方式。面向生产经营的,多采用奖补或企业筹资建设的方式。在运营模式上,政府类平台和系统,公司可提供运维服务;产业类系统,由当地企业、合作社等生产经营主体使用,公司可提供售后和维修维护服务;电商平台等经营类系统,可托管专业公司代运营。

‖ 经验与成效 ‖

(1) **社会效益** 平台以现代农业发展需求为导向,围绕现代农业产业园建设需求,培育形成农业物联网应用新模式,全面、有序推进农业生产、经营、监管和服务等领域的智慧应用,大幅度提升农业精准化、自动化、智能化水平。

(2) **推广示范效益** 该平台已经在山东、河南、山西等 10 余个产业园落地应用,涉及粮食、蔬菜、中草药、生猪、肉牛、肉鸭等多种产业类型,对产业园创建和产业发展起到了有力的支撑和引领,成为农业创新发展的新引擎。国家规划到 2025 年建成以国家级为龙头,省级为骨干,市级为基础的现代农业产业园体系,该产品在其中有广阔发展空间,推广价值巨大。

撰稿:河南省农业农村信息中心　　　　　司梦实
　　　河南元丰科技网络科技股份有限公司　张文波

河南鑫合怀药物联网中心案例

‖ 需求与目标 ‖

在农业信息化建设上不断探索,推动物联网、云计算、大数据、移动互联等现代信息技术在四大怀药全产业链上的应用。

‖ 做法与技术 ‖

河南鑫合实业发展有限公司成立于 2007 年,目前拥有 16 家子公司,成为集农业信息化研究与应用、四大怀药种植、生产加工、批发零售、仓储物流、电子商务等于一体的企业。多年来,与国家农业信息化工程技术研究中心、中国中医科学院、河南省农业科学院、河南农业大学、福建农林大学等科研单位紧密合作,鑫合实业是河南省农业产业化重点龙头企业,河南省农业产业化集群企业,

鑫合农庄四大怀药标准化种植基地

河南省互联网协会数字乡村建设工作委员会理事单位。"鑫合农庄"被评为"国家农业科技园区核心示范区、科技创新龙头园区"。

(1) **基础设施建设** 企业积极打造温县道地药材四大怀药标准化种植基地,与中国供销集团、河南省供销社股权合作建设农村电商扶贫产业园和四大怀药深加工产业。

鑫合实业投资兴建的电商扶贫产业园包括 4 200 m² 的农村电商综合楼、3 000 m² 的自动化山药清洗加工 GMP 车间、储存量达 500 t 的仓储冷库、物流配送站以及职工餐厅、宿舍、活动室等设施。引进第

三方资源，为入园企业提供信息对接、创业孵化、电商营销、数据分析、法律咨询等服务，邀请河南省网络营销协会的专家名师对参训人员示范讲解电子商务基础知识、网店开设、线上实际操作等内容，产业园为名优产品品牌打造和人才培养提供保障，提升电子商务运用能力。

自动土壤水分观测站　　　　　　气象探测设施　　　　　　　无人机

鑫合实业创建"鑫合农民田间学校"，致力于提高农民生产技能和综合素质，培育农业技能人才，拥有客房、多媒体培训室、餐厅等设施，可同时接待 300 人。鑫合实业积极引进人才，多名海归、985 和 211 高校毕业的大学生也纷纷加入鑫合。目前鑫合实业已经聚集同济大学、东南大学、郑州大学、福建农林大学、河南大学等知名高校的毕业生，成为双创基地，为乡村振兴战略的实施和数字乡村的建设筑牢人才根基。

(2) **软件系统建设**　建立农产品信息追溯管理系统，保证上市农产品的质量安全。农产品安全问题关系到每个消费者的身体健康，鑫合实业为特色农产品建立"电子身份证"，对同一品种、批次农产品按照规定的编码规则并赋予唯一的识别追溯码，使产品的来源透明化、产品信息随时可查询，实现"源头可溯、去向可追、风险可控、公众参与"，让消费者吃得放心，保障消费者的饮食安全。

物联网监控中心　　　　　　　电商直播间　　　　　　农田智能监管系统

(3) **生产技术创新**　鑫合实业紧跟国家政策，与科研单位紧密合作，累计投入 3 000 余万元实施了鑫合 10 万亩智慧怀药（现代农业、特色农业）物联网中心建设项目，加快农业信息化在特色农产品上的应用和推广。智慧农业物联网中心充分利用现代高科技手段，采用遥感技术、无线传感技术等综合信息技术，对基地耕作的全程进行精准采集，对农作物的长势、品质、产量、虫害草害和施肥状况等进行监测，可对种植区域小气候环境中的空气温度、湿度、光照、风速、风向、降水量、大气压力、土壤温度、土壤水分等参数进行实时监测，使农场基地管理者、远程专家等可实时查看、掌握基地实时的气候参数，为农田种植提供精确、及时的调控建议。还可以协助远程的技术指导专家团队，为他们提供现场真实的依据，形成便捷的远程–现场的技术指导。

(4) **运营模式创新**　鑫合实业积极探索融合发展模式，构建现代农业产业体系，发展"全产业链"模式：建设种植基地＋农产品加工＋仓储智能管理＋市场营销体系，并配套相应的科研、培训、信息等平台，实现生产、加工、流通的一体化，促进一二三产业融合发展。

新型职业农民培训

经验与成效

鑫合实业在建设智慧农业的实践中，积累了宝贵的经验，找到一条立足当地资源条件、适应产业开发需求的发展道路，取得了显著的效益。

（1）**经济效益**　投资建设的智慧农业项目鑫合农庄，采取"公司＋基地＋合作社"的运作模式，使农民就地务工、就地就业，让农民在有固定收入（土地租金）的基础上，又增加了务工收入。先后被评为河南省农业标准化生产示范基地、河南省农业物联网应用示范基地、国家大田数字农业项目河南省的首批试点示范项目。

（2）**社会效益**　通过土地流转和土地托管等方式建立 10 000 余亩标准化种植基地，农田网络覆盖达到100%，农业气象、土壤墒情监测覆盖率达到80%以上，自动化节水灌溉面积占比60%以上，农机信息化装备配备率达到75%以上，农机管理信息化、生产管理精准化、农情监测数字化水平都实现了大幅提高。

农民田间学校自成立以来，累计开展农民培训达 7 000 余人次（本地 3 000 余人次，外地 4 000 余人次），农民们通过培训学习，增长农业科技知识，也增强了大家发展农业产业化的信心。公司把温县"四大怀药"特色农产品作为拳头产品，从品牌塑造和模式创新两方面入手，注重打造地方特色，塑造地方知名品牌。目前拥有"鑫合农庄""怀山一号""武德良品"等品牌四大怀药农产品，鑫合农庄种植的铁棍山药和怀菊花已获得绿色食品认证。

（3）**推广示范效益**　农产品信息追溯管理体系是消费者购买农产品的溯源依据，更是营销优质农产品的利器，使企业在精细化管理、质量管理、品牌建设等方面都得到了显著提升。2017 年，鑫合实业的农产品信息追溯管理体系建设模式已被国家商务部市场秩序司列入《重要产品追溯体系建设典型案例集》全国推广。

鑫合农民田间学校组建由技术专家、乡土专家等为师资的培训团队，按照互动式、参与式、启发式教学理念，授课内容覆盖种植技术、经营管理、行业政策、电子商务等领域，旨在就地培育更多爱农业、懂技术、善经营的新型职业农民。2020 年，被河南省科技厅认定为河南省星创天地。2021 年，河南省发展和改革委员会和教育厅认定为河南省第 1 批产教融合示范企业。

撰稿：河南鑫合实业发展有限公司　马思明

河南省手机客户端支农宝应用案例

需求与目标

我国是农业大国，农业行业每年有近 50 万亿元的市场份额，特别是"十四五"期间，数字乡村作为乡村振兴的主要抓手，被社会广泛认可，但农业行业在目前还没有像餐饮行业的美团、旅游行业的携程、交通行业的滴滴一样的互联网＋农业的领军企业。支农宝网络平台始终以服务"三农"为宗旨，通过最便捷的网络服务全方位解决困扰农业生产的各种问题，通过近 5 年的发展，目前呈现裂变趋势，发展势头强劲，有望成为互联网＋农业行业的一匹黑马。

做法与技术

商丘市支农宝网络科技网络公司（以下简称支农宝或支农宝公司）是服务农业产前、产中、产后的互联网＋农业型电商平台开发运营企业。公司成立于2014年，开发上线的支农宝互联网＋农业App手机客户端，是1款农业信息综合服务平台，全产业链服务农产品产销对接、农产品市场行情、农业科技推广及农产品溯源等业务。在"互联网＋"战略影响下，支农宝创始人杨超研究员凭借耕耘农业30年的工作经验和自己丰富的农业知识，通过长时间的调研，带领他的团队研发出了以服务三农为主的手机客户端支农宝App，把农业政策、乡村振兴、农业技术和市场信息服务与农产品营销等各功能板块无缝对接，不仅架起了农产品从地头流向餐桌、工业品从工厂流向田间的桥梁，而且实现了对农业、农村、农民的全方位综合服务。

(1) **软件系统建设**　支农宝公司始终坚持以方便用户、贴近农民为宗旨，不断完善服务功能，提高服务能力，应用软件经不断升级，目前支农宝共有16大板块4大系统。支农宝上线以来，注册用户已遍布河南、山东、河北、山西等30多个省（区、市），在线用户1 000余万人，现有运营中心51家，支农宝村级服务站2 126个，上线商家3万余家，年综合交易额达10亿多元。

16大板块：分别是新闻政策、农业技术、市场行情、求购大厅、农贸市场、供应大厅、物流找车、农场直供、优选商城、商超采购、全民养猪、小视频、直播、美丽乡村、视频商城、农友圈等板块。各功能板块无缝对接，涵盖了农产品从地头流向餐桌、工业品从工厂流向田间的各个环节。支农宝一卡通可以为任何一家连锁店搭建承载所有分店收付款和充值。视频商城会自动连接商铺和指定的产品。

4大系统：村官系统、溯源系统、视频关联商城系统、优选商城系统。支农宝村官系统，是利用平

农产品溯源

App 界面

台优势在每个行政村打造1个致富典型——支农宝网络村官，同时也是本行政村的支农宝村级服务站点；支农宝溯源系统，是追溯农产品的种植、加工、生产以及销售等每个环节的具体信息，包括实时监控，让消费者放心消费；视频关联商城系统，为商家在发布小视频或直播时会自动关联个人商铺或指定商品，从而增加商品的观感和传播；优选商城系统，是专门为生产商和批发商开发的进、销、存管理系统，线上下单，统一结算，线下配送，保障资金安全。

(2) **运营模式创新**　支农宝采取"五位一体"的运营模式，在每个市、县、乡、村都设置支农宝运营服务机构，与支农宝平台形成"五位一体"的运营格局。支农宝线上收益（交易佣金、系统推广、产品竞价、广告等），系统根据区域，会按照既定比例自动进行分配。支农宝独创的"村官、社长"模式，被互联网界誉为最贴近农民、最接地气的网络模式。1个村有1个支农宝网络村官，其职责是宣传推广支农宝，引导村民利用支农宝学习党的农村政策和农业技术，使用支农宝溯源等网络技术，提升农产品附加值，在农业生产上提质增效，指导群众在支农宝上销售和购买生产和生活用品，承担从乡镇到自然村的农村物流"最后一公里"的运输任务。支农宝目前在商丘就有近600名村官，每个支农宝村官都有自己的专属支农宝商城，通过他们将本村优质农产品上传支农宝进行销售，也可以将本村农产品直接与支农宝政府菜篮子对接，通过分拣直接销售到社区居民。

‖ 经验与成效 ‖

(1) **经济效益**　支农宝上线以来服务了近3万家涉农企业和近

299

1 000 万的消费者，线上线下销售农产品近百万次，为农民增收近亿元，经济效益十分显著。

(2) **社会效益**　每年为农民和从事农业的人士提供农业政策、产销信息 500 000 余条，创业指南 3 000 余条，农业技术 2 000 余项，广泛宣传党的农村政策，大力推广农业新技术，推介美丽乡村，为广大农村培育出了大批懂技术、善经营的农业技术人才及网络技术人才，社会效益非常显著。一方面围绕农业生产全过程，提供产前、产中、产后全方位专业服务，解决困扰农业、农村、农民的农业技术棚架、农产品供求信息不对称、农产品销售等问题；另一方面开辟科学、时尚、先进的农场直供、美丽乡村、溯源系统、小视频和直播等版块，引领城市人群购物、生活、娱乐新潮流，服务农产品进城、工业品下乡、农产品质量安全追溯、城市居民休闲娱乐等活动。各功能板块无缝对接，覆盖了农产品从地头流向餐桌、工业品从工厂流向田间的各个环节。

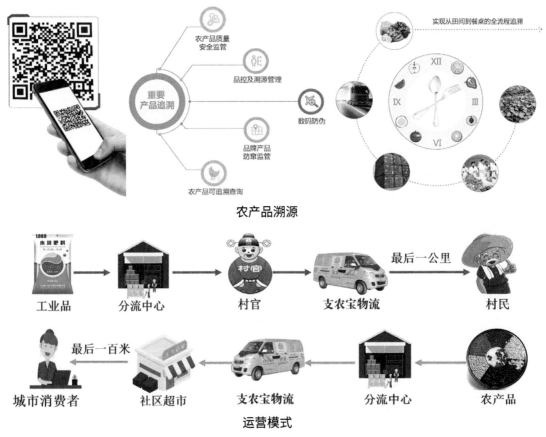

农产品溯源

运营模式

(3) **推广示范效益**　投资近亿元的支农宝网络系统，目前已覆盖全国除港澳台的国内所有省份；投资 200 余万元的商丘市"支农宝菜篮子"分拣中心已建成并投入使用，连接商丘 383 家规模农场及商丘市区内的 103 家超市，面向市民直供各类农产品，商丘市"菜篮子"行政首长负责制联席会议办公室专门围绕支农宝菜篮子下发文件《关于推荐使用"菜篮子"产品的建议函》进行推介，同时商丘市农业农村局、商务局、市场管理局又联合下发文件《关于开展网上便民销售保障居民生活必需品供应活动的通知》，要求各大超市、农贸市场、涉农企业等利用支农宝进行网上销售。为更好地做好农产品进城工作，支农宝公司联手中石化商丘分公司，在所有中石化加油站开设支农宝生鲜专柜，在商丘古城开设支农宝消费扶贫专馆；为助力乡村振兴，支农宝公司依托支农宝网络平台一期投资近 300 余万元在睢阳区建设智慧农业产业园，建成温棚 54 座，自动喷灌和自动控温系统布设完成。同时，支农宝农产品溯源系统在全市的推广及商丘农业大数据建设为商丘市数字乡村建设注入了活力。

支农宝与商丘市政府政务平台——商丘便民网实现对接，支农宝作为商丘便民网的一个农业板块呈现在主界面上。同时支农宝被中国农业科技出版社、金盾出版社、中原出版社等多家出版社作为农业互联网的典范案例写进 10 余部新型职业农民培训教材，在全国范围内得以快速推广。

支农宝的发展得到了各级领导的关心和支持。原河南省委书记谢伏瞻，新华社总编、中纪委委员何平，河南省副省长何金平，河南省政协副主席梁静，全国青联主席李荣、国家发改委、中央统战部调研组等亲临支农宝调研指导。2016 年支农宝在团中央等国家 11 部委组织的"创青春"大赛中勇夺银奖并获得在创新版免费挂牌的奖励；2017 年支农宝公司荣获河南省农民工"返乡下乡创业助力脱贫攻坚"项目大赛优秀奖；2019 年，支农宝创始人杨超被授予"河南省电商扶贫带头人"称号；被中央农广校聘为"全国共享师资"农业创业导师；央广网、新华社、中国网、河南电视台、网易、新浪、一点资讯、搜狐、今日头条等新闻媒体多次对支农宝关注报道。

撰稿：商丘市农业信息服务中心　　　　张伟
　　　商丘市支农宝网络科技有限公司　杨超　杨硕

湖北省武汉珈和天眼守望平台案例

需求与目标

根据 2021 年中央一号文件部署要求，为加快建设农业农村遥感卫星等天基设施，提升物质技术装备水平，强化现代农业基础支撑，湖北省将"遥感 +"技术推广应用工作纳入了数字乡村建设的重点任务统筹加强推进，并大力扶持了一批涉农高新技术企业和产品。同时，通过利用遥感技术（GS），对耕地面积、草地和水产资源、作物识别、长势评估、面积量算、作物估产、农业灾害和病虫防治等进行调查、监测和评估，为农业农村职能部门和涉农领域单位开展统计监管、增产增收、两区划定、投资规划、产业融合等工作提供了决策参考依据。

做法与技术

武汉珈和科技有限公司（简称"珈和科技"）成立于 2013 年，致力于空间智能技术为核心的大数据信息服务，创新技术依托于中国科学院、清华大学、武汉大学、北京师范大学，并与中国农业科学院、武大吉奥等多家企业及科研院校有长期的技术合作，是业内领先的时空大数据服务商。公司运营总部坐落于北京中关村壹号，技术总部坐落于武汉国家地球空间信息产业化基地，团队规模达 70 多人，云资源 50T，主营业务以数字农业为主，是一家基于空间智能技术解读影像看清地球的大数据分析应用科技创新企业。多年来，通过为现代农业提供农情时空大数据采集管理和增值应用服务，已积累了土地、作物、气象、环境等四大领域核心数据，数据产品实现可输出、可集成、高时效、高精度等特性。

（1）**软件系统建设**　公司于 2019 年自主研发了大眼守望"遥感 + 智能化"农情遥感数字化平台，针对冬小麦、水稻、夏玉米等有地域分布特性、有品种产区优势、辐射面广、带动力强的农业产业，采用"空天地一体化"数据采集体系，应用遥感技术、AI 智能化提取技术、地块自动分割技术等，建立数图技术模型与数字信息处理技术平台，实现省、市、县、园区不同层级的农产品智能化识别与产品的精细化、数图化管理，有效解决了传统农业种植管理过程中的种植周期长、作物识别不精准、算法模型不成熟、数字化应用难等问题。目前，该系统平台识别精度已达 90% 以上，获取了冬小麦、水稻、夏玉米等多个产业动态监测数据，并通过精准的数据筛选、服务和分析研判，实现了农产品的分布、长势、病虫害等数据"一张图"展示，农产品 "从农田到餐桌"的全域、全链、全流程可安全跟踪追溯。

平台以时空大数据"一张图"的方式，实现了对农业分布、长势、苗情、墒情、病虫情、灾情等的直观展示，增强了领导者的科学决策能力和农情信息的共享。在领导决策、农田资产管理、作物种植监测、精准气象服务、农情监测预警、辅助决策报告等场景下实现综合应用。其主要组成分为 4 个部分：数据管理模块、农情监测模块、大数据可视化模块、智能评估模块及数据共享服务模块。数据管理模块：对遥感等多源数据进行综合管理、统一注册、存储、检索、维护、分析和安全控制等。农情监测模块：定期提供动态数据分析报告，实时在线监测作物分布、作物长势、产区气象、地块面积、土壤墒情、土地分类、历史农情、病虫害、气象灾情等情况。大数据可视化模块：对农业各项关键指标及分析成果进行可视化展示，同时针对各类专题提供"一张图"直观展示。智能评估模块：基于遥感技术，主要用于监测农作物产量、长势、受灾面积等，为用户提供农业保险精准承保、定标、验标、定损及过程监测等全流程、精准化服务，并提供相关评估报告。数据共享服务模块：对入库数据及算法分析功能，开发相对应的接口程序，提供共享服务，方便相关用户调用。

（2）生产技术创新 自主研发了特色农产品智能提取技术：特色农产品不同于大宗农作物，存在种植周期长、种植分散、光谱特征难以区分等不同的问题。采用遥感技术、AI 智能化技术、地块自动分割技术、深度学习、卷积神经网络等技术，结合大量的样本训练，获取的特色农产品提取数据精度高、速度快，能够应用于统计管理、产业增收、承保理赔、金融投资、数字乡村等各个场景。

风险遥感评估报告

冬小麦分布监测

早稻长势监测

小麦成熟度监测

连云港气象数据

连云港地表温度数据

连云港苗情监测

连云港冬小麦病虫监测

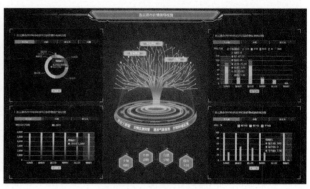

连云港农情领导视窗

将遥感和智能化识别相结合：遥感技术能够实现全天候、大范围监测，智能化识别技术能够实现快速、精准监测，通过遥感和智能化识别技术结合，完成省、市、县、园区不同尺度特色农产品的快速监测，精度达到 90% 以上，解决特色农产品精细管理的难题。

地块自动分割技术：该技术是在全国首个将地块查询技术进行整体融合的农业高新科技创新技术。目前已有全国 26 个省份的地块数据，数据可以直通、挂接种植信息、气象信息、权属信息等行业，较大程度地缩短分布提取、长势监测、病虫害预警的速度，提高效率和精度。

影像自动处理技术：实现了针对多源多时相遥感影像进行自动化处理，可以自控、编辑、校正、增强的数字图像，大量减少了人工干预，节省了时间成本。

构建了基于"空天地"一体化数据融合模型：通过对地面传感网络获取的数据，配合遥感监测与无人机的影像技术，综合进行数据挖掘和数据同化的过程，从而实现"空天地"数据的快速融合与挖掘。

建立了多尺度多方位的观测体系：结合卫星不同的空间分辨率，建立了一套能够在不同尺度上进行数图分析的系统，同时结合不同时间分辨率，可以快速获取不同时间段的情况，大大提高了响应速度。

建立了多品种农产品生长模型：根据在地表、无人机以及遥感卫星获取的观测数据进行分析，结合农业产业在不同的生长周期特点进行建模。融入国际上较为先进的虚拟农业概念，对不同作物长势和生长进行特定分析，实现了施肥、农药等对作物长势定量影响的预判。

构建了特色农产品智能光谱库：将采集到的特色农产品光谱信息形成系统性的有价值科研大数据，打造出了业内领先的特色产业智能光谱库，填补了国内空白。目前已有的农业优势产业智能光谱库包括茶叶、柑橘、苹果、油茶、烟叶等。

（3）运营模式创新　珈和科技在商业化运营及推广方面，项目建设单位结合农业、林业等部门特点进行个性化服务，助力实现农林业系统的信息化过程。珈和农情遥感平台已经初步实现了多类行业应用的目标，主要服务于农业资源普查、农业统计、农业监管、农业期货投资、农业贸易、农业保险、环保等行业。在此基础上，公司紧跟农业信息化发展的步伐，对珈和农情遥感平台进行技术升级，进一步深耕农业、细分市场，研发珈和数据平台 2.0 版本。打造适用于多行业的、专业化定制型农业数据平台。

‖ 经验与成效 ‖

（1）**经济效益**　天眼守望"遥感＋智能化"农情遥感数字化目前已经在湖北、陕西、湖南、福建等地实地应用。通过对特色农产品种植指导、产业升级改造，实现特色农产品产量增加30%，产值翻了1倍，帮助农户脱贫增收。根据测算显示，已为湖北、陕西、湖南、福建等省份节约行政开支6256多万元，拉动社会资本投入千万元，为合作的涉农企业节约投入成本983万元，产品实现企业增效360万元。

（2）**社会效益**　一是解决了政府特色农产品数字化管理困难、统计监管步骤烦琐、算法模型不成熟的问题；解决了种植户看天吃饭、病虫害导致减产、农产品缺乏专业的管理等问题。二是有利于全面掌握乡村特色产业分布特征，统计整个省、市、县、园区的种植面积，提高至少50%的统计效率，为特色农产品种植减少人力、物力成本。三是有利于打造"绿色农业、品牌农业、科技农业"品牌建设，发挥特色农产品的品种，建设国际一流高品质农产品生态产业带。四是有利于引导农民生产经营决策，通过指导农民种植管理，引导规模化、产业化生产，提高农产品产量和农民收入，实现精准扶贫。五是推动农业农村产业链包括茶叶、苹果、油茶等产业种子选取、生产种植、田间管理、加工、销售等一系列"从田园到餐桌"全域、全产业链的发展。

（3）**推广示范效益**　"遥感＋智能化"农情遥感数字化在湖北、陕西、福建、湖南、新疆、重庆、内蒙古等地得到了大力推广和应用，其中茶叶、苹果、柑橘、油茶等优势特色产业的应用面积达到1453.73万亩，完成分布、长势、病虫害、气象信息等相关测报325次，每10 d 1 频次，发送分析报告102期。通过高频次、高效率、高质量的遥感智能监测，为相关合作单位带来效益达983万元，实现企业增效360万元。

撰稿：武汉珈和科技有限公司　湖北农村信息宣传中心　张红艳　张意　耿墨浓　余秋华

湖南省惠农网农产品流通平台案例

‖ 需求与目标 ‖

惠农网成立于2013年，是由湖南惠农科技有限公司开发运营的农业 B2B 产业互联网平台。公司以"用科技推动农业产业升级"为使命，专注农业 B2B 产业互联网领域，以电商赋能农业农村现代化发展。通过打造全国性农产品交易平台、构建多元化产业链服务体系，致力发展成为国内领先的数字农业生态建设者和"三农"服务者。未来，惠农网将重点布局垂直品类自营、供应链建设、农业大数据等领域，持续延伸产业链上下游服务，为种养群体、涉农企业及各级政府提供农业全产业链服务，以实际行动推进乡村振兴。

‖ 做法与技术 ‖

（1）**软件系统建设**　惠农网以促进农产品流通领域数字化转型为目标，通过搭建全国性的 B2B 线上交易平台，构建"端到端"的农产品产销联盟。同时深入应用互联网、云计算、大数据等信息化技术，加速产业链条上产、存、运、销、研、管等关键环节的数字化改造，建设完整的区域数字农业管理体系，推动农业现代化、智慧化发展。搭建产销对接网络，实现农产品流通数字化。惠农网通过建设农产品买卖的线上基础设施，重构农产品流通网络，实现传统产地货源的数字化升级，让农产品突破传统流通模式的限制，直达全国市场。同时，惠农网双向布局全国农产品主产区和大型农批市场，利用数据优势赋能农产品供需双方，在产销数字化的基础上，促进和实现供需的精准对接和精准交易。快速缩减供应链链路，减少中间环节层层加价以及信息不对称，提高农产品流通效率。农技学堂是惠农网推出的专业的农技知识服务平台，通过农技专家问答、精品视频课程、在线直播课程、农技资讯学习、达人经验交流等方式，为广大种养户、农场主等提供在线农技知识服务。内容涵盖种植技术、养殖技术、包装仓储、农资农机四大领域，涉及禽畜、蔬果等类目的 2 000 多种农产品。通过农技专家资源库、农技知识服务平台等信息化建设，实现农技推广数字化。目前，农技学堂已引进农业技术推广研究员、高级农艺师、资深畜牧师等超千名农技专家，积累有 30 多万条专业问答和超过 1 000 期视频课程，旨在帮助农业从业者解决种养难题，推进农业创新。

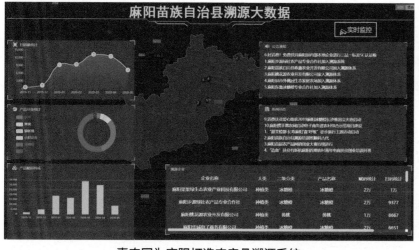

惠农网为麻阳打造农产品溯源系统

"人＋货＋链"可持续扶贫模式，
助力产业兴农

惠农网 App 成为农产品买卖的线上
基础设施

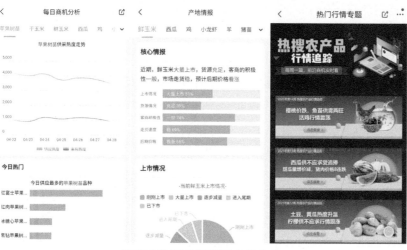

惠农大数据分析指导农业生产

(2) **生产技术创新** 惠农网以电商数据为基础，率先开展农产品电商大数据标准化建设，实时采集线上平台逾 2 100 万用户真实的交易行为数据和线下 4 万多名行情官的一手行情动态，以及全国多个批发市场的最新价格数据，经过智能清洗和标准化，为农业从业者提供实时、精准的农产品产销行情。借助标准化涉农数据，通过农产品市场供需数据、生产经营行为趋势和短中长多期价格动态的分析，指导农业生产，避免产能过剩，成为政府部门对农产品电商市场进行监测、分析和预警的决策依据，为企业增效、农民增收和产业兴旺提供可靠的数据参考。

惠农网从县域、企业和产业的实际出发，为农产品产地集中提供供应链整合服务。通过制定供应链标准、品控标准、分级标准等，提高产地供应链服务质量与交付能力，全面实现农产品商品化。同时，针对农产品"品种多、品牌少"的问题，惠农网对县域特色优质农产品进行重点开发，从品牌建设、品牌管控、品牌营销角度全面发力，为农业生产者、涉农企业和地方政府提供农产品数字化品牌营销综合解决方案。通过"数字化"＋"品牌化"双轮驱动，为农产品建立广阔的上行渠道，真正实现农产品价值提升和产业兴农。

‖ 经验与成效 ‖

依托平台优势，惠农网深入下沉农村产地和市场销地，全面打造农业电商生态圈。以电商力量，赋能农业产业纵深传导，致力推动农业数字化转型升级的进程。

(1) **经济效益** 惠农网为农产品销售提供了对接市场的数字化、网络化的新渠道。通过产销两地批发市场的数字化建设，平台开发了多条适合大宗交易的业务线，用户和交易规模呈现大步增长。2019 年以来，平台用户年均增长 104.6%，2020 年实现农产品销售 107.7 亿元，同比净增 33.4%。2020 年疫情期间，惠农网线上撮合交易 1 000 万次，交易总订单数 141.18 万笔，带动近 500 个农产品品种销售，其中销售种苗 778.1 万株，大米、葱、姜、蒜等生活必需品 5 202.06 t，荣获国家商务部感谢信。同时，惠农网的代卖网络覆盖全国 20 余个大型农批市场，熟练操盘 300 多个农产品品类。通过数字化渠道建设，帮助产地货主快速销售农产品。2020 年代卖销售额同比增长 136%，年交易额超百万的货主超 120 名。

惠农网借助电商平台数字化能力，提供网货开发、品牌打造、产销对接、仓储物流及标准化供应链建设等"全案"服务，帮助农产品加速品牌化过程。为湖南中方县、泸溪县、麻阳苗族自治县、沅陵县、新邵县，内蒙古察右前旗等 6 个县市打造了"中味方好""沅味泸溪""长寿硒品"等 6 个区域公用品牌及 20 款农特产品子品牌，并就累计建设的 15 个区域公用品牌，及旗下涵盖的 39 款农特产品开展市场化运营及宣传推广。通过电商数字化技术为农产品产供销一体化赋能，建立完善适应农产品网络销售的供应链体系、运营服务体系和支撑保障体系。

(2) **社会效益** 惠农网探索出"人＋货＋链"可持续扶贫模式，助力产业兴农。2020 年，惠农网向 832 个贫困县脱贫攻坚输送力量，深度开展的驻点扶贫工作遍布全国 8 省 22 个国家级贫困县 4717 个行政村，累计销售农产品 5.38 亿元。

惠农网以电商为核心，立足农业产业链源头，以数字信息技术赋能乡村。一是以电商为引，加速农业产业链重构进程，助推乡村特色产业打造。二是积极探索涉农信息化服务，让数据推动农业生产向规模化、集约化转型。三是以知识帮扶和信息普及，帮助农业从业者享受技术发展带来的经济红利。惠农网从阶段任务到长效发展层层递进，让"技术＋产业＋人才"三管齐下，共同作为乡村振兴增长极，真正激活数字农村的强大生命力。

(3) **推广示范效益**　农产品 B2B 线上交易平台惠农网 App，涵盖农产品品类超过 20 000 种，成为农业从业者必备"新农具"之一。同时，公司深度整合渠道、信息、管理、技术、资本、人才等各类资源，全面布局农业生产端和销售端，以科技兴农、品牌强农、产业富农为目标，以数字化信息技术赋能区域农业全产业链发展，实现现代农业再创新。

撰稿： 湖南惠农科技有限公司（惠农网）　申斌

湖南省主要农作物测土配方施肥手机专家系统案例

需求与目标

农作物生长于土壤，但是土壤常常不能为作物提供所有的足量的营养，因为土壤里面的营养是不均衡的，为了满足农作物高产的需求就必须施肥，要让农作物正常生长就必须根据土壤供肥能力和农作物的需肥特点来科学施肥，而测土配方施肥就是最科学的施肥技术，具有的长久的可持续的应用前景，在现代的大互联网时代，应用智能手机实现"互联网＋测土配方"的农业技术推广模式也具有广泛的推广价值。

在多年的测土配方施肥技术推广过程中，指导农民施肥，都是采用发放施肥建议卡、张贴施肥建议表、或农技员直接到农户田间指导施肥技术，应用测土配方施肥技术达到了科学施肥、节本增效的目的。由于测土配方施肥技术参数较多，在项目实施过程中，常常遇到县乡农技员计算和制定农作物施肥方案难、精准度差、印刷发放施肥建议卡烦琐、工作成本较高、且制定施肥方案有一定的局限性和难度，指导的作物品种较少等问题。因此，要大面积广泛地推广测土配方施肥技术，很有必要采用新的推广手段和简易的指导技术方法，这也是测土配方施肥技术成果应用的一个关键技术难题，如何使测土配方施肥技术推广应用到户、到田块？很有必要有一个新的技术，开拓一个新的推广模式，采用现代先进的网络及通信技术，应用智能手机强大的功能及便携优势不失为最佳的选择。

自 2005 年湖南省开始实施测土配方施肥项目已经有 10 多年，据不完全统计，国家投入在湖南的项目专项资金多达 5 亿元，全省共计采集土壤样品 70 万个以上，化验 500 万项次，组织相关农作物肥效试验 10 000 多个，获得农作物施肥的相关技术数据近 2 亿个，获得了大量的土壤养分基础数据和主要农作物科学施肥技术参数。

做法与技术

(1) **软件系统建设**　为了用活测土配方施肥项目海量的技术数据，从 2008 年开始研究计算机计算施肥方案技术，并建立了基于 Excel 的推荐施肥系统，直至 2014 年由湖南省土壤肥料工作站、湖南省农业信息中心、耒阳市农业局、西安田间道软件有限公司 4 家联合研发了"湖南省主要农作物测土配方施肥手机专家系统"的智能手机的推荐施肥 App。该客户端 App 是利用移动互联网、农业大数据和手机客户端构建的农业信息服务平台，集成了农作物测土配方施肥数学模型、大数据、GPS 定位、移动互联和客户端技术，可在湖南省范围内针对不同农作物即时进行计算施肥配方。

该项技术成果属国内首创，经成果鉴定达到国内同类项目领先水平，2015 年获衡阳市科技进步奖一等奖，以该项技术为主的"湖南省主要农作物测土配方施肥专家系统开发及应用"项目 2017 年获湖南省科技进步奖二等奖，这些充分肯定了该专家系统 App 的技术成果。

为了简化推荐施肥量的计算过程，创新测土配方施肥技术应用方法，为此而研发的"湖南省主要农作物测土配方施肥手机专家系统 App"，解决了测土配方施肥施肥量计算难、技术指导不方便的问题，只要手机安装了该专家系统，每个人就是施肥专家，就可轻易计算出最佳的施肥量和施肥方案。目前可推荐水稻（早中晚稻）、油菜、玉米、棉花、烤

测土配方专家 App

作物选择

地区选择

数据输入

推荐方案

配方指导

烟、红薯等作物的施肥方案，可查询湖南省 108 个县（市、区）的土壤养分检测结果，设计配方肥、制定施肥方案，自动生成施肥方案短信，大大提高了施肥技术指导的科学化、精准化水平，实现了测土配方施肥技术服务零距离、零时差、零费用。该平台是基层农技人员好助手，是新型农业经营主体和广大农户的好参谋。

（2）生产技术创新

国内率先研发了基于安卓智能手机的水稻、玉米、油菜等 6 个主要农作物测土配方施肥手机专家系统，获"计算机软件著作权登记证书"属国内首创。创新性分析建立了施肥量与土壤养分含量、作物目标产量之间的数学模型，用活了多年来测土配方施肥项目海量的土壤技术数据，实现了最佳施肥数学模型与土壤养分数据的无缝对接，研发了"基于 Excel 的主要农作物测土配方施肥专家系统"，开创了测土配方施肥技术推

广新的方式，在其他省市可复制开发应用更多的农作物，在农业新技术应用上增加了一项新的推广手段，有效地促进了科学技术进步。

利用智能手机的 GPS 定位和实时上网功能，通过手机定位从服务器获取或按照地名查询土壤养分检测结果（也可手工输入土壤养分化验结果和自定目标产量，农技员做田间试验示范时用，外省也可用此方法制定施肥方案），估算农作物目标产量、最佳施肥量，生成最合理的肥方案或手机短信反馈或发送给用户，直接指导施肥，从而提高了施肥技术指导的针对性、时效性、适用性和科学性，实现了"互联网＋测土施肥"新的农业技术推广模式和手段。

采用目标产量养分平衡配方方法原理建立主要农作物最佳施肥数学模型。数据来源于近 10 年湖南省的多年、多点、大样本的主要农作物水稻（早稻、中稻、晚稻）、玉米、油菜、棉花、烤烟、红薯的"3414"肥效试验结果（2 459 个），分析获得 6 个作物的肥料利用率、有效养分校正系数、依存率等施肥技术参数，并应用 DPS、Excel 等统计分析工具创建土壤速效养分含量与有效养分校正系数，土壤速效养分、目标产量与最佳施肥量等数学模型 72 个。将施肥数学模型置入 Excel，创建基于 Excel 的湖南省主要农作物施肥专家系统，并将该系统导入手机 App 中，开发智能手机测土配方施肥专家系统 App；采用全省采样点数据的县、乡、村地名、GPS 定位的经纬度、土壤养分测试值等数据，在服务器建立土壤养分数据库。利用智能手机的 GPS 定位和网络连接技术，实时定位从服务器调取土壤养分数据，估算农作物目标产量、制定施肥方案，指导农作物科学施肥，将测土配方施肥技术的推广应用掌握在方寸之间。

‖ 经验与成效 ‖

（1）**经济效益**　在推广测土配方施肥技术中，采用手机专家系统设计当地作物专用配方肥是最为有效的措施，例如耒阳市设计的水稻专用配方肥，要求配方肥厂在肥料包装上印制了施用量建议表，有利于大面积生产应用，这是个值得借鉴的做法。

经过验收测试，应用该软件指导施肥每亩农作物可节本增收 50 元以上。2015—2017 年在衡阳市的 7 个县市区累计推广手机推荐施肥面积 2 392.9 万亩；比农民习惯施肥减少化肥施用量 1.09 kg/ 亩（折纯），增产 19.4 kg/ 亩，亩节本增收 67.4 元，总节本增收 16.13 亿元。手机专家系统的应用增强了农技人员土肥技术服务能力，改变了农民的施肥观念，优化了施肥结构。提高肥料利用率，减少不合理施肥 2.6 万 t（折纯），降低了农业面源污染。

（2）**推广示范效益**　自 2014 年湖南省主要农作物测土配方施肥手机专家系统 App 研发出来至今一直在湖南全省推广应用，并在应用的过程中不断更新系统内的土壤化验数据库、增加系统功能，系统版本由原来的 2.1 提高到 3.28 版本，确保专家系统的正常运行，截至目前该专家系统下载总量达 134 296 次。

目前，系统内只含有 6 个主要农作物，还可以扩展其他经济作物、水果、蔬菜等施肥专家系统。依据本项研究的开发模式，只要全国其他省市的测土配方施肥基础数据到位，都可以迅速复制建立相应的专家系统，在全国都推广应用。

由于该专家系统的应用的便捷性，有效促进了测土配方施肥技术的推广，2014 年在全省 20 个县进行推广应用示范，2015 年在全省各市州推广，并在湘北的汉寿县、湘南的耒阳市召开了现场会。

撰稿：耒阳市农业农村局　陈小虎

湖南省怀化市麻阳县农村信息化服务平台案例

▌需求与目标▐

信息进村入户是"互联网+"现代农业在农村落地的一项基础性工程，也是推进乡村振兴战略和数字乡村建设的重要举措，结合企业自身从事县域农特产品销售必须掌握一手信息的客观需求。

▌做法与技术▐

麻阳金农合自 2019 年起，建设公益性农村信息化服务平台，包括 PC 端系统和移动 App 两部分，主要做法如下。

(1) 基础设施建设 麻阳金农合农民专业合作社农产品营销联合社成立于 2014 年 9 月 23 日，成员出资总额 630 万元。联合社个人社员 8 人，合作社成员 8 个，目前入社参与联合社多方协作个人社员已达 100 余人，专业合作社成员 42 个。员工总数 16 人，其中，育苗基地总负责 1 人，技术人员 2 人，生产部 2 人，电商及市场营销部 11 人。在围绕农业农村智慧农业建设方面，县农业农村局在柑橘集群信息化建设方面给予支持，用于购置非编工作站、无人机等相关设备。

柑橘基地	柑橘基地展示	黄桃基地展示

村联网首页

公众号农产品信息

助农商场

(2) 软件系统建设 一是为全县所有村集体经济组织提供一个免费的公益性资讯发布平台(村级网站)，同时发布县域农特产品、农业生产资料供求信息。二是以村为单位，就县域农特产品生产基地拍摄和制作乡村 VR 全景图，用三维真实场景展现苗乡水果基地的秀美风光，同步发布农户联系方式。三是建设"麻阳农产品信息中心"微信公众号，开设微商城，代建和管理产品二维码，培育和引导农户自主发布产品供应信息。四是结合县里相关要求，开展县域柑橘产业数据集群建设。截至目前，已为 5 000 余柑橘种植户发布产品供应信息，建设柑橘生产基地 VR 全景图 60 余个，涉及 41 个村集体经济组织。

(3) 运营模式创新　运营模式是企业自营，以优质柑橘苗木销售和农特产品强化自身造血功能，农村信息化服务全程公益。

经验与成效

(1) 经济效益　信息化平台本身为公益服务，企业不直接产生收益，但企业通过产业大数据和信息化建设，更加有利于自身健康成长。

(2) 社会效益　当前，不论农业产业还是电商产业，从业者多为家庭式、家族式经营，各大经营主体各自为战，难以形成强大的市场竞争力和培育出知名的农业品牌。通过公益性的农村信息化网络服务平台建设，下成全县产业一根线、一张网、一盘棋的经营格局，建成农业大数据，产业发展将更具活力，市场走向更易把握，经营主体依托多层次的分工协作，生产、销售、管理将更为便捷，同时，项目可有效带动麻阳县区域内电商产业发展，不断培育出电商创业人才，促进旅游业、物流业、交通运输业等多个行业的发展。

(3) 推广示范效益　紧跟信息化引领经济社会发展的趋势，以信息化培育新功能、以新功能推动新发展、以新发展创造新辉煌，通过产品创新和技术创新，探索把互联网技术创新的后发优势、技术应用的领先优势和大市场优势转化为数字经济发展优势的新业态。项目建成后，实操性强，特别能方便和助力边远地区群众自主发布产品信息，目前已为 5 000 余柑橘种植户提供公益性服务。并且可复制、可升级、可持续发展，是农村信息化发展的积极探索和具体体现。

基于企业自身有需求，关联企业和农户也有客观需要，具备可持续发展的相应条件。项目通过日积月累，最终形成数据和信息聚集中心，可为政府决策提供有效参考依据，也可为众多分散的小农户提供便利化服务。

撰稿：麻阳苗族自治县农业农村局　供销合作联社　张丽萍　邓克全

湖南省娄底市农业农村局案例

需求与目标

习近平总书记多次作出重要指示批示，李克强总理提出明确要求。流经娄底境内的资江，作为长江重要支流，是我国鱼类资源的基因宝库，也是水生生物资源多样性的典型代表。对资江河段通过信息化手段协助禁渔执法管理，有利于保护资江水域生态环境、恢复和保护渔业资源；有利于规范河道管理，保障水上安全通畅；有利于美化城市环境，提升城市品位。

但娄底前期在渔政监管执法方面，少技术、少人员、少设备，禁捕工作完全依赖于线索举报，被动救火式执法是常态，仅有的几支执法队伍疲于奔命，难以高效开展资江流域禁捕工作。为实现渔船昼夜监控、重点水域入侵报警、执法取证、过往船只信息智能采集等功能，构建沿岸、水面、空中的立体综合监管，以提升管理水平和执法效率，娄底市农业农村局依托娄底市铁塔分公司丰富的存量铁塔资源，立足于渔业资源的可持续发展，建设了一套采用数字视频处理技术、IP 通信技术和光纤通信技术的网络图像监控系统，对资江流域进行全面监控，为各项保护修复措施顺利实施提供有力保障。

‖ 做法与技术 ‖

中国铁塔股份有限公司是经国务院同意、国资委批准成立的大型通信基础设施综合服务企业，于 2018 年 8 月 8 日在香港成功上市。娄底市铁塔分公司作为其下属分公司，积极推动"社会塔"和"通信塔"相互转化，践行国家"创新、协调、绿色、开放、共享"的发展战略，与各领域广泛合作，促成公共资源和社会资源的开放共享，为娄底市信息高速公路建设作出突出贡献。娄底铁塔的基站资源多达 4 600 多个，站址分布广泛，与智慧渔政、秸秆禁烧、平安乡镇、基本农田监测等多行业领域的需求点位、建设功能契合度极高，铁塔拥有的"塔、房、电、维"等优势，可直接复制用于智慧农业相关信息化建设，解决常规低位监控"视野窄、引电难、建设慢、维护难"等难题。

(1) 硬件设施建设　系统采用当今先进的技术和设备，包括视频传输技术（光纤/无线）、H.264/H.265 图像编码压缩技术、视频智能分析技术（Smart2.0）、存储备份技术、控制技术，使系统具有强大的稳定性及可延续性。前端视频监控选取了 3 种类型的摄像机：热成像双光谱球机、热成像双光谱 1.5 km 中载云台、热成像双光谱 2.25 km 中载云台。热成像球机与双光谱中载云台的区别在于球机不带激光补光，中载云台带激光补光，考虑到性价比和投资的经济性，本次设备选型原则为：对于监控距离较近的点（1 ~ 1.5 km 以内），采用热成像双光谱球机，对于监控距离较远（1.5 ~ 2.5 km），主要设计采用热成像双光谱中载云台。前端摄像机内置船只检测算法，当有非法渔船进入禁捕区，通过行为分析和智能跟踪的方式，及时产生报警提醒，通知管理人员调看现场画面，并能联动可见光镜头进行抓拍（夜间自动开启激光给可见光补光，类似黑白图片的单色效果），记录事件发生时间、地点，事后可对事件发生视频资料进行查询分析。

在娄底市农业农村局机房布署智慧渔政管理平台，配置 1 台独立机柜用来放置平台管理服务器和流媒体服务器（1 台）以及含 48 个 8TB 企业级硬盘的网络存储服务器（1 台），采用集中部署方式，方便后续系统扩展和集中运维管理，减少故障点，提高系统稳定性。同时降低投资成本，冷水江市和新化无须再建设机房，也便于统一集中运维管理。

(2) 应用技术创新　智慧渔政监控项目方案设计本着"实用、便利、高效、实惠、可延展"5 项基本原则，为各项保护修复措施顺利实施提供有力保障。采用高架视频监控、大数据分析，全面提升渔政工作感知能力，推进资江流域各领域数字化、网络化、智能化的智慧应用，以提升渔政业务支撑、决策支持、公共服务水平。充分利用现有的塔体资源进行布点，减少杆塔建设、电力引入、网络部署等多项投资，实现系统的快速部署，第一期建设 44 个高点监测点位，基本实现娄底境内资江全域覆盖。

系统的 4 个主要特点：一是高点监测。用通信铁塔的既有高度，视野宽阔，每个点位可轻松实现 2 ~ 3 km 高清巡航，高低结合，实现宽领域由面至点的监测。二是精准执法。进入警戒区域即开始连续跟踪，利用 AI 智能识别技术进行视频取证，证据链完整，联合调度，实现最优执法，对执法全流程进行监管，实现闭环管理，执法过程全程可溯。三是开放共享。所有监控设备均可实现"一机多用"，通过平台功能的不断升级，应用于河道监管、采砂治理、智慧综治等项目，促进视频共建、共享、共用，实现投资效益最大化，为后期智慧农业的功能实现奠定良好的应用基础；四是运维监管模式革新。采用服务采购模式，利用全国最大的设备监管网络，设立故障调度子系统，对故障处理全流程管控，各类评估数据及时输出，实现平台运行效果长期有效监管。

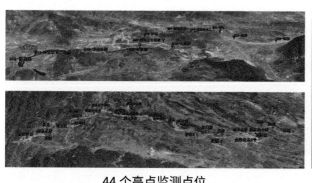

44 个高点监测点位

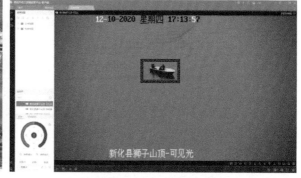

监控平台

监控平台

智智能水肥一体化系统

（3）**运营模式创新**　该项目平台由娄底市农业农村局委托娄底市政府采购中心就智慧渔政项目实行政府采购，服务期分 3 年，服务费用为 19.13 万元 / 年。由娄底市铁塔分公司安排专业队伍进行系统软硬件设备进行维护，实现全天 24 小时监管，故障 2 小时内响应，执法人员可以专注于系统应用，并可借助系统天然区域划分优势，实现执法网格化管理，系统使用效率大幅度提升。

经验与成效

2020 年 10 月，娄底农业农村局组织资江流域沿线区县，联合娄底市铁塔分公司对娄底境内资江流域周边站点进行全量查勘，多轮需求讨论后，制定了智慧渔政技术方案。目前全市 44 个规划点位已经全部上线使用，娄底境内资江流域可视化覆盖率达到 90% 以上，平台稳定运行，AR 算法不断完善，船只告警识别能力超过 90%，依托目前搭建的平台和逐步完善的 AI 识别能力，即将推广实现基本农田监测、农业基本信息采集等功能。

该系统已在娄底市资江流经的新化县、冷水江市广泛应用，资江流经的乡镇（市县）渔政管理执法部门均安排专人进行了软件安装及应用培训。为实现数据共享应用，新化县、冷水江市均在本地公安指挥大厅进行了系统安装应用，便于大型联合抓捕行动的组织调度。通过配套的渔政执法 App 的广泛应用和渔船监测告警的及时捕捉、受理，违捕打击针对性和时效性明显增强，通过数据共享，成功实现与公安部门的联动管理，联合出警，形成了实时监管、快速出警、联合打击、闭环监管的高效流程，变被动为主动，执法效率大幅提升。

智慧渔政系统的建设应用，形成了空中、地面、水面移动立体的执法取证手段，实现了渔船全天 24 小时监控、重点水域入侵报警、执法取证、过往船只信息智能采集等功能，构建了沿岸、水面、空中的立体综合监管体系，通过建设重点水域视频监控系统和重点水域执法办案系统，拓宽渔政执法范围和覆盖面，全面提升内陆渔政执法效率和监管水平。

因前端点位天然的高空优势，近期拟充分利用智慧渔政高空点位，对河道两岸基本农田、周边农业用地进行一体化监管，结合物联网和区块链技术，通过视频比对、边界管理及大数据分析，拓展实现基本农田监管、基本用地监管，轻松解决农村范围广、执法力量薄弱、手段单一的现象，为智慧农业的开展开拓新思路，拓展新路径，促进农业数字化、网格化、智慧化的快速发展。

撰稿：娄底市农业综合行政执法支队　　谢伦宏
　　　中国铁塔股份有限公司娄底市分公司　张琳

广西壮族自治区慧云耘眼农技服务案例

‖ 需求与目标 ‖

当前的农业生产决策模式多以人为中心、因人而异，导致生产标准化难以落地，农业技术推广服务难以扩展、大量普通农户缺乏科学生产指导，导致农产品品质下降。结合人工智能、物联网、大数据等新一代信息技术，研发能够为普通农业生产者带来普惠服务的软件平台，实现农业生产自动决策、执行，推进农业生产的标准化，帮助农业生产者以更低的成本、更高的效率生产更安全的农产品。案例成果耘眼 AI 农技服务平台依托海量的数据样本、精准的识别技术，以及高效的学习认知能力，为农户提供包括"病虫害识别，物候期判断，植保方案推荐，农药复配检测"在内的全面 AI 服务。

‖ 做法与技术 ‖

广西慧云信息技术有限公司是专注于农业互联网领域的国家高新技术企业、农业农村部认定全国农业农村信息化示范基地、瞪羚企业、国家双软认证企业，拥有广西农业互联网工程技术研究中心。慧云信息先后完成三轮融资，2016 年获得国内顶尖天使投资机构徐小平"真格基金"领投天使轮融资；2018 年获得中国最大水果集团"百果园"A 轮融资，实现产销一体化发展，并为百果园遍及全球的优质水果基地提供智能化生产服务；2019 年获得数字广西集团 B 轮战略融资，继续重点布局农业人工智能领域，推动人工智能与现代特色农业深度融合；同年，携手国内农化行业巨头"诺普信"组建合资公司，为大型农业企业提供农资供应及配套服务。慧云信息经过多年发展，已形成服务农户、企业及政府主管部门的全套智慧农业解决方案，包括智慧农业园区建设、农业大数据平台建设、智能化设施建设、标准化生产管理服务、农产品品牌营销等。截至目前，慧云智慧农业已服务全国 30 个省 210 个城市，超过 5 000 个生产基地 520 万亩土地，承担建设了各类省市级现代农业示范园区，包括国内最大的水果集团百果园、世界最大的桑蚕繁育基地广西蚕业总站、碧桂园德庆现代农业产业园、联想佳沃曲靖蓝莓现代产业园以及诺普信、华大基因等上市企业。

(1) **软件系统建设**　耘眼 AI 农技服务平台主要提供智能病虫害识别、智能物候期识别、农药复配方案自动评估、病虫害用药方案智能推荐等服务。种植户只要用手机拍个照，就能快速识别农作物病虫害并获得相应的农事方案，同时，耘眼拥有丰富的农业资讯和农产品实时的市场价格，让种植户更了解农产品市场，为其提供生产经营决策的依据。

识别农作物病虫害，智能推荐用药方案：耘眼拥有海量的柑橘、葡萄、番茄等果蔬作物病虫害图库，用户只需要通过手机拍病态的叶片或果实照片，就可以识别常见病虫害，同时平台根据病虫害种类，作物的生长周期，以及作物所处的地理位置、和当时的气候条件，可以从耘眼后台 12 000 多种农药中，给用户推荐最合适的农药和肥料，指导农户科学用药用肥，避免发生药害二次造成损失。利用耘眼在线、实时、无损伤机器识别，不仅提高了作物病虫害判断的准确性，同时，赢得了防治时间，并且能有最大限度地减少经济损失，提升农产品品质。

识别常见病虫害
提供防治解决方案

柑橘病虫害判断：智能分析判断柑橘超过32种病虫害，给出病变部位、病状要点、防治措施和推荐的用药方案。

病虫害识别功能

识别农作物生理状态，提供物候期管理指导：通过结合人工智能技术，当农户需要判断作物当前生理状态，可通过手机拍摄作物图片上传到耘眼，即可智能识别作物生理状态健康与否，并针对地块特定作物提供个性化生产管理方案。

识别农作物生理状态
提供物候期管理指导

柑橘花期判断：智能判断柑橘花的不同时期，给出植保要点、营养要点、农事操作要点和推荐的用药方案（杀虫剂、杀螨剂、杀菌剂）。

花期判断功能

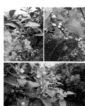
识别农作物生理状态
提供物候期管理指导

柑橘梢期判断：智能判断春夏秋冬梢的不同时期，给出植保要点、营养要点、农事操作要点和推荐的用药方案（杀虫剂、杀螨剂、杀菌剂）。

梢期判断功能

自动评估农药方案，帮助农户减少药害发生："耘眼"平台可以自主学习评估农药复配方案的可行性，智能评估农药、叶面肥混用的风险，当农药不可混配使用时，平台可智能分析并提供替换用药的建议，让农户合理用药，规避药害。

自主学习评估农药方案可行性，智能评估农药、叶面肥混用的风险，并智能分析给出替换用药建议，让农户合理用药，规避药害。

农药复配检测评估

病虫害用药方案智能推荐："耘眼"可根据病虫害种类、果园所在地区一季作物当前所处的生产周期（物候期），为用户推荐最适合的配药方案建议，指导用户科学用药。

针对已知的病虫害，综合分析各类药品成分和使用方法，智能匹配用药建议，让农户合理用药，规避药害。

专家技术课堂：当用户遇到种植的疑难杂症时，可在平台免费向专家咨询，解决种植难题。同时，平台原创众多专家老师田间实地教学视频，用户可免费学习病虫害防治、营养施肥、整形修剪等种植技术。慧云信息积极与高校科研院所、大型农场合作，建立应用示范点，由点到面有针

病虫害用药智能推荐功能

对性地进行项目成果推广。与广西农科院进行黄龙病防控专题研究，在"耘眼"平台设立"黄龙病防控专区"，黄龙病识别准确率可达 98%，配合专家在线辅助指导，帮助种植户尽早发现病害，减少损失。与广西起凤橘洲生态农业有限公司合作，利用其在武鸣的 2 000 亩沃柑种植基地作为项目应用示范典型，进一步推广项目成果。

（2）**运营模式创新** "耘眼"平台目前由慧云公司自主运营，免费给农户提供智能病虫害识别、智能用药推荐、农药复配检测、物候期判断及生产指导方案推荐等服务。同时，耘眼平台搭建有在线商城，可在线销售农资、农机、农具等产品直接获取收入；配有专业技术人员进行一对多服务，采用人工智能自动化服务＋专家在线远程服务模式，为用户提供轻量

专家技术课堂功能

化智能生产管理服务；耘眼平台具有优质精准的一线农业生产者资源，可通过资源置换、广告投放等方式变现，为农资供应商、农技服务商提供广告投放、品牌宣传、新媒体运营等服务。

‖ 经验与成效 ‖

（1）**经济效益** 目前，耘眼 AI 农技服务平台用户已超过 30 万人，服务总面积超过 500 万亩，累计帮助农户处理实际问题超过 800 万次，每天平均处理问题超过 12 000 个，和传统"专家下乡"的农技服务方式相比，问题处理效率提升近 100 倍，大大提高了农业种植生产管理效率，使农产品品质得到优质的保障。

耘眼 AI 农技服务平台通过科技手段切实为普通农业生产者带来免费的个性化专业级农业生产普惠服务，从根本上提高区域作物农业生产水平。提高了农户病虫害处理效率。以柑橘 – 沃柑种植为例，以往从发现病虫害到确定用药到实施需要 24 ~ 28 h，现在可缩短至 24 h 以内。减小了病虫害发生概率。通过耘眼平台对作物物候期的判断，结合环境气候变化，让用户能及时预防，降低病虫害发生风险。以柑橘溃疡病感染率为例，应用前感染率为 50%，应用后降到 20%。指导用户准确用药，降低用药成本。以柑橘 – 沃柑种植为例，每亩用药成本，应用前 2 000 元，应用后 1 500 元。提供更科学、标准化的种植管理指导服务，提高产品品质。以阳光玫瑰葡萄种植为例，应用前优等果率为 25%，应用后达到 45%。

此外，"耘眼"平台还成功应用到了科技扶贫当中。在贫困偏远地区，由于专家数量有限，采用传统的"专家下乡"农技服务方式很难大面积推广，农户种不了高价值的作物，难以实现脱贫。"耘眼"平台的实施解决了偏远贫困地区农技推广难的难题。为响应国家精准扶贫的工作号召，公司技术团队多次到广西东兰、都安、马山、隆安等 6 个贫困县进行实地考察，详细了解当地的农业种植情况、农户的实际需求，通过采用"政府＋企业＋合作社＋贫困户"的产业扶贫合作模式开展新型葡萄标准化种植生产扶贫工作，由政府扶持引导，合作社提供土地，当地贫困户参与从事葡萄园农事工作，慧云信息利用耘眼 AI 农技服务平台提供专业农技指导服务。从 2018 年至今，公司先后在广西东兰、都安、马山、上林、隆安、宾阳 6 县 15 个贫困村，建立扶贫示范基地 856 亩，带动贫困户约 230 户脱贫，帮助贫困地区每年新增产值近千万元，促进了村集体经济的发展。

（2）**社会效益** 2020 年 7 月 22 日，《人民日报》头版刊登文章《数据成"金矿"，开掘正当时》，报道了各行各业在数字化转型中勇立潮头的新兴技术产品，其中"耘眼"作为农业数字化转型的典型代表获得了详尽的报道。2019 年，凭借"耘眼"的领先技术与成果，慧云信息登上了权威媒体《互联网周刊》联合 eNet 研究院发布的"2019 人工智能农业服务商排行榜"，名列全国第三；同年，"耘眼"凭借强大而实用的功能，以及广大农民的口碑体验，荣获"2019 柑橘产业突出贡献产品"奖项。

（3）**生态效益** 指导用户合理施肥，减少对环境的破坏。以阳光玫瑰葡萄种植为例，单位面积化肥

用量，应用前 75 kg/ 亩，应用后 50 kg/ 亩。针对病虫害种类，智能推荐用药方案，指导用户科学用药，提高产品安全。以阳光玫瑰葡萄种植为例，每个生产季施药次数，应用前 10 ～ 12 次，应用后 7 ～ 9 次。

撰稿：广西壮族自治区农业信息中心　广西慧云信息技术有限公司　吴炳科　廖勇　王筱东

广西壮族自治区柑橘类农业单品生产大数据服务平台案例

需求与目标

搭建智能物联网传感网络，利用无人机、物联网、网络爬虫、系统填报等技术，采集农作物单品在广西乃至全国全球范围内的全产业链数据资源，包括环境数据、土壤数据、气象数据、病虫害分布数据、农资投入品使用数据、农事操作记录数据等，对种植基地进行可视化监测，为政府产业监管、服务提供数据支持，采用大数据技术将种植数据进行全程跟踪分析，利用大数据带动当地的产业发展。

做法与技术

项目利用人工智能、物联网、大数据等新一代信息技术，建设广西柑橘类农业单品生产大数据服务平台，平台提供农作物病虫害 AI 识别及防治、生长期 AI 识别及种植指导、病虫害防治农药智慧配方、质量安全追溯、农药智能推荐采购、市场行情分析预测等服务，结合物联传感监控结果给出相应的生产指导方案。

(1) **硬件设备建设**　搭建智能物联网传感网络，利用无人机、物联网、网络爬虫、系统填报等技术，采集农作物单品在广西乃至全国全球范围内的全产业链数据资源，包括环境数据、土壤数据、气象数据、病虫害分布数据、农资投入品使用数据、农事操作记录数据等，对种植基地进行可视化监测，为政府产业监管、服务提供数据支持，利用大数据带动当地的产业发展。

小程序视图

(2) **软件系统建设** 平台采用 SOA 和微服务（Micro Service）混合架构，主体基于 JEE/J2EE 开发框架开发实现，数据挖掘和机器学些部分采用 Python/Scala/R 语言及相关框架实现，使广西农业单品大数据平台既具备企业级应用的健壮性和可扩展性，又能灵活集成丰富的数据分析、数据挖掘和机器学习工具和开发库。数据存储系统采用分布式架构，以 Hadoop 生态

质量安全追溯体系

系统相关组件作为单品大数据基础平台，包括 HDFS 分布式文件系统、Hbase 数据库、Hive 数据仓库、Mapreduce 批处理计算引擎、Spark 计算引擎、Storm/Spark/Kafka 流处理引擎、Spark GraphX/Neo4j 图数据处理引擎，并在此基础上引入生态系统中成熟的组件，以满足续建系统新的需求，包括 :Spark(内存计算、流处理、图计算、机器学习)、Flume 日志采集系统、Kafka 数据采集系统、Druid 分布式查询系统、Tensorflow 机器学习系统等。平台采用 Docker 容器部署，使用 Google Kubernetes 进行容器集群管理，支持云部署。

(3) **生产技术创新** 病虫害 AI 识别及防治。通过自主研发的农业 AI 服务平台，基于农业 AI 服务平台打造精准病虫害监控及预警系统，让用户通过安装智能虫情灯或自己发现作物出现异常时，也可通过手机拍摄作物叶片或者果实上传到系统，即可在毫秒内识别作物是否患有病虫害，患有什么病虫害，并获得防治措施，快速确诊，准确用药，避免延误病情，造成损失。

质量安全追溯。利用"一物一码"技术定制化防伪标签，实现对基地信息、产地环境、农业投入品、农事生产过程、认证检测、加工储运等质量安全关键环节全程可追溯，自动生成溯源档案。

搭建柑橘产业全景，展示柑橘产业区域分布情况、重点生产企业分布情况、生产情况、市场行情等，实现数据报表、分析图形和电子地图等各种可视化组件的混合排版展示，构建基于 3D 的"一张图"应用展示，支持多终端包括 Web 端、移动端的可视化展现与查询。研究各种统计分析、大数据分析及数据挖掘算法在农业单品种领域中的应用，利用人工智能和深度学习技术手段进行训练和优化，形成相对适用的产量预测预警、灾害预测预警、市场行情预测预警等数据分析模型和方法，并应用到农业生产经营管理各应用场景中，增强预见性，提高科学决策水平和服务水平。

‖ 经验与成效 ‖

(1) **经济效益** 项目的实施可为农业种植户提供标准化种植管理方案，大大节约跨地域的人工费用以及管理费用，降低种植成本，提高生产效率。通过病虫害 AI 识别及防治服务，一方面能够节约病虫害防治的人力成本和物资成本，另外一方面能够大幅降低因病虫害而带来的风险和损失。预计每年可为种植户节省 20% 左右的农资投入，减少因病虫害处理不当造成的损失 10% ~ 15%，每亩增产 10% 左右，实现农户增产增收。

(2) **社会效益** 推进农业标准化种植落地，有效防控农作物病虫害。项目提供全流程生产技术指导与管理，科学合理地实施农业种植方案，能减少农作物病虫害，避免农药化肥滥用现象，提高农产品安全和品质。

实现数据化决策。项目通过智能物联网传感网络，利用无人机、物联网、网络爬虫、系统填报等技术，实现农作物全产业链的数据监测采集，对种植基地进行可视化监测，直观地了解各地区农业种植结构、农资投入、病虫害爆发等情况，为职能部门决策提供数据支撑。

为科技扶贫、乡村振兴做贡献。项目研究成果的应用大大提高了农业生产的信息化水平,提高农业生产效率,为农业生产者创造更大的价值,促进广西优势特色产业发展,为科技扶贫工作贡献力量,实现从"精准扶贫"到"乡村振兴"战略目标的过渡。

(3) **推广示范效益** 本项目研发的广西农业单品大数据生产服务平台以农业单品种植生产管理为基点,可不断扩充作物品类,完善农业种植生产数据库,为政府产业监管、服务提供数据支持,进一步做大做强广西特色优势产业,打响广西农业品牌,促进农业特色优势产业持续、稳定、快速发展,打造种植样板。

目前,项目成果已在柑橘种植产业得到实际应用,在广西武鸣建立了 2 000 亩柑橘种植典型示范基地,通过物联传感网络,对农事操作记录等进行全面可视化数字监测。同时,通过广西农业单品大数据服务平台,种植户可以仅通过手机拍照,就能快速识别柑橘黄龙病、溃疡病等常见病虫害,识别准确率可达到 98%,大大降低了病虫害的识别门槛,快速发现确定病虫害发病情况,并进行有效防控救治。

本项目研发的广西农业单品大数据生产服务平台能够最大限度地提升农业技术服务效率,随着项目成果在柑橘种植产业应用成熟后,该模式能够推广应用到葡萄、杞果、番茄等其他农作物单品的生产管理活动中,具有广泛的推广应用前景。

撰稿:广西壮族自治区农业信息中心 廖勇 黄泽雄

广西壮族自治区百色市田阳区水价改革综合管理平台案例

‖ 需求与目标 ‖

百色市田阳区水价综合改革试点面临三大难题:农户用水难、千家万户管理难、水电投资成本回收难。改革示范区内一些取水点因自然原因和历史原因已经枯竭或季节性枯水,农户面临用水难的问题已有多年,天下雨,明渠才有水供作物浇灌。水价综合改革前期已将右江河水抽送到田间,但缺乏更有效的管理手段,使得整个系统的运行成本巨大。

‖ 做法与技术 ‖

案例实施单位是捷佳润科技集团股份有限公司(以下简称"捷佳润"),这是一家专注智慧农业领域的科技公司,拥有自主知识产权 20 项,或发明专利 3 件,实用新型专利 13 项,软件著作权 17 项。产品拥有核心技术和自主知识产权,成立至今已经打造数千精品项目,客户遍布全国多数省份,同时在"一带一路"倡议下,业务拓展到老挝、越南、尼日利亚、马来西亚、澳大利亚等海外市场。近年来,捷佳润对智慧农业大数据进行布局,依托智能灌溉板块的优势,建立了以生产服务为主的智慧农业云平台,该平台通过整合远程控制智能灌溉、液体肥料一键式订购、线上测土配方、农户果园线上诊断,通过大数据、人工智能等技术实现智能分析及精准施肥、通过实地摄像获取作物实时生长数据,并链接销售终端,建成智慧农业生产服务及线上果品交易的大数据平台,实现从"田间"到"舌尖"的数字化可视化溯源系统。

(1) **硬件设施建设** 广西百色田阳农业水价综合改革试点项目,创新使用捷佳润自主研发的网关集中器、水表控制器、泵房信息采集设备等硬件设备，结合系统管理软件平台，打造了一套实现水权核准分配到户、农户用水计量收费、水权转让、灌溉用水系统管理等功能的智能化系统，使得农业用水总量管理和控制更加精准化、高效化。

(2) **软件系统建设**　该水价改革模式可视化软件技术上可以分为管理端和农户端。管理端提供智能化数据采集分析，智能设备进行远程操控监测，帮助水利运营管理部门进行科学决策与可视化管理。用水实时大屏数据，设备情况实时监控预警。有效帮助水利运营管理部门完成对用水情况、设备状态、水权转让、用水订单状态等数据指标进行实时监测与调整，为推进构建水价改革高质量发展提供决策依据。

数据可视化管理"一张图"。农户端基于微信小程序生态，为广大农户提供信息化、智能化的用水服务手机移动平台，提供一站式智能化的取水用水方式。微信扫一扫立即用水，方便快捷；剩余水权、用水量手机实时查看；支持水权分配、水权交易等功能。

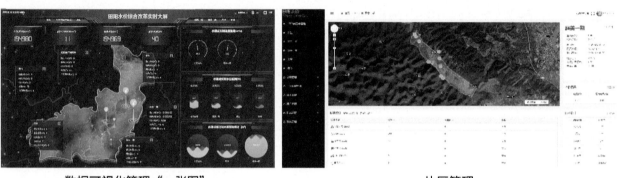

数据可视化管理"一张图"　　　　　　　　　　　　片区管理

(3) **运营模式创新**　传统的明渠灌溉，水利用率在 46% 左右，现在利用捷佳润的智能水柜后有效利用率超过 95%。田阳区水价综合改革项目还建立了整套科学可持续的水权定价机制。农户在实际用水不超过水权量时享受价格优惠，超过时则用水价格上浮。项目以这一套科学的阶梯水价来促使农户进行科学用水和增效节水，并且给每年达到节水效果的农户发放奖励，倡导长期的科学用水观。

┃ 经验与成效 ┃

(1) **经济效益**　在田阳区相关政府部门的政策引导和捷佳润公司的"软硬件"帮助下，项目稳步运行，农户参与度高，反响好。以前农民自己拿泵，到沟渠里自己抽水，每次灌溉的成本约 16 元 / 亩。现在直接微信扫码就可以灌溉，每次 10 元 / 亩，平均每亩地节约 6 元的灌溉成本。

因为结合广西本身特有的喀斯特地貌的地理因素，广西的人均耕地面积在全国来说是处于较低的水平，而在广西的西北部地区的百色又更是严重喀斯特地貌化，对于种植灌溉来说具有一定的苦难。此次水价改革模式切实地将便利与实惠交到了农户手中，在农户中形成广泛支持、关心、参与改革的良好氛围的同时推广科学用水，促成农业产业升级、改造，创造更好的土壤。

(2) **推广示范效益**　自 2016 年田阳区农业水价综合改革试点正式启动以来，目前在田阳区境内已经建立了 5 个试点片区，覆盖 8 万多亩农业用地。下一步，将在实施的 8 万多亩高效节水水价改革的基础上，进一步延伸到大石山区、还有一些荒地。争取在"十四五"期间，将捷佳润科技赋能的水价改革模式，发展到 28 万亩，覆盖到全田阳区 10 个乡镇 100 多个村屯。

撰稿：广西壮族自治区农业信息中心　百色市田阳区水利局　捷佳润科技集团股份有限公司
　　　　饶珠阳　黄腾仪　农民珉　温标堂

重庆市垫江县数字农业体系案例

需求与目标

垫江县位于重庆市东北部，面积 1 518 km²，耕地面积占 54.2%，辖 26 个镇街，301 个村（社区），户籍人口 98 万，其中城镇人口 42 万，乡村人口 56 万。2019 年经济总量 417 亿元，同比增长 6.5%，3 次产业结构比为 12.2∶47.1∶40.7。先后获得国家数字经济创新发展试验区、国家数字乡村试点县、国家级电子商务进农村综合示范县、全国 5G 建设示范区称号，重庆市市政府指定的全域数字化的示范县。

垫江县自 2020 年 7 月获得国家数字乡村试点县以来，立足垫江晚柚优势产业资源，全域推进全产业链数字农业体系建设，走在了重庆甚至成渝地区前列。垫江晚柚是我国大陆唯一的晚熟柚类品种，该县成立垫江晚柚"双十"工程指挥部，县委书记亲自任指挥长，将 10 万亩垫江晚柚产业发展作为推进全县现代农业化的战略工程，与中国农业大学合作建立教授工作站，并引进武汉珈和、苏州极目、上海左岸芯慧、中新云农等农业大数据科技企业，推动垫江晚柚产业全域数字化，利用高安镇市级农产品加工园区，创建柚类加工产品"柚美时光"，产品畅销重庆及西南市场，在中国西部农产品博览会上受到国务院李克强总理的高度称赞。

做法与技术

2020 年，垫江县农旅融合实现乡村旅游综合收入 34.8 亿元，建成农村电商物流园 1 个，建成 26 个乡村振兴试验示范村。2020 年 7 月，垫江县获得国家数字乡村试点县称号，把数字化作为农业发展的核心引擎，依托晚柚产业，全县推进打造数字农业体系，经过一年半的发展，初步形成了"县域 – 企业 / 基地 – 农民"三级全域、全产业链的数字农业体系。

(1) 硬件设施建设　针对晚柚企业、园区等新型经营主体，通过应用智能农机及物联网、智能决策等技术提升了生产智能化水平，提升了数字化管理水平，从而打造高效生产模式，从而降低生产成本，规范人员作业，稳定生产质量，提高生产效率，提升农产品品质，支撑打造绿色化农产品优质品牌。

自动驾驶无人机

多层土壤墒情传感器

提升生产智能化水平，提升生产效率，减少人力投入，确保生产质量。对晚柚基地开展宜机化改造，并引入植保无人机、智能喷洒药机械、智能运输机械等智能农机设备，实现了初步的机械化、智能化生产模式。建设物联网系统，通过易于安装、便宜实用的气象站、土壤站、摄像头的安装，实现对农业生产过程中的空气（空气数据、空气湿度、光照强度、降水量、风速、风向等）、土壤墒情数据（土壤水分、土壤温度、土壤 EC 值等）、作物的全面监控。安装水肥一体化灌溉设施，并能通过手机远程操控，也能通过数据闭环反馈智能控制。智能设施设备的引入，大幅提升了生产智能化水平，提升生产效率，减少人力投入，确保生产质量。

(2) **软件系统建设**　针对晚柚企业、园区等新型经营主体，建设农事管理 ERP 计划排产系统，对晚柚生产过程中的地块、人、农机、设施、物、料、环等要素进行了全面的管理。利用微信小程序、物联网、农机轨迹记录、高清晰摄像头等，实现了对人员、农机、作物、物料、环境等多要素的全面管理，规范了每项作业操作。对每个生产计划的每个地块生成内部流转二维码，通过扫码能够查看生产计划实时信息，并对每个基地生成日报、周报、月报，实现了生产情况的实时内部管控。系统的建立，对农业企业、基地等形成了多层次的数据化规范管理机制，提升了管理规范化水平，稳定生产质量，生产出标准的农产品，实现了向管理要效益。

数字农业体系

县域农业一张图

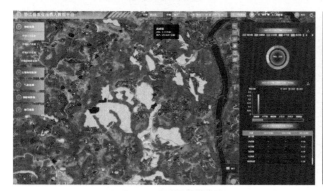

空天地一体化遥感监测

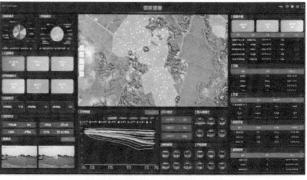

园区管理"一张图"

农产品溯源系统

农业物联网系统

针对政府管理部门，通过遥感、大数据挖掘等技术，建立了全景式、打通晚柚产业链的数据监管体系，形成对县域农业产业运转的实时监控和高效管理。建设了晚柚空天地一体数据监控体系及农业"一张图"平台，利用北斗导航及民用最高允许 0.8 m 分辨率的资源遥感卫星、高精度测绘无人机，对自然资源、永久基本农田、农村生态系统脆弱区和敏感区等进行高分辨率的对地观测，并对主要特色作物进行遥感监控，结合国民经济数据、自然资源基础数据、国土调查数据、土地确权数据、农村运转数据等，形成农业及自然资源"一张图"，全景式地展示县域内的农业农村情况。

建设了晚柚区块链农产品溯源体系，实现农产品生产信息可追溯，对接生产、农资投入、加工、检测、流通、经营等多源数据，消费者使用手机扫描产品包装上的二维码即可查看丰富详尽的农产品档案。通过物联网、RFID扫码等技术，为农产品生产、加工、流通、销售环节建立客观保真的数据采集体系，减少人为数据干扰。所有数据通过区块链技术进行分布式存储，减少人为篡改数据，形成可信追溯链条，逐步形成具有法律意义的产品溯源证据。

（3）**生产技术创新** 数字化工具辅助农民提升农业技术。基于人工智能、知识图谱等技术，建立AI智能问答系统，对农民提供及时的农机知识问答，形成新型专业农技知识获取方式，从而让农民便捷地获取更专业的农技知识。另外，建设专家智能评测问答系统，农业基地、农民的生产日报可以主动推送给专家，专家能够及时评测并指导，第一时间辅助农民干好农事操作，提高产品质量。

多层次培训辅助农民成为"数字新农人"。依托高校、企业资源，举办了层次多样的数字农业活动，营造了数字农业氛围，从政府、企业到基层干部、普通农民，越来越充分地认识到数字化对农业的积极促进作用，逐步从认识数字化到接受数字化，再到爱用数字化，形成多种多样的"数字新农人"。

‖ 经验与成效 ‖

（1）**经济效益** 在县域层面，垫江推进农业全产业链智能化建设，建设农业产业互联网平台及晚柚产业链大数据体系，实现产业数据的深度融合。在农田宜机化建设基础上，试点智能农机装备，提高生产智能化水平，实现生产环境的自动监测、生产过程的规范化智能管理。

在企业层面，系统在垫江县沙坪镇毕桥村现代农业园区、长龙镇长久村、高峰大井村柑橘基地得到初步应用，并逐步向全县范围内应用推广。数字农业体系的建设，为垫江县农业发展注入了新的活力。

提高生产效率，提升管理水平。数字农业体系的建立，有效地提升了农业生产的标准化和规范化水平，初步形成了晚柚标准化生产模式和高水平的生产企业管理模式，节省人力成本，提高农产品的品质。

打造标准化生产模式，助力完善县域农业产业链商业模式，提升盈利能力。标准化生产，产出规范化的农产品，满足客户食品安全的需求，强力支撑了地方农产品IP品牌的树立，有助于形成良性的价格体系，提升地方农产品的商业竞争力，提高其市场盈利能力。

（2）**社会效益** 破解农业产业链监管体系缺失，产品安全难以保障难题，保障农产品食品安全。本项目建立了全产业链数据监管和溯源体系。通过ERP系统实现了企业内部的生产溯源，通过区块链溯源系统实现了从生产到销售的全面溯源。两个溯源体系相互配合，形成全面的产业链溯源体系，保障晚柚产品生产过程的安全可控，检测、加工、流通、销售过程的全程可追踪。

破解传统农业产业链各环节之间相互割裂，融合程度低难题，实现产业链融合发展。本项目利用物联网、互联网、大数据、区块链等技术实现农业产业链各环节及活动的相互结合。体系的建设，助推农业"管得好、种得好、卖得好"。

撰稿： 中国农业大学垫江教授工作站　重庆市垫江县农业农村委员会　重庆市农业信息中心
　　　李想　陈川　杨志平　陈渝　李雪燕　谢小蓉

四川省自贡市荣县农业服务中心案例

‖ 需求与目标 ‖

经过荣县农业农村局的多方考察、学习、交流和论证后，充分运用大数据、云计算等新型技术，建设荣县数字乡村大数据平台，加强荣县乡村生态环境治理和农村社会治理、新型农业经营主体培育管理，提升荣县现代农业数字化发展水平，拓宽荣县农产品出村进城互联网通道。该平台的目标用户包括县域农业农村管理部门、农业生产经营主体及普通农户三类。对政府用户来说，该项目的顺利实施为辖域内农业农村全局统筹管理提供数据支撑和抓手，开发管理部门与生产经营方的信息交互通道，提升数字化管理水平。对农业生产经营主体来说，开放了全面及时了解最新农业管理及产业经济的信息渠道和数字化应用水平。对普通农户来说，解决了农技推广的最后一公里问题，为农户提供从土地耕种、种养管理到产品收获、加工销售的全流程政策及技术指导和科学支持。

‖ 做法与技术 ‖

(1) **基础设施建设** 近年来，荣县先后投资 1.5 亿元，建成占地 105 亩的荣州 9S 智慧农业服务中心（荣县乡村大数据平台 1.0 版本），包含冷链物流加工、电商孵化、土壤监管、技物配送、种子种苗标准化、作物营养监测、农业病虫草害防治、农产品安全追溯、农产品流通、大数据整合等内容。

中心目前建有 LED 显示屏、数据处理终端的多功能展示厅 200 m^2；室外 1 500 m^2 荣县全域沙盘；10 000 t 冷藏库的冷链物流中心 1 座；视频监控点位 7 个，虫害监测点位 4 个，土壤墒情监测点位 24 个。

荣域图展示区：呈现田园荣州的绿水青山与荣县乡村振兴战略规划图景，总面积 1 500 m^2，以 1∶600 原貌显示山形水系、交通体系、产业布局、重点人文景观等。

公共服务区与社会化服务区：万吨果蔬集配与冷链服务中心、果蔬投入品服务中心、营销配送（电商）服务中心、大数据管理中心、农业博览（会展）中心（待建）。

(2) **综合服务平台建设** 荣州 9S 智慧农业服务中心位于荣县工业园区，距乐自高速荣县南出口 1.5km，2018 年 5 月由四川绿色荣州果蔬产业化联合体组建、运行，是集大数据管理、农业社会化服务、冷链物流营销为一体的综合服务平台，是荣县实施乡村振兴战略和国家农业可持续发展先行先试的综合服务平台，是四川农业大学园艺学院果、蔬、茶博士工作站驻地。旨在构建"从生产到销售，从农田到餐桌"的农业智能化信息服务体系，将物联网、互联网、云计算等信息技术和社会化服务贯穿于"供产储加销"全过程，利用农业物联网与农业生产技术深度融合，率先实施 9S 全程健康管理体系，创新、变革传统农业，为全县农业管理提供解决方案，帮助农业生产者实现农产品安全与品质、农业产值与利润的提升。

(3) **生产技术创新** 荣州 9S 智慧农业服务中心（荣县乡村大数据平台 1.0 版本）以构建生态化的荣县数字乡村大数据应用服务平台，用数字应用的形式展现荣县农业农村工作面貌，反映荣县乡村生态环境治理和农村社会治理、加强新型经营主体培育管理，打通外界需求与荣县的特色供应，打通消费者与新型农业经营主体的供需对接，充分运用"互联网＋"的技术手段，促进荣县特色优势农产品出村进城，用数字信息技术连接农业农村相关系统的数据孤岛，最终形成以市场为导向，可自我增长、持续发展的经济型乡村大数据平台；打造一批数字乡村智慧农业示范基地，通过示范建设为全县农业农村提质增效、转型升级提供借鉴。

9S 全程健康管理体系：借鉴国际国内先进管理理念，结合荣县实际而制定的农产品全过程健康管理体系，主要涉及产前 2 个（1S 土壤健康、2S 技物配送）、产中 4 个（3S 种子种苗、4S 病虫草害治理、5S 作物营养、6S 安全溯源）、产后 3 个体系（7S 绿色鲜储、8S 产品流通与品牌建设、9S 大数据服务），实现农业生产投入品可靠、生产过程可控、产品优质安全。

经验与成效

（1）**经济效益** 荣县数字乡村大数据平台的建设和应用，使大数据与实际农业生产、农村发展、农民服务更加有机结合，服务中心自建成以来显著提升了农产品竞争力，促使产品产值提升 75% 以上，实现全产业链经营年收入 20 亿元以上，辐射带动农产品商品化处理和社会化服务、营销电商等行业；可实现化肥零增长、农药负增长，每年提升土壤有机质 0.1% 以上。通过数据化的资源调度，有效降低基于人的实体流动而产生的能源、资源等消耗，提高生产、管理、经营效率，实现节本增效。

（2）**社会效益** 荣县数字乡村的应用示范，将构建荣县农业农村发展和农民培育服务的新模式，为数字中国、数字乡村建设提供荣县力量。

（3）**生态效益** 借助荣县数字乡村大数据平台数字农业试点建设的示范带动，通过精确、科学的数字化手段进行农业生产、管理，农村生态环境监测、管理等，可以有效避免滥用农药、化肥、饲料等不规范的行为和人为的环境破坏，从而减轻对荣县农业生态环境的承载压力，推进荣县农业农村健康可持续发展。

撰稿：四川省农业农村厅信息中心　四川省自贡市荣县农业农村局　蒋艺　杨明

四川省内江市市中区农业管理平台案例

需求与目标

为深入贯彻乡村振兴战略和数字中国整体战略总体需求，以品质为基础，以生产过程大数据分析为核心，以品牌建设和保护为引导，以推进数字技术与农业产业深度融合为建设方向，充分发挥数据基础资源和创新引擎作用，构建内江市市中区智慧农业体系，推动都市现代农业加快发展，打造了内江市市中区智慧农业管理平台项目。

做法与技术

联通内江分公司负责中国联通在内江地区电信业务的经营管理和发展建设，业务范围包括智慧城市、数字政府、智慧农业、医疗健康、工业互联网、文化旅游、安全服务等多个领域。

四川原力元农业科技有限公司 2017 年成立，注册资金 1 000 万元。主要经营范围包括农业技术服务，软件开发，信息系统集成，研发、销售有机肥及微生物肥料，电子与智能化工程设计和施工等。

内江市市中区礼阳种植专业合作社 2016 年成立，位于内江市市中区朝阳镇下坝桥村 7 社，主要提供种植、销售水果、蔬菜；内陆养殖；为本社成员提供种植技术服务；为本社成员代购农业生产资料。

四川新茂源农业发展有限责任公司 2017 年成立，注册资金 1 000 万元，位于内江市市中区凌家镇乌鸡冲村一社，经营范围包括加工、制造蔬菜、水果、坚果；仓储服务；道路货物运输；批发、零售（互联网销售)、进出口水果、蔬菜、食品、农业机械;水果蔬菜、中药材等。

(1)**综合服务平台建设** 内江市市中区智慧农业综合管理服务平台包括设备管理、土壤评估、土壤改良、预警、综合视频管理、农产品生产溯源六大系统以及柑橘标准化种植模块,能够实现农产品生产标准化、农产品质量可追溯、农产品生产过程可视化,远期通过大数据分析,可与电商、融资平台对接,为广大业主拓宽销售渠道、提供融资便利。

农产品质量可追溯:借助以 LoRa 技术为核心的现代物联网种植管理服务系统,实现对种植过程的全面数据化管理,通过生产标准化体系中的生产全过程数据采集与精分,建设的全流程溯源鉴真系统,能够向消费者展示农产品生产全过程,结合高质量的防伪二维码,简单、低成本地保护产品品牌,实现柑橘和柠檬产品质量的可追溯。

农产品生产过程可视化:中心系统将各种农业相关数据进行汇聚分析处理后,进一步用图表等可视化手段进行直观展示,并以可视化大屏展示的方式在展示中心进行统一展现、统一监管、统一调度指挥,为内江市市中区农业产业方面决策提供科学性的数据支撑。

(2)**生产技术创新** 农产品生产标准化:平台提供的全套土壤改良技术,能形成土壤质量标准化;同时可实时提供相关种植指导服务,并通过标准化生产体系实现先进种植技术与市中区种植经验相结合,形成标准化的种植流程,实现农产品生产管理标准化。

(3)**运营模式创新** 智慧农业管理平台项目以内江市朝阳镇元山村、全安镇洪坝村为示范基地,采取"政府 + 业主 + 基地"的建设模式,由政府牵头,统一建设智慧农业大数据综合服务平台、基站,支付云存储、数据传输、工程辅料安装及维护等费用,并按照一定比例进行补助。服务商内江市联通、四川原力元农业科技有限公司提供智慧农业管理平台软件、负责硬件及传输设备的安装,并保证网络传输及平台的后期维护。内江市市中区礼阳种植专业合作社和四川新茂源农业发展有限责任公司等新型经营主体负责末端设备费用。

经验与成效

(1)**经济效益** 项目实施后,通过大数据生产期指导、关键节点技术指导、上市价格存货指导和病虫害预警等多方面技术的应用,有力提升了市中区农业智能化水平,提高了产品质量和产品市场信誉度,提升产品市场综合竞争力,实现优质优价,带动产业增效,

小型气象站

土壤温湿度传感器

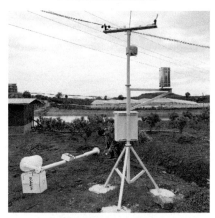

无线网桥用户端

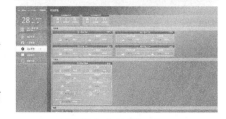

智慧农业管理平台

农民增收。在当地乃至全市范围内起到积极的示范作用，带动行业内的其他企业建立物联网，推进产业集约化、规模化，各企业间为在灵活的市场中继续发展，不断提高自身的效率和技术，形成行业内的良性竞争。

（2）**推广示范效益**　按照"先试点后推广"的原则，未来将在市中区逐步推广。目前，永安镇新房村正园葡萄已完成智慧农业体系建设，并且使用率非常高，使用效果非常不错，在土壤干湿度监测、病虫害防控、药肥控制等方面起到了关键作用，大大提高了葡萄产量和质量；凌家镇酒房沟村乡农种植专合社正在与服务商接洽，推广已初见成效。市中区将持续推广智慧农业综合管理服务平台，以期达到农产品生产标准化、产品品质一致化，提升品牌影响力，提高农业生产经营和管理服务数字化水平，实现市中区农业产业提档升级，将市中区建成川南区域智慧农业生产技术的输出基地。

撰稿： 四川省农业农村厅信息中心　四川省内江市市中区农业农村局　秦宇　伍钟

贵州省卓豪农业产销信息化平台案例

▎需求与目标 ▎

采取"互联网＋全程综合配套服务"模式建立智慧物联网系统，导入农村金融、农业保险、产销对接等多种服务，解决农业生产中的实际需求。

▎做法与技术 ▎

贵州卓豪农业科技股份有限公司是一家集农作物品种繁育、新型农药、肥料、农膜、农用机械、特色农产品销售、生态防控、社会化服务为一体的农业综合配套服务型企业，是一家专业化的农作物综合解决方案集成平台，是全国股转系统新三板上市企业，贵州省高新技术企业，贵州省农业产业化经营重点龙头企业，贵州省扶贫重点龙头企业，贵州省首批育、繁、推一体化种业企业，贵州省首批科技小巨人企业，贵州企业信用评价AAA级企业，贵州省大数据与实体经济深度融合标杆企业，全国百强统防统治示范组织，贵州省民营企业100强单位，贵州省最具成长潜力民营企业百强单位。公司位于贵州遵义市播州区龙泉大道16号，占地面积60亩，有宽敞明亮的办公大楼、标准化生产、加工、仓储车间，有专业的科研、生产、技术服务团队；有国家现代农业科技示范展示基地、院士生态示范园、天敌繁育工厂，有先进的全自动大米加工生产线、全自动化种子加工生产线及配套完善的检验设备；有标准化土壤化验室及测土配方肥成套生产设备。公司按现代设施农业、智慧农业需求，引进最新科研成果，水肥一体化、测土配方肥，植保飞防，生态防控，已从粮食产业服务到水果、蔬菜、茶叶、中药材等经济作物；公司拓展辣椒食品加工，食材配送中心、山之原味社区生鲜配送业务，已形成产业闭环、订单生产，带动产业发展。主要做法如下。

（1）**软硬件集成系统建设**　捷佳润水肥一体化智能灌溉系统通过集成全球先进水肥一体化设备，引入以色列先进灌溉技术，结合物联网远程控制、GS地理信息系统、气象墒情监测等信息技术，创新性地构建了一套完整的"互联网＋农业灌溉管理"服务体系。系统能实现作物生长环境全程监控、远程水肥灌溉控制、农业大数据采集等功能，指导农作物全生期的标准化作业。

植保无人机飞防管家,手机即可操作植保无人机,通过查看手机终端,能对无人机进行精细化管理,提前设置好相应的作业区域,手机打开相应的开关,植保无人机就能按设置要求进行作业。不仅如此,飞防管家平台还可查看作业记录,避免重复作业、重复施药的情况,避免造成资源浪费和土地污染。

气象站 垂直栽培 喷洒设备

(2) **信息化平台建设**　随着物联网信息的不断发展,传统的农业生产模式已经不能满足生产者在日常管理中的需求,针对农业发展现状积极探索智慧农业发展道路。自2015年以来,分别先后与四川汇云行信息技术有限公司、东电创新（北京）科技发展股份有限公司、深圳超群高科技有限公司、浙江托普云农科技股份有限公司、深圳市鼎峰无线电子有限公司、捷佳润科技集团股份有限公司等企业合作开发信息化平台,该信息化平台包含智慧物联网（数智农业云）、水肥一体化系统、植保无人机系统、植保无人机飞防管家、贵卓山之原味生鲜商城、卓豪源App、卓豪产销通,从农业生产到销售实现全程信息化管理。

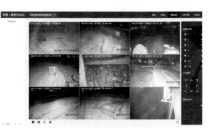

产销对接平台 网上商场 监控平台

飞防管家 管理平台

通过智慧物联网、智慧农业设施的使用,解决了农产品前端的种植问题。公司为解决后端销售问题,开发了卓豪产销通小程序、贵卓山之原味生鲜商城、卓豪源App,解决了公司后端的销售、服务问题。

卓豪产销通小程序整合了产业链上下游价值资源。前端（基地等）用户在产销通平台可了解当季农资投入品、农事服务等。后端用户可了解农产品价格指数、农产品产地等基本情况,精准查询所需农产品。贵卓山之原味生鲜商城小程序为消费者提供新鲜,安全,放心的果蔬产品,实现生鲜从播种到采摘,从基地到餐桌的全程把控,让客户近距离了解生鲜的来源,客户在生鲜商城下单基地的农产品,即可实现生鲜顺丰包邮到家，在遵义市区内更可做到当天送达，让客户吃到新鲜、当季、安全的农产品。卓豪源农资商城 App 是卓豪农业农资信息化平台，集农资商城、农业资讯、技术专栏、农技问答、示范分享为一体的综合性农资掌上 App。在卓豪源，不仅可以一键网上下单，更多农业种植信息也可在线一键查阅，更多专家网上在线答复农业种植问题，扩宽了农资推广路子。公司智慧物联网应用极其便利，其App 安装在管理人员、操作人员手机上，方便在移动端监控园区生产环境区域内物联网数据、视频图像以及操作数据，并可以通过手机 App 远程操控现场设备，设置相关参数。根据使用人员不同，开通相应的权限，并做出相应的农事操作，实时掌握生产区动态，精准、高效进行管理。同时，公司为更好地运营信息化平台，专门设置了农业设施部门进行信息化平台的维护、培训及运营，公司还不定期地邀请信息化平台开发商为我公司员工进行培训，针对运营中出现的问题及时给予反馈，不断精进系统中出现的问题并及时地调整和更新，确保信息化平台的正常运营。

‖ 经验与成效 ‖

（1）**经济效益**　公司开发的卓豪源 App、卓豪产销通、贵卓山之原味生鲜商城，打通了产销通道，拓宽了农资推广路子，提供农业技术咨询、产销对接、供货上门等多种服务，解决生产实际需求，解决作物种植技术点对多的传播、推广问题，打造数字农业示范样板，建立了以遵义为重点，覆盖全省 88 个县市区的基层服务推广体系，多形式开展新型农民培训，年均培训 8 000 人次以上，解决了农户在生产中遇到的技术难题。通过打造智慧农业样板，开展社会化服务，公司在遵义、铜仁等地开展飞防服务达 8 万余亩；在六盘水、遵义、安顺等地实施水肥一体化面积 2 万余亩。卓豪源 App 运用以来，农资产品销售额已达到 4 010 万元，贵卓山之原味生鲜商城自 2020 年 4 月运用以来销售额达约 40 万元，卓豪产销通自 2021 年 1 月运用以来发布农产品供求消息近百次。

（2）**社会效益**　智慧园区的建设，形成科技示范、科普教育、成果转化、产品供给为一体的现代农业数字农业科技园区。通过在基地建设智慧物联网平台，将为农业科技创新创业提供平台，提供现代高科技数字农业技术与成果展示交流、新品种新技术推广、人才培养、科普教育等各种服务。为广大农民群众提供一个脱离传统农业，向现代农业发展、改变的生产方式，改善生活环境，提高农民收入，全面提升品质，彻底改变农村面貌，解放生产力，为建立农业产业科技队伍提供广阔的平台。

（3）**生态效益**　基地通过引进捷佳润的智能水肥一体化精准灌溉管理系统，飞防管家系统、智慧物联网监测平台，改变了传统的种植管理模式、在基地的任何一个地方，便可拿出手机进行物联网平台管理，手机操控设备的使用，便捷的同时省肥 30%、省药 30%、省水 50% 以上，节省人工 80%，通过开展生产环境数据分类采集、灌溉、施肥、施药可视化管理、精准水肥药用量分析控制，为作物种植的高效管理、高效生产提供保障。精准浇水施肥施药还能减少农业生产污染，保证了生态农业环境的可持续发展。通过信息化平台的精准监测、水肥一体化系统和植保无人机的精准施肥、施药，结合公司的绿色防控等农业技术，得到了高产、优质、绿色的农产品。

（4）**推广示范效益**　信息化平台形成了可借鉴可推广的模式，自信息化平台运用以来，得到了相关主管部门的肯定，特别是智慧物联网系统、水肥一体化系统、无人机植保飞防，为贵州山地特色农业生产智能化发展开辟了一条全新的道路，打破了贵州农业智能化发展滞后的壁垒，大大地节省了人力、物力。2019 年公司信息化平台获得贵州省大数据与实体经济深度融合省级标杆项目。

撰稿：贵州卓豪农业科技股份有限公司　卢聪

贵州省铜仁市山地农业大数据中心案例

‖ 需求与目标 ‖

　　贵州没有平原，国土面积 92.5% 都是山地，放眼"八山一水一分田"的贵州山区，散落山间的一个个坝区宛若一颗颗明亮的珍珠，"十里不同天"，无数的大山为发展特色种植业、养殖业创造了条件。山地坝区农业特点是规模小、产量少、品质优，不能有效运用当前先进的机械化设备。山地农业的出路在于提升农产品品质和价值，发展山地坝区农业，科学利用各种资源，合理灌溉节约用水，减少农药化肥投入，保护生态环境，降低生产成本，提高农产品品质，把好的产品卖出去，再卖个好价钱。因此，开展山地坝区农业大数据精准管理服务体系建设是一条有效的解决途径。

‖ 做法与技术 ‖

　　贵州贵谷农业股份有限公司是一家专业从事山地智慧农业技术研究、生产与示范的科技型企业，在赵春江院士的帮助和支持下，于 2017 年在贵州省铜仁市注册成立，注册资本 5 000 万元。公司主营业务包括：山地农业数据分析管控软件研发和销售、山地农业物联网设备研制和销售、优质山地农产品生产和销售。公司建有山地农业物联网设备研制车间 3 500 m²、山地智慧农业示范基地 1 200 亩，现有专利 30 件，计算机软件著作权 6 件。

基地

　　(1) **团队建设**　公司与中国农业大学、国家农业信息化工程研究中心、航天科工集团等科研院所建立了长期合作关系，组建了 1 支卓越的管理与技术团队。现有高级技术人员 3 人，中级技术人员 4 人，聘请技术顾问 6 名（其中院士 1 人）。

　　(2) **软件和物联网系统建设**　2019 年 12 月，完成山地坝区农业大数据服务云平台建设，数据覆盖 228 个山地坝区，其中覆盖耕地 34.76 万亩，涉及人口 66.58 万人。2020 年 2 月，完成山地坝区农业管控云平台和山地坝区农产品追溯信息管理平台建设并正式上线运行。2020 年 5 月，完成第 1 个山地坝区农业大数据精准管理服务示范基地物联网设备安装并投入使用。

　　(3) **生产技术创新**　多传感融合技术：针对山地大坝信息采集、节点能量管理和无线传输等环节中遇到的实际问题，本项目从山地大坝的生产管理实际出发，融合多传感器技术，建立了一套功能完备的山地大坝一体化智能监测系统。

物联网设备车间　　　　　　　　信息采集系统　　　　　　　　主控制箱

　　实时数据处理技术：项目基于 Storm 流时实时数据处理技术，进行系统架构、数据传输、编程接口等规划和设计，具有低延迟、高吞吐、持续稳定运行和弹性可伸缩等特性。

　　数据仓库技术：项目采用分布式并行数据仓库，可自动调节各节点的数据分布，可对集群机器进行横向扩容，可进行流式数据访问，多节点数据备份具有容错、容灾机制，计算任务的移动替代数据移动，处理速度快。

人工智能技术：项目基于人工智能技术，集成应用计算机与网络技术、物联网技术、3S 技术、无线通信技术、音视频技术及专家智慧，实现农业可视化远程诊断、远程预警、远程控制等智能管理。应用于农业生产的产前、产中和产后各阶段。

监控平台   大数据云平台

溯源平台   数据分析

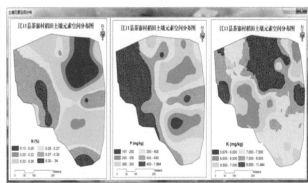

项目拓扑图

（4）**运营模式创新**　项目引进的成果"植物－环境信息快速感知与物联网实时监控技术及装备"获国家科学技术进步奖二等奖，为贵州省首次将类似行业领先的技术引进山地坝区农业。项目采用国内外先进、成熟技术，进行 2 次升级或自主研发，结合自有的 13 项成果，为山地坝区农业量身打造。项目技术创新成果具有山地特色、体积小、操作简单、高性价比、良好的兼容性、数据不可逆、投入回报高等特性。

本项目目前正处在推广示范阶段，公司聚集了上市公司营销体系、军工企业采购体系、地方政府农业新技术推广部门等各种资源，全方位开展市场营销推广工作。一是简单的买卖方式，向购买方提供产品和服务。二是零利息分期付款方式，一套解决方案按 3 ～ 5 年分期付款，提高购买方的使用意向，降低一次性投入的成本。三是以物易物方式，在购买方部署好解决方案后，购买方无须付款，按照协议在 3 ～ 5 年内每年用一定量的农产品冲抵解决方案的建设费用。

经验与成效

（1）**经济效益**　本项目不需对原有生产管理流程进行重塑，设备和软件均采用军工技术研发，安装简单，远程升级，上电即可工作，无须配置，90% 的操作均由云平台自动完成，户外使用 5 年内无须维护。项目具备良好的可复制性和可持续性。

本项目在贵州省铜仁市江口县德旺乡茶寨村建设了 1 200 亩示范基地，示范基地于 2020 年 5 月完成物联网设备安装投入使用。2020 年 10 月示范基地生产的农产品以高于市场 2 倍的价格，全部由九谷公司完成收购。2020 年 11 月对示范基地的农产品进行了 23 项指标检测，所有指标均优于国家标准。示范基地涉及农户约 400 户，累计减少开支 24 万元，累计创收 480 万元，户均创收约 1.2 万元。

（2）**推广示范效益**　依据国家顶层设计的互联网＋智慧农业物联网的 4 个发展阶段，山地智慧农业尚处于第一阶段和第二阶段，本项目的实施将实现第三阶段和第四阶段的工作，对促进行业技术进步、国家顶层设计的互联网＋智慧农业物联网阶段的发展以及带动贵州山地特色智慧农业产业化发展有重要的作用和意义。

目前，我国新疆、黑龙江等地已建立 27 个数字农业示范基地，但是山地坝区农业的气候环境、土壤墒情、作物生长特性区别很大，其设备具有体积大、成本高、山区通信质量差等特点。本项目设备体积小重量轻，标准设备只有 30 kg，适于山区安装运输，设备通信质量好适宜山区通信，而价格却不到市场同类产品的 30%。可降低人工投入成本 10% 以上，减少投入品成本 20% 以上，大幅提高农产品品质，提升农产品价格 1 ～ 2 倍。项目推广应用价值较高。本项目当前已覆盖 228 个山地坝区，覆盖耕地 34.76 万亩，涉及 66.58 万人，项目应用的范围包括山地坝区粮油种植、山地坝区经果林种植、山地坝区中药材种植、山地坝区温室大棚、山地坝区畜禽养殖、山地坝区水产养殖等。项目实施过程中发现，山地智慧农业太阳能供电系统，适宜采用多晶硅太阳能板，不宜采用单晶硅太阳能板，40W 太阳能板配套 20AH 蓄电池和低功耗设备，可在连续 7 d 阴雨情况下不断电。项目通信质量好功耗小，数据安全稳定可靠，证明采用中国电信 4G+NB-IoT 相结合的通信方式完全适用于山地智慧农业。农业生产企业对发展山地智慧农业认识不够，还没有感受到发展山地智慧农业的优势，甚至认为会增加农业生产的负担，不会产生经济效益，导致推广难度大，推广成本高，加强示范引导培训是当前发展山地智慧农业的重点工作。

撰稿：贵州贵谷农业股份有限公司　王小清

云南省曲靖市佳沃农业云平台案例

需求与目标

云南省提出的大力发展"高原特色农业产业",加大了对于农业的投入,但是云南的农业相对于其他省份相对落后。所以,通过发展智慧农业云平台实现科学化种植、科学化管理是十分必要的。但是搭建智慧农业平台大数据处理中心,前期投入巨大,一些中小型农业企业没有实力构建。目前,曲靖佳沃现代农业有限公司已经搭建一套完整的智慧农业平台,拥有独立的大数据处理中心,可以同时满足数十家农业公司的数据处理分析。其他农业公司也可对数据中心进行租赁使用,不仅可以大量减少资金的投入,还能有效运用智慧农业平台进行科学化管理、智慧化生产。

做法与技术

曲靖佳沃现代农业有限公司成立于2014年11月,公司依托当地自然资源,实行品种授权、金融服务、技术标准、农资服务、全程品控、品牌营销"六统一服务"发展模式,推行水肥一体化、滴灌智能化,采用有机肥替代无机肥的测土配方精准施肥,建立反应快速、服务高效的病虫害专业化防治服务组织,建设蓝莓生长环境田间数据网络自动无线采集与监控系统。公司现为云南省农业产业省级重点龙头企业、国家科技型中小企业,公司产品"佳沃"牌曲靖蓝莓连续3届(2018年、2019年和2020年)荣获云南省"十大名果"称号,并分获绿色食品和有机产品认证。

(1)**团队建设与创新** 搭建了云南省蓝莓工程技术研究中心、云南省金锡萱专家工作站、云南省姬广海基层专家工作站等产学一体研发平台,拥有1支37人的高水平技术研发生产团队。公司经过6年的创新发展,先后申请发明专利3项、实用新型专利14项,制定云南省地方标准1项、企业标准29项、培养云南省科技特派员2名,牵头承担省级科技计划项目3项。

(2)**基础设施建设** 目前,已建成全省规模最大、标准最高的2 000亩蓝莓生态核心种植示范基地、年产200万株优质种苗基地、3万t冷链物流中心,辐射带动全省蓝莓种植3万亩以上。

(3)**硬件设备建设** 物联网智慧农业可以以光载无线交换机为核心,搭建物联网信息平台构建Wi-Fi无线局域网,覆盖周边区域,加上网络交换机、网络路由器,从而建立融合有线网络、无线局域网的物联网关键部分网络层。

农业大棚及各种传感器、嵌入式设备通过Wi-Fi-ZigBee网关、Wi-Fi设备服务器等,无线接入物联网信息平台,构成全面涵盖物联网3个层次(应用层、网络层、感知层)的一个统一的物联网智慧农业平台;同时,其他内置Wi-Fi模块的各种手持设备(电脑、手机等)也能无线接入信息平台,成为物联网智慧农业设备的一部分,从而可以实现物联网智慧农业大棚内的农业生产环境数据采集、环境控制、人员物资管理、视频监控等功能,以及对农业大棚的远程控制。

(4)**软件系统建设** 用户登录:打开浏览器,登录智慧农业云平台登录。可通过点击画面右上角的下载链接和扫描二维码的方式,下载云平台手机客户端应用程序。用户输入在后台管理系统中预先设置好的用户名和密码,点击【确定】按钮,进入平台监控中心。

监控中心:监控中心是平台用于在系统前端展示基地物联网设备的监控页面,其中包括传感器数据查看、监测预警、实时视频查看、控制设备运行状态、控制设置等功能。选择企业节点,查看企业下物联网部署基地信息。每个单独的基地可显示该基地下属组织熟、种植的作物、部署设备数量、断线设备数量、预警设备数量、正在运行设备数量等，同时还会显示近两年的年度积温、年度光照的数据对比图。点击地块进入园区的监控页面。在该页面中，可以查看各个传感器的实时监测数据、运行情况以及查看数据报表，同时还可以对地块部署的控制设备进行远程控制、查看实时视频画面等。

视频管理：点击园区里的视频设备，可查看安装在基地里的摄像头监控画面。有权限的用户可对视频监控角度进行控制操作。

云平台

平台监控中心

视频管理

园区的监控页面

查看报表：每个传感器所收集到的数据都可以通过报表来查看。报表能够直观地显示出最近一段时间范围内园区环境数据的变化情况，有利于数据的统计以及经验数据的积累。监控中心分为地图模式和列表模式。点击左下方视图切换按钮，可在不同模式下查看园区设备情况。选择企业节点时，地图模式可在谷歌地图上查看各个园区的地里分布情况。列表模式，以列表形式展示所有设备信息。

溯源档案二维码

溯源中心：溯源中心用于创建农产品溯源档案。点击导航"溯源中心"，进入产品溯源中心。左侧组织树显示用户权限范围内的组织地块信息，选择某个组织，显示该组织地块下所有产品列表。已经创建了溯源档案的产品，显示各个批次溯源档案信息；未创建档案的产品，可创建该产品溯源档案。

（5）运营模式创新　立足曲靖，为全省乃至农业企业提供智慧农业物联网云平台服务。以系统集成解决方案推广为主，一站式整体解决智慧农业物联网云平台模块化服务模式和后续维护服务模式，为用户带来全新的可管理性和高效率的智慧农业物联网云平台。通过智慧云平台一站式设计、建设、设点；对智慧云平台进行后续维护和核心设备的更新换代。

曲靖佳沃现代农业有限公司搭建的智慧农业云平台已成为立足曲靖，服务全国的农业智能化信息服务平台，公司现已形成了 2 000 亩蓝莓标准化种植与智慧农业结合的智慧农业平台示范基地。通过公司的示范作用，引领全省农业企业进行智慧农业平台的运用。

撰稿： 曲靖佳沃现代农业有限公司　崔兴国　赵项武

陕西省西安市灞桥区农村卫生厕所智能服务平台案例

| 需求与目标 |

厕所是衡量文明的重要标志，改厕工作已经成为改善农村人居环境和推进生态文明建设的重要抓手，直接关系到国家人民的健康和环境状况。以信息技术推进改厕工作，实现精准管控，提升工作质量和管护效率，有效破解了后续管护难等问题。

| 做法与技术 |

灞桥区位于西安市主城区东部，总面积 332 km²，76 个行政村，常住人口 70.4 万，农村户厕提升改造涉及 5 个街办 43 个行政村。截至目前，灞桥区已完成农村无害化厕所提升改造 21 000 余座，农村卫生厕所普及率达到 90%。灞桥区农业农村局为了实现农村户厕档案管理、厕具维护维修、精准清掏清运、粪污无害化处理的完整链条，实现一体化、一站式服务，与山东省青岛新田野网络科技有限公司联合开发了农村卫生厕所智能服务平台。成立了灞桥区农村卫生厕所智能管护指挥中心，各街道办事处设立分中心，建立村级农村卫生厕所智能服务平台，配备相关硬件设施和智能管护系统，吸粪车全程监控，改厕档案动态管理，实现区、街、村 3 级数字化智能管护，提高了管护效率和管护质量。

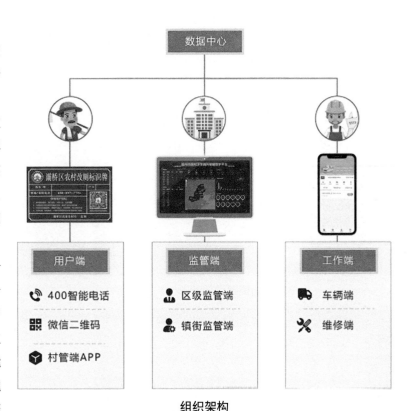

组织架构

（1）规范服务过程　高度智能、超级便捷的村民报抽报修方式。方式一：拨打 400 智能电话。方式二：微信扫描二维码。方式三：通过村协管员（协管端 App）进行报抽、报修。

工作人员自动"接单"，高效作业，可防作弊。工作人员自动接单，"待完成任务"一目了然，减少了工作人员接听电话、手工记录的烦琐环节，极大提升效率。工作人员根据"待完成任务"列表、村庄规划和导航功能，进行抽厕、维修作业。作业完成后，拍照上传，提交完成。所拍照片带有时间和地点的水印，有效避免了作弊行为。监管端由政府使用，分区级监管端和街办监管端，另外每个村设有村级协管员，其手机安装有村级服务端。监管端可在办公电脑、会议室大屏、个人手机等终端设备使用，应对各种工作场景。村协管员在村庄一线为群众提供"到家"服务。实现了区、街办、村三级联动，解决了层级部门间沟通协调和责任落实问题。

实用村民评价机制和反馈系统：确保服务质量。作业服务完成后村民可在线进行评价和反馈，评价数据及反馈信息在监管端可实时显示，及时处理村民真实诉求，并作为对街办和管护公司的重要考核依据。

服务限时提醒，管理督促具有针对性，确保管护时效。村民报抽、报修后，48 小时内未前往服务，待抽待修信息将自动以红色字体显示，会影响工作人员的评价满意度数据。同时，街办和区级管理部门可根据提示信息进行督促。

区级监管端

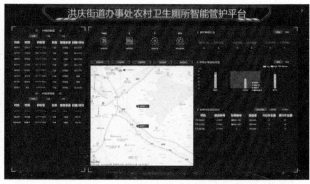

街办监管端

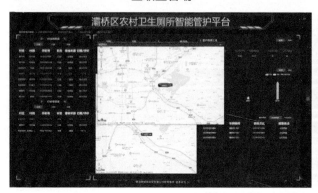

抽粪车乱倒自动报警

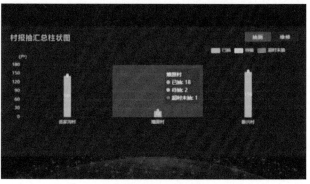

村抽厕、维修数据

监管端查看改厕档案

群众参与示图

各项数据自动生成，客观真实，为管理提供依据。该系统可自动生成各项管护数据，无须再进行额外统计，为后续各项管护工作提供数据依据。同时在这些基本数据的基础上，开展数据分析，为科学决策提供数据支撑。

"改厕台账"动态管理功能高效便捷。改厕台账是改厕工作的基本工作，能够高效便捷地实现改厕台账的动态管理。对户主姓名、身份证号、联系电话、使用状态、验收状态、关键照片、位置信息等各项信息随时进行编辑更新，实现档案动态管理，解决改厕档案准确率低及厕所使用状态难以掌握等问题。

抽粪车行为管理，有效杜绝了抽粪车乱排乱倒行为。对抽粪车行为的有效管理，特别是防止粪污乱排乱倒，是后续管护工作形成完整闭环的重要部分，有效解决了抽粪车乱倒的难题。

改厕档案数字化管理明晰。"一户一档"，每一户都有自己的改厕档案信息。政府工作人员可以通过扫描村民的微信二维码进行身份校验后，输入想要查询的村民信息内容，即可查看指定村民的改厕档案情况。同时将区级、街办、村级三级改厕资料通过扫描上传，实现云端存储，解决了纸质资料存档难、编辑难的问题，确保了改厕数据的真实性。改厕档案信息包括基本情况、资金投入情况、厕所类型情况、质量问题、综合评价、影像资料等。

(2) **管护平台技术创新** 农村无害化卫生厕所智能管护平台整合了物联网、互联网、大数据等先进技术，有利于实现农业生产过程的信息化、数字化，通过智慧决策机制来指导规模化、标准化的农村生产生活，实现节水、省工和增效，实现人类和自然和谐共生的美好境界。

农村无害化卫生厕所智能管护平台建设是实施智慧农业的重大工程，围绕农村人居环境整治效率型、效益型、效果型三大需求，将互联网、物联网、大数据、云计算、区块链、人工智能、5G技术应用于农村人居环境建设，提升了乡村数字化治理能力，实现了乡村治理体系和治理能力的现代化。

经验与成效

(1) **社会效益和经济效益** 增加政府公信力，促进地方经济发展、促进社会精神文明进步、带动就业、维持社会经济效益。提高农民健康水平和生活品质，消除粪便对农村饮用水水源的污染，保障农民用水安全，减少传染病、寄生虫病的传播。促进农业、农村经济发展，将充分厌氧发酵后的污水抽至果园灌溉，从根本解决粪污去向、末端处理的问题，达到资源化利用的良好效果。

(2) **生态效益** 保护水土，优化环境。通过农村卫生厕所智能服务平台的推广应用，破解了厕改后续管护难的问题，既有效提高了农村水质的合格率，又为农业生产提供了清洁高效的有机肥。同时，提供沼气能源，使植被得到有效保护。

(3) **推广示范效益** 灞桥区开创了利用信息化系统进行改厕管护工作的先河，取得了超预期的效果。多次登上CCTV央视新闻，受到了《人民日报》《经济日报》《大众日报》等30余家媒体的报道。在西安市灞桥区召开了"农村人居环境省级现场会"，陕西省副省长魏增军到现场调研农村卫生厕所智能管护平台建设运营情况并对改厕管护工作给予高度赞扬，该模式在西安市灞桥区、鄠邑区、阎良区，延安市、渭南市、西咸新区等地得到了广泛的推广应用。

撰稿： 陕西省农业宣传信息中心 程晓东 殷华 王小昌 刘剑桥

甘肃省庆阳市宁县苹果生产案例

‖ 需求与目标 ‖

为巩固脱贫攻坚成果、助推乡村产业发展，宁县果业局带领群众大力发展矮化密植苹果种植，提升机械化程度，逐渐形成了规模化优势。目前，宁县已建成 45 万亩苹果园，其中 11 万亩为矮化密植果园，进一步提升苹果生产的科学性和高效性，利用数字新基建助力苹果产业加速发展势在必行。全县果业"绿色发展、数字赋能"模式已见雏形，基本实现"数字兴业、数字惠农、数字治理"的建设目标，宁县也在努力发展为"矮化密植果园第一县"。

‖ 做法与技术 ‖

通过数字服务与农业种植技术的深度耦合，整合基地土壤、气象、地形、水文、卫星遥感、无人机遥感等海量数据，以大数据和 AI 算法等核心技术，打造宁县数字苹果产业融合示范模式，为园区生产提供田块管理、水肥药使用、技术指导、一田一码产品溯源、金融保险、资讯发布、数据分析等全方位农业托管服务，助力产业增产、增效、增收。结合田间物联网设备、空中无人机、卫星等手段形成空、天、地一体化的信息网络，实现 24 小时云端巡田，利用 GIS、大数据、人工智能等信息技术，动态监测和分析土壤湿度、温度、养分和酸碱度等指标，提供作物长势、病虫害监测、资产盘点、土地评估、保险定损、灌溉排水等多重农情预警，将数字科技与农业科学的深度耦合，提供点对点田块级处方解决方案。

（1）**硬件设施建设** 配置自动气象站、土壤墒情传感器、生长影像监测仪、智能巡田无人机、农田活动记录仪等设备，建设数据传输及存储系统，构建农业数字化生产与管理系统，实现生产过程的全程数字化管理及可追溯。同时打造 12 t/h 的苹果分选线，并配套 2 万 t 生鲜冷库。

慧种田"一田一码"服务帮助果农　无人机定期巡园精准分析并提供　慧种田数字农业服务平台助力山
实现对每个果园对产品质量追溯　　处方型种植管理方案　　　　　东"数字化托管"项目

（2）**软件系统建设** 智能手机终端生产应用系统建设。主要功能包括田块气象服务、土壤数据服务、作物长势监控、产量分析、种植计划制定、病虫害监测及防控、生物资产盘点、水肥管理等 10 多项由数据和模型驱动的农业生产服务模块。利用多源涉农数据资源，通过大数据分析及可视化工具，为全县果农提供在线专家服务、农产品市场行情、供需信息发布等市场营销服务模块。管理细节信息在 App 中向所有种植管理者开放，实现 24 小时在线示范田，供全县农户在线观摩，赋能全县苹果行业从业者，增强其数字科技能力，带动精品苹果产业带发展，实现宁县苹果向"规模大、结构优、品质高、品牌亮、效益好"的目标升级跨越。

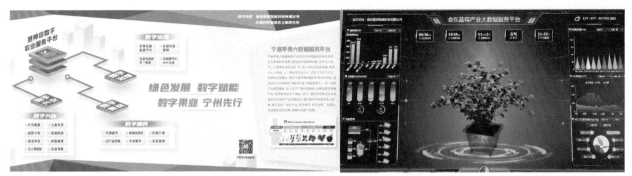

宁县苹果大数据服务平台概览　　　　　　　会东蓝莓产业大数据服务平台

　　(3) **生产技术创新**　一体化解决方案。宁县数字苹果智能手机应用系统是以"云计算、大数据、人工智能"为核心，集成 3S 和移动互联网等技术，为用户提供处方型解决方案的手机客户端。系统深度融合农学、生态学、植物生理学、土壤学等基础学科，实现对苹果生产全过程进行动态模拟以及分析决策，为苹果生产管理提供一体化解决方案。

App 功能模块　　　　　　　　　　　　App 生产功能模块

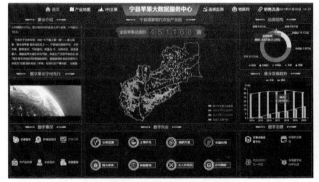

宁县苹果全产业链大屏展示

黄岩智慧果园一张图服务平台

　　苹果全产业链时空一张图。打造苹果全产业链智能管理时空一张图，通过对示范基地生产主体数据进行可视化展示；并对代表性果园的种植、加工、物流、市场全产业链数据进行挖掘分析，形成产业分析数据，并进行可视化展示。为宁县果业管理单位提供宏观决策依据。

　　苹果数字三维仿真模型构建，整合苹果树形结构参数、生长参数、环境因子及农事操作阈值等，利用现有的虚拟现实技术在计算机上仿真模拟苹果在三维空间中的形态结构和其生长发育过程。其中，包含生产目标、病虫害防控、营养管理、树形管理及花果管理，为果农提供生产管理参照及可模拟操作的可视化方案。它是实现传统苹果种植走上精准农业、数字农业和农业信息化的必经之路。

利用二维码和区块链技术,为每块田地赋予一个二维码,通过"空、天、地"一体化的数据采集系统,实时记录苹果种植和生产过程,包括外界环境、灌溉、施肥、农药使用情况、收获、检测、仓储物流等信息,实现对每个田块的苹果品质质量进行追溯,为宁县苹果的质量安全保驾护航。

生产端提供生产管理决策依据,融合金融、保险产品来进行风险把控;流通端整合渠道资源,严格把握品控环节;销售端则结合期货保险等解决价格波动带来的负面影响,从而解决如何卖好的问题。

(4)**运营模式创新** 成立"产销联合体",将全产业链资源整合并形成闭环。生产资料通过数据支持实现统一标准,并进行统一采购;技术体系由线上专家、线下示范及智能方案等模块构建;科学的方案、标准化执行及产品标准统一使得生产管理形成统一标准;一田一码追溯及产销对接平台则为销售模式重新赋能;管理、资料、技术及销售的四位一体,结合风险管理及品牌夹持则解决了产业的核心痛点问题。

‖ 经验与成效 ‖

宁县政府通过打造数字平台,形成了互联网+的信息化服务,做到了让数据多跑腿,让果农少跑腿。通过信息化平台打通了沟通农户与农资服务,与专家的桥梁。目前已经全面覆盖全县 45 万亩苹果,注册农户 6 986 户,在线田块 1 689 块。基于科学种田的建设内容的目标,通过定期巡园、数据采集、精准分析并与国内外专家合作,形成全县种植园精准管理方案,帮助全县果农提升了精细化管理水平,实现了真正意义上的科学种田。为政府管理层提供了宏观决策的依据,为农户生产提供提质增效,并可规避风险的解决思路,而产业上则实现资源整合、产业闭环,同时提升产业各环节效率,降低信息获取成本,提供了创新的产业模式,经济、社会和生态效益 3 个方面成效突出。

(1)**经济效益** 通过利用物联网实时远程监控果树生长,同时通过大量数据的智能分析对比,显著减轻设施作业人员反复无效的劳动作业,提高了劳动生产率,节约生产成本,提高苹果单位面积的劳动生产率,优质苹果产出率。

(2)**社会效益** 梳理清晰的产业现状并明确产业升级重点,实现宏观决策价值。将苹果生产从以人为中心的传统模式,变革为以数据为中心的现代化模式,通过数据驱动苹果生产标准化的真正落地。

(3)**生态效益** 有效减少农药及化肥的使用量,促进资源综合利用,保护了生态环境。同时发展绿色生产,为农业生态升级提供可持续的动力。

(4)**推广示范效益** 宁县苹果大数据平台的模式"政府+大数据+平台+农户"在全国得到了广大的推广,包括山东明集镇、浙江台州黄岩区以及四川凉山彝族自治州会东县。

撰稿:甘肃省农业信息中心   高兴明   张昕   高虹
　　　宁县果业发展中心   王海峰

新疆维吾尔自治区塔城地区乌苏市数字农业建设模式案例

‖ 需求与目标 ‖

2019、2020 年连续两次中央一号文件要求建设农业农村大数据,乌苏市建设数字农业综合信息化系统，深入探索信息化服务三农新模式。

做法与技术

乌苏市兴农农业发展有限公司为综合服务型全资地方国有企业，注册资本为 10 000 万元人民币，固定资产 16 亿元，现有员工 108 人，下设 7 个部门。兴农公司以打造农业服务中心为阵地、以信息化管理平台为载体，投资 1 581 万元打造数字农业五大运用平台，参与农业全产业链，高标准、高起点规划建设乌苏市现代化农业。主要做法如下。

(1) **政府高度重视** 2017 年新疆塔城地区乌苏市政府成立了农业信息化工作领导小组，提出"五个抓好"总目标。一是抓好工程建设，促使进村入户的农村信息网络服务覆盖面有根本提高。二是抓好标准规范，促使农业信息化建设和信息服务标准的统一规范程度有根本提高。三是抓好资源统筹，促使面向新农村建设服务的信息资源整合和开发利用成效有根本提高。四是抓好应用示范，促使信息技术推广应用对建设现代农业的贡献率有根本提高。五是抓好队伍建设，促使农业信息人员管理和服务水平有根本提高。农业农村局成立"信息化科"，配备了专职信息员。

产权交易平台

登录界面

遥感监测界面

产权可视化

打造"三中心"，加快市农业现代化发展。其中，农业发展服务中心以"数字信息化农业"为总抓手，实现全市农业生产资源全方位、全要素覆盖，促进农业现代化加速发展，为职能部门提供信息查询、咨询、研究、决策等服务，为"三农"提供专业化、标准化、优质化全程服务；乌苏市耕地信息登记备案中心为进一步贯彻落实农村土地"三权"分置制度改革，通过"三清三定三规范"，

防疫管理系统

妥善处理土地开发过程中的历史遗留问题；乌苏市农村产权交易中心为完善农村土地及相关要素流转市场交易服务，以土地交易流转为核心，以资源整合、合作共赢为原则，以完善安全、诚信的交易环境和科学、系统的运维机制为保障，开发建设农村产权交易中心。

(2) 大数据库平台和综合信息化系统建设 乌苏市农业大数据库平台：投入 1 200 万元，建设开发乌苏市农业大数据库项目，大数据库包括耕地、林地、农机、畜牧和草场等五大板块。乌苏市产权交易平台投入 125 万元，建设开发乌苏市产权交易平台项目，交易平台以耕地交易为主，包括林权、水权、农村知识产权等 11 项交易内容。乌苏市掌上农机管理平台：投入 45 万元，建设开发乌苏市掌上农机项目，平台整合了全市农机作业的需求方和农机所有人资源，打造种植全过程农机作业的互联网化模式。乌苏市智慧农业服务平台：投资 47 万元，建设开发乌苏市智慧农业服务平台项目，投资 139 万元，建设智慧农业物联网设备采购。乌苏市无纸化动物防疫服务平台：投资 25 万元，建设并应用"畜牧防疫信息监管平台"。

精心打造乌苏市数字农业综合信息化系统，为全市信息化服务农业提供基础支撑。2021 年，为构建乌苏市农村信用新体系，提升农业大数据的实用性，在开发建设乌苏市农业大数据 1.0、2.0 的基础上，又开发了数字农业综合信息化系统微信小程序，初期开发主要包括六大功能模块。

金融服务模块：与全市六家涉农银行金实现并网，农户在手机上即可申请农业生产贷款。节省银行贷前审查成本，降低融资风险，打破五户联保传统模式，大幅降低农户融资成本，由传统的年前集中放贷转变为农户个人分散贷款、分期贷款、实用时贷、按需贷款。农业保险服务模块：种植户和养殖户可登录农业大数据微信小程序，在线购买保险和申请理赔业务，一方面可避免了理赔纠纷，另一方面可提高勘验和理赔效率避免了人为干扰因素，形成理赔标准的统一公平公正。缴纳费用服务模块：农户可在手机上实现缴纳土地承包费、水费、电费和其他农业生产性收费，并自动生成相应的电子收款凭证。实现线上缴费，方便群众使用。农业补贴申请服务模块：种植户在手机上直接申请农业补贴，补贴申请信息直接上传至基层乡镇农经站和国土所，导入或转录国家农业补贴平台，提高工作效率，实现收费面积和补贴面积的统一。农机服务模块：与乌苏掌上农机小程序直接链接，将实现农机作业高效的资源配置。提高全市农机作业质量，降级农户农机作业成本，设置线上农机销售和维修维保服务窗口。农资服务模块：开发出农户符合当年实际使用农资的品种、数量、价格等基础数据收集调查统计，通过汇总分析农资需求大数据。与上游生产厂家商洽，获得采购最低价信息后，在微信小程序农资商城模块上推送农资供应信息，实现农资直供直销，大幅降低农户农资采购成本。

‖ 经验与成效 ‖

(1) 经济效益 乌苏市掌上农机平台提高农机作业效率。2020 年，在头台、甘河子、百泉镇、九间楼和石桥乡进行推广应用，发展农机主会员注册 400 余人、农户注册会员 4 500 余户，实现农机作业线上点单、线上交易，打破"有机无地、有地无机"资源配置瓶颈，为农户提供一站式农机作业服务，2020 年，完成线上交易 16 单 54 770 亩，预计 2023 年全市线上作业率将达到 80% 以上。

通过规范设置市、乡、村三级农业发展服务中心（站），实体化运作，发挥农业发展服务中心第三方社会化服务和市场化经营特点，草拟了《乌苏市推进"1213"布局土地流转工作流程》，实现九间楼乡邢家村、4 500 亩集体土地流转，由原来 145 户承包流转给 37 户组成 4 个互助生产小组，家庭种植在 80 ~ 120 亩、户均实现收入 9 万 ~ 13 万元，带动该村村民直接增收约 400 万元、人均增收约 5 500 元。全市 6 个乡镇，10 万余亩耕地，通过产权交易平台以互助生产的方式获得土地经营权，带动全市 900 余户农户走上共同富裕的道路。

智慧农业服务平台助力农田精准高效管理。在乌苏市甘河子镇、头台乡、乌苏市现代农业产业示范园实施 5 000 亩智慧农业服务平台试点工作，通过农业数据实时监测与分析，提高农业生产管理、指挥调度等数据支撑能力，达到农业生产的节本增效目的。经测试，2020 年试验田共计服务农户 46 户，平均亩产 397 kg（增产 32 kg），亩均节约水肥机械物化成本为 49 元，亩均增收约 273 元。

（2）社会效益　建设农业大数据公共资源平台，规范全市土地资源管理。一是有序推进面积核查和数据采集登记入库工作，完成 2020 年全市 228.9 万亩，其中国有农用地 128.6 万亩、集体机动地 45 万亩、二轮地 55.3 万亩等农用地 33.2 万条数据信息的采集、登记入库工作，实现全市耕地数据全覆盖登记入库，实现全市土地承包费总收入 4.67 亿元。二是研发大数据新服务包，积极拓展涉农生产服务业，将农业生产服务业送至田间地头，发挥其更大的经济社会效应，探索大数据 + 金融 + 保险的新金融、新农保的新路子，建行率先打破"五户联保模式"融资试点工作取得成功，利用大数据发放贷款 2.1 亿元。三是严把流程，稳步推进合同签订工作，按照"六方"监管的要求，大力推进合同签订工作，完成全市合同签订总面积为 110.7 万亩，生成合同 7 000 余份。

规范农用地审批交易流程。完善国农用地收回流程、转让变更的审批流程和集体机动地流转审批备案流程等一站式审批交易流程，优化审批事项，提高行政审批效率；实现审批交易线上服务，结合审批和交易流程，全程实现线上审批，进一步提高办事效率。全年完成交易 7 个乡镇 6 万余亩集体机动地流转和 232 宗 173 000 余亩国有农用地转让、转包交易，占全市同年耕地交易业务的 13.7%，未来将让土地交易业务从基层村队发起，通过线上和线下两种交易模式并存的方式，覆盖全市耕地交易业务，确保交易全过程在公开、透明的环境下开展，避免了人为干扰因素。

无纸化动物防疫平台实现精准防疫。通过无纸化动物防疫平台，一线防疫人员可通过手机实时上传防疫作业数据，防疫作业监管者可在系统上实时监管防疫作业情况。通过系统应用可提高畜牧防疫数据采集、统计效率，提高监管部门的管理工作效率，推动防疫作业覆盖率和精度的提升。

撰稿：新疆维吾尔自治区农业农村厅信息中心　居来提·沙吾开提　苗磊　常娟

新疆维吾尔自治区塔城地区沙湾市农业大数据系统案例

‖ 需求与目标 ‖

智慧农业系统以先进的传感器、物联网、云计算、大数据以及互联网等信息技术为基础，由监测预警系统、无线传输系统、智能控制系统及软件平台组成，通过对监测区域的土壤资源、水资源、气象及农情信息（苗情、墒情、虫情、火情）等进行统一化监控与管理，构建以标准体系、评价体系、预警体系和科学指导体系为主的网络化、一体化监管平台。真实做到了大田种植长期监测、事实预警、信息共享、远程控制，最终实现改善产量品质、节水节肥、绿色种植的目的。

‖ 做法与技术 ‖

沙湾乡村振兴大数据运营有限公司（以下简称大数据运营公司）由沙湾市委、市政府主导成立，于 2019 年 5 月 9 日成立，注册资金 3 000 万元，政府占股 34%，社会资本、软件公司合资成立的沙湾乡村振兴大数据服务有限公司占股 66%，经营范围包括数字内容服务、信息系统集成服务等。公司经营场所 2 077.05 m²，其中大数据中心展厅共 898.87 m²，展厅中心区域设置 20 个工作工位，32 个观摩坐席，供工作和学习交流；培训交流中心 381.27 m²，设置 40 个座席，为大数据培训、座谈以及研讨交流提供学习空间。沙湾乡村振兴大数据运营有限公司旨在建设标准化的智慧农业系统，降低智慧农业设备的采购成本，增强设备的稳定性，为智慧农业快速进入沙湾县农业生产打下基础。基于"33311"乡村振兴大数据建设"政府监管、社会化服务、农业征信"三平台的框架思路，从市场信息服务和农业信息化技术两方面入手，实现政府监管和农业社会化服务功能。一方面着力与外部企业的合作，建设沙湾农业投入品监管交易平台和籽棉交售信息平台，协助农户更多地了解市场，对接优质农资生产厂家，以团购的形式节约采购成本；对接期货公司、棉花贸易商、加工厂搜集籽棉市场价格信息，并与银河期货合作建立籽棉价格的预判机制，指导农户获得销售高价，此两项工作深受合作社、农户的欢迎。另一方面集合现代农业、软件运维、信息智能等优势资源，促进农业种植、农技服务、金融服务等信息化程度的提高，建设了沙湾市棉花品种追溯体系、植保信息化服务平台、水肥信息化服务体系和农机信息化平台，提升农业科技应用，助力"三农"发展，抓落实抓效益，切实体现为沙湾现代农业节本、提质、增效的目的。

（1）**硬件设施建设**　智慧农业应用范围包括墒情监测、虫情测报、无人机遥感、小气象站、高清监控、无线灌溉控制系统、固体水肥一体机等设备，智慧农业是物联网技术在现代农业领域的应用，是未来现代农业的发展方向，包括环境信息采集和智慧农业设备的应用。

水肥一体化设备

环境信息采集包括小气象站监测空气、温度、降水量、风速、相对湿度、大气压、天气预报等；卫星、无人机遥感通过卫星、无人机遥感成像后进行数据分析，监测棉田的生长情况和病虫态发病情况；高清摄像头监控棉田实时生长状况，为下一步工作提供依据；墒情监测为监测 0 ~ 60 cm 土壤温度和湿度；虫情测报监测当前主要虫情动态和天敌情况。

智能固体施肥机

智慧农业设备应用包括北斗导航农机作业，通过导航系统实现精准农机作业；智能固体肥配肥施肥机，根据作物需要实现精量施肥；灌溉智控系统，智能远程精准灌溉。

（2）**生产技术创新**　2020 年沙湾乡村振兴大数据运营有限公司、沙湾市双泉农业专业合作社共同以 5 000 亩条件较好的耕地作为"智慧农业示范推广项目"的试验基地，应用已有的智慧农业设备：墒情监测、智能施肥机、虫情测报、小气象站、高清监控、无线智能灌溉控制系统等终端物联网设备

智能灌溉控制系统

及无人机、遥感、植保等飞防设备对基地的棉花进行基础数据的采集，建设更高水准的棉花种植标准体系。沙湾乡村振兴大数据运营有限公司通过智慧农业的智能设备建设更高水准的棉花种植标准体系，实现棉花种植的节本、提质、增效。

2019 年在沙湾市农业农村局的支持下沙湾乡村振兴大数据运营有限公司在沙湾市金沟河检查站位置建立了 1 716 亩的智慧农业棉花示范田基地，通过使用先进的田间终端物联网设备，建立土壤检测和测土配方系统、虫情监测预警系统、水肥智能管理系统、无人机遥感监测系统、无人机植保系统、无线传输系统、智能控制系统及智慧农业信息平台，采购了土壤墒情、虫情测报、智能阀门、遥感无人机、小气象站等设备，并设计委托制造了三罐式智能固体施肥机（已经申请专利）。将这些设备运用到棉花种植过程中，设备对基地的棉花进行基础数据的采集，通过软件集成将各类设备数据回传、整理、联动，在沙湾市大数据中心呈现。实现远程监测、远程采集、远程控制，形成农业信息化的基础数据。

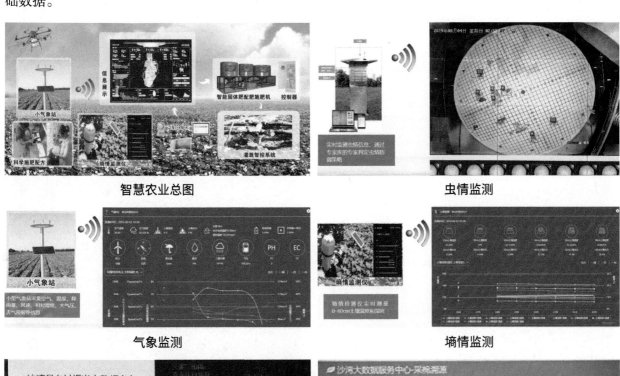

智慧农业总图　　　　　　　　　　　虫情监测

气象监测　　　　　　　　　　　墒情监测

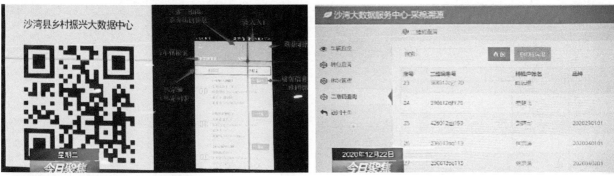

大数据中心 App　　　　　　　　　　大数据务中心二维码查询

经验与成效

（1）**经济效益**　针对全市 230 亩耕地农作物传统种植方式向现代农业智能化种植模式转变，智慧农业的示范推广有效节约了棉农种植成本，使种植模式达到大规模、集约化、机械化、统一管理、社会化服务健全的农业化体系。通过项目实施，加大试验示范推广力度，提高土壤耕地质量，改善生态环境，推进全县主导产业提质、节本、增效，促进农业增效、农民增收，促进农业的可持续发展。通过智慧农业示范推广，棉花每亩节约成本 20 元。平均亩产 380 kg 以上，每亩增产 30 kg，每亩增加经济效益 180 元，农民人均纯收入增加 720 元以上。

(2) **社会效益** 智慧农业设备操作方便，提高了工作效率，促进了劳动力向二三产业转移；达到精准作业、精准灌溉、科学配肥、精准施肥、精准防治的目的，降低了水肥药的用量，促进农业可持续发展。

撰稿：新疆维吾尔自治区农业农村厅信息中心 热发提·艾赛提 宋鹤岭 刘龙